Beschäftigungen

der

Berlinischen Gesellschaft

Naturforschender Freunde.

Vierter Band.

Mit Kupfern.

Berlin,

bey Joachim Pauli. 1779.

Vorerinnerung.

Wir überreichen hiemit einem erleuchteten Publicum den vierten Band unserer Schriften, welcher unserer Absicht und unserm Versprechen nach, dem dritten unmittelbar folgen sollte: dessen Herausgabe aber, durch verschiedene, nicht vorher gesehene Hindernisse verzögert worden ist. Wir hoffen dieses Aufschubs wegen Nachsicht zu erhalten, und wünschen diesem Bande eben die günstige Aufnahme, mit welcher ein geehrtestes Publicum seine Vorgänger beehret hat, und den Beyfall, welcher für uns eine kräftige Ermunterung seyn wird, in unserer Laufbahn muthig fortzugehen. Eben die Sorgfalt, und genaue Prüfung, die wir uns bey der Wahl der, in den vorigen Bänden enthaltenen Materien zum Gesetz gemacht, ist auch hier treu und gewissenhaft beobachtet worden. . Mit Vergnügen müssen wir indessen bekennen, daß uns diese Wahl nicht schwer geworden, da fast alle in diesem Zeitraum eingegangene Aufsätze wichtig und an neuen Wahrheiten reichhaltig gewesen. Eine beträchtliche Anzahl davon haben wir noch für den folgenden Band zurücklegen müssen.

Das verflossene Jahr ist unserer Societät, in mehr als einer Absicht, überaus merkwürdig gewesen: merkwürdig durch die Verbindung mit Personen, deren Namen, durch Stand, Würden, Gelehrsamkeit und Rechtschaffenheit glänzen: aber auch merkwürdig durch den Tod mehrerer Mitglieder, deren Verlust derselben um so mehr äußerst fühlbar seyn muste, da sie wohl einsieht, wie große und wichtige Vortheile sie von den Bestrebungen eines ihr entrissenen **Zückert, Martini, Müller, Erxleben, Wagler,** eines **Walch** und **von Zanthier** zu erwarten hatte. Immer werden uns die Namen dieser Männer, in deren Person sich so viel Vorzüge des Verstandes und des Herzens vereinigten, und die ein so lebhafter Eifer für das Wohl unserer Stiftung beseelte, unvergeßlich seyn. Vorzüglich erkennt die Gesellschaft mit innigster Rührung die wichtigen Dienste, welche dem Institute von ihrer ersten Entstehung an bis jetzt von dem verewigten **Martini** geleistet worden. Nichts gleicht derjenigen Thätigkeit, mit welcher er ihre Angelegenheiten besorgte und ihr Bestes beförderte. Glücklich sind wir indessen, daß es uns gelungen, diesen Verlust durch Gelehrte zu ersetzen, deren vortrefliche Eigenschaften und ausgebreitete Kenntnisse unsers Lobes nicht bedürfen.

Wir fahren fort dem Publicum die Nahmen dererjenigen verehrungswürdigen Personen in alphabetischer Ordnung bekannt zu machen,

chen, welche in dem letzten Jahre durch das gesellschaftliche Band mit uns vereinigt worden sind.

I. Unter den hiesigen ordentlichen Mitgliedern:

Herr Johann Esaias Silberschlag, Königl. Preußl. Ober-Consistorial- und Ober-Bau-Rath; erster Prediger an der Dreyfaltigkeits-Kirche; Director der Real-Schule und Mitglied der hiesigen Königl. Akademie der Wissenschaften.

Herr D. J. C. A. Brand. S. I. B. S. XLIII.

II. Unter den auswärtigen Herren Ehren-Mitgliedern:

160. Herr Joh. Andreas Benjamin Bergsträßer; ordentlicher öffentlicher Lehrer der Weltweisheit zu Hanau.

161. Herr Herrm. Joseph Friedrich Beuth; Churpfälzischer Jülich- und Bergischer Hof-Cammerrath und Rechnungs-Commissarius, beym Steuer-Cassen- und Finanz-Departement; der Churfürl. Akademie der Mahler, Bildhauer- und Baukunst Ehren-Mitglied. Zu Düsseldorf.

162. Herr Franz Friedrich Sigism. August Reichsfreyherr von Boeklin zu Boeklinsau, Herr auf Rust rc. Hochfürstl. Brandenburgischer, wie auch Hohenloh-Langerburgischer adelicher geheimer Rath, und Herzogl. wirklicher Cammerherr; Mitglied der Kais. Akademie der Naturforscher, der Bernschen ökonomischen und Ober-Lausnizer Bienen-Gesellschaft, zu Ruß.

163. Herr Joh. Lor. Böckmann; Marggräfl. Badenscher Hofrath und Professor der Naturlehre zu Carlsruhe.

164. Herr Burmann, der Arzeney-Gelahrheit Doctor zu Amsterdam.

165. Herr Peter Camper; vormaliger öffentl. Lehrer auf der hohen Schule zu Franeker; Mitglied des Raths der Staaten von Friesland; der Königl. Akademie zu London, der chirurgischen zu Paris, der Societäten zu Harlem, Rotterdam und Edinburg; Correspondent der Königl. Akadem. der Wissensch. in Paris. Zu Klein Laukum ohnweit Franeker.

166. Herr Franz Ludewig Cancrinus; Hochfürstl. Hessen-Hanauscher Cammerrath und Mitglied der Fürstl. Heßischen Akademie der Wissenschaften zu Gießen. In Hanau.

167. Herr Cosmus Collini; Churpfälzischer geheimer Secretair und Historiograph; Director des Naturalien-Kabinets der Churpfälzischen Academie der Wissenschaften zu Mannheim.

168. Herr Lorenz Crell der Arzneygel. Doctor und der Materia Medica ordentl. öffentlicher Lehrer auf der hohen Schule zu Helmstedt.

169. Hr. Carl Theodor Anton Maria Freyh. von Dalberg, Dom-Capitular zu Maynz, Würzburg und Worms; Churmaynzischer geheimer Rath und Stadthalter zu Erfurt.

170. Herr J. B. Dubois, Königl. Pohlnischer Hofrath; Professor und Bibliothekar beym

Cadetten-

Cadetten-Corps; Mitglied der Akademie der Wissensch. zu Dijon. In Warschau.

171. Herr Christian Friedrich Habel; Hochf. Nassau-Usingscher Cammer-Secretair, Mitglied der Königl. Grosbritann. Churfürstl. Braunschw. Lüneb. Landwirthsch. Gesellsch. zu Zelle. In Wißbaden.

172. Herr Alexander Michaelowitsch von Karamyschew; Rußisch-Kayserl. Ober-Bergmeister; oberster Lehrer und Vorsteher der Berg-Akademie; Mitglied der freyen ökonomischen Gesellschaft zu Petersburg. In Petersburg.

173. Herr Carsten Niebuhr; Königl. Dänischer würkl. Justiz-Rath und Landschreiber zu Meldorf; Mitglied der Königl. Großbrit. Gesellsch. zu Göttingen, und der Königl. Schwedischen zu Stockholm. In Meldorf.

174. Herr Andrai Andreewitsch von Nortof; Rußisch-Kayserl. Etatsrath und Vice-Präsident des Kaiserlichen Berg-Collegium und des Münz-Departements; beständiger Secretär der ökonom. Gesellsch. In Petersburg.

175. Herr Carl Wilhelm Scheele; Apotheker und berühmter Scheidekünstler zu Köping, in Schweden.

176. Hr. Franz von Paula Schrangk; Doctor der Theologie, Director der Churfürstl. Landwirth-Gesellschaft zu Burghausen und Professor daselbst; Mitglied der Academie der Wissensch. zu München. In Burghansen.

177. Herr Johann Gottfried Schreiber; Bergamts-Assessor zu Ilmenau. Gegenwärtig in Frankreich.

178. Die Hochgeb. Frau Christiana Louisa, Reichsgräfin zu Solms-Laubach ꝛc.

179. Herr Abel Socin; Hochfürstl. Hessen-Hanauischer Ober-Hofrath und Leibarzt, wie auch der Arzeney-Wissenschaft und Naturlehre öffentlicher Lehrer; Mitglied der Fürstl. Heßischen Akademie zu Gießen, und der medicinisch-physischen Gesellschaft zu Basel. In Gießen.

180. Herr Joh. Gottl. Stegmann; Doctor und Professor der Weltweisheit und Mathematik zu Cassel; Mitglied der Chur-Mayntzischen Akademie nützlicher Wissenschaften, wie auch der Gesellschaft der schönen Wissenschaften in Göttingen und Leipzig. Zu Cassel.

181. Herr Vandelli; öffentlicher Lehrer auf der Universität in Lissabon.

182. Herr Wartmann; der Arzeneygelahrheit Doctor. Zu St. Gallen.

183. Herr Georg Christoph Würz; der Arzeney-Gelahrheit Doctor. In Strasburg.

184. Herr Johann Zoega; Königlich Dänischer Cammer-Secretair und Rentschreiber; Mitglied der Königl. Norwegischen Gesellschaft. In Kopenhagen.

Die Gesellschaft sieht in der Ehre, diese vortreflichen Personen, unter ihre Mitverbundene zäh-

zählen zu können, einen ermunternden Antrieb, ihre Bemühungen zu verdoppeln. Die noch fortdauernde Thätigkeit der ersten Stifter und Beförderer unsers Instituts, und der Eifer, welchen die mehresten unserer neu gewählten Herren Mitglieder auf eine so lebhafte Art bewiesen, eröfnen uns immer mehr frohe Aussichten, und befestigen in uns die Hoffnung, daß unsere gemeinschaftliche Bestrebungen, von Nutzen seyn werden. Es würde Undank seyn, wenn wir die Beweise der größten Theilnehmung, welche uns von einigen dieser theuren, auf eine so überzeugende Weise gegeben worden, mit Stillschweigen übergehen wollten. Es sey uns erlaubt hier einen Nortof und Karamyschew zu nennen, welchen edelmüthigen Freunden, unser Kabinet eine vortrefliche Sammlung der vorzüglichsten Rußischen Erze und anderer Mineralien zu verdanken hat. Wir achten uns diesen großmüthigen Beförderern, so wie auch den übrigen Freunden, welche unsere Bücher- und Naturalien-Sammlung, mit Beyträgen bereichert, ausnehmend für verbunden, und wir werden nicht ermangeln, künftig in der Fortsetzung unseres Verzeichnisses, ihrer Erwähnung zu thun.

Die Gesellschaft hat das schmeichelhafte Vergnügen gehabt, auf die im Jahre 1777. von einem höchst würdigen Märkischen Edelmann aufgegebene und von ihr bekannt gemachte Preisfrage:

Was ist überhaupt das Epidemische in den eigentlich so genannten Epidemien?

mehrere Abhandlungen zu erhalten. Ohne dem Werthe der übrigen etwas entziehen zu wollen, konnte sie nicht umhin derjenigen, als der, der Frage am nächsten gekommenen Beantwortung den Preis zuzuerkennen, welche den berühmten Herrn Professor **Camper** in Klein-Laukum zum Verfasser hat. Dieser vortrefliche Gelehrte, welcher nunmehro durch das Band der Gesellschaft mit uns näher vereinigt worden, hat sich indessen dieser Belohnung freywillig entsagt, und selbige der Gesellschaft zu einer anderweiten Preisaufgabe großmüthigst überlassen, welche auch von letzterer, unterm 2. Febr. d. J. bekannt gemacht worden. Die Camperische Preisschrift, welche der Vortreflichkeit ihres Inhalts wegen, in diesem Bande eingeruckt ist, wo sie, unter den größern Abhandlungen, die fünfte Stelle einnimmt, hat uns auch zu dieser zwoten einen wichtigen Stoff dargebothen.

Die Gesellschaft achtet sich diesem verdienstvollen Gelehrten für den dadurch gegebenen Beweis, seiner Uneigennützigkeit, und seines Eifers, das beste unsers Instituts befördern zu helfen, ausnehmend für verpflichtet; nicht weniger hält sie sich dem Herrn Pagen-Hofmeister **Fuchs** in Potsdam, ihrem hochgeschätzten Ehren-Mitgliede, durch dessen geschickten Fleiß diese Schrift (welche in lateinischer Sprache abgefaßt

gefaßt war) in einem deutschen Gewande erscheinet, für überaus verbunden.

Noch wagen wir die Wiederholung einer Bitte, auf deren Erfüllung die ordnungsmäßige Einrichtung des gesellschaftlichen Archivs hauptsächlich beruhet. Sie betrifft die Absonderung der gesellschaftlichen Angelegenheiten von den Privatsachen, in Briefen an uns und einzelne Mitglieder. Ueberhaupt müssen wir unsere auswärtigen Herren Mitglieder ersuchen, alles, dasjenige, was dieselben an die Gesellschaft gelangen lassen wollen, gerade zu an die Societät, und nicht an einzelne der hiesigen Mitglieder zu adressiren, oder wenigstens ihre Wünsche und Verlangen an die Gesellschaft auf besondere Blätter beyzulegen. Die Briefe unserer auswärtigen Herren Mitglieder sind ein Eigenthum derjenigen, an welche sie gerichtet sind: im Falle sie nun zugleich gesellschaftliche Angelegenheiten enthalten; so wurden, wenn darauf Rücksicht genommen werden sollte, in dem Archive Lücken entstehen, die der Vollständigkeit desselben äußerst nachtheilig seyn müssen. Es kann also die Gesellschaft ins künftige, auf keinen Vorschlag, oder irgend eine Empfehlung anders Rücksicht nehmen, als wenn der Antrag gerade zu an die Gesellschaft gerichtet worden. Solche Briefe werden, wie unsere Herren Mitglieder schon vordem durch eine besonders gedruckte Nachricht ersucht worden, mit der Addresse: An die Gesellschaft der

Natur-

Naturforschenden Freunde in Berlin, abzugeben an den beständigen Sekretair derselben bezeichnet.

Die wichtigsten der in diesem Bande befindlichen Druckfehler, welche der genauesten Sorgfalt des Correctors ohnerachtet eingeschlichen sind, bitten wir geneigt zu entschuldigen.

Da die Gesellschaft die Lebensumstände der in verwichenen Jahre uns durch den Tod entrissenen Mitglieder, von ihren Anverwandten bis jetzt noch nicht erhalten können; so werden wir die Nachrichten davon, im künftigen Bande liefern. Berlin, den 10ten April 1779.

F. W. Otto.

beständ. Secretair der Gesellsch.

Innhalt

des vierten Bandes der Beschäftigungen der Gesellschaft Naturforschender Freunde, in Berlin.

VI.

XVII.

Natur-

I.

D. Johann Gerhard Königs Naturgeschichte der sogenannten weißen Ameise.

Siehe Tafel I.

In dem ersten Bande der, von der Berlinischen Gesellschaft naturforschender Freunde herausgegebenen Schriften, findet sich Seite 177. u: fgde eine schöne Abhandlung des Herrn Professor J. C. Fabricius, die nähere Bestimmungen des Geschlechts der weißen Ameise betreffend.

Weil ich nun an einem Orte mich aufhalte, wo diese Thiere eigentlich zu Hause gehören, so bin ich, sowohl durch jenen Aufsatz, als auch auf Zureden einiger Freunde in Madras, veranlasset worden, über diese Thiere einige nähere Beobachtungen anzustellen, welche ich einer verehrungswürdigen naturforschenden Gesellschaft zu Berlin, hiemit vorzulegen die Ehre habe.

Um in den Stand gesetzt zu werden, diese Thiere am besten kennen zu lernen, wählte ich einen Ort, wo sie in ihrer Arbeit, weder durch Zwang, noch durch Mangel oder andere Umstände gehindert werden konnten, und wo ihre Nester in einer großen Anzahl, anzutreffen waren.

Ein solcher Platz fand sich Ost-Süd-Ost vor Tanschaur, woselbst, ohngefähr eine halbe teutsche Meile davon, eine hochliegende Fläche, und fast unabsehbare Gegend ist, deren Erdboden aus einem hochrothen Thone bestehet, welcher mit etwas groben Sande, und, an verschiedenen Stellen, mit einigen kleinen Stücken Tophus eingemischet ist.

Die kleine Flora daselbst war mehrentheils nur: Aristida arundinacea; Sacharum spicatum; Pharnaceum Mollugo, und Ceroiana; Hedysarum nummularia, pulchellum, diphyllum, hamatum, biarticulatum; Spermacoce hispida; Viola fruticosa, und eine neue Art von Hegilops.

Hier und da wuchs etwas Riccia, wo, nach dem Regen, Wasser gestanden hatte. Auf der ganzen Fläche war sonst zur rechten Hand kein Strauch zu sehen: zur linken Hand aber befanden sich, in einiger Entfernung die Gärten eines mohrischen Eremiten, und noch etliche andere wüste Plätze.

In dieser Gegend sind viele hundert Nester von diesen Thieren, auf der ganzen Fläche, vertheilt.

Der Raum, welchen ein jedes derselben auf der Erdfläche einnimmt, hat selten über drey Schritte im Durchmesser; die mehresten sind kleiner, und ihre größte Tiefe geht drey Fuß unter der Erde. Im flachen und hohen Boden haben die Röhren, welche sie aufzuführen pflegen, höchstens zween Fus: anders aber verhalten sie sich, wenn die Ameisen zwischen Sträucher, an alten Stämmen, oder an den Reinen der nassen Reißfelder bauen; alsdenn steigen ihre Röhren, wie alte Ruinen, einen Mann hoch über der Erdfläche in die Höhe. Die Zahl dieser Röhren, welche mehr wie eine Oefnung haben, ist nicht so genau zu bestimmen; indeßen giebt es selten mehr als eine Hauptröhre, welche gleich einer Säule aufgeführet ist: die übrigen sind nur niedrig.

Der Haupteingänge, die durch diese Röhren in die Erde, zu ihren besonders abgetheilten Wohnungen führen, giebt es an der Zahl verschiedene, und sie sind ganz unregelmäßig. Erst gehen sie senkrecht herunter, zertheilen sich aber so bald sie unter die Erdfläche kommen, in mehrere kleinere Gänge, und sind meist rund. Außer diesen haben sie noch, hin und wider Löcher, die niedriger sind, und bisweilen auch ganz kleine in einiger Entfernung in der Erde.

Ein jedes Nest ist in viele, von einander abgesonderte Wohnungen getheilet; weil sie aber so unregelmäßig getrennt sind, so läßt sich in Ansehung der Abtheilungen nichts bestimmtes sagen. Man trifft sie ohngefähr in dreyen Reihen unter einander an, und liegt die oberste kaum einen Fus tief unter der Erde.

Jede einzelne Wohnung macht ein kegelförmiges Gewölbe aus, welches am Boden ganz platt, und oben beynahe kugelförmig zugerundet ist. Die Wände sind allenthalben ganz glatt und eben, und durch starke Zwischenräume von Erde getrennt. Die Eingänge zu jeder Wohnung befinden sich an einer Seite, neben dem Boden, und habe ich niemals mehr, als einen angetroffen: diese kommen, wie vorher gesaget worden, von den zertheilten Hauptgängen.

Sehr selten habe ich gefunden, daß durch den Boden der oberen Wohnung ein Gang zu den unteren geführet habe.

Die Größe einer einzelnen der vollkommensten Wohnungen, ist nicht über zwey Drittel eines Fußes gewesen, und im Durchmesser hat sie etwas mehr, als die halbe Höhe betragen.

Die halb-kugelförmige Gestalt ihrer Gewölbe scheint ihnen eigenthümlich zu seyn: denn diese trifft man unverändert bey allen neuerlich angefangenen und kleinen Wohnungen an.

Ihre Wohnungen haben, wie gesagt, die Figur der Gewölber: nur daß sie durch einen kleinen Zwischenraum allenthalben von den Wänden abgesondert sind; auch selbst an den Boden ist nicht die mindeste Spur zu finden, daß sie auf irgend eine Weise durch einem Leim oder sonst etwas, befestiget wären.

Sie

Sie bestehen aus unzählichen, in einander laufenden, unregelmäßigen Gängen, welches ihre Zellen sind, wozu die mehresten Eingänge von unten wenige von oben, und die wenigsten senkrecht eingehen. Die Figur der Löcher bey den Eingängen ist meist rund. Inwendig erweitern sich die Gänge, an vielen Stellen, doch behalten die Oeffnungen, von einem Gang in den andern, beständig ihre beynahe runde Figur. Die Wände dieser Zellen sind auf ihrer äußern und innern Fläche knotigt, wie eine Chagrin-Haut, welches sich am deutlichsten an den Rändern bey den Oeffnungen und Eingängen bemerken läßt. Durch ein Vergrößerungsglaß erscheinen sie fäsrigt und wolligt. Die Dicke dieser Wände trägt, wenn sie noch frisch, anderthalb und an den mehresten Stellen, kaum $\frac{1}{3}$ Linie aus. Das Innere dieser Wände ist aus ganz zarten Fäserchens und wenigen Thonstäubchens, von diesen Thieren durch den bey sich führenden Leim zusammen gesetzet, welches im Bruch sehr leicht zu erkennen ist.

Die Farbe dieser Wohnungen hängt gröẞentheils von dem Erdreich abe, worin sie wohnen: bey Tanschaur waren sie röthlich, bey Tranquebar habe ich sie schwärzer gesehen. Das Alter einer Wohnung machet auch, daß sie ihre Farbe verdunkelt.

In einer Regenzeit, da ich die zellichten Wohnungen aus der Erde nahm, waren sie sehr zerbrechlich. Wenig Stunden hernach wurden sie härter, und am zweeten Tage, wie ich sie ins Wasser legte, schwammen sie so, daß ein Drittel dieser Wohnungen mehr als zwölf Stunden lang über der Fläche des Wassers hervor ragte.

Im Wasser zergehen diese Zellen nicht, färben es aber ein wenig braun, und geben ihm einen zusammen ziehenden, etwas bitteren Geschmack.

Auf Kohlenfeuer gelegt, brennt diese Masse mit einem starken Rauch, welcher mir vegetabilisch zu seyn schien. Sie wird glüend roth, ohne zu zerfallen, behält die Hitze lange, und einige Stücke haben beym Berühren eine Art von Klang gegeben, besonders wenn man sie umwälzte, oder etwas davon fallen lies.

Die Wohnung der Königinn ist jederzeit in der Mitte des Nestes, und immer zwischen dem obersten und untersten Stockwerke der Wohnungen.

Es ist ein ganz flaches, waagerechtes Gewölbe, welches kaum die Höhe eines Zolles hat: und dessen Breite sich nach der Länge der Königinn richtet, welche es allein bewohnet. Selten ist sie einen Finger lang. Die Wände und der Boden sind ganz glatt und ist weiter nichts besonders dabey anzutreffen. Der Eingang zu diesem, von allen übrigen Wohnungen, durch starke Erdwände, abgesonderten Gewölbe, ist an der Seite befindlich.

Die Reinlichkeit, welche ich in allen diesen Wohnungen beobachtet habe, ist die strengste die nur seyn kann, und ich habe nichts unsauberes irgendwo entdecken können.

Eben so wenig habe einen Vorrath zu ihrem Unterhalte angetroffen: und daß auch dergleichen nie anzutreffen, schließe ich wahrscheinlich daraus, weil die

Löcher

Löcher auf der Oberfläche vom Regen zugespült waren, und weil sie durchgehends kleiner und schwächer sind, als sie im Sommer zu seyn pflegen.

Ehe ich noch zu der Beschreibung der Thiere komme, muß ich noch einer kleinen Pflanze gedenken, die an den Wänden der Zellen inwendig ziemlich häufig und beständig wächst. Sie wird beym Herrn Ritter von Linné ein Mucor seyn, und ist stipilatus, capsulis globosis decompositis niveis. Sie ist sehr klein, und hat einen ganz kurzen Stiel, worauf der kleine Knopf, als dessen Fruchttheil befindlich, der aus sehr kleinen Kügelchen zusammengesetzet, und von schneeweißer Farbe ist. Hin und wieder liegen auch, wie gestreut, an bemeldeten Wänden kleine, gekrümte, weiße Fäserchens, die sich bisweilen mit einem Knöpschen, manchmal keulenförmig endigen.

Sollte die weise Vorsehung diese kleinen Gewächse nicht etwa zur Nahrung für die jetzt eben, aus den Eyern, hervor gekrochenen Thierchen, hier zu wachsen geordnet haben, weil sonst keine Nahrung in den Nestern vorhanden, und auch nichts zugebracht werden konnte? Dies vermuthe ich nur; beobachtet habe ich es nicht, weil diese junge Thierchen auf einmal sehr schwach werden, so bald sie, aus der Erde, an die freye Luft und an des Tages Licht kommen.

Die Bewohner dieser Nester sind erstlich die Männchen. Ihr Kopf ist meist eyförmig, gros, platt, ungleich mit Haaren besetzt: der Nacken ist ein wenig mehr erhaben und rund mit einem hervorgehenden Rande. Den Mund bedeckt eine schildförmige, runde, oben convexe, glatte, fleischigte Haut, die am Rande scharf ist: und dies ist ihre Oberlippe. Ueber der Wurzel dieser Lippe ist eine breite, herzförmige, glatte, glänzende Erhebung, die den Raum zwischen beyden Fühlhörnern einnimmt.

Die Fühlhörner bestehen aus runden Gliedern, welche da, wo sie mit einander verbunden sind, vornemlich mit aufrecht stehenden Haaren besetzt, auch länger und dunkler sind, als der Kopf.

Sie haben keine Augen, sondern nur einen sehr kleinen dunkleren Flecken neben der Wurzel der Fühlhörner, an der innern Seite.

Am Winkel des Mundes ist, an jeder Seite, eine Freßspitze befindlich, welche krumm gegen den Mund gebogen ist. Sie bestehet aus vier Gliedern, davon das äußerste lancetförmig, platt, am Rande mit kurzen Härchen bebrähmet, und am längsten; die übrigen drey Glieder aber rund, und die zween innersten ganz kurz sind. Ihre ganze Länge reichet bis über den Mund.

Das obere Paar Freßzangen ist, hinter dem Winkel der obern Lippe, an dem Kopf gewachsen. Eine jede einzelne Freßzange ist fadenförmig, platt, krumm, eingebogen, hornigt, an dem äußeren Rande, dick und rund, am inneren scharf, mit verschiedenen Zähnchen versehen; am meisten gegen die Wurzel. Ihre Oberfläche ist glatt, glänzend, schwarzbraun, und nicht länger, wie die Oberlippe.

Das

Das untere Paar, dessen Wurzeln tiefer in den Kopf gehen, sind krumm gebogen, fadenförmig, platt, dünner wie die obern; an der inwendigen Seite haben sie, vor dem Ende, einen ziemlich großen Zahn. Bestandtheile, Glätte, Farbe, Länge gleichen den obern.

Dieses untere Paar Freßzangen wird vom Munde, an jeder Seite mit zwoen abgesonderten, auf einander liegenden, beweglichen, Lippen bedeckt, die an den Wurzeln der Freßzangen angewachsen sind. Sie sind liniär, platt, am Ende schräge zugerundet. Der auswendige Rand ist dick und rund; den innern macht eine dünne Haut aus, die mit feinen Härchens, besonders gegen das Ende, bewachsen ist, welche unter sich fast von gleicher Länge, und so lang wie die Freßzangen sind.

Die Unterlefze ist platt und in sechs Fäden getheilet, die am Ende etwas spitz und von gleicher Länge sind. Die beyden äußersten Paare sind mehr rund und gegen die zwey innern gebogen, die ganz gerade sind. Die Wurzel dieser Unterlefze ist nur kurz, glatt und von hellerer Farbe, mit wenigern Haaren besetzt, als wo sie getheilt sind.

Die Zunge ist gros, rund, keulenförmig, am Ende abgestumpft, mit einem rostfärbigen Rand umher und einer Querlinie über die Mitte versehen. Uebrigens ist sie glatt und enthält vielen Schleim in sich.

Das Brustschild ist rund, bestehet aus dreyen, scharfen, ringförmigen kleinen Streifen, woran unten die Füße gewachsen sind. Es ist viel schmäler als der Kopf.

Der Bauch ist eyförmig, länglich und fast noch einmal so gros, als der vordere Theil des Körpers. Er hat gemeiniglich acht stumpfere ringförmige Streifen, bisweilen mehrere, und ist mit aufrecht stehenden Haaren bestreut, insbesondere an den Seiten, woselbst sie länger zu seyn scheinen.

An den sechs Füßen ist nichts besonders; sie haben die Länge des ganzen Körpers.

Die Farbe des Kopfs ist gelb, wie Bernstein, der übrige Theil des Körpers aber weißlich.

Zum andern bemerken wir das Weibchen, oder die so genannte Königinn. Ihr Kopf, die Lippen, Fühlhörner, Freßzangen, Zunge und übrige Theile sind von der ähnlichen Beschaffenheit, wie bey den Männchen; nur daß sie alle vielemalen größer sind. Außer diesem haben sie über den Fühlhörnern große, hervorstehende, runde, schwarze Augen und Nebenaugen.

Die Nebenaugen sitzen an der inneren Seite eines jeden Auges, schräg gegen die Stirn, und sind längliche, eingefaste, hervorstehende, gelbere, glänzende kleine Flecken.

Das vordere Brustschild ist meist platt, gerandet und etwas ausgekerbt, mit Haaren bewachsen, die beyden drauf folgende Schilder sind kleiner, und an beyden Enden stumpfer. Sie sind eigentlich nur Stützen der Flügel. An jeder Seite dieser Schilder gehet vorn ein stumpfes Ende ein wenig hervor, woran die ehemaligen Flügel angewachsen gewesen, deren Wurzeln als dreyeckige, bewegliche Enden hervorstehen.

Die

Die Füße sind, wie bey den Männchens beschaffen, aber ebenfalls größer.

Der Bauch hat kaum die Länge und Dicke eines Fingers, und ist an sieben fast in gleichem Abstande verschiedenen Stellen am Rücken und unten zusammen gezogen, woselbst eben so viele Querstreifen zu sehen. Diese sind liniär, schmal, glatt, glänzend, von gelber Farbe, und reichen jedes kaum über den Viertheil des Körpers.

Die Querstreifen unter dem Bauche sind bleicher. Zwischen diesen Querstreifen ist die Haut ganz glatt, alles übrige der Haut ist knotigt, wie ein feiner Chagrin, und milchweiß bey vollkommenen Thieren. An jeder Seite des Bauchs sind sieben Luftlöcher, die gleichfalls Queröffnungen haben. Eine jede dieser Oeffnungen ist länglicht, mit einem Rand eingefast: die hintersten sind mehr rund und kleiner.

Der Hintere ist etwas spitz und von ein Paar solchen gelben Querstreifen, als Schuppen, wie vorher gemeldet, oben und unten umschlossen.

Mit anatomischen Untersuchungen dieses Thiers habe mich nur wenig eingelassen. Durch einen Creuzschnitt fand ich, daß die röhrigten Gedärme unten im Bauche, ihrer ganzen Länge durch, eine kleine Fläche einnehmen, und daß der übrige Raum mit zweenen Zylindern, die die Dicke einer Gänsefeder, und die Länge des ganzen Bauchs hatten, angefüllt war. Ein jeder dieser Zylinder war nur an der allgemeinen Haut, durch einige Fasern angewachsen, sie hatten aber mit einander keine Verbindung.

Sie

Sie bestehen aus kleinen, sehr zahlreichen, Eyerchens, welche an ihren besondern Eyerstöckchens, die nur aus Fäserchen bestehen, befestiget, und sehr dichte an einander angeschlossen sind. In der Mitte gehet, der Länge nach, eine starke Röhre, die mit etwas Markiges von einer dunkleren Farbe, als das übrige angefüllt ist. Sollte dieses die Nahrung für die Eyer oder der Saamen zur Befruchtung der Eyer, oder beydes zugleich seyn?

Drittens sind die jungen **Königinnen** zu bemerken, welche neulich ihre Flügel verlohren, und die Anwartschaft haben, künftige Königinnen zu seyn. Sie unterscheiden sich von den rechten Königinnen, daß ihr Bauch nur wenig aufgeschwollen, und durch die Querstreifen, welche noch nahe aneinander stehen und eine braune Farbe haben. In einer solchen Abänderung fand ich, in dieser Jahreszeit, von diesen gewöhnlich eins, manchmal zwey, sehr selten drey in jedem Neste. Doch muß ihre Anzahl, zu andern Jahreszeiten, die größte seyn, ehe sie Flügel bekommen, weil so viele von ihnen ausfliegen. Nur als ausgeflogen kenne ich dieselben, und zu der Zeit sind ihre vier Flügel keulenförmig, an der äußeren Seite, mit einem stärkeren Rande am Ende, zugerundet, geädert, fein membranös, braun, fast gleich lang, länger und mehrmalen breiter, als ihr ganzer Körper ist, welche aber sehr leicht über der Wurzel abbrechen.

Viertens sind die Spadones zu bemerken. Der Kopf ist bey diesen mehr platt und dünner, haariger, als bey den Männchens: daher der Nacken nicht so sehr zugerundet ist, und sonst, wie die Beschreibung des Herrn Ritters von Linné vom Kopfe anzeigt. Sie haben nur das obere Paar Freßzangen, die viel länger sind und aus dem Munde weit mehr hervorstehen, und oft sich kreuzen. Eine jede einzelne derselben ist gerade, schmal, zugespitzt an der innern Seite; gegen das Ende, hat sie einen starken Zahn, ist dünn, hornigt, krumm, ein- und auch in die Höhe gebogen, glatt, schwarz, neben der Wurzel gelb. An der Unterlefze sind die Zertheilungen alle viel kürzer; die Wurzel aber von ihnen ist größer, und gehet weiter nach dem Halse, und ist wie aus dreyen Theilen zusammengesetzt. Uebrigens haben sie alle die beschriebenen Theile des Kopfs, nur alles ist kleiner; der Bauch ist länger und schmäler.

Junge Thiere waren zu dieser Zeit häufig. Die meist Erwachsenen sind schneeweiß; die jüngern dabey etwas durchsichtig. Auf ihrem Bauche sind die aufrechtstehenden Haare deutlicher zu sehen. An den Augen konnte ich, wegen ihrer gleichen weißen Farbe, keine Entdeckung machen. Sie lebten in den innersten Zellen aller Wohnungen.

Die Eyer sind meist zylindrisch, an beyden Enden zugerundet, klein, glatt, glänzend, milchweiß, dabey etwas durchsichtig, an einer Seite etwas mehr trübe. Sie waren, im Innern der Zellen, an den Wänden aufeinander wenig zusammen geklebt, ohne

Ord-

Ordnung; einige der erweiterten Zellen waren völlig von ihnen angefüllt, ihre Anzahl belief sich zu dieser Jahreszeit sehr hoch. Durch welche von diesen Thieren, und wie sie dahin gebracht worden sind, habe ich nicht beobachten können.

Das Brustschild ist in drey Schilder getheilt, wovon das mittelste den Nacken anschließt, dessen Ende einen Einschnitt hat: die übrigen beyden Schilder sind oben, durch eine Vertiefung, getheilt, und an den Seiten gehen kleine Spitzen hervor.

Noch fand ich, zwischen diesen Eyern, andere zusammengedrückte kugelförmige, an einer Seite durch ein kleines Loch etwas vertiefte, glatte, glänzende, gelbe, zuweilen schwarze, viel kleinere Körperchens in ganz geringer Zahl. In einigen wenigen Nestern traf ich sie gar nicht an. Ob sie zu diesen oder zu andern Thieren gehören, und ob sie auch Eyer sind, blieb mir diesesmal gleichfalls unbewust.

Die Malabaren nennen die weißen Ameisen insgesammt Karreian, und ihre Königinn Karrieian Taei, und die geflügelten Isel.

Anmerkungen.

Die Zeit, da ich diese Untersuchungen mit diesen Thieren angestellt habe, ist nicht in aller Absicht die beste gewesen; indessen war sie auch nicht von allen Vortheilen entblößt, welche nebst andern erstlich darinn bestanden, daß die von der damaligen Regenzeit erweichte, thonigte Erde viel leichter zu öffnen war,

war, deshalb ich alle ihre Wohnungen unzerstört habe ausfinden können, welches in den dürren Monathen ungleich schwerer würde gewesen seyn. Zweytens waren ihre Nester nicht so überfüllt mit Thieren, daher ich alles viel besser untersuchen konnte, ohne von diesen Thieren gehindert zu werden: woraus drittens folgt, daß ich künftig, weil ich schon so viel von ihnen kenne, meine Beobachtungen richtiger, in anderen Jahreszeiten, fortsetzen kann. Ich hoffe inskünftige der Naturforschenden Gesellschaft, so weit meine Entdeckungen reichen, dieselben mittheilen zu können.

Die mehresten Erzählungen von dem großen Schaden, welchen diese Thiere hier anzurichten pflegen, sind etwas übertrieben, wie viele andere Nachrichten aus Indien, von welchen das Sonderbare mehr aus denen fehlerhaften Begriffen ihrer Verfasser, als aus der Sache selbst, seinen Ursprung genommen hat.

Den goldgelben Flecken an der Stirn der Männchen, welchen der Herr Professor Fabricius beobachtet hat, ist nicht bey den meinigen zu finden, und eben so wenig sind die meinigen ohne Zunge gewesen, welche ihnen ein so nöthiges Instrument zu ihren Arbeiten hier zu seyn scheinet; woraus ich schließe, daß jene eine andre Art gewesen ist.

Gewiß aber habe ich zu verschiedenen malen an ihren Kopf sehr fest angesessene, einzelne Läuse gefunden, welche, wie das Geschlecht der Coccionellen convex, aber sehr klein, und dabey glatt, glän-

glänzend, gelb waren. So bald ich sie mit der Nadel hart berührte, stachen sie den Kopf und die Füße hervor, und giengen weg.

Die Anzahl der Männchens war zu dieser Zeit nur ganz klein, auch selbst in der Wohnung der Königinn, traf ich mehr Spadonen an. Meiner Beobachtung nach, halte ich sie für blind, wenigstens schienen sie es zu der Zeit zu seyn, da ich die Untersuchungen angestellt habe; und schwerlich läßt es sich glauben, daß dieses Werkzeug der Sinne so versteckt bey ihnen seyn sollte, daß man davon nicht mehreres, bey schon Erwachsenen, entdecken könnte. Im übrigen gestehe ich, daß mir von der Verschiedenheit ihres Alters, bis an ihren Tod, noch zu wenig bewußt sey.

Es ist beständig nur eine Königinn in einer jeden Wohnung; selten sind zwo in einem Neste, welche in abgesonderten Etagen wohnen; sehr selten findet man drey. Diese Zahl gilt auch bey den jungen Königinnen, die nur noch kleine Nebenlöcher zur Wohnung haben. Eine solche Königinn, worinn sich die Spadones so fest eingebissen, habe ich in Spiritus aufbewahret.

Die Aufwärter bey den Königinnen sind, wie schon oben angeführt, der Zahl nach, die mehresten Spadones. Ihre genauere Verrichtungen kenne ich nicht. Nur dieses wiederfuhr mir bey verschiedenen Nestern: wenn ich die Königinn aus ihrer Wohnung nahm, so waren diese es, welche auf sie und meine Hand fielen, und sich also in die Haut einbissen, daß sie darinn stecken bleiben mußten.

Die

Wenn die Königin aus ihrer Wohnung genommen wird, ist sie sehr weich, schlapp, und läßt so gleich eine dünne schleimigte Feuchtigkeit von sich fließen. So bald man sie in Weingeist legt, wird ihr Körper härter, und die Farbe viel weißer, insonderheit wenn sie noch jung sind.

Durch das Alter wird ihre Haut dunkler, und ich habe einige voller kleinen Geschwüre und Löcher in ihrer Oberhaut, die eine schwärzliche Farbe hat, angetroffen.

In dergleichen Nestern, wo ich solche antraf, war ich auch gewiß, daß ich junge Königinnen finden mußte, so lange jene noch darin wohnten.

Ich habe auch öfters leere Nester gefunden, worin kein einziges dieser Thiere befindlich war, und ich glaube, daß in diesen die Königinn gestorben seyn müsse, und daß keine junge vom Fluge wieder gekommen, oder zurückgeblieben sey: deshalb die andern entweder das Nest verlassen haben, oder auch ausgestorben sind.

Ich kenne keine besonderen Feinde der Königinn, die sie in ihrer Wohnung stören, oder zu tödten suchen sollten. Der Zugang zu ihrer Wohnung ist auch nur eines Strohhalms dick, und geht durch eine starke Erdwand: also, daß weder so leicht andere etwas große Thiere zu ihr, noch sie heraus kommen könnte. Einige einzelne Hausgrillen habe ich, in der Erde bey ihren Wohnungen, gefunden; diesen war es aber nicht möglich, in die kleinen Löcher der gemeinen Zellen zu kommen, und also noch weniger zu der Königinn.

Die hiesigen Arbeitsleute sollen, wie man sagt, so bald sie bey Abbrechung alter, von Erde aufgeführter Mauren, oder an andern Oertern im Graben zufälliger Weise eine dieser Königinnen antreffen, sie sogleich lebendig einschlucken: in der Meynung, daß es ihnen die Nerven im Rücken stärke, und viele Kräfte gebe. Ich habe es nicht selbst gesehen; indessen glaube ich, daß dieses die Ursache sey, warum ich sie so selten bey Tranquebar habe erhalten können.

Von der größten Anzahl der jungen Weibchens in jedem Neste, habe ich schon vorher etwas angeführet. Jetzt will ich noch meine Beweise hinzufügen. Erstlich, die grossen Augen, die alle diejenigen haben, welche ausgeflogen sind. Zweytens, die besondere Beschaffenheit des Brustschildes. Drittens, die zwey Nebenschilder, die als Flügelstützen sind. Alles dies haben sie mit den Königinnen gemein: aber den Männchens und Spadonen fehlen diese Theile entweder gänzlich, oder sie sind doch anders beschaffen. Daß nämlich die Königinnen geflügelt gewesen, beweisen die annoch, an den Flügelstützen, zurückgebliebenen Stumpfen. Obgleich noch mehrere Kennzeichen da sind, so glaube ich doch, daß diese schon hinreichend genug seyn werden.

Sie fliegen aus, wie die anderen Ameisen. Die Zeit ihres Ausfluges ist unterschieden. Am gewöhnlichsten und häufigsten geschiehet es kurz vor der grossen Regenzeit. In etwas kleinerer Anzahl vor der kleinen Regenzeit, das ist im April oder May, nach

wenig

wenig vorhergefallenem Regen. Ich habe sie auch in andern Monathen, im Jun und Jul nach einigen Schauerregen, ausgeflogen angetroffen: aber nur in ganz kleiner Anzahl.

Des Abends, wenn es dunkel geworden, ist die eigentliche Zeit, daß sie aus ihren Nestern ziehen, und alsdenn machen sie bisweilen den Europäern einige wenige Ungelegenheiten durch ihren Anflug an das Gesicht, und die angezündeten Lichter. Kaum aber bescheinet sie die Sonne am Morgen, so brechen ihre Flügel ab: worauf verschiedene Vögel, einige Arten Eidexen und Frösche, an einen solchen Tage, ein vortreffliches Gastmahl an ihnen haben, so ihnen so mehr mehr zu statten kommt, da einige von ihnen sich zu einem strengen Fasten anschicken müssen, wegen der bald darauf erfolgenden Regenzeit. Es ist also dieses für solche Thiere eine große Wohlthat, die sie von der weisesten Vorsorge unsers gütigsten Schöpfers genießen, damit sie die darauf folgende für sie betrübte Zeit hindurch besser ausdauren können.

Ich glaube oben schon bewiesen zu haben, daß diejenigen nur Weibchens sind, welche ausfliegen: ob sie aber schon vor ihrer Ausflucht geschwängert worden, daß sie also für sich allein neue Neste anzurichten im Stande sind: oder ob sie die wandernden Männchens in kleinen Entfernungen von ihren vorigen Nestern aufsuchen, und in solcher Absicht zu sich leiten; dies kann ich nicht für gewiß melden. Doch bin ich der ersteren Meynung mehr zugethan, weil ihr Bauch schon ziemlich aufgetrieben ist, und letzteres auch mehrerer Beschwerlichkeit unterworfen seyn würde.

Die Anzahl der ausgeflogenen weißen Ameisen von dieser Art, ist gewöhnlich sehr gros; so daß man aus einem Neste, wenn sie durch Leute die sich damit abgeben, ausgetrieben und in Töpfen aufgefangen worden, meist einen Scheffel voll erhalten kann. Doch ist diese Anzahl nicht beständig gleich gros; indem der Ort, die Zeit und das Alter eines Nestes hiebey einigen Unterschied machet.

Ob es schon nach dem Vorhergemeldeten scheinet, daß die Vorsehung den Flug der weißen Ameisen, zum Besten einiger Thiere angeordnet habe; so wird ihnen solches dennoch auch von den Menschen beneidet, welche Mittel erfunden haben, ihnen zuvorzukommen, um sich gleichfalls von diesen Flüchtlingen eine Art der Nahrung zu verschaffen, ehe sie einmal vor jene Thiere kommen, und ehe noch ihre rechte Zeit des Ausfliegens eingetreten ist.

In solcher Absicht machen die Bewohner dieser Gegenden, gegen das Ende des Monaths Augusts, oder im September, über ihre Nester kleine Hütten von Strauchwerk, das sich oben mit einem runden Gewölbe schliest, so gros, daß es die Weite und Höhe eines Nestes räumlich einnimmt. Diese überziehen sie mit Thon recht stark; an ihren Boden machen sie eine runde Oeffnung, welche hauptsächlich eine Gemeinschaft mit den Haupteingängen in die Nester hat, also, daß sie einen ohngefehr einen Eymer grossen Topf, mit einer Hand breiten Mündung, welche

das

das Loch der Hütte überschliest, anbringen und befestigen können. Hierauf lassen sie die Hütte austrocknen, daß der Thon ziemlich hart wird. Wenn sie nun die Zeit, die ihnen die beste zu seyn deucht, wahrgenommen haben; so legen sie zuvor in dem anzubringenden Topf, einige Blätter von gewürzhaften Pflanzen, unter welchen vornemlich die Blätter von der Bergera, welche im Tamulischen Kari-Wapu-Ilei genannt wird, und im mehrerem Ansehn bey den hiesigen Einwohnern stehet, als in Europa die Blätter des Lorbeerbaums, angemerkt zu werden verdienen. Einige nehmen auch etwas von dem sogenannten Cocus, oder auch Palmeerensaft, welches sie darzu gießen. Alsdenn befestigensie ihn, an der Oeffnung der Hütte, also daß gar keines von diesen Thieren seitwärts entfliehen kann, sondern alle in den Topf flüchten müssen. Die Erde begießen sie, rund um die Hütte, mit Wasser, und alsdenn machen sie am Abend Feuer um die Hütte. Andere wollen es nur an einer Seite thun, und glauben, daß das Licht des Feuers sich ihnen mittheile, wornach sie ausgeflogen kämen. Andere wieder machen an der entgegengesetzten Seice der vorhergemeldeten Oeffnung ein Loch, das gleichfalls zu den Hauptgängen gehet, durch welches sie von einem davor gemachten schwachen Feuer, den Rauch in ihre Nester einblasen, und auf solche Art die geflügelten aus dieser Gesellschaft anlocken oder gewaltsam zur zeitigern Ausflucht nöthigen. So bald der Zug angehet, so sind sie auch fertig dazu, und in ganz kurzer Zeit, füllt sich der Topf mit diesen Thieren an, welchen die dazu bestellten Leute alsdenn abnehmen, und so gleich einen andern Topf, der eben, wie der erstere, dazu bereitet worden, wiederum vorlegen. Hiemit fahren sie so lange fort, bis keine mehr ausgeflogen kommen. So geschieht es, daß sie aus großen Nestern drey bis vier solche Töpfe angefüllt erhalten. Nur die Vorsicht müssen diejenigen gebrauchen, die auf die Töpfe Achtung geben, daß sie nicht, anstatt der geflügelten weißen Ameisen, eine Coluber Næja, oder auf Portugiesisch Cobra de Capello in den Topf bekommen, die in solchen Fällen sehr aufgebracht seyn soll, weil sie sich in Gefahr befindet. Diejenigen der aufgefangenen weißen Ameisen, welche noch nicht erstickt sind, suchen sie zu tödten; alsdenn breiten sie dieselben auf Matten aus, um sie in der Sonne aufzutrocknen, und reinigen sie von ihren Flügeln. Einige rösten sie sogleich, und essen sie alsdenn, ohne weitere Zubereitung. Ich bemerkte, daß sie während des Röstens einige Fettigkeit von sich gaben. Andere werden auch zugleich mit geröstetem Reiß gegessen. Die mehresten aber werden zermahlet, und mit Mehlen von verschiedenen, hier im Lande, eßbaren Graßarten gemischet, als vom Holcus spicatus oder Paspalum scrobiculatum, Cynosurus coracon, Cynosurus auratus und anderer mehr. Aus diesen werden Kuchen gebacken, die an einigen Oertern, in deren Gegenden sich diese Ameisen häufig aufhalten auf den Märkten zum Verkaufe ausstehen. Allein nur wenige von den niedrigen Geschlechtern der Malabaren genießen diese Speise aus

Ueber-

Uebermuth; zuweilen aber als ein Heilmittel in einigen Arten von abzehrenden Krankheiten. Die Armen sind es, die sich dieses Nahrungsmittel am meisten bedienen, wegen des gemäßigten Preises. Der zu viele Genuß dieser Speise bringt sie zu einer Bauchschlagflüßigen Ruhr, so daß sie in ein oder zwo Stunden an dieser Krankheit sterben müssen.

Als etwas besonderes merke ich noch an, daß die größte Menge dieser Thiere sich eben in solchen Gegenden aufhält, wo wenig oder fast gar kein Reiß eingeerndtet wird; wo aber die vorhergenannten Graßarten am meisten gebauet werden, welches beständig auf hochliegenden dürren Feldern geschieht.

Warum die Spadonen in die Höhe gebogene Freßzangen haben, weis ich nicht. Sie haben die Unbequemlichkeit davon, daß, wo sie sich in weichen Körpern einbeißen, sie alsdenn über einander kreutzweise gehen, und daran hangen bleiben müssen, weil es ihnen wegen der Krümme der Freßzangen nicht möglich ist, sich los zu machen: ihr Hinterleib wird alsdann von den Ort des Bisses ganz ab, und in die Höhe, gerichtet.

Vielleicht bleiben sie deswegen so fest hangen, theils damit sich ihre Feinde von ihnen nicht so leicht losmachen können; theils damit sie, da ihr Körper durch den Biß so abstehet, dem Feinde durch ihre Ausbreitung den Durchgang versperren. Sowohl Männchen als Spadonen werden wie verwirrt, schwindelicht, und sterben in wenigen Minuten, wenn sie ganz ohne Schutz in die freye Sonne kommen; und alsdenn sind die rechten Arten Ameisen sehr beschäftiget, sich mit ihnen zu sättigen.

Hiermit glaube ich, für diesmal, von der so sehr beschrieenen Art der weißen Ameisen, genung gesagt zu haben. Diesem füge ich noch meine Vermuthung von einigen mehreren Arten bey, und will mit einer wirklichen Art schließen.

Die erste vermuthliche Art dieser Thiere, leben an Fußsteigen in grasigten Gegenden, in kleinen Gesellschaften zusammen und richten gewöhnlich ihren Lauf schräg über und neben den kleinen Wegen. Sie bauen keine Gewölbe über sich, wie die vorigen; ihr Körper ist einigemal größer, und sie sind auch verhältnißmäßig viel dicker. Genauere Untersuchungen habe ich noch nicht zu machen Gelegenheit gehabt, weil sie sehr selten sind, und ich sie auch nur an unwegsamen Orten gefunden habe. Die Tamuler nennen sie die wegweisende Ameise.

Eine zwote vermuthliche Art habe ich in Wildnissen unter großen Bäumen, in sehr langen fingerbreiten Reihen, über dürre Blätter laufend angetroffen. Diese sind fast eines Fingergliedes lang, und schwärzlich grau, welche ich auf folgende Art entdeckte. Auf einer meiner Reisen, da ich durch einen Graßwald kam, und es eben Mittag war, nahm ich, wegen der großen Hitze, meine Zuflucht unter die Bäume. Meine Begierde, neue Dinge anzutreffen, entfernte mich bald von meinen Leuten, und darauf hörete ich ein fremdes fortlaufendes Rasseln, dessen Ursach mir nnbekannt war. Nach vielem Umsehen

sehen gieng ich einige Schritte zurück, die ich während des Schalls fortgegangen war, und da hörte ich dieses Geräusch abermals. Da ich nun sorgfältiger auf alles Achtung gab, so sahe ich diese Art weißer Ameisen, unter meinen Füßen, und wie ich ihre Linie noch öfter auf verschiedene Weise unterbrach, so beobachtete ich, daß sie mit den hornigten Freßzangen, in Fällen, wo sie gestöret wurden, etwas den Hinterleib aufhoben, und mit einer Federkraft damit wieder auf die dürren Blätter niederschlugen. Hierdurch ward dieser Schallregen der großen fortlaufenden Menge verursacht. Eben dies hat, auf meine Erzählung, ein englischer Capitain, Herr Cotgrave, aus der tanschaurischen Garnison, ganz neulich auch in einer Wildniß versucht. Mich deucht, diese Thiere verdienen Convulsionarii genannt zu werden.

Ich schließe demnach meine Betrachtung diese Thiere, mit einer dritten und gewiß ganz unterschiedenen Art: welche ich nur in Wüsteneyen in zwoen von einander entfernten Gegenden angetroffen habe. Erstlich fand ich sie auf dem Rücken eines der sogenannten Palliacattischen Gebürge, Nagori genannt, an dem Fuß einer Felsspalte etwas vom Neste hervorragend, von welchem sowohl, so wie von den Thieren, mir nur wenig zu erhalten möglich war. Der Fels war ziemlich bewachsen mit dem Bysso antiquitatis. Auch dies wenige verlohr ich im Herabgehen von diesem sehr hohen Gebürge, als ich Nachmittags zwischen zwey und drey Uhr in einem dichten Gebüsche mich befand, wo kein Zugwind war, und die Hitze nahe auf 34 Grad über O nach dem Réaumurischen Thermometer stand, wobey ich in einer Entkräftung hinfiel, und die Folgen davon hatte, die dabey gewöhnlich sind. Unter glücklicheren Umständen, fand ich sie zum zweyten Male, auf Ceylon, da ich durch die so überaus gütige Unterstützung des Herrn Commandeur Christian Rose, welcher nächst dem, das Er ein Gelehrter, zugleich auch ein großer Beförderer der darauf abzielenden Absichten, besonders auch gegen mich gewesen ist. Hieher rechne ich unter andern, daß ich nach den Wildnissen, wo die holländische Compagnie ihre große Holzhauerey hat, frey begleitet wurde. Daselbst fand ich, unter einer Menge unbestimmter Dinge in der Naturgeschichte, auch diese Thiere, in verschiedenen Nestern an den hohlen Bäumen, davon die mehresten sehr hochstämmigt und nicht so leicht zu erreichen waren. Das bequemste und größte Nest unter diesen war hervorhangend, an einem Hauptaste eines sehr dicken Baums, welcher im Horto Malabarico Pars V. pag. 3. Tab. 2. Kotu - Moil - Elou genannt wird; und eine neue Species Vitex Linn. ist. Diesen Ast, der eines Mannes Dicke hatte, ließ ich zwo Ellen tiefer neben dem Stamm selbst abhauen, in der Absicht vielleicht die Königinn des Nestes zu erhalten: welches mir aber nicht gelung. Ich fand nur, daß in diesem Raum die Gänge dieser Thiere mehr flach und ihre Abtheilungen blätterticht waren, welche aus kleinen, länglichten, glatten, in- und auswendig kohlschwarzen Körperchens, worunter wenig

Sand

Sand und Erdigtes gemischet ist, zusammen geleimt sind. Auf Kohlenfeuer ein Stück von diesem Nest geworfen, schwitzt vor dem Brande eine schwarzbraune öhlichte Feuchtigkeit hervor. Der Geruch vom Brennen ist vegetabilisch, die Asche weiß, und das Stück zerfällt von selbst. Im Reiben entdeckt man alsdenn das wenige Erdigte. Ein Stück des Nestes in Weingeist gelegt, theilt ihm eine grünliche Farbe und einen moosigten Geruch mit: wird aber dadurch nicht zerbrechlicher. Ich glaube indessen doch, daß die schwarze Farbe dieser Nester am meisten von dem Thiere herkommt: ob ich gleich anfangs auch vermuthete, daß sie vom Bysso antiquitatis ihre Farbe hätten; allein hier in diesem Walde sahe ich mich sehr darnach um, und zeichnete mir alle die hier wachsende Mooße an den Bäumen auf. Am seltensten fand ich Lichen scriptus sanguinarius, fusco-ater, und mehrere, von welchen man die schwarze Farbe vermuthen konnte. Am meisten fand ich die weißgrauen lichénes, die roth färben, aber Byssus antiquitatis war gar nicht zu sehen.

Die Thiere selbst betreffend, so sind es nicht ihre besondere Schwärze und anders zusammengesetzte Wohnungen, welche ich zu Unterschiedskennzeichen einer besondern Art angenommen habe; sondern ihre anders beschaffene Freßzangen, ihr geballeter Nacken, das schräge niedergehende, zugespitzte, ziemlich große Horn, an der Stirn der Spadonen; und dies wird hinreichend seyn, sie von den andern zu unterscheiden. Aus dieser Absicht habe ich sie als gehörnte weiße

Amei-

Ameisen, denen die schwarze Farbe besonders zugleich eigen ist, für eine neue Species gehalten, und weil meine Muße mir nicht erlaubet hat, sie näher zu untersuchen, ich auch die Königinn bisher noch nicht habe erhalten können; so bleibet dies bis künftig ausgesetzet.

Sollte jemand meine Beobachtungen zu verbessern belieben, so werde ich solches mit Danke erkennen, und denselben bitten, die Berichtigungen unter seinem Namen beyzufügen. Meine Umstände haben mich viel an der Genauigkeit zu beobachten gehindert; und ich werde, wenn ich selbst einige Fehler finden sollte, diese mit aller Aufrichtigkeit ins künftige anzuzeigen bereit seyn.

Erklärung des Kupfers.

Fig. 1. Ein Ey des Termis fatalis.
Fig. 2. Dasselbe vergrößert.
Fig. 3. Das Männchen des Termis fatalis.
Fig. 4. Dasselbe vergrößert.
Fig. 5. Ein geflügeltes Termes fatale, oder eine künftige Königinn, mit zusammen geschlagenen Flügeln.
Fig. 6. Eben dieselbe mit ausgebreiteten Flügeln.
Fig. 7. Ein vergrößerter Kopf, mit den zwey großen Augen und zwey Nebenaugen.
Fig. 8. Ein Spado.
Fig. 9. Ebenderselbe vergrößert.
Fig. 10. Ein Termes monoceros atrum.
Fig. 11. Ebenderselbe vergrößert.
Fig. 12. Ein Termes viarum.
Fig. 13. Dessen Kopf vergrößert.
Fig. 14. Eben dieser Kopf von vorn anzusehen.

Ueber

II.

Ueber den Weißdornspanner nach Herrn Sepp

von

Joh. Andr. Benign. Bergsträßer.

Siehe Tafel II.

Herr Pastor Goeze, mein liebenswürdiger Freund, äußert irgendwo, in seinem übersetzten Degeer, von dem ausnehmend schönen Insectenwerke des Herrn Sepp, den sehr richtigen Gedanken, daß seine Entdeckungen für die Geschichte der Schmetterlinge noch nicht so, wie sie es wegen ihres innern Werths verdienten, genutzt worden wären. Vielleicht geschieht also unserm Vaterlande ein Dienst damit, wenn man ihm, aus diesem niederländischen Werke, wenigstens das wichtigste durch eine Uebersetzung bekannt macht. Hier liefre ich den ersten Versuch davon: vielleicht schicke ich das übrige, wenn es meine Umstände leiden, in unserer Schrift nach.

Der Weißdornspanner, wovon hier die Rede ist, gehört zu den Phalänis Geometris des verstorbenen Ritters Herrn von Linné: Phalaena crataegata seticornis, alis flavissimis: anticis maculis costalibus tribus ferrugineis media subargentea. *S. N.* 2. 868. 243. *Fn. suec.* 1283. *Fabric. S. E.* 633. 65. *Geoffr. Inf.* 2. 139. 59. *Müll. Zool. Dan. prodr.* 1459.

Außer dem Herrn Sepp, findet man ihn abgebildet bey Wilks *Pap.* 39. *tab.* 1. 6. 4. *Clerk phal. tab.* 5. *fig.* 15. *Schaeff. Icon. tab.* 163. *fig.* 2. 3.

Die berühmten wienerischen Entomologen rechnen ihn unter ihre zackenflügelichte Spanner, Phalaenas geometras angulatas, und seine Raupe zu den Aesteraupen, Larvae ramiformes. Diese Raupen, heißt es bey ihnen, gleichen den Aestchen, nicht nur an der Farbe und Länge des Leibes, sondern auch an gewissen Auswüchsen, Warzen oder Spitzen. Sie sind geschmeidiger gegen den Kopf, der hervorragend und zugleich breit gedrückt ist. Die Verwandelung geschieht über der Erde, meist zwischen Blättern in einem geringen Gewebe. Die Spanner haben zackigte, ungleich ausgezähnte oder ausgeschweifte Flügel, und tragen sie in der Ruhe, fast nach Art der Tagschmetterlinge, ein wenig zusammen geneigt, darum auch die Unterseite der Flügel lebhaft gefärbt ist.

So weit im Allgemeinen und zur Einleitung. Nun will ich Herrn Sepp nach einer freyen Verteutschung reden lassen.

Obgleich

§. 1.

Obgleich das Insect, welches ich vor mir habe, nicht so gar selten in den hiesigen Gegenden vorkommt, so kann man es doch mit Recht unter die raren zählen: weil man es in andern, und wohl gar in den größten Insectenwerken weder *) abgebildet noch beschrieben findet, woraus denn folgt, daß es in andern Ländern wenig, oder gar nicht bekannt ist.

Vor eilf Jahren fand ich es zum erstenmale, als Raupe auf dem Weißdorne außer Harlem, wo es dann auch, nach meiner Vermuthung, zu Hause ist: wie man dies so gleich aus sichern Umständen ersehen wird, ohnerachtet es nachher auch auf Aepfel- Birn- Pflaumen- und Abricosenbäumen gefunden worden. Mehr als einmal hatte ich schon diese Raupen gehabt; ja sie hatten sich auch schon bey mir etliche mal in Schmetterlinge verwandelt: allein die ganze Haushaltung des Insects war mir damals noch nicht bekannt. Denn ich hatte die Eyer, woraus es auskommt, noch nicht gesehen, und nie war mir auch die Gelegenheit, sie durch die Paarung der Vögel zu erhalten,

*) Herr Doctor Schäffer scheint die Abbildung des Spanners eher, als Herr Sepp geliefert zu haben; wenigstens war sie schon bey ihm im Jahre 1769. vorhanden. Vermuthlich hat Herr Sepp, als er dies niederschrieb, weder das Werk des teutschen, noch des Clerks Abbildungen gekannt. Auch Uddmann hatte bereits das Insect selbst beschrieben.

erhalten, günstig gewesen. Endlich aber hatte, im Anfange des Jahrs 1768, Herr Johann Reigerbosch, ein großer Liebhaber der Insectenkunde, die Gutheit mir, mit acht Puppen dieser Art, ein Geschenk zu machen, wofür ich ihm hier öffentlich Dank sage. Aus zwoen dieser Puppen, kamen kurz nach einander, gegen das Ende des Mays, und mit dem Anfange des Juns ein männlicher und weiblicher Spanner zum Vorschein. Ich that sie beyde in eine Schachtel, und legte, weil ich keinen Hagedorn bey der Hand hatte, ein Aestchen mit Birnblättern zu ihnen hinein, in der Erwartung, daß das Weibchen, weil es sich gepaart hatte, seine Eyer auf die Blätter legen sollte, indem ich schon die Raupe vorher auf Birnbäumen gefunden. Aber davon erhielt ich nichts. Ich beschloß also die Probe mit einem Hagdorne zu machen, wovon ich, so bald ich mich damit versehen hatte, einen kleinen Zweig, an die Stelle der Birnblätter, in die Schachtel that. Zu meiner Freude ward ich am andern Morgen beym Nachsehen gewahr, daß das Weibchen eine Menge Eyerchen auf den Hagedorn gelegt hatte, und daraus glaube ich mit Grunde schließen zu dürfen, daß das Insect eigentlich auf dieser grünen Pflanze zu Hause ist; wenigstens lebt es vortheilhafter auf derselben, wenn es die Gelegenheit zuläßt. Um dieser Ursache willen, und weil mir, außer einigen kleinen Motten, kein anderer Schmetterling bekannt ist, der von einigem Belang wäre und sich auf diesem Gewächse nährete, habe ich den gegenwärtigen, da er, meines Wissens, noch keinen Namen hat, Hagedornschmetterling genannt.

Es hatte sich aber das gemeldete Weibchen, in der einzigen Nacht, noch nicht von allen seinen Eyern entlediget: sondern hielt noch einige Tage mit Legen an, und lieferte beynahe vierhundert Stücke. Ich fand sie nicht einzeln, etliche wenige ausgenommen; doch auch nicht auf einem Haufen beysammen. Sie lagen vielmehr hier und da reihenweise, und der Zahl nach sehr ungleich. Ihre Gestalt war länglicht-rund, ihre Farbe ganz weiß, wie Wasser, doch so, daß sie viel Glanz hatten und ihre Größe, so wie sie hier Taf. 2. in Fig. 1. abgebildet sind. Dem blossen Auge nach, ja selbst unter einem Vergrößerungsglase, von einem einzolligen Brennpunkte, schienen sie ganz glatt und völlig unfigurirt zu seyn: allein unter dem Mikroscope zeigten sie sich sehr schön und bunt. Die ganze Oberfläche war mit sehr feinen, meist unregelmäßigen Räutchen bedeckt, und hatte über dies noch einen hervorstehenden Rand: so daß diese Eyerchen gar wohl den Eyern der Porcelanschmetterlinge gleichen, nur daß sie ein wenig kleiner sind.

Gegen den achten Jun fiengen die zuerst gelegten Eyerchen an, die Farbe zu verändern und gelblich zu werden; auch bekamen sie hier und da rothe Fleckchen, ohne zu verschrumpfen und Runzeln anzunehmen. Also durfte ich mit Grunde hoffen, daß sie wirklich befruchtet wären. Dieses gefärbte Ey habe ich

ich bey Fig. 2 abgebildet, so wie es sich unter einem sehr vergrößernden Mikroscope zeigt.

Und nun nahm die Verfärbung je länger, je mehr zu, so daß die Eyerchen anfänglich eine Fleischfarbe erhielten, nachher roth, in der Folge bläulicht, endlich aber ziegelfärbig wurden: bis sie zuletzt einen grünen und bläulichen Goldglanz, als die Geburt der Raupe sehr nahe war, annahmen.

§. 2.

Am folgenden Tage, den sechszehnten Jun, kamen dieselben aus den am frühesten gelegten Eyern zum Vorscheine, als sehr kleine zehenfüßige Spannenmesser. Auf dem Rücken hatten sie eine sehr braune Farbe: an der Seite aber und unten waren sie weiß. Ihre ziemlich dicke Köpfchen hatten eine gelbe Farbe.

Gleich von Anfange an bezeigten sie viele Lust zum Spinnen, und machten, im Verhältnisse mit ihren Körperchen, bereits sehr starke Fäden. Oefters hiengen sie sich auch, um auszuruhen, an einen Fädchen an.

Am ein und zwanzigsten, oder zwey und zwanzigsten Jun häuteten sie sich zum ersten; den acht und zwanzigsten und neun und zwanzigsten aber zum zweyten Male. Und nun hatten sie nicht mehr alle einerley Farbe und Zeichnung, aber einerley Gestalt. Einige wenige waren ganz grün und ihre zwey Knöpfchen auf dem Rücken röthlich, wie in Fig. 3. Doch verschwand die grüne Farbe nach den folgenden Häu-

tungen,

tungen, und in ihre Stelle trat das lederfärbige, welches nun bey allen zur Grundfarbe wurde: nur mit dem Unterschiede, daß sie bey einigen dunkler, bey andern bleicher ausfiel. Den vierten und fünften Jul häuteten sie sich zum letzten Male.

Nachdem sie nun noch acht Tage wacker gefressen hatten und merklich größer geworden waren, so zeigten sie sich endlich völlig ausgewachsen und im ruhenden Zustande, wie in Fig. 4.

Unter dem Mikroscop erscheinet der Kopf einer solchen Raupe besonders artig. Von vornenher ist derselbe platt, und so gezeichnet, daß er dem Angesichte eines schlafenden Löwen gleicht. Diese Vorstellung habe ich in Fig. 5. genau abgebildet. Allein man darf darum nicht glauben, daß das, was sich hier als ein Paar geschlossener Augen, als eine platte Nase und als Mund zeigt, wesentlich das alles wirklich sey: nein, es besteht nur in Flecken und Zügen.

Die Augen befinden sich vielmehr auf den gegenüber stehenden Nebenseiten des Kopfs. Der Zahl nach sind derselben im Ganzen zwölfe, so daß auf jeder Seite sechse angebracht sind. In der Abbildung sind von allen nur sechs sichtbar und mit a. a. a. a. a. a. bezeichnet. Die übrigen sechse stehen weiter hinterwärts, und können hier nicht gesehen werden. Unten werde ich etwas ausführlicher von ihnen handeln.

Die Raupen haben, allgemein genommen, keine Nase: aber auf den Seiten des Mundes gegen einander über, gewisse Spitzen. Diese Spitzen, welche man gewöhnlich Freßspitzen nennt, halte ich für das Sinnenwerkzeug des Geruchs. Die Gründe für diese Behauptung will ich aber anderswo ausführen. Die Spitzen selbst habe ich durch die Buchstaben b. b. angedeutet.

Auch endlich das, was sich in diesem Angesichte als Mund bildet, ist nicht das eigentliche Maul der Raupe. Es befindet sich dasselbe vielmehr ganz unten an dem Kopfe, bey c. und besteht aus zwey harten Stückchen, welche das Thier beym öfnen und schließen nicht auf und niederwärts, sondern gleich einer Schleuse bewegt: worin das Maul der Raupe von den Mäulern der übrigen Thiere gänzlich unterschieden ist.

§. 3.

Gegen den zwanzigsten Jul hin konnte man schon merken, daß die ältesten unter diesen Raupen ihrer Verwandlung sich näherten, weil sie kürzer und dicker zu werden anfiengen, und das Futter nicht mehr nutzten. Sie krochen nicht in die Erde, sondern sponnen sich zwischen den Blättern ein, oder brachten auch, ohne sich an die Blätter zu halten, ihr Gespinnst hier und da an. Es war dasselbe nicht hart; aber doch stark und fest und hatte eine rosenrothe Farbe.

Anfänglich lagen sie noch etliche Tage, als Raupen, in demselben: nachher aber verwandelten sie sich in Puppen, so wie hier eine, in Fig. 6. ihrer

wahren

wahren Gestalt, Farbe und Größe nach abgebildet ist.

Sonst hatte ich diese Art von Raupen im Spätjahre gefunden. Verwandelten sie sich alsdann noch in Puppen, so überwinterten diese, und die Schmetterlinge kamen erst im folgenden Jahre daraus zum Vorscheine. Eben so erwartete ich nun, bey den gegenwärtigen Puppen, die Schmetterlinge erst im Frühjahre, ohne daran zu denken, daß es noch sehr früh und in der Mitte des Sommers war.

§. 4.

Ich gerieth also in Verwunderung, als ich im Anfange des Augusts gewahr wurde, daß schon die Spanner ausgekommen waren; um so viel mehr, weil ich von der nämlichen Brut auch noch unausgewachsene Raupen hatte: woraus dann zugleich das ungleiche Zunehmen und Fortkommen dieser Thierchen erhellet.

Die siebente Figur zeigt einen ruhenden männlichen Spanner, der allein an seinem dünnen Hinterleibe kenntlich, und dadurch von den Weibchen unterschieden ist, welches in der 8. Fig. fliegend erscheint.

Die Fühlhörner sind bey beyden völlig gleichförmig und können, bey dieser Gattung, zu keinem unterscheidenden Kennzeichen des Geschlechts dienen. Allgemein und überhaupt genommen, fallen die Weibchen etwas größer und in der Farbe stärker aus, als die Männchen; doch sind weder die ersten noch die letzten durchgehends gleich stark, oder gleich schwach und matt gefärbt.

Zufälliger Weise waren die eben gemeldeten ausgekommnen Spanner just Männchen und Weibchen. Gleich nach dem Auskommen machten sie sich ans Paaren. Das Weibchen legte eine große Anzahl Eyer und es kamen auch noch die Räupchen daraus zum Vorscheine: aber nun überwinterten ihre Puppchen, in die sie sich noch verwandelten. Dies war dann also die zwote Brut.

§. 5.

Als ich das vorhingedachte anscheinende Löwengesicht, unter dem Mikroscop, beschauete, ward ich gewahr, daß man die Augen der Raupen deutlich sehen konnte. Eben daher nahm ich mir vor, sie vermittelst dieses Werkzeugs auf das genaueste zu beobachten.

Ich sah mich aber, um dies thun zu können, genöthiget, der Raupe den Kopf abzuschneiden, weil das ganze lebendige Thierchen, während einer solchen Beobachtung, nicht in der Ruhe bleibt. Als ich nun diesen abgeschnittnen Kopf, der noch einige Stunden über lebte, auf ein spitziges Instrument gesteckt und unter das Mikroscop gebracht hatte; so sah ich mit vielen Genügen und sehr deutlich die Augen gerade so angeordnet, wie ich sie hier auf der einen Seite in Fig. 9. ungemein vergrößert abgebildet habe. Sie zeigten sich vollkommen wie stark erhöhete gläserne Kügelchen. Auf jeder Seite des

Kopfs

Kopfs, gegen einander über, stehen fünf derselben vertical und eins bey d horizontal, unbewegbar und ohne Augenlieder: welche letztere Eigenschaften man bey allen Augen der Insecten wahrnimmt.

Hier sollte man nun wohl fragen können, warum hat doch der allweise Schöpfer diese Thierchen mit so vielen Augen versehen; da doch der Mensch und unzählbar viele andere Gattungen von Thieren an zweyen genug haben? Dieses Warum gehört zwar mit unter die Fragen, über tausend andere Verborgenheiten der Natur, die kein Sterblicher vollkommen und mit Zuverläßigkeit beantworten kann: darf ich aber meine Muthmaßuug über diesen Gegenstand äußern, so stelle ich mir ihn ungefehr also begreiflich vor.

Der Mensch und auch alle andere zweyäugige Thiere können nicht allein ihren Kopf aufwärts bewegen, und dadurch den Ort der Augen gleichsam verändern: sondern den Augapfel selbst auf- nieder- und seitwärts kehren und wenden. Bey der Raupe hingegen ist der Kopf mit dem Körper so fest verbunden, daß er sich nicht anders, als mit demselben zugleich bewegen kann. Dies verursacht erstlich eine Langsamkeit im Sehen. Ferner stehen ihre Augen unbeweglich still, wodurch zweytens ihr Gesicht ungemein vermindert werden würde, wenn sie nur zwey dergleichen Augen hätten. Es kommt mir also wahrscheinlich vor, daß der Schöpfer diesen Thierchen mehrere Augen gegeben habe, um durch ihre größre Anzahl und durch die anpassende Lage derselben, die Mängel und Gebrechen im Sehen, welche ihrer mindern Bewegbarkeit entspringen, wieder zu ersetzen.

Das ist wohl gut, möchte vielleicht jemand sagen: allein warum hat der Schöpfer das Gesicht dieser Thierchen nicht so auch eingerichtet, daß es, wie bey andern Thieren, eine Stellung nur mit zwey Augen hätte annehmen können? Diese Frage verdient keine Antwort, weil sie eben so ungereimt ist, als wenn jemand wissen wollte, warum nicht der Schöpfer den Raupen die Gestalt eines Pferdes, oder eines andern Thieres gegeben habe?

Unterdessen begehre ich doch auch nicht, daß man meine Muthmaßung, über diesen Gegenstand, für eine unfehlbare Wahrheit annehmen solle. Ich weis sehr wohl, daß die Gründe von solchen und unzählich andern Erscheinungen der Natur nicht genau und gewiß, sondern nur muthmaßlich angegeben werden können.

Kann nun unser Verstand nicht einmal natürliche Gegenstande, die uns doch umgeben und in dem Bezirke unsrer Sinne vorkommen, mit vollkommner Zuverläßigkeit ergründen: wie ungereimt und kläglich ist es also erst, daß wir dennoch vermessen, oder vielmehr gottlos genung sind, in die übernatürlichen Geheimnisse eindringen, und ihre grundlose Tiefe, nach unserer endlichen und eingeschränkten Vernunft, gleichsam wie mit der Bleyschnur in der Hand, ausmessen zu wollen? Hiebey ist alsdann immer noch das ärgste, daß jeder seine Begriffe, so mißlich sie auch sind, als die eigentlichen und wahren durchsetzen

will.

will. Sicher ist dies die unglückliche Quelle der Spaltungen unter den Christen. O möchten uns doch im Gegentheile allesamt Demuth und Gehorsam beseelen; möchten wir doch bey solchen tiefen Geheimnissen unsere eingeschränkte Urtheile lieber zurückhalten, und, mit der Hand auf dem Munde, vor dem Herrn im Staube uns niederwerfen und freywillig bekennen, daß unsere Kenntnisse selbst schon im Natürlichen, und wie vielmehr also im Geistlichen nur mangelhaft und gebrechlich sind! Welche süße Ruhe und Stille würde daraus unter den Christen entstehen und wie gewiß würden die unseeligen Zänkereyen alsdann unter ihnen nicht seyn und entweihen! Doch dies gehört mit unter die Pia Desideria, welche, leider durch der Menschen eigene Schuld! nie werden erfüllt werden.

So weit, Herr Sepp. Ich habe auch seine erbaulichen Gedanken am Schlusse mit her gesetzt: wiewohl sie hier nicht am rechten Orte zu stehen scheinen. Unser Autor hat das Eigene, daß er sich öfters in dergleichen Nebengedanken, und, wo ich nicht irre, mehr als einmal am unrechten Orte, verliehrt. Gottselige Gedanken, wozu die Geschichte der Natur hinleitet, müssen einen bestimmten, und, wenn ich mich deutlich genug ausdrücke, nur einen einzigen Ort haben, wenn sie lebhaft auffallen und Wirkung thun sollen.

III.

Otto Friedrich Müller von unsichtbaren Wassermosen.

Siehe Taf. III.

So häufig, man in den neuern Zeiten, Thiere, die das unbewaffnete Auge nicht siehet, gefunden hat; so wenig hat man, seit der Erfindung der Vergrößerungsgläser, solche Pflanzen entdecket, und so höchst selten sind sie noch zu einer Zeit, da in jedem Lande Naturforscher das Auge auf die unsichtbare Welt Tag und Nacht gerichtet haben. Es ist nicht leicht zu bestimmen, warum es dem Schöpfer gefallen, so wenige uns unsichtbare Pflanzen, und hingegen so viele Thiere zu schaffen. Kaum ist in den Gattungen ein Pflänzchen gegen zwanzig Thierchen, und in den Individuen nicht eins gegen tausende vorhanden. Außerdem machen sie nur höchstens zwey oder drey Geschlechter aus, und sind alle Cryptogamisten, Schimmel oder Wassermose: da es doch unstreitig so wohl hätte mikroscopische Pflanzen mit Staubfäden, Staubbeuteln, Blumen-Blättern u. s. w. geben können, und, weil man in dieser kleinern,

so

so wie in der größern Welt, lebendig-gebährende und Eyerlegende, sich durch Zertheilung und durch Paarung vermehrende Thierchen antrifft, wahrscheinlich hätte geben sollen. Man sage nicht, daß sie nicht nothwendig wären, weil die mikroscopischen Thierchen sich von den unsichtbaren Theilchen der macerirten sichtbaren Pflanzen, und von den kleinern Thierchen ihrer Welt ernähren können; denn, wie dürfen wir von dem, was nach unsern eingeschränkten Begriffen auf das, was in der Schöpfung und im freyen Schöpfer nothwendig ist, schließen? Hier ist lauter wohlgefälliger Wille; dieser schafft im unsichtbaren Thierreiche tausend frappirende Bilder, deren Aehnlichkeiten das sich selbst gelassene Auge in seinem Gesichtskreise, vergebens suchet, und lässet das Pflanzenreich im Unsichtbaren fast gänzlich leer. Wie auffallend ist diese Armuth gegen jenen Reichthum, der einfache Bau dieser wenigen, gegen die künstlich, vielfach zusammengesetzten Veranstaltungen jener mannichfaltigen; die Gleichheit und Uebereinstimmung der mikroscopischen Wasserpflanzen, mit den sichtbaren; wie erstaunend die Abweichung der mikroscopischen Thierchen, die alle den Karacter einer fremden Welt an sich tragen!

In einem nähern Verhältniß mit einander befinden sich die Thiere und Pflanzen, die an den Grenzen der unsichtbaren Welt stehen; ich meyne diejenige, die den bloßem Auge zwar sichtbar sind, deren äußere Organen man aber nicht ohne Vergrößerung erkennen kann. Dahin gehören, unter den Insekten,

die

die Geschlechter der Blasenfüße (Thrips), die Blat- und Schildläuse (Aphis, Psylla, Coccus) und der Blatsauger (Chermes); einige Arten der Hafte, der Stinkfliegen, der Raupentödter, und der Gall-Insekten; viele Fliegenarten, ganze Schaaren von Erdschnecken, Mücken, Läusen, Land- und Wassermilben, Flöhen und Einaugen; unter den Würmern die Barsarien *), einige Vorticellen und Brachionen **), einige Ascariden und Naiden, Platwürmer ***), Fasciolen, Medusen, und ganze Hausen der Cellen-Bewohner †); unter den Pflanzen die Steinflechten (Leprosi und einige Scutellati) die Byssus, Conferva, Riccia, einige Schwämme und alle Schimmel-Arten. Doch scheinen auch hier die Thiere die Gewächse an der Zahl zu übertreffen: in der völlig sichtbaren Welt aber, ist die Menge der Gattungen und Individuen der Pflanzen weit größer als der Thiere. Wer erkennt nicht hier den mächtigen Finger der ewigen Weisheit!

Einige dieser Grenzenbewohner, aus dem Pflanzenreiche, sind bereits in der Flora danica zu sehen. Ich will hier nur der seltenern des süßen Wassers erwehnen, eine neue Art bekannt machen, und endlich zwey Gewächse aus der unsichtbaren Welt darstellen. Die fünf Arten Wassermose, welche in dem eilften Hefte T. 51. f. 1-3, und T. 60. f. 1, 2. abgebildet sind,

*) Zool. dan. prodrom. p. 206.

**) l. c. p. 212.

***) Planaria, l. c. p. 221.

†) l. c. p. 251—256.

sind, siehet man zwar ganz wohl mit dem bloßen Auge: ohne Vergrößerung aber hat man von denselben keinen deutlichen Begriff, auch kann man ihre Geschlechter und Arten nicht bestimmen. Die drey Arten der 51. Tafel erscheinen außer dem Wasser als ein bloßer Schleim, welches sie mit vielen Mosen des Meerwassers gemein haben: im Wasser aber, und unter der Vergrößerung siehet man ihren völligen Bau durch und durch. Die erste Figur der 660. Tafel, deren Geschichte ich im siebenden Bande, S. 189. des Naturforschers beschrieben habe, und aus welcher die zu ihrer Bestimmung nothwendige Anwendung des Mikroscops erhellet, ist neu und unbekannt. Die zwote Figur derselben Tafel ist vom Herrn von Linné zuvor bekannt gemacht worden; weil er aber bey derselben das Vergrößerungsglaß entweder gar nicht, oder nicht hinlänglich gebrauchet hat; ist er in einen doppelten Irrthum verfallen, einmal sie im System, und in seiner Mantissa, S. 136. für eine Ulva auszugeben; und zweytens sie mit einer, dem ersten Anschein nach, ähnlichen Ulva in den Speciebus plantarum, unter gleichen wiederholten Namen, zu vermengen. Dies zu berichtigen, habe ich beyde Pflanzen vergrößert, und mit ihren innern Bau, auf der 660. Tafel, f. 2. des 11ten Heftes, und auf der 705. Tafel des 12ten Heftes dargestellt und gezeiget, daß die erstere eine Conferva, diese aber eine ganz verschiedene Ulva sey. Die beyden Schwammarten der 716. Tafel des genannten Heftes, darzu ich noch keine Synonymen habe finden

können,

können, lassen sich auch schwerlich ohne Hülfe der Vergrößerung, durch welche die vertiefte Cellen und erhabene Adern erst sichtbar werden, richtig bestimmen.

Das neue Wassermos fand ich in Pyrmont bey meinem dasigen Anfenthalt am Schluß des Augusts vorigen Jahres. In dem Wassergraben rechter Hand, wenn man nach dem Gehege der ausländischen Staudengewächse hinab gehet, sahe ich, unter andern Wassermosen, große braune Haufen liegen. Ich zog etwas mit meinem Stocke heraus, brachte dieses fadigte Wesen in mein Zimmer, und that es in ein Glas Wasser, um es geruhig untersuchen zu können. Dir Faden waren gar sehr in einander verwickelt; ich brachte etwas weniges auf einen Teller, goß Wasser darauf, zog die Faden aus einander, um die Pflanzen einzeln und für sich zu betrachten. Nun stellten sie sich dem bloßen Auge in ihrer natürlichen Lage, wie die erste Figur, dar. Feine braune Faden theilen sich einige mal in zween Zweige, und haben an dem äußersten Zweige gemeiniglich drey, fünf bis sieben von einer Seite ausstehende kleinere. Unter der Vergrößerung erschienen die Faden gerundet, zugespitzet, ganz mit bräunlichen Körnern ausgefüllet, und nun konnte man erst erkennen, daß sie keine Gelenke hatten. Allenthalben, besonders an den älteren Zweigen waren sie mit kristallinischen Körpern über und über besetzet; diese hatten eine elliptische Gestalt, theils vorne gerundet, theils abgeschnitten, und hiengen unordentlich unter einan-

einander und in verschiedener Richtung, drey, zwey, oder einzeln an sehr kurzen und dünnen kristallinischen Stielen. Sie hatten also viele Aehnlichkeit mit den gestielten Vorticellen*); in einigen war ein Strich der Länge nach merklich. Sollte dieser wohl eine bevorstehende Theilung andeuten? Aller Mühe ungeachtet, konnte ich kein Eingeweide und keine Bewegung wahrnehmen. Die ganze Pflanze war von diesen Körpern, so wie die kleine Süßwasser-Schnecken, oft von der Vort. anastatica, scharf und rauh anzufühlen: allein das bloße Auge konnte nichts von diesen Millionen erkennen. An einem andern Orte**) habe ich eines Meergraßes erwähnet, das von unzählbaren Fasern rauh und buschigt war. Es ist dem Schöpfer gleich, einen Faden mit Millionen Fasern, oder mit Millionen Thierchen zu bekleiden.

Dieses Wassermoos ist der eigentliche Aufenthalt der schwarzen Vorticellen, die ich in meiner historia vermium beschrieben habe. Unzählbare schwarze Punkte lagen in dem braunen Gewebe zerstreut, dem Auge merklich. Ich that eine kleine Masse in das mit Wasser angefüllte Glas; die schwarzen Thierchen bedeckten, wie Bienenschwärme, die vom Lichte erhellte Seite des Glaßes von oben bis unten; ich kehrte diese Seite in den Schatten; gleich verließen sie alle das dunkele, schwammen durchs Wasser und zwischen

*) Sie kaman der piriformis, ringens und inclinans, Zool. dan. prodrom. p. 211. und Verm. 124 — 126. am nächsten.

**) Histor. Verm. helm. p. 19.

zwischen die Faden des Mooses hindurch, und in wenigen Augenblicken bekleideten sie die entgegengekehrte helle Seite. Ich frage nicht, ob diese Punkte Augen haben, denn wer sollte mir diese zeigen? daß sie aber das Licht empfinden, geschwinde einher schwimmen, und einander entweichen, davon kann sich ein jeder überzeugen. Oft vereinigen drey, vier und mehrere sich an den Schwänzen mit einander, und fahren in dieser Stellung in dem Wasser umher. Die Nonne *) lebte auch in diesem Moose, doch so selten, daß man kaum eine Nonne gegen tausend Vorticellen rechnen konnte.

Vergebens habe ich diese Moosart bey den Botanisten gesucht. Herrn von Hallers Conferva filamentis fuscis, tenuibus, ramosis, intricatis passet sich dem Namen nach: allein die Beschreibung und Synonymen stimmen nicht mit demselben überein. Ich habe den Trivialnamen von der rauhen Schärfe, welche die, an allen mir vorgekommenen, sitzende Kristalkörper verursachen, hergenommen, und dieser Pflanze folgende specificische Benennung gegeben: Conferva *hirta*, filamentis flexuosis, dichotomis, ramulis apicem versus secundis.

Wir kommen zu den mikroscopischen Pflanzen, oder zu solchen, die dem bloßen Auge unsichtbar sind. Einige werden auch, wenn Millionen vorhanden sind, dem unbewafneten Auge nie merklich, weil sie nicht nur den höchsten Grad der Feinheit und Durch-

*) Zool. dan. prodr. 2390. Cypris monacha.

**) Hist. stirp. helv. 2118.

Durchsichtigkeit haben; sondern sich nie so dicht an einander anlegen, daß nicht die Zwischenräume um einige Mahl weiter wären, als die Breite ihres Durchschnittes. Auch kann man sie nicht, ohne eine starke und scharfe Vergrößerung, wahrnehmen. Sie sind ihrer Einfachheit nach, in der mikroscopischen Welt dasjenige, was die Schimmelarten in der sichtbaren, nämlich das äußerste der Vegetation, und stehen, in Rücksicht auf ihre Feinheit, an den Grenzen einer dritten, wo die Vergrößerungen nicht hinreichen. Sie wachsen an den erstorbenen vegetabilischen und animalischen Körpern, wie der Schimmel; sind biegsame und wirklich ein wenig gebeugte Faden, von verschiedener Länge, durchsichtig, von der Farbe des Wassers, selten ein wenig ins blaue fallend, vielleicht alsdenn mit ihren Saamen erfüllet, und ohne alle merkliche Organisation. Oft liegen sie von ihrem Geburtsorte abgerissen, in Tropfen zerstreuet, und sind von den steifen, von ihren Saamen ausgeleerten Faden der Erbsenmoose *), die oft die ganze Masse des Wassers, von oben bis unten, schwebend erfüllen, wohl zu unterscheiden.

Andere werden dem unbewafneten Auge nur alsdann merklich, wenn sie sich demselben haufenweise darstellen. Diese haben mit den Wassermosen der sichtbaren Welt viele Gleichheit, und sind, wie bereits gesagt, äußerst selten. Bey vielen tausend einzel-

*) Conferva pisum Fl. dan. t. 660.

einzelnen Tropfen, die mein Auge durchgesucht, und bey Myriaden-Thierchen, die ich gesehen, und die gegen ein Paar hundert Arten ausmachen, sind mir höchstens zehen Arten unsichtbare Wassermose vorgekommen, und zwar die meisten nur ein, zwey oder drey Mahl. Ich will hier zwo derselben bekannt machen; beyde fand ich im August verwichenen Jahres in einem Sumpf in Weynberg, als ich daselbst das Bad brauchte. Sie wieder zu finden, ist eben so ungewiß, und beruhet auf einem so großen Ungefehr, als der Gewinn von Ternen und Quaternen im Lotto; das geduldige Aufsuchen derselben aber, giebt Gelegenheit, zur Kenntniß der Sitten und der Haushaltung der mikroscopischen Bürger.

Beyde stellen sich dem gewafneten Auge als grasgrüne, hohle und durchsichtige Faden dar. Bey der ersten Art dehnet sich der Faden, oder der wirkliche Stamm der Pflanze hie und da, so wie bey einigen Meergräsern, in runde Blasen aus, und schließet kurze und steife Aeste, die mit dem Stamme einen rechten oder spitzigen Winkel machen; bisweilen endiget sich der Stamm selbst in eine Blase. Bey der zwoten Art nimmt der Stamm, nach einer kleinen Beugung, die vorige gerade Richtung an, und setzt, anstatt sich in Blasen oder Aeste auszudehnen, zur Seite kleine gebogene Beutel, so wie die Sertularien, an. Beyde gehören zu den Wassermosen, die keine Gelenke haben, und sind anfänglich allenthalben mit durchsichtigen Körpern angefüllet.

Wenn

Wenn diese ihre Reife erhalten, verlassen sie ihren Platz, und häufen sich an einander; dadurch werden die Faden an den leeren Stellen platt, weiß und wasserfarbigt: wo aber die Körner an einander gedränget sind, da erscheinen sie stark gerundet und ganz grün. Endlich siehet man die Körner haufenweise aus den Enden des Stamms, der Aeste, der Blasen und den Beutel herausfließen. Es ist dem Beochachter sehr erquickend, auch in den kleinsten und unsichtbaren Hervorbringungen der Natur, Regel, Ordnung und bestimmten Zweck zu erkennen; auch nicht eine unsichtbare Faser ist die Wirkung des Ungefehrs. Sie reifet ihre Saamenkörner, wirft sie aus, und nun wird die Hülle schlapp, verwelket und zerreißt. Das erstere habe ich das Blasenmoos, und das leztere das Beutelmoos genennet.

Ich hatte mich, besonders im November und December, sehr mit mikroscopischen Beobachtungen der Wasser, darinn die Wasserliesen wachsen, beschäftiget, und oft meinen Mahler, von sechs Uhr bis Mitternacht, zur Seite. Beym Schlusse des Jahres ließ ich ihn, an einem Abende, die von mir beym Bade gemachte Zeichnungen der Wassermose ausbessern, und erzählte ihm zugleich, wie ich die jezt beschriebenen Mose, und unter andern mikroscopischen Thierchen, auch die schöne Steinbütte des Herrn Eichhorns*) in Weynberg gefunden hätte. Ich erwähnte

*) Beyträge, S. 22. t. 1, f. 2, 4.

wähnte des sonderbaren Umstandes, daß ich weder das Thierchen zuvor noch hernach antreffen können, so sehr ich auch vorzüglich die letztern gesucht hatte. Es war gegen zwölf Uhr, und mein Mahler bereitete sich nach Hause zu geben; dennoch kam mir die Lust an, noch ein Paar Tropfen Wasser unter das Mikroscop zu bringen, und mit Erstaunen fand ich, daß beydes, die schöne Steinbutte im vollen Leben, und das Blasenmoos darinn vorhanden waren. Nun wurde an keinen Schlaf mehr gedacht. Das gegenwärtige Blasenmmoos unterschied sich vom Weynberger nur darinn, daß der Stamm und die Aeste nicht steif ausgestreckt, sondern geschlängelt darlagen, und daß die letztern viel länger waren. In dem Kopenhagener Moose waren die Körner an den Röhren annoch gleich vertheilt, und hatten zum Ausschütten noch keine Bewegung gemacht; dennoch ist es nicht unwahrscheinlich, daß die Körner, bey der angewandten Kraft, sich durch die Röhren zu drängen, dem Stamm und den Aesten des Weynberger Mooses, die steife und ausgestreckte Richtung gegeben haben. Dieses erinnert mich an eine ganz sonderbare Erfahrung mit dem, von den Norwegern so genannten Troid-smör *) (Hexenbutter), welches im spätern Herbst häufig an den faulenden Fichten- und Tannenstösen wächset; ich habe es auch in Dännemark an trockenen, braunen, abgefallenen Büchenblättern, theils in einem Klumpen, theils in vielen Aesten

*) Mucor septicus.

Aesten, übers ganze Blat, verbreitet gefunden, und diese leztern für eine Spielart angesehen. Es ist hier nicht der Ort, die Geschichte desselben auszuführen; ich darf also nur des besonderen Umstandes einer Bewegung erwehnen, die mich überzeugte, daß das ausgebreitete ästige keine Abänderung, sondern die erste Periode des Trold-smörs darstelle. Innerhalb wenigen Stunden sammlen sich die Aeste von allen Seiten in einen Klumpen zusammen, und den Tag darauf, ist der gestrige weiche und schmierigte Klumpen trocken und mit einem schwarzbraunen Staube erfüllet.

Erklärung der Figuren.

1. Das rauhe Wassermoos in natürlicher Größe.
2. Ein Endstiel desselben vergrößert.
   a. Der mit Körnern erfüllte Faden.
   b. Die an Stielen hangende Cristall-Körperchen.
3. Der kleinste Schimmel an den Flocken einer macerirten Pflanze.
4. Das Beutelmoos.
   a. Der Stamm.
   b. Die Beugung.
   c. Die Beutel.

5. Das Weynberger Blasenmoos.

a. Der Stamm.

b. Die Aeste.

c. Die Blasen.

d. Der Saamenstaub.

6. Das Kopenhagener Blasenmoos.

a. Der Stamm.

b. Die Aeste.

c. Die Blasen.

IV.

Otto Friedrich Müller
von
zwoen wenig bekannten Muscheln,
der
Schinkenarche
und der
gerunzelten Mahlermuschel.

Siehe Tafel III.

Als ich, durch die Gütigkeit des Herrn D. Martini, den dritten Band der Beschäftigungen erhielt, und sogleich die Kupfer durchschauete, wurde ich bey Erblickung der 17ten und 18ten Figur der siebenten Platte recht froh, die Benennung und einige Nachricht von dieser seltenen Arche zu bekommen. Ich hatte sie dreymal, nur ein Exemplar jedesmal, und zwar an einem ganz unerwarteten Ort, einmal in dem Magen eines Dorsches, und zweymal in dem Magen der Butten angetroffen. Hieraus ward ich vollkommen versichert, daß sie zu den dänischen Meer-

 muscheln,

muscheln gehöre, konnte aber nicht eigentlich wissen, aus welchen Gewässern, zumal ich sie auch bey den Conchyliologen bisher vergebens gesuchet hatte. Ich durchblätterte alsbald die genaue und lehrreiche Beschreibung der Muscheln, mit gekerbtem Schlosse des Herrn Martini, und fand S. 297. mit vieler Befremdung, daß diese Schinkenarche aus den süßen Wassern in Ostindien herkommen sollte, und deswegen die Koromandelsche Flußarche genennet werde. Als ich aber im folgenden las, daß ich sie in meiner *historia testaceorum* soll *Mya corrugata* genennet haben, daß sie sich in den Flüssen der Küste Coromandel fände, und Herrn Martini vom Herrn Pastor Chemnitz überschickt worden sey; so erkannte ich den Irrthum meiner Freunde, und daß sie selbige für meine gerunzelte Mahlermuschel (Mya corrugata), die in den Coromandelschen Flüssen zu Hause gehöret, angesehen hatten: konnte aber so wenig damals als jetzt einsehen, wie es zugegangen, da sie weder die generische noch specifische Merkmale der gerunzelten Mya darzeiget, sondern alle Kennzeichen einer Arche an sich hat. Uebrigens finde ich der Martinischen Beschreibung nichts beyzufügen, als daß die, vom Schlosse bis an das schmale Ende hin gerückte Fläche, bey meinen Exemplaren der Schinkenarche nicht nur von einem deutlichen Rande umschrieben wird; sondern daß auch der erhabene scharfe Rand der beyden Schaalen in der Mitte der gedrückten Fläche einen Kiel bildet; daß die Schaalen dem bloßen Auge der Breite nach fein

gestreift

gestreift erscheinen; daß sich die blaßgrüne Oberhaut leicht abschälet, und sich die Schaalen alsdann weiß mit blau vermischt darstellen. Obgleich die Schaalen der meinigen fest in einander geschlossen waren; so fand sich doch im inwendigen keine Spur des Thieres. Vermuthlich ist es schon nicht mehr vorhanden gewesen, als der Fisch die Arche einschluckte, oder von ihm durch die Oefnung des schmalen Endes ausgesaugt worden. Sollten aber auch wohl die Schaalen in dem Magen der Fische aufgelöset oder zermalmet werden können? In diesem Falle müste man kleine Stücke in dem Schleim des Magens und der Gedärme finden, die mir doch nie vorgekommen sind; es ist daher wahrscheinlich, daß sie etwa die leeren Gehäuse durch den Schlund und Rachen wieder von sich geben. Diese einheimische Arche ist, bis auf die Martinische Abbildung und Beschreibung, gänzlich unbekannt, und findet sich so wenig in dem Linneischen Verzeichnisse, als in meinem Prodromo; erst nach der Ausgabe desselben habe ich sie, wie gesagt, in dem Magen der gedachten Fische gefunden. Ihre äussere Bildung gleichet der Figur eines kleinen Schinkens. Ich habe sie deswegen Arca *Pernula* genannt, und sie unter dem specifischen Namen: terta oblonga, striata, apice fubtruncato, natibus incurvis approximatis, margine integerrimo claufo, den dänischen Archen meines Zool. prodromi beygeschrieben.

Da sich solche Kenner in meiner gerunzelten Mahlermuschel geirrt haben, ob es gleich nicht anders

ders, als durch eine seltene Ueberraschung hat geschehen können, und selbiger, außer in meiner historia testaceorum terr. et fluviat.*) von keinem Conchyliologen erwähnet worden; so werde ich dadurch veranlasset, sie hier zu beschreiben und durch eine Abbildung näher zu beleuchten. Ihre Leichtigkeit giebt gleich die Vermuthung, daß sie zu den Flußmuscheln; ihr starker Zahn, daß sie unter diesen zu den so genannten Mahlermuschen (Mya) gehöre; und die Erhabenheit ihrer Schnäbel, so wie der schleunige Abfall der Schaalen gegen den äußern Rand, und vornemlich die Runzeln, an den Schnäbeln und ums Schloß, unterscheiden sie alsbald von den übrigen Muscheln. Die Schaalen sind äußerlich mit einer zarten Haut überzogen, die bey den guten Exemplaren, an der einen Schaale graßgrün und glänzend, an der andern olivenfarbig ist. Gegen das Hinterende, so weit als zwey Drittel der Schaale vom Schloß, zeiget sich an einigen ein bogenförmiger Kiel; bey andern ist er fast unmerklich. Von der Spitze der Schnäbel bis über ihre Erhabenheit, gehen kurze Furchen in einen spitzigen Winkel hinaus, und bilden erhabene Runzeln. Gleiche Runzeln gehen, an den Schnäbeln vornen und hinten, an den Ränden des Schlosses, bogenförmig gegen einander. An einigen größern Exemplaren sind diese niedlichen Runzeln verschwunden, und haben nur hinten eine Spur nachgelassen: auch ist

*) p. 214. Mya corrugata.

ist bey diesen die Oberhaut, und mit dieser zugleich die Runzeln, an den Schnäbeln abgeschliffen; dagegen diese ihre Perlenmutterglanz darzeigen. Der Bau des Schlosses ist wie der eigentlichen Mahlermuschel. Inwendig spielen die sanftesten Regenbogenfarben, und feine Strahlen schießen aus der Höhlung der Schnäbel, über die Perlenmutter-Fläche. Zufolge Trankebarischer Nachrichten, soll sich diese Muschel, in den süßen Wassern der Koromandelschen Küste, aufhalten.

Auf der Tafel zeiget sie die siebente Figur von außen und die achte von innen.

V.

D. M. E. Blochs Naturgeschichte der Maräne.

Siehe Tafel IV.

Erster Abschnitt.

Von den Maränen überhaupt.

Der Umfang des Reiches der Natur ist so gros, und die Mannigfaltigkeit der Gegenstände desselben so unermeßlich, daß, der fleißigsten und sorgfältigsten Aufmerksamkeit aller Naturforscher ohnerachtet, bisher noch manche ansehnliche und ziemlich gemeine Dinge entwischet sind. Die Maränen geben mir Gelegenheit, diese Anmerkung zu machen, und sie können dieselbe rechtfertigen. Denn, wenn ich Richter *) und Denso *) ausnehme, die ihrer nur beyläufig erwähnen; so hat noch kein Natur-

*) Richters Ichthyotheol. s. 896.

**) Monathl. Beytr. zur Naturk. 1. B. s. 234.

Naturforscher, meines Wissens, diesen Fischen in der Naturgeschichte ihren gebührenden Platz angewiesen.

Es sind aber, in der Mark Brandenburg und in Pommern, unter dem Namen Maräne, zwo Arten Fische bekannt. Die eine wird höchstens 12 Zoll, oft nur halb so lang, auch wohl nur von vier Zoll gefunden. Die andere aber findet man von der Länge einer, bis zu zwo Ellen und drüber. Diese leztere Art trifft man nur in dem Madui-See *) an, und sie heißt daher die Madui-Maräne. Die kleine aber findet man in vielen Seen der gedachten Länder, und sie wird zu gewissen Jahreszeiten häufig auf unsere Märkte gebracht.

Nach des Ritters von Linné Natursystem, gehören diese Fische zur fünften Ordnung, die er *Abdominales*

*) Die Madui ist ein großer, sehr fischreicher See, beym Amte Kolbaz, ohnweit Stargard, in Hinterpommern, drey Meilen von Stettin Er ist zwo Meilen lang, und eine halbe, bis eine ganze Meile breit, hat einen Mergelgrund, und ist an manchen Stellen 20 bis 25 Klafter tief. Es werden aus diesem See beynahe alle diejenigen Fische gefangen, die in der Mark Brandenburg und in Pommern vorkommen, nemlich die große und keine Maräne, schwarze und weiße Barsche, auch dergleichen Kaulbarsche, graue und bunte Hechte. Es giebt hier Gübels, Schleie, Stinte, Karpfen, Schmerlen, Quappen, Pletzen, Bleye, Welse von 50 bis 180 Pf. Aale, Karauschen, Uekley, Gründlinge, Neunaugen, Peizker, Steckerlinge und Rothaugen.

minales oder Bauchflosser nennet, weil ihr Bauch mit einer Flosse versehen ist: wegen der Fettflosse müssen sie zum Lachsgeschlecht (Salmo), und da sie keine sichtbare Zähne haben, zur dritten Abtheilung oder zur Aeschenart (Coregoni) gerechnet werden*). Man wird mir erlauben, die große *Salmo Maraena*, die kleine aber *Salmo Maraenula* zu nennen, und durch diese Benennung, in der Sprache der Naturgeschichte, ihren Rang zu bestimmen.

Nun will ich beyde Arten Maränen, nach ihren äußerlichen und innerlichen Theilen, so genau, als mir möglich ist, beschreiben, und von ihrer Naturgeschichte so viel erzählen, als ich durch sorgfältige und oft wiederholte Nachforschung, seit einigen Jahren, von zuverläßigen Männern**) habe erfahren können; Hier will ich zuerst dasjenige anmerken, was beyde Arten der Maränen mit einander gemein haben. Hernach werde ich in besondern Abschnitten auch dasjenige anzeigen, was jeder Art besonders zukommt.

Beyde

*) *Linnaei* syst. nat. ed. XIII. pag. 509. Müllers Linneisches Natursystem. 4. Theil, S. 310.

**) Bey dieser Gelegenheit kann ich nicht unterlassen, dem würdigen Stadtphysicus und geschickten Arzte zu Stargard, Herrn Doctor Scheibler, und dem in der Apothekerkunst sehr erfahrnen Herrn Kramme zu Pyriz, für ihre geneigte Bemühungen, öffentlich meinen verbindlichsten Dank hierdurch abzustatten.

Beyde haben einen länglichen Körper und runden Rücken. Der Kopf ist so, wie beym Lachs, im Verhältniß des Körpers, nur klein. Der eine Kiefer stehet vor dem andern hervor. Der Leib ist ganz mit silberfarbigen Schuppen bedeckt. Die Fetthaut auf dem Rücken ist schwarz, und weil die Schuppen zart sind; so scheint sie durch denselben hindurch, und giebt dem Rücken dieser Fische ein bläuliches Ansehen. Der Schwanz ist gabelförmig und die untere Rückenflosse in eine Fetthaut verwandelt. Das Fleisch ist ungemein zart, süßlich und wohlschmeckend. Außer denen vom Rückgrade abgehenden Grätchen oder Ribben, haben diese Fische weiter keine mehr. Am Zwölffingerdarme sieht man viel kleine wurmförmige Anhängsel, oder Blinddärme, die mit Fett umgeben sind. Die Anzahl derselben beläuft sich, bey der großen auf 140 bis 150, und haben einen Zoll in der Länge: bey der kleinern hingegen, die nur etwa ein bis zwo Linien lang sind, läßt sich die Anzahl nicht bestimmen.*) Der Darmkanal ist nur kurz: und wenn diese Fischart nicht so viel Blinddärme hätte; so könnte sie unmöglich so fett seyn. Die Gallenblase fehlt diesen Fischen eben so,

*) Bey einem großen Lachse, von 28 Pfunden, habe ich 70 Blinddärme gezählet. Beym Barsch und Zander sind sie grösser: hingegen hat der erste nur vier, der letztere aber sechs Stück. Auch die Trusche (Gadus lota. Müllers Linn. Natursystem. S. 97. Taf. 3. Fig. 5.) hat 17 bis 18 Blinddärme.

so, wie dem Lachse. Die Leber hat daher keinen bittern Geschmack: und ohne Zweifel rührt der süßliche Geschmack des Fleisches dieses Fisches von diesem Mangel der Galle her.

Zweeter Abschnitt.

Von der Madui-Maräne.

Die große Maräne (Salmo Maraena) verdient diesen Namen, wegen ihrer ansehnlichen Größe, wodurch sie sich von der kleinen unterscheidet, und heist auch die Madui-Maräne, von dem See, in welchem sie gefangen wird *). Es ist in der That ausserordentlich merkwürdig, daß man diese Fischart, so viel bisher davon bekannt ist, noch in keinem andern Wasser angetroffen hat. Ich will indessen keinesweges behaupten, daß sie bloß in dem Madui-See, und nicht auch in andern Weltgegenden, wohnen sollte: nachdem man durch glückliche Versuche, die ich bald anführen werde, zuverläßig weis, daß sie sich in andere Wasser versetzen läßt. Wie weit sind wir in diesem Theile der Naturgeschichte noch zurück! Wäre die Anzahl der Naturkundiger, welche die

*) Ganz irrig nennen sie viele Muräne (Muraena), weil dieser Name, wie wir bald zeigen werden, eine ganz andere Art der Fische bezeichnet.

die so sehr nützlichen Einwohner des Wassers aufzusuchen und kennen zu lernen sich bestreben, nur halb so gros, als dererjenigen, welche mit dem äußersten Fleiße jenen minder nutzbaren Insekten nachspüren; so würden uns diese Bewohner des nassen Elements bald bekannter werden, und unsere Oeconomie würde dadurch ungemein viel gewinnen.

Bey den Römern stand ein Fisch, der unter dem Namen *Muraena* bekannt war, in so großem Ansehen, daß sie sich nicht schämten, ihn mit Menschenfleisch zu füttern *). Aus der großen Aehnlichkeit der Namen, jenes römischen und unseres Fisches, entstand der Irthum, daß der unsrige mit jenem von einerley Art sey: denn unsere Madui-Maräne ist eine ganz andere, von der Muräne der Römer unterschiedene Fischart. Diese gehört eigentlich zu den Aalarten (Apodes muræna L.) **)

Der

*) Vedius Pollio mästete seine Muränen mit dem Blute und dem Fleische seiner Sklaven, die er zum Tode verurtheilt hatte, denn er glaubte, daß sie dadurch einen feinern Geschmack bekämen. Als einsmal der Kaiser August bey diesem Pollio zu Gaste war, und einer von den Sklaven unversehens ein kostbares Gefäß zerbrach; so rief Pollio gleich laut aus: *ad muraenas!* das hieß, dieser Sklave sey verurtheilt, jenen Fischen zur Speise vorgeworfen zu werden. Ueber diese Grausamkeit erschrack der Kaiser, ließ seinem Wirthe alle kostbare Gefäße zerschlagen, und schenkte dem Sklaven die Freyheit.

**) *Gesner* art. Muraena, wo er den Plinius und andere Schriftsteller mehr anführt.

Der Madui-See hat, vermittelst eines kleinen Flusses, welcher Plöne heißt, der sich bey dem Passe mit ihm vereinigt, und bey Kolbaz wieder heraus fließt, Gemeinschaft mit der Dammersee. Dennoch findet man so wenig in dieser See, als im frischen Haf, in welches sich dieses Wasser ergießet, irgendwo Maränen. Der Grund hiervon liegt wahrscheinlicher Weise darinn, daß dieser Fisch sich in der Tiefe aufhält. Er kommt, außer im Frühjahre und in der Laichzeit, nur selten nahe an die Oberfläche des Wassers. Selbst wenn er laicht, bleibt er drey bis vier Klafter tief unter demselben, und 150 bis 200 Schritte, vom Ufer entfernt. Aus eben diesem Grunde wird, außer den drey gewöhnlichen Fangzeiten, dem Frühjahre, der Laichzeit, und wenn unter dem Eise gefischet wird, nur zuweilen einer mit ausgefischet.

Im Frühjahre kömmt dieser Fisch allenthalben ans Vorland, um sich von der Schnecken- und Muschelbrut zu sättigen. Alsdenn wird er von acht Garnknechten, die in zwey Böten und einem Quals, oder Fischbehälter, vertheilt sind, mit einem acht klafter tiefen Netze gefangen. Auf eben diese Art bemächtigt man sich seiner auch zur Laichzeit. Diese fängt acht Tage vor Martini an, und dauert vierzehn Tage bis drey Wochen: fällt aber ein Sturmwetter ein; so verschwindet er plötzlich. Sollte die stürmische Witterung auf andere Fischarten den nämlichen Eindruck machen; so ließe sich dar-

daraus erklären, warum einige derselben in gewissen Jahren häufiger, und in andern seltener gefangen werden. Es sind nur zwo Stellen in dem Madui-See, wo dieser Fisch der Oberfläche des Wassers sich nähert, um zu laichen: nemlich auf der einen Seite bey Werben, und auf der andern Seite bey Kunow, doch erscheint er an diesem Orte nicht so häufig, als an jenem. Die Fischer thun daher bey Kunow nicht mehr als sieben Züge: die übrige Laichzeit bringen sie hingegen bey Werben zu, weil hier der Fang ergiebiger ist. Noch habe ich nicht Erfahrungen und Stoff genug, diese besondere Erscheinung erklären zu können.

Wenn dieser Fisch laichen will; so reibt er sich an dem Wassermoose und entledigt sich, vermittelst der davon verspürten Empfindung, seiner Eyer. Dieser Rogen schwimmt alsdenn auf dem Wasser, und ist ein sehr willkommener Leckerbissen des Seehahns (colymbus cristatus L.) der ihn fleißig aufsucht, ohngeachtet er nicht selten diesen Appetit mit dem Leben büßen muß, da er alsdenn ein Raub des Jägers wird. Indessen dient dieser Vogel den Fischern zum Wegweiser, ihre Netze auszuwerfen. Denn da, wo sie ihn bemecken, können sie immer auf einen glücklichen Maränenfang rechnen. Der Barsch suchet den Rogen dieses Fisches ebenfalls auf, und wird daher mit den Maränen zugleich gefangen. Wenn man um diese Zeit den Magen eines Barsches öfnet; so findet man ihn mit dergleichen Rogen angefüllt. Außer diesen beyden Feinden, die den Eyern und der Brut der Maränen nachstellen, haben sie noch zween andere, weit fürchterliche Feinde an dem Wels und Hechte, die sie selbst verschlingen. Hätte der große Weltschöpfer diese Fischart nicht mit einer so reichen Fruchtbarkeit begabet; so würde sie von so vielen Feinden, da sie noch außerdem auch von den Menschen so begierig gesucht wird, schon längst vertilget seyn. Ich habe den Rogen einer Maräne gewogen, die etwas über eine Elle lang war. Er war ein und zwanzig Loth schwer. Ich trocknete ein Quentchen dieser Eyer, und zählte sie mit möglichster Sorgfalt. Ihre Anzahl belief sich auf 204 Stück. Ich konnte folglich die ganze Anzahl der Eyer, die dieser einzige Fisch enthielt, auf 17136 Stück rechnen *). Wenn also von 1000 und mehreren dieser Fische, die jährlich etwa laichen mögen, nur die Hälfte der Eyer, die ein einziger Fisch hervorbringt, wirklich zur Brut kömmt; so kann diese Fischart sich niemals verlieren. Wie wunderbar hat die Weisheit des Schöpfers für die Erhaltung aller Wesen gesorget!

In der Laichzeit werden etwa 15 bis 20 Schock Maränen gefangen. Die wenigsten fängt man im Früh-

*) Der Hering, welcher immer für eins der merkwürdigsten Beyspiele der zahlreichen Vermehrung unter den Fischen gehalten wird, hat nur 10,000 Eyer. S. Pontoppidans Naturgeschichte von Norwegen. 2 Th. S. 273.

Frühjahre: die meisten aber werden im Winter unter dem Eise herausgefischt. So lange das Eis hält, wird der Madui-See aufgeeiset, und alsdann von achtzehen Bauern, durch ein achtzehen Klafter tief gehendes Netz, der Maränenfang emsig getrieben. Nach Beschaffenheit des Winters werden viel oder wenig gefangen. Ein Jahr ins andre gerechnet, soll man den Maränenfang, im Madui-See, jährlich auf 3000 Stück in Anschlag bringen können. Damit aber in der Folge kein Mangel an dieser Fischart seyn möge; so gebrauchen die Fischer die Vorsicht, der Brut mit möglichster Aufmerksamkeit zu schonen. Sie bedienen sich zu dem Endzwecke bey dem Maränenfange eines Netzes, mit sehr weiten Maschen, welches der Brut den Durchgang verstattet: weil dieser Fisch sogleich abstehet, wenn man ihn an die Luft bringt, und sie finden auch übrigens ihre Rechnung besser dabey, als wenn sie kleinere Fische fangen und verkaufen wollten. Die Länge eines dergleichen Fisches, wie ihn der Fang zu geben pflegt, beträgt insgemein zween Fus, und sein Gewicht sieben bis acht Pfund. Ein solcher Fisch wird an Ort und Stelle, für acht bis zehn Groschen, verkauft. Die wenigsten sind drey bis vier Fus lang, wiegen alsdenn vierzehn bis zwanzig Pfund, und werden mit 16 Groschen bis einen Thaler bezahlt*).

 Am

*) Bey gewissen Fischarten trift man zuweilen welche, von ganz ungemeiner Größe an. Da nun die Fische nur sehr langsam wachsen; so muß ein solcher Fisch sehr oft das Glück gehabt

Am besten schmecken die Marånen im Frühjahre, weil sie alsdann am fettesten sind. Je grösser diese Fische werden, desto fetter und delikater sind sie. Bey der kleinen Marąne leidet indessen diese Regel eine Ausnahme. Ihr guter Geschmack rührt, wie wir weiter unten anführen werden, von dem Wasser her, aus dem sie genommen ist.

Die Madui-Maråne wird, wegen ihres zarten Fleisches, das auch geråuchert gut schmecket, weit und breit, so wohl frisch als geråuchert, versendet. Wenn dieser Fisch in Kastens mit Schnee verpackt wird; so hålt er sich einige Monathe hindurch. Man sollte glauben, daß, da dieser Fisch so sehr gesucht wird, man schon långst Versuche gemacht haben würde, ihn in andere Seen zu versetzen. Vermuthlich hat das Vorurtheil, daß sie, außer dem Ma-

gehabt haben, unsern Nachstellungen zu entgehen, und man kann daraus zugleich einen sichern Schluß, auf sein hohes Alter machen. Unter den Marånen trift man, obschon höchst selten, welche an, die sechs bis acht Fus lang sind. Klein Miss. V. Seite 18. gedenkt einer Lachsforelle, welche 42 Pfund gewogen habe. Ein Hecht von 43 Pfund wurde 1752 bey Dresden gefangen. S. Richters Ichthiologie S. 541. Im Bruche zu Linriz ward im Jahre 1750 ein Aal von 14 Pfund gefangen. Mein liebenswürdiger Freund und College, Herr Dr Brand ist ein lebender Augenzeuge von einem Hechte, der auf seinem Landgute Zesen im Jahre 1731 gefangen worden, und 7 Fuß lang gewesen. Beym Ausnehmen fand man in seinem Magen 16 Pfund unverdauter Fische.

Maduisee, in keinem andern Wasser leben könnten, diese Versuche gehindert: bis endlich im Jahr 1776 der Herr von der Marwiz, auf Zernikow, das wagte, wozu bisher sonst niemand Herz genung gehabt hatte. Dieser vortreffliche Landwirth kaufte, da im gedachten Jahre im Maduisee, unter dem Eise, gefischt wurde, 220 Stück Maränen, und ließ dieselben in grossen Fässern nach seinem Gute bringen, das vier Meilen von dem Maduisee entfernt ist. Von diesen waren 80 Stück unter Weges gestorben. Die noch lebenden 140 Stück ließ er einsetzen. Das ganze Jahr hindurch ist keiu einziger dieser Fische todt gefunden worden. Vor dem Ausgange des Eises des darauf folgenden Winters, ließ der Herr von der Marwiz fischen, um zu sehen, ob die Maränen sich hielten und fortkommen würden. Seine Zufriedenheit war ausnehmend, da gleich mit dem ersten Zuge sieben Stück ausgefischet wurden. Im letzten Sommer ist bey der kleinen Fischerey, wozu Netze gebraucht werden, die nicht sehr tief gehen, abermals eine Maräne mit herausgebracht worden: und da man bis jetzt noch keine abgestandene gefunden hat; so ists wohl nicht mehr zweifelhaft, daß sich diese Fischart versetzen lasse. Vielleicht werden mit der Zeit mehrere Landwirthe diesem Beyspiele folgen. Damit sie aber nicht in Gefahr kommen, Mühe und Kosten umsonst zu verwenden; so wird ihnen die sorgfältige Beobachtung folgender Regeln zu statten kommen.

1) Man muß die Maränen nicht lange an die Luft kommen lassen, weil sie sonst sterben. Man bringt daher weite Fässer unter das Wasser, und thut die Maränen in dieselben hinein.

2) Muß das Wasser desjenigen Sees, oder Fischteiches, in welchen man sie setzen will, so tief seyn, daß es, auch im heißesten Sommer, nicht bis auf den Grund erwärmt werden kann. Denn die Erfahrung hat gezeiget, daß sie von der Wärme des Wassers die Windsucht bekommen, und daran sterben. Es trägt sich zuweilen zu, daß eine Maräne sich im Sommer zu nahe an die Oberfläche des Wassers wagt, entweder um Conchilienbrut, oder kleine Fische aufzusuchen, oder um dem Hechte, der sie verfolgt, zu entgehen. Alsdann wird sie dick, als wenn sie vom Winde aufgeblasen wäre, und stirbt.

Die Fischer wollen zwar behaupten, daß diese Windgeschwulst vom aufgefangenen Winde herrühre, und geben vor, diese Krankheit treffe die Maräne, wenn sie, bey stürmischer Witterung, der Oberfläche des Wassers so nahe komme, daß sie der Wind fassen könne. Allein wenn dieses Vorgeben gegründet wäre; so müßte man diese Krankheit der Maränen im Herbste am öftersten wahrnehmen. Denn bey Gelegenheit des Laichens kommen sie nicht nur der Oberfläche des Wassers, wie schon gedacht ist, am nächsten, sondern sie springen auch wohl zuweilen über dieselbe hervor. Alle Erfahrungen, die man hat, stimmen darinn überein, daß es um diese Jahreszeit

zeit keine windsüchtige Maränen giebt, sondern nur im Sommer. Diejenigen, welche man im Herbst etwa todt findet, sind bloß solche, die vom Hechte verwundet, und an den Wunden und durch Verblutung gestorben sind.

3) Das Wasser, in welches man Maränen setzen will, muß einen Sand- oder Mergelgrund haben.

4) In den Seen und Teichen, darinn man diese Versetzung vornehmen will, müssen sich Stinte oder Steckerlinge aufhalten. Indessen ist auch Muschelbrut und Moos zureichend.

5) Kommt sehr viel darauf an, daß man beym Einfangen der zu versetzenden Maränen recht vorsichtig verfahre. Sie sind sehr weichlich, und müssen daher, wenn man sie fängt, nicht gestoßen oder gequetschet werden,

6) Muß man beym Verfahren viel Wasser über ihnen stehen haben, damit sie nicht vom Froste getroffen werden. Daß sie behutsam eingesetzt und langsam gefahren werden müssen, versteht sich von selbst.

Dieser einsichtsvolle Landwirth hat sich nicht nur durch die Versetzung der Maränen, sondern auch durch andere Versuche mit mehreren Fischarten vor so vielen seines Standes hervorgethan, daß es unbillig wäre, diese Unternehmungen zu verschweigen, da sie überdem alle glücklich ausgefallen sind. Vor funfzehn Jahren setzte er Neunaugen in seinen See. Diese sind dergestalt gediehen, daß er sie jetzt sehr gut nutzen

 kann.

kann. Vor achtzehen Jahren hat er auch den Zander eingesetzt. Im vorigen Sommer wurde einer derselben mit ausgefischet, der sich recht wohl befand, und also zum Beweis diente, daß auch diese Fischart fortkommen wird. Eben dieser erfahrene Landwirth ist auch Willens, den Lachs und die Forelle, wenn er solche wird bekommen können, in seinen See zu verpflanzen. Mit der Forelle wird es gewiß glücken, da das Wasser des Sees klar und der Grund steinigt und sandigt ist. Ob der Lachs, der so gern auf die Wanderschaft geht, gedeihen werde, mögte zweifelhaft scheinen, wenn nicht der Ritter von Linné*) bemerkt hätte, daß er in Schweden zuweilen auch ungezwungen überwintere. Sollte er nicht auf ähnliche Art in unsern süßen Wassern stehen, wenn er in dieselben versetzt würde?

Wie sehr wäre zu wünschen, daß mehrern Patrioten diesem ruhmwürdigen Beyspiele folgen mögten. Sie würden nicht nur dadurch in kurzer Zeit den Werth ihrer Güter merklich erhöhen, sondern auch dem Vaterlande, auf mehr als eine Art, einen nicht geringen Dienst leisten. Die vornehmen Tafeln könnten alsdenn viel leichter und wohlfeiler mit seltenen Fischen, die man jetzt von weiten kommen läßt, besetzt werden; das Geld, welches gegenwärtig für diese fremden Speisen, außerhalb Landes geht, würde nicht nur künftig im Lande bleiben, sondern man könnte wohl gar Ausländern diese Fische verkaufen, wenn solche

erst

*) Fauna suecic. N. 306. p. 116.

erst in Menge bey uns einheimisch geworden wären. Weil aber die ersten Versuche mit Versetzung der Fische insgemein kostbar, und zuweilen mißlich sind, indem nicht alle Fischarten in allem Wasser fortkommen, und daher manche durch dergleichen mißlungne Versuche abgeschreckt werden könnten; so wäre sehr zu wünschen, daß vermögende und patriotisch gesinnte Edelleute in Gesellschaft zusammen treten mögten, um ihre Erfahrungen einander mitzutheilen, und die gemeinnützigen Folgerungen, die daraus herfließen, mit der Zeit öffentlich bekannt zu machen.

Man müßte sich aber bey diesem Unternehmen nicht blos auf einländische, die bis iezt einer Provinz eigenthümlich gewesen, einschränken: sondern auch solche herbey zu schaffen suchen, die iezt noch in entfernten Ländern ihren Aufenthalt haben. Daß dieses wirklich möglich sey, lässet sich aus einer Menge von Beyspielen begreifen. Den chinesischen Goldfisch (Cyprinus auratus L.) haben nicht nur die Dänen*), sondern auch die Holländer**) in ihre Fischteiche aufgenommen, und glücklich fortkommen gesehen. Die Engelländer haben den Karpfen, im Anfange des vorigen Jahrhunderts***) zuerst auf ihre Inseln verpflanzt: und er ist nun schon ganz gemein bey ihnen. Auch die vornehmen Schweden haben ihre Teiche mit

*) Acta Holm. an. 1740. pag. 403. Faun. suec. n. 331. p. 125.

**) Müllers linn. Natursystem. 4. Th. S. 387.

***) *Linn.* syst. nat. p. 526.

mit diesem wohlschmeckenden Fische bereichert*). Der König von Schweden, Friedrich der erste, ließ aus Teutschland, in sein neues Reich, die Barthgrundel (Cobitis barbat. L.) versetzen.**) Dem Könige von Preußen, Friedrich dem Großen, wars nur möglich, aus dem weit entfernten Rußland, Sterlitzen in seine Staaten bringen zu lassen. Es ist auch begreiflich, daß Fische aus heißeren Gegenden, als die unsrigen sind, bey uns fortkommen; da sie beständig unter dem Wasser, und folglich in einem kalten Elemente zu leben gewohnt sind. Hat man doch verschiedene Arten vierfüßiger Thiere, und noch mehrere Vögel aus sehr heißen Ländern, in unsern weit kältern Himmelsstrich versetzt, und sie daselbst einheimisch gemacht, als die Kalecutschen Hühner, die Perlhühner, die Pfauen und andere.

Wie lange unsere Maränen wachsen, kann ich nicht bestimmen. Es wird zwar insgemein von den Fischen behauptet, daß sie Zeitlebens wüchsen: allein die Vernunft so wohl, als die Erfahrung, ist dieser Meynung gänzlich zuwider. Jedes Geschöpf muß wohl seine bestimmte Größe haben, da seine Fasern nicht über ein gewisses Ziel sich ausdehnen oder verlängern können. Dieses Urtheil der Vernunft wird auch durch richtige Beobachtungen bestätigt. Unsere kleine Maräne wird, zum Beyspiel, niemals über 12 Zoll lang gefunden. Außerdem wird man die vielen

*) Fauna suec. n. 317. p. 121.

**) l. cit. p. 125. n. 332.

vielen kleinen Fischarten, von denen unsere Gewässer wimmeln, niemals in einer merklichen Größe antreffen, noch weniger aber Riesen unter ihnen. Die Fische wachsen langsam. Fügt sichs nun, daß einer oder der andere unsern Netzen, mit welchen wir ihnen sehr eifrig nachstellen, in einer langen Reihe von Jahren entgehet, und er wird alsdenn endlich doch gefangen; so befremdet uns seine ungewöhnliche Größe, womit er diejenigen übertrift, welche viel jünger die Beute unserer Netze sind: und wir sehen ihn alsdenn fälschlich für ein Beyspiel an, daß den Fischen kein bestimmtes Wachsthum eigen sey. Indessen ist dieses langsame Wachsthum der Fische der Grund, daß sie nicht, wie viele weit größere Landgeschöpfe, gleich in den ersten Jahren ihres Lebens, sich begatten und vervielfältigen können. Die Madui-Maräne fängt erst an zu laichen, wenn sie einen und einen Viertel Fuß lang ist: alsdenn aber ist sie auch schon fünf bis sechs Jahre alt.

Man hält sonst insgemein für ausgemacht, daß die Fische oft an die Oberfläche des Wassers kommen müssen, um frische Luft zu schöpfen. Von der Maräne aber ist aus hinlänglicher Erfahrung bekannt, daß sie sich, wie oben schon erwähnet worden, außer den gedachten Jahrszeiten, beständig im Grunde, und zwar in einer ansehnlichen Tiefe aufhält. Vielleicht wird dadurch die Allgemeinheit jenes Grundsatzes etwas eingeschränkt: und ohne Zweifel sind die Organe der Maräne so beschaffen, daß sie die benöthigte

Erneu-

Erneuerung der Luft, zur Unterhaltung des Lebens, blos aus dem Wasser einsaugt. Oder es müste der Fall statt finden, daß die Maráne, weil sie sich in der Tiefe, und folglich in einer beständigen Kälte aufhält, diese Erfrischung gar entbehren könnte.

Dritter Abschnitt.

Zergliederung der großen, oder Madui-Maráne.

Durch eine genaue und richtige Bestimmung, der äußerlichen und innerlichen Theile dieses Fisches, können die Naturkündiger aller Gegenden und Länder, am besten in den Stand gesetzt werden, zu urtheilen, ob dieser Fisch sich auch außer dem Madusee finden lassen mögte. Und da diese Entdeckung in der Naturgeschichte gar nicht unwichtig oder gleichgültig seyn kann; so habe ich, in dieser Absicht, verschiedene von diesen Fischen zergliedert, und alles, was sich bey ihnen wahrnehmen ließ, sorgfältig angemerket. Einige dieser Wahrnehmungen habe ich schon im ersten Abschnitte angeführt. Die übrigen will ich hier nachhohlen.

Von der Schnauzenspitze an, bis zum Ende des Schwanzes war die Maráne, deren Zergliederung ich jetzt beschreiben will, zween Fuß drey Zolle lang. Ihre stärkste Breite betrug fünf Zolle: der Rücken war dick und rund, und durchgeschnitten betrug die

Dicke des Fleisches vier Zolle *). Eine schwarze Schnauze ragte vor der Oefnung des Mundes hervor. Der Kopf war klein, wie beym Lachs, und betrug, bis zu Ende der Kiemendeckel vier Zolle. Das Maul war klein und aus einander gesperrt, hatte in der Höhe einen, und in der Breite nur einen halben Zoll. Schon hieraus läßt sich vermuthen, daß die Maräne kein Raubfisch sey. Sie hat auch keine Zähne. Die Zunge ist kurz, knorplich, keilförmig, weiß und glänzend. Die Oberlippe bestehet aus sechs Knoten, oder beinernen Schuppen, davon viere kleiner sind, als die beyden übrigen. Jeder Knochen endigt sich in drey Spitzen. Die mittlern, welche unter der Nase sitzen, bilden ein längliches Dreyeck. Mit der Grundfläche sind sie unterwärts gekehrt: und die Spitzen stoßen ans Nasenbein. Ihre Höhe und Breite beträgt ungefähr drey Zolle. Die Seitenknochen sind einen Zoll lang und einen Drittheil Zoll breit. Alle diese Knochen sind durch Bänder (ligamenta) an einander befestigt. Wenn der Mund geschlossen ist, so sind die zween vordersten Seitenknochen von vorn nach hinten, die zween hintersten aber nach oben zu gekehrt. Bey geöfnetem Maule aber bekommen die letztern eine gerade Richtung von hinten nach vorn zu; und die beyden vordersten stehen alsdenn gerade in die Höhe. Durch diesen Mechanismus kann der Fisch das Moos, welches er zu seiner Nahrung brauchet, als mit einer Zange abknei-

*) Siehe die 4te Taf. Fig. 1. und 2.

abkneifen. Die Unterlippe besteht aus zwo scharfen Kinnladen. Das ganze Maul ist mit einem Knorpel eingefasset. Ueber der Schnauze befinden sich zwo länglichte Vertiefungen, an deren oberstem Ende man, auf jeder Seite, eine zwo Linien lange Oefnung gewahr wird, die ins Nasenbein hinein gehet, und mit einem Wulst umgeben ist. Aller Wahrscheinlich nach, liegt hierinn das Werkzeug des Geruchs. Gleich über den Nasenlöchern liegen ein Paar große schwarze Augen, die mit einem wie Silber glänzenden Ringe (iris) umgeben sind. Der Kiemendeckel besteht aus fünf knochenartigen Schuppen. Die Kiemenhaut hat neun beinigte, zwo Linien breite, Strahlen. Die vier Kiemen, welche man unter dem Kiemendeckel wahrnimmt, bestehen, nach außen zu, aus langen zarten Strahlen, nach innen zu aber, aus einem dicht besetzten Rande von Grätchen, zwischen welchen die Blutgefäße sehr fein vertheilt sind. Die Brustfloße hat siebenzehen Finnen; sie läuft spitzig zu, und ist vier und einen halben Zoll lang. Die Bauchfloße hat zwölf und die Afterfloße dreyzehn, der Schwanz sieben und zwanzig, und die Rückenflosse zwölf Finnen. Jede Finne lässet sich ohngefähr in acht Strahlen theilen. Die Fettflosse sitzt drey Zoll über dem Schwanze: sie ist einen Zoll lang und nur einen halben Zoll breit. Sie ist eben so, wie der Rücken und Schwanz, schwarz. Die Flossen haben die Farbe des Rückens. Indessen will ich nicht behaupten, daß sich bey diesem Fische, so wenig als bey dem andern, die Anzahl der Finnen genau bestim-

men

men lasse, weil ich gefunden habe, daß allemal ein alter Fisch mehr Finnen hat, als ein junger, indem sich diese Theile des Fisches, je länger er lebt, desto mehr, bis zu einem gewissen Ziel, entwickeln. Der Schlund (oesophagus) hat dicke Häute, ist fünf Zoll lang und endigt sich, durch einen stumpfen Winkel, in dem Magen. Dieser liegt in die Queer unter dem Zwerchfell, ist rund, hat eine sehr dicke und fast knorpliche Haut, und ist zween Zolle lang. Sein Durchmesser beträgt einen Zoll. Der wurmförmigen Blinddärme habe ich schon oben gedacht. Aus dem Baue des Magens läßt sich schließen, daß dieses Fisches Hauptnahrung aus dem Pflanzenreiche komme: denn alle Fleisch fressende Geschöpfe haben nur einen häutigen Magen. In diesem Magen habe ich, außer dem Moose, einen ganz kleinen, halb verdaueten Stekerling, junge zarte Schneckengehäuse, und ganz kleine Muschelschaalen gefunden. Der obere Theil des Darmkänals sowohl, als die Blinddärme, waren mit einem milchichten Safte (chylus) angefüllet: der untere Theil aber mit einem bräunlichen Unrath, der keinen üblen Geruch von sich spüren ließ. Der Grund davon mag wohl im Mangel der Galle liegen. Beym Hechte, dessen Gedärme ich oft untersucht habe, hat schon der gelbliche Saft im Zwölffingerdarm einen üblen Geruch. Sollten wohl diejenigen Thiere, die einen üblen Geruch von sich geben, einen Ueberfluß an Galle haben, und sollte es nicht der Mühe werth seyn, diesen Umstand gelegentlich näher zu untersuchen? Uebrigens folgere

 ich

ich aus diesen Beobachtungen, daß man bey Versetzung der Fische, allemal Grund habe, auf die Beschaffenheit des Magens, und Spuren von Speisen, die man in demselben antrifft, Rücksicht zu nehmen, weil sich daraus so wohl auf ihren Unterhalt, als auch auf den Schaden, welchen sie stiften können, schlüßen lässet.

Man hat bemerket, daß diejenigen Geschöpfe, die gefräßigsten sind, deren Darmkanal am kürzesten ist; und in der That geht dies sehr natürlich zu. Da die Nahrungsmittel in einem kurzen Darmkanal nicht so lange verweilen können, als in einem längern; so kann auch, aus einer gleich großen Menge von genossenen Nahrungsmitteln, in dem erstern nicht so viel Nahrungssaft ausgezogen werden, als in dem letztern: folglich muß ein Thier desto mehr fressen, je weniger Gedärme es hat. Die vierfüßigen Thiere, die zu heftigen Bewegungen aufgelegt sind, hat der Schöpfer größtentheils mit einem fünf bis neun Mahl so langen Darmkanal begabt, als die Länge ihres ganzen Körpers beträgt. Die Vögel, welche keiner schweren Arbeit fähig sind, und sich überdies ihren Unterhalt leichter verschaffen können, haben ohngefähr einen vier bis fünf Mahl längern Darmkanal, als ihr Körper ist. Die Fische, deren körperliche Kräfte fast gar nicht angestrengt werden, und die sich außerdem leicht ernähren können, haben einen noch kürzern Darmkanal. Denn bey nur sehr wenig Fischen ist der Darmkanal so lang, als ihr Körper.

Die

Die Maräne, die ich zergliederte, war zween Fus drey Zolle lang: und ihr Darmkanal hatte eine Länge von einem Fus zween Zolle. Sollte nicht hierin zugleich der vornehmste Grund, von dem langsamen Wachsthume der Fische liegen? Mir wenigstens kommt dies sehr wahrscheinlich vor.

In dem Darme dieser Maräne waren viele Bandwürmer vorhanden, welche von denjenigen, die man bey Menschen und vierfüßigen Thieren antrifft, ganz verschieden waren.

Dieser Fisch war mit keiner Gallenblase versehen, und hatte nur eine kleine Leber. Sie wög nur ein halb Loth, und bestand aus einem großen und kleinen Lappen. Der Rogen lag, in einem doppelten Sacke, vor den Eingeweiden, und die Blase hinter demselben. Sie war einen Fus und drey Zolle lang, und sehr weit. Vermuthlich dient diese große Blase dem Fische zum Werkzeuge, sich leicht machen und aus dem Abgrunde, welchen er zu bewohnen pflegt, sich geschwind in die Höhe erheben zu können. Vielleicht ist sie ihm zugleich zur Aufbewahrung der Luft gegeben, da er so selten an die Oberfläche des Wassers kommt. Hinter der Schwimmblase liegen noch zween Blutbehälter, (sinus venosi) durch welche das Blut zurück geführt wird.

Ehe ich die Naturgeschichte dieser Maräne beschließe, will ich noch ein Paar Anmerkungen über ihren ökonomischen Gebrauch hinzufügen. Dieser

Fisch erscheint vorzüglich auf vornehmen Tafeln, so wohl weil er selten ist, als auch wegen seines schmackhaften Fleisches. Er wird frisch, getrocknet, und auch geräuchert gegessen. Im ersten Falle wird er im Salzwasser gekocht, und mit Essig und Oel, nebst kleingehackter Petersilie verzehrt: oder, wie Lachs, mit Salvey, oder Loorbeerblätter und englischen Gewürze zugerichtet. Zum Verwahren oder Verschicken, wird er auch immarginirt. Zum Sieden wird er mit kaltem Wasser beygesetzt, und während des Kochens öfters abgeschäumt. Aus geräucherten Maränen machen viele ein sehr vorzügliches Leckeressen, wenn sie mit märkschen Rüben zubereitet sind. In diesem Zustande soll er dem geräucherten Lachse, in Ansehung des Geschmacks, sehr nahe kommen. Im Winter giebt er die delicateste Speise, im Frühjahre ist er ausgehungert, und im Herbste, so wie andere Fische in der Laichzeit, mager.

Vierter Abschnitt.

Von der kleinen Maräne.

Die kleine Maräne (Salmo Maraenula) *) unterscheidet sich merklich von der vorigen, nicht nur vermittelst ihrer Geschlechtsgröße, da sie nicht über zwölf

*) In einigen Gegenden der Mark Brandenburg wird dieser Fisch auch Moräne genannt, und dieser Nahme soll von dem See Morin, wo er gefangen wird, abstammen.

zwölf Zolle lang wird; sondern auch durch folgende Merkmale.

1) Findet man sie in sehr vielen Seen der Mark Brandenburg, vorzüglich in denen bey der Stadt Lindow gelegenen Seen, dem Gundlak und Würz, wo sie von sechs bis acht Zollen lang gefangen, und für die besten gehalten werden. Ferner in dem zum Amte Mühlenbeck gehörigen See, beym Dorfe Wandlitz,*) und dem nahe dabey in der Bernauschen Heide gelegenen See Liepeniz, auch bey Altenhof in dem Amte Biesenthal, in dem in der Merzischen Forst zum Gute Zerlanck gehörigen See, der große Werbelin genannt. Nicht weniger in den beyden Seen Dabelow und Brückentin unter dem Amte Badingen; auch bey Rutenberg und Reinsberg. In dieser Gegend sollen sie bis zwölf Zolle lang gefangen werden. Ferner in einem See beym Dorfe Dräz, im Ruppinschen Kreise, und in einem andern bey Mulkow, ohnweit Wusterhausen. Imgleichen bey Soldin und Lippehne. In Pommern halten sie sich gleichfalls in vielen Seen auf, als im Lagower See, bey der Commenthurey dieses Namens: auch in dem See Murin, Madui u. s. w.

2) Haben diese Fische eine spitzige und rothe Zunge.

 3) Sind

*) Allhier wird nur alle sieben Jahre auf selbige gefischt: denn so viel Zeit hat er nöthig, die erwähnte Größe zu erreichen; alsdenn aber werden ganze Wägen voll davon gefangen.

3) Sind die kleinen Maränen auch in Absicht der Anzahl der Strahlenfinnen unterschieden. Die Kiemenhaut hat nur vier Strahlen. Der Kiemendeckel besteht nur aus zween Knochen. In der Brustflosse sind vierzehn bis funfzehn, in der Bauchflosse zehn bis zwölf, in der Afterflosse zwölf bis dreyzehn, im Schwanz neunzehn bis ein und zwanzig, in der Rückenflosse endlich sechs bis zehn Finnen. Die Fettfloße ist nur klein.

4) Die Floßfedern der kleinen Maräne sind roth, die bey der großen aber schwärzlich. Das Herz, welches nahe unter den Kiemen liegt, ist, wie bey der großen Maräne, dreyeckig. Mit der größten Fläche berührt es das Zwerchfell: die andern beyden Flächen sind den Seiten zugekehrt. Die übrigen Theile der kleinen Maräne kommen mit den Theilen der großen Maräne überein. Die Eyer des Rogen waren noch kleiner, als die Körner des Mohnsaamens zu seyn pflegen: und der ganze Rogen wog nur ein halbes Loth. Der Melcher war gleichfalls klein. Als ich den zweeten November abermals einige kleine Marenen zergliederte, fand ich den Melcher größer: er lag in zwo langen Streifen längst dem Rücken. Die Eyer hatten vollkommen die Größe des Mohnsamens, waren in keiner Haut mehr eingeschlossen, allenthalben verbreitet, so daß, wie ich nur die Fische öfnete, sie allenthalben heraus drangen. Ich war dahero nicht vermögend sie zu sammlen und zu zählen. Ich würde die Mühe, sie sorgfältig zu sammlen, nicht geachtet haben, wenn ich anders daraus einen sichern Schluß auf ihre Anzahl

hätte

hätte machen können. Ohne Zweifel hatten diese Fische bereits viele von sich gelassen: denn die Fische geben ihre Eyer, nicht wie die Amphibien, auf ein Mahl, sondern wie Vögel und Insekten, zu verschiedenen Zeiten von sich. Sollte nicht der Widerspruch, den man bey den Schriftstellern, über die Anzahl der Eyer im Rogen antrifft, daher rühren, daß der eine in der Laichzeit, und der andere außer derselben, sie untersucht hatte? Ich gebe auch gern zu, daß dieses nicht die einzige Ursache sey; das Alter trägt unstreitig vieles mit dazu bey. Ein junger Fisch, der erst anfängt, und ein alter, dessen Zeugungskräfte beynahe erschöpft sind, können unmöglich eine gleiche Anzahl laichen. Man siehet hieraus, wie viel Vorsicht dazu gehöret, um eine einzige Wahrheit in der Naturgeschichte zu bestimmen, und wie viel wir unsern Nachkommen zu untersuchen übrig lassen. Ein kleiner, schmaler, braunrother Körper, der am Zwerchfeil und an der Leber befestigt war, scheint mir die Milz zu seyn. Der Magen besteht aus mehrern Häuten, die sich leicht von einander trennen lassen.

Die Laichzeit dieser Fische fällt ebenfalls um Martinstag. Sie werden, so wie die vorigen, zu den oben erwähnten Jahrzeiten gefangen, und suchen, eben wie jene, die tiefesten Seen zu ihren Aufenthalt, so wie sie auch nur an gewissen Stellen derselben laichen. Die Fischer nennen daher diese Plätze den Maränenfang. Sie werden häufig nach Berlin gebracht, wo sie Mandelweise, das Mandel zu drey bis sechs Groschen, verkauft werden. Das Stück solcher Maränen wägt etwa vier oder fünf Loth. Sie werden in Salzwasser gekocht, und auf eben die Art, wie oben erwähnet ist, gegessen. Einige richten sie auch mit Butter und Petersilie zu. Viele essen sie auch getrocknet und in Butter gebraten. Der Rückgrad läßt sich leicht, nebst den Gräten, vom Fleische trennen. Man zählt zwey und funfzig knorplichte Gelenke, im Rückgrade, und fünf und zwanzig Ribben auf jeder Seite: die kleinen Gräten ungerechnet, die unten am Rückgrade sitzen.

Ehe ich diese Abhandlung schließe, will ich noch einiger Fische Erwähnung thun, die wegen der grossen Aehnlichkeit mit den vorigen, uns leicht verleiten könnten, sie mit jenen von einerley Art zu halten. Schwenckfeld erwähnt eines kleinen Fisches, den er Muranula silesiaca, Albula silesiaca lacustris, Albiculus lacustris, Muränchen, Muranen, Moranen, nennet; ob aber unsre kleine Maräne darunter zu verstehen sey, läßt aus seiner kurzen Beschreibung sich nicht mit Gewißheit schlüßen: denn er sagt weiter nichts von ihm, als das er zu dem Weißfische gehöre, die Größe und Farbe des Ockeleies habe, und dem Heringe gleiche *)

Der aufmerksame Klein **) führt aus dem Schwenckfeld diesen Fisch unter den Lachsarten, welche

*) *Schwenckfeld* Thaeratronheum Silesiae p, 436.

**) l. c. Miss. V. p. 21. §. 12. N. 16.

welche zahnlos sind, mit auf, und macht bey ihm die sechszehnte Species aus. Sollte die davon gelieferte Abbildung *) anders getreu seyn; so kann ich sicher daraus folgern, daß Klein sich von seinem Vorgänger habe verleiten lassen, jenem schlesischen Weißfisch für unsere Maräne auszugeben. Der Unterkiefer stehet so weit hervor, wie beym Heringe. Die Schuppen sind so klein und liegen so dicht übereinander, wie beym Barsche; da hingegen unsere Maräne nur wenige und größere Schuppen hat, auch der Unterkiefer nur etwas weniges vor dem obern hervor stehet, und überdem unser Fisch nicht so breit ist, als die besagte Figur anzeigt. Zugleich kann ich auch den Zweifel heben, den Klein am angeführten Ort geäußert hat. Ob nämlich der Renken in Bayern **) nicht mit dem schlesischen Weißfisch (albula silesica) einerley Fisch sey, und folglich auch mit unserer Maräne? Es sind würklich der Renken und die Maräne zween verschiedene Fische; dieses belehrt mich die vortreffliche Abhandlung des Dr. Wartmann ***) vom Blaufelchen. In dieser wird gezeigt, daß der Renken nichts anders sey, als das Weißfelchen, wenn es vier Jahr alt ist †): daß aber auch das Weißfelchen sowohl als das Blaufelchen von unseren Maränen verschieden seyn müsse, ergiebt sich nicht nur aus

*) l. c. tab. VI. fig. 2.

**) S. Keyßlers neueste Reis. IX. Brief. S. 78.

***) unsere Beschäft. 3. B. S. 184. u. f.

†) l. c. S. 211. verglichen mit S. 201.

der verschiedenen Anzahl der Finnen und der Geschlechtsgröße u. s. w.; sondern auch daraus, daß das Blaufelchen mit einer Galle versehen ist, und hingegen dem Weißfelchen die Blinddärme oder Anhängsel gänzlich fehlen *).

Endlich hat auch der Weißfisch oder Schnepel**) (Salmo albula L.), in Ansehung seines länglichten Körpers, der zarten Schuppen, und des weißen Fleisches große Aehnlichkeit mit unsern Maränen: allein nicht nur der Unterschied der Strahlen und Finnen, sondern auch die spitzige Schnauze und die Geschlechtsgröße, machen ihn zu einer besondern Species dieses Geschlechts.

Uebrigens würde Herr D. Wartmann, wenn ihm seine Berufsgeschäfte, während seines Aufenthalts in Stargard, erlaubet hätten, diesen Fisch genauer zu untersuchen, unsere Maräne mit dem Blaugang-Fische nicht für einerley gehalten haben.

Nach-

*) Man siehet hieraus, wie viel die Zergliederung zu einer richtigen Kenntniß der Thiere beytragen kann. Wenn die Thierbeschreiber bey ihren Systemen eben so viel Rücksicht auf den innern Bau nähmen, als die besten Schriftsteller, bey den Mineralien und Steinen, auf ihre Bestandtheile sehen; so würden wir weit richtigere Classificationen zu erwarten haben.

**) Müll. l. c. S. 326. *Lin.* N. S. G. 178. n. 16. *Faun. Suec.* ed. 2. n. 326.

Nachtrag.

Auszug eines Schreibens des Herrn von Marwitz auf Zernikow an den Verfasser.

Als obige Abhandlung größtentheils abgedruckt war, erhielt ich folgendes Schreiben, das, wegen seines practischen Inhalts, mit Recht eine Stelle in unseren Beschäftigungen verdienet. Man ersiehet daraus, daß nicht nur solche Fische, die beständig im süßen Wasser leben, sondern auch diejenigen, welche sich wechselsweise bald im süßen, bald im salzigen aufzuhalten pflegen, sich versetzen lassen. Da aber so wohl die Vögel, als Fische, fast in einer jeden Provinz mit einem andern Namen belegt, und eben deswegen bey den Schriftstellern so oft mit einander verwechselt werden; so habe ich, damit man unsern Oekonomen desto besser verstehen möge, seine Benennungen mit Synonomien versehen.

„Die Sorten Fische, welche ich eingesetzt, sind, 1) die große Madui-Maräne aus dem vier Meilen von mir entlegenen See. Es findet sich in selbigem 2) noch eine Art kleiner Maränen, welche die dasigen Fischer Zoll-Fische nennen, imgleichen 3) Stinte*), wovon

*) Salmo Eperlanus L. n. 13. Müll. Meerstint. S. 323. *Wulf.* Ichthyol. p. 37. n. 47.

wovon die größten über sechs Zolle lang sind; von welchen beyden Sorten ich ebenfalls welche mit kommen und einsetzen lassen. 4) Die andere Sorte kleiner Maränen habe vom Soldinschen See holen lassen, welcher beynahe eine Meile von mir entfernt ist. Es findet sich dieselbe auch in einem See bey Morin und Lippehne: sie sind aber nicht von der Größe und haben nicht die Güte vom Geschmack der Soldiner, welche deswegen vor den übrigen in der hiesigen Gegend vorgezogen werden. Ueberdem muß ich noch bemerken, daß beyde Arten der Maränen, die große so wohl als die kleine, roh einen austerhaften, und nicht einen Geruch haben, der den meisten andern Fischen eigen ist. Die übrigen Sorten, welche ich von Fiddichow, welches drey Meilen von hier, rechter Hand Schwedt, liegt, kommen lassen, sind 5) Zander,*) die ich schon vor funfzehen Jahren eingesetzt und sich bereits stark vermehrt haben; 6) Schnepel, welche ich mit der großen Madui-Maräne für eine Art von Fischen halte, so wohl wegen des äußerlichen Ansehens und der Größe, als auch dem Eingeweide und Geruche nach, und in Ansehung der Laichzeit, welche kurz nach Martini fällt. Ich finde wenigstens keinen andern Unterschied zwischen ihnen, als dem Namen: 7) Lachs**); 8) Neunaugen***); 9) Jäsen****);

10)

*) Lucio pecca. n. 2. p. 481. Müll. S. 225. *Wulf*. n. 27.

**) Salmo salar. L.

***) Petronizon fluviatilis L.

****) Cyprinus jeses L. p. 530. n. 20. Müll. Bradtfisch. S. 394. *Wulf*. p. 47. n. 62.

10) Zährten *); 11) Repen **); 12) Zopen ***); 13) Zikken ****); 14) Döbeln †); 15) Barben ††) 16) Stöhre †††); 17) Forellen ††††), welche ich insgesammt vor drey Jahren eingesetzt habe, und sehr gut fortgegangen sind; indem ich bereits von allen Sorten welche gefangen, die recht munter uud frisch gewesen sind. Mit Fischen aus der Ostsee habe zwar noch keinen Versuch gemacht: ich bin es aber noch Willens zu thun, und zweifle gar nicht an dem guten Erfolg, aus dem Grunde, weil unter den vorbenannten viele Sorten sind, welche nicht beständig im süßen Wasser und in der Oder sich aufhalten.

Was

*) Cypr. rutilus. L. n. 16. p. 329. der Rothflosser. Müll. S. 392. T. XI. fig. 4. *Wulf.* n. 19. p. 45.

**) Cypr. Cephalus L. n. 6. p. 327. der Dickopf. Müll. S. 385. *Wulf.* n. 56. p. 43.

***) Cypr. farenus L. n. 30. p. 532. der Faren. Müll. S. 399. *Wulf.* Zopen. n. 68. p. 50.

****) Die Ziege Richters Ichthyol. S. 693. Ziga *Wulf.* n. 51. p. 40. die Ziege, ein Hering, der sich in den Seen aufhält. Jonst. t. 30. f. 17. und nicht 13. die Wulf citirt. Wahrscheinlich ist es der nordische Hering, der durch eine Ueberschwemmung in die Seen gerathen ist, und folglich kommen auch Meerfische im süßen Wasser fort.

†) Cypr. dobula L. n. 13. p. 528. der Häßeling Müll. S. 391. *Wulf.* n. 58. p. 44. Richt. p. 84. Dubel.

††) Cypr. Barbus L. n. 1. p. 525. Müll. die Flußbarbe S. 379. *Wulf.* n. 52. p. 41.

†††) Strio accipenser L. n. 1. p. 806. Müll. 3. Th. S. 287.

††††) Salmo Fario L. n. 4. Müll. S. 317.

Was die Fortschaffung der Fische anbelangt, so kommt es hauptsächlich darauf an, daß man ein Faß mit Wasser, worinn sie sollen verschicket werden, gleich auf der Stelle hat, wo die Fische gefangen werden, damit sie aus dem Netz hinein gethan werden können: wobey man sorgfältig verhüten muß, daß sie nicht mit den Händen gedrückt, oder gestoßen und wohl gar geschmissen werden, wie gemeiniglich die Fischer zu thun pflegen. Nächst diesem muß man dafür sorgen, daß das Wasser unter Weges beym Fahren aus dem Fasse nicht heraus spritze, uud sich dadurch in demselben zu sehr hin und her bewege; wodurch die Fische an einander geschmissen werden. Zu dem Ende habe ich eine viereckigte Röhre, etwa 18 Zolle lang, von Bretter verfertigen lassen, die mit dem einen Ende in das Spundloch des Fasses, worinn hölzerne Leisten aufgenagelt sind, genau eingesetzt wird, nach dem obern Ende läuft sie etwas enger zusammen, und oben darauf befindet sich eine hölzerne Klappe, durch welche Löcher gebohrt sind, damit die Fische hinlänglich Luft haben."

V.

V.

Peter Camper.

über die

wahre und eigentliche Ursache der Krankheiten, die unter dem großen und kleinen Viehe, als ansteckende Seuchen, wüthen,

eine von der Gesellschaft N. F. F. gekrönte Preisschrift.

Einleitung.

Der patriotisch gesinnte märkische Edelmann, hat darinn sehr lobenswürdig gedacht, daß es ihm beliebte, ehe er sich um geschickte Heilungsmittel bekümmerte, zuvor die wahre Ursache der Krankheiten, welche unter dem kleinen und großen Vieh im Schwange gehen, der Untersuchung der Naturforscher zu empfehlen. Dieser edelmüthige Herr, von dem gegenwärtige Aufgabe festgesetzt ist, hat auf die beste Beantwortung derselben, überdies noch eine Belohnung von zwanzig Dukaten ausgesetzt. Mir liegt blos die Ehre des Preises am Herzen. Und wenn ich so glücklich seyn sollte, denselben vor andern davon zu tragen; so gebe ich jene

jene Belohnung freywillig zurück, in der Hofnung, daß derselbe, durch eine ähnliche Aufmunterung, die Auflösung einer anderweiten gemeinnützigen Aufgabe befördern wolle.

Die Frage, welche vornämlich beantwortet werden soll, wird im *Journal Encyclopedique* vom Monath May des 1777sten Jahres, folgender Gestalt vorgetragen: „Welche ist die wahre und eigentliche „Ursache der ansteckenden Krankheiten des Vie„hes? Haben sie einen besondern Keim oder „Grundstoff, welcher durch gewisse Entwicke„lungen mehr diese, als eine andre Krank„heit hervorbringt? Rührt dieser Grundstoff, „oder diese erste Ursache, der ansteckenden Vieh„seuchen aus der Luft her, oder entsteht er „aus dem Körper des Thieres selbst? Kann „durch sichere und zuverläßige Beobachtungen „erwiesen werden, daß Würmer und andere In„sekten, diese seuchenhafte Materie in dem Kör„per der Thiere selbst erzeugen, oder wenig„stens in Thätigkeit und Gährung bringen „können?

Die Frage ist in der That vortrefflich gewählt: aber die Beantwortung derselben gar nicht leicht. Denn es wird nicht nur ein richtiger Aufschluß und ein bündiger Beweis; sondern auch eine genaue und sorgfältige Untersuchung aller Vieh-

seuchen

seuchen überhaupt erfordert. Die Frage eröffnet also ein weites und nicht sehr bearbeitetes Feld.

Ich glaube indessen, daß man sie, bey der Wahl der Heilungsmittel, zum Grunde legen müsse: und es wird aus der Art, wie die Aufgabe vorgetragen ist, die Muthmaßung wahrscheinlich, daß der vortrefliche Herr Urheber der Preisfrage, vornämlich sein Augenwerk auf die Entscheidung die Frage, über welche jetzt beynahe in ganz Europa mit größtem Recht gestritten wird, gerichtet habe, nämlich: ob die Ausbreitung der Seuche durch das Tödten des erkrankten Viehes, oder aber durch Arzeneymittel, und durch welche? gehindert werden müsse?

Denn, wenn in der Luft der Urstoff einer jeden Viehseuche erzeuget, oder von Insekten hervorgebracht würde, oder, so wie die ansteckenden Fieber der Gefängnisse, in den Thieren selbst entstünde; so würde das Tödten des erkrankten Viehes vergeblich und lächerlich, und eben so unnütz das tiefe Einscharren desselben seyn. Wenn aber, durch das bloße Berühren, die giftige Seuche verbreitet würde, alsdenn müßte man in vielen europäischen Ländern das schleunige Tödten, so wohl des kranken, als auch des verdächtigen Viehes, nicht nur vorziehen, sondern sogar anempfehlen. Ich habe mit Fleiß gesagt: in vielen. Denn in denenjenigen Ländern, deren Grenzen unordentlich und abwechselnd, mit den Grenzen der benachbarten Länder, durch einander laufen, würde das

 Tödten

Tödten nichts helfen, wo nicht die Nachbaren gemeinschaftlich, auf eine übereinstimmende Weise, mitwirken, um der Seuche Einhalt zu thun.

Es giebt auch noch eine dritte Art, das Uebel der Viehseuche erträglich zu machen, nämlich die Einimpfung, welche, wie wir hernach zeigen werden, viele und große Vortheile hat. In diesem Falle aber muß man die Seuche selbst anhaltend machen, damit dieses Heilmittel, mit gutem Erfolge, angewandt werden könne.

Ich will aber, nach dem Beyspiele des berühmten Erxleben*), nicht alle ansteckende Seuchen des Viehes, sondern nur die vornehmsten derselben abhandeln, nämlich die schreckliche Rindviehseuche, die noch jetzt, in den Staaten der vereinigten Niederlande, grausam wütet; die Blattern oder Pocken der Schaafe, die Zungenschwämme des Hornviehes, welche im vorigen, auch in diesem Jahrhundert eine Plage des Rind- und Pferdeviehes waren, und den bösartigen Rotz der Pferde. Alle diese Krankheiten werden für ansteckend gehalten. Es giebt aber auch Viehseuchen, die nicht ansteckend sind, wie die Würmer in den Lebern aller Gras fressenden Thiere, oder in den Nasenlöchern der Schaafe, und in dem Magen der Pferde und Schaafe; welche nicht der Vorwurf der gegenwärtigen Preisaufgabe

*) Praktischer Unterricht von der Vieharzneykunst. S. 139.

aufgabe zu seyn scheinen: wozu noch kömmt, daß solche offenbar von Insekten entstehen.

Inzwischen muß man sich gar nicht wundern, daß so verschiedene allgemeine Ursachen, die nicht selten einander gerade entgegen stehen, auf einerley Krankheit angewandt sind. Denn die Arten zu philosophiren sind so verschieden, als es die Zeiten sind: und jeder will, aus den einfachsten und allgemeinsten Gründen, die Natur aller Krankheiten erklären. Also haben z. B. die Alten aus der unterschiedenen Beschaffenheit der Luft und der Oerter, oder Länder, alle ansteckende und pestilenzialische Seuchen hergeleitet: die Sterndeuter aus der unterschiedenen Stellung der Gestirne, aus der Erscheinung der Kometen und Luftzeichen. Nach diesem haben die arabischen Chymister, aus der Gährung der Säfte in dem thierischen Körper, und aus der Fäulniß, welche eine Art der Gährung ist, alle Krankheiten herzuleiten gesuchet. Auf diese sind die Optiker gefolget, welche, nach Erfindung der Vergrößerungsgläser, unsichtbare Insekten in jedem flüßigen Wesen, auf eine übertriebene Art, bewunderten und alle vorkommende Krankheiten auf die Rechnung der Insekten schrieben. A. Kircher sahe zuerst, und nach ihm sahen sehr viele Italiäner, unter welchen Valisneri oben ansteht, überall Würmer. Der berühmte Andry in Frankreich trieb die Sache bis zum Lächerlichen. Diese Art zu philosophiren verlohr aber bald ihr Ansehn, und die Aerzte legten sich nun fleißiger auf die

Geschichte der Viehkrankheiten, vornämlich der Seuche unter dem Rindvieh. Daher entstand jener vortrefliche Grundsatz: daß diese Seuche nicht anders, als durch die Berührung mitgetheilt und verbreitet werde, so wie die schreckliche Pest, welche dem Menschengeschlecht sehr oft gefährlich gewesen ist. Man muß aber jetzt nur noch den einzigen Kuhnst*) ausnehmen, welcher dafür hält, daß die Seuche durch Abscheu und Einbildung entstehen könne.

Diejenigen aber, welche die Luft nicht nur zum Mittheilungsmittel (vehiculum), sondern auch zur Ursache der anstecken den Viehkrankheiten gemacht, und dieselbe durch unterschiedne Arten des Räucherns, besonders mit Säuren, entweder zu reinigen, oder zu verbessern gesuchet haben, damit alle Ansteckung von ihr entfernt würde; haben, ihre Theorie andern aufzudringen, sich vergeblich bemühet. Es sind nämlich bis hieher alle jene Heilmittel, ob sie schon mit vielem Schein von manchen Akademien, in Vorschlag gebracht worden, dennoch unnütz gewesen.

Die wenigsten aber haben dafür gehalten, daß in den Säften der Thiere selbst, die erste Ursache des Uebels verborgen liege. Nur ein einziger hat sie in dem Mangel des Saufens gesucht, aber keine Anhänger bekommen; weil die mehresten vielmehr den über=

*) Medicinische Gutachten von der so genannten Viehseuche. S. 30.

übermäßigen Feuchtigkeit der Oerter, wo sich das Vieh aufhält, in Verdacht haben.

Ich wende mich nunmehro zur eigentlichen Beantwortung, der unterschiedenen Fragen der Preisaufgabe, und will zwey Hauptstücke hinzufügen: das eine von den vorzüglichen Hülfsmitteln, die man in allen Viehkrankheiten anpreisen kann; das andere von der Einimpfung der Viehseuche, von ihren Vortheilen, und von ihrer Beschaffenheit.

Ich habe geglaubt, daß man dies als Folgerungssätze, zur Beantwortung der Hauptfrage, ansehen müsse, weil die Betrachtung der Ursachen, ohne Prüfung der Verwahrungsmittel gegen die Seuche, und ohne derselben Anwendung, von keinem Nutzen seyn kann.

Ich werde mich sehr freuen, wenn ich, durch eine gründliche Ausführung aller dieser Gegenstände, den Preis verdienen werde. Und sollte ich so glücklich nicht seyn; so werde ich dennoch von meinen Bemühungen und Untersuchungen den Nutzen haben, daß ich dadurch meine Einsichten erweitert, und mich im Stand gesetzet sehe, meinen Mitbürgern einen heilsamen Rath ertheilen zu können.

Erstes Hauptstück.

Von der eigentlichen Ursache der Viehseuchen, nebst dem Beweise, daß solche in einem besonderen Keim, oder Grundstoff bestehe.

Es ist nunmehro außer allem Zweifel gesetzt, daß die Rindviehseuche keine Thiere, auch nicht einmal die wiederkäuenden, außer das Rindviehgeschlecht, befalle. Ich habe in ein und ebendenselben Ställen, Pferde, Schaafe und Ziegen beysammen gehabt, in welchen die Rindviehseuche aufs schrecklichste wüthete. Ich habe allen einerley Futter, und aus ebendenselben Eimern das Wasser zum Trinken gereichet; welches sogar von dem giftigen Nasenschleim des seuchenhaften Viehes verunreinigt war. Aber ich habe davon niemals eine schlimme Wirkung, oder eine Krankheit, ausbrechen gesehen. Ich habe auch das Gift durch Einimpfung unmittelbar dem Blute mitgetheilt: aber ich habe auf diese Art an Schaafen, Ziegen und Tannenhirschen vergebliche Versuche gemacht. Alle diese Thiere sind unangesteckt geblieben; und ihre Wunden sind bald wieder geheilet worden.

Ich erhandelte einen Dromedar, um mit demselben einen ähnlichen Versuch anzustellen. Aber die Verkäufer überlieferten mir selbigen nicht, weil sie sich einen grösseren Gewinnn reizen, und daher gelüsten ließen, dieses sonderbare Thier an andere noch einmahl zu verkaufen. Aus Norwegen hatte ich mir ein Rennthier kommen lassen, um solches zu eben dieser Absicht zu gebrauchen. Aber es starb an einem Geschwüre, ehe ich mit der seuchenhaften oder ansteckenden Materie die Probe machen konnte.

Es war mir aber sehr unangenehm, daß ich an dem Dromedar die Einimpfung nicht vornehmen konnte, weil ohne Zweifel diese Rindviehseuche aus Asien, oder Afrika, und wahrscheinlicher Weise, durch die Caravanen der Kamele, hergeschleppt wird. Denn mir ist sonst nicht bewußt, daß, durch so große und so dürre Wüsten, nach Europa Ochsen geschickt würden. So viel ist aber gewiß, daß im Anfange dieses Jahrhunderts die Rindviehseuche zuerst aus Dalmatien nach Italien gebracht, und von dort durch ganz Europa verschleppt worden ist, nicht zugleich und auf einmal, sondern nach und nach. Im Jahre 1711. hatte sie sich zum ersten Mahle im venetianischen Freystaate gezeiget, nicht eher, als 1714. in den Niederlanden; in England aber noch später. Die Seuche hat bisher, nach der Versicherung des berühmten Gölike und Kanold, bald in dem einen, bald in dem andern europäischen Lande, vornämlich in den mitternächtlichen Ländern, von 1710 bis 1730, und von der Zeit an wieder bis jetzt fortgedauert. Und man wird mir selbst hierinn um so vielmehr glauben können, da ich diese Sache mit möglichstem Fleiße selbst untersucht habe *).

Der berühmte Abt Needham aber hat sehr gefehlt, wenn er schreibt, daß diese Seuche in den Niederlanden von selbst entstanden sey**): da überall bekannt ist, daß dieselbe nicht dort ihren Ursprung genommen hat, sondern aus Deutschland dahin gebracht worden.

Dies aber scheint mir sonderbar und der größten Aufmerksamkeit würdig zu seyn, daß die ansteckende Materie nicht lange ihre Kraft behält, indem gemeiniglich, innerhalb vierzehen Tagen, ihre sich mittheilende Kraft verschwindet und erstirbt: die aber dennoch auch zuweilen vier Wochen lang ungestört geblieben ist. Dies habe ich besonders alsdenn wahrgenommen, wenn ich diese Materie aufbewahren wollte, um Einimpfungen damit vorzunehmen. Und dieser Umstand, daß jenes schreckliche Gift nicht so lange sich aufbewahren läßt, als die Pockenmaterie, kommt denen, die sich mit der Einimpfung abgeben, gar nicht zu statten. Ich habe diese besondere Eigenschaft deswegen anführen wollen, weil sie den Nutzen beweiset,

*) Campers Vorlesungen über das heutige herumgehende Viehsterben 1769. aus dem Holl übersetzt von J. C. Lange. Kopenhagen 1771. S. 23.

**) Memoire sur la maladie contagieuse des bêtes à Cornes. Bruxelles 1770. pag. 10.

weiset, welchen wir durch das Tödten und Verscharren des angesteckten Viehes erlangen können.

So bald das Thier zu genesen anfängt, verliert so wohl die Feuchtigkeit der Nase, als auch diejenige, welche aus den Augen fließet, die ansteckende Kraft. Niemals habe ich mit dergleichen Materie, durch das Einimpfen, die Krankheit mittheilen können, niemals ist auch dieses meinen Freunden geglücket: ohngeachtet wir solches oft versucht haben. Denn man kann den Augenblick, da die Krankheit mit der Gesundheit zu wechseln anfängt, nicht deutlich bemerken, außer einige Zeitlang nachher. Der eiterhafte Rotz fährt auch noch nach diesem Wechsel (crisis) fort, aus den Nasenlöchern zu fließen; aber, wie gesagt, ohne ansteckend zu seyn.

Indessen steckt ein einziger, unendlich kleiner Theil dieser sehr giftigen Materie ein jedes Thier, das diese Seuche noch nie überstanden hat, augenblicklich an, die Einimpfung mag geschehen, an welchem Theile des Körpers sie wolle.

Ich habe die Oefnung dazu sehr oft unter der Hüfte, an den Schultern, vielfältig am äußersten Schwanzende, auch an den Ohren gemacht; und das Gift hat allezeit gewirket, wenn es anders tauglich und lebhaft genug war.

Bisher habe ich noch nicht erfahren können, daß ein und eben dasselbe Thier von der noch immer fort wüthenden Viehseuche zweymahl angesteckt worden sey, auch nicht einmahl, wenns die Seuche durch das Einimpfen bekommen hatte: und ich könnte diese Behauptung, wenns verlangt würde, mit tausendfältigen Beyspielen beweisen. Ich habe selbst viele durch das Einimpfen von der Seuche geheilte Kühe verkauft, und allezeit, auf ihre ganze übrige Lebenszeit, für den Rückfall gut gesagt. Die Käufer haben sie der Gefahr der größten natürlichen Ansteckung bloß gestellt: aber keine ist jemals wieder angestecket worden, und ich habe niemals nöthig gehabt, das Geld zurück zu geben.

Es ist also ein Grundstoff von ganz eigener Art, welcher, wenn er dem Blute, in der Lunge, durch das Einathmen, oder unter der Haut, durch das Einimpfen, beygemischet wird, von der jeßt überall bekannten, und durch ganz Europa sich immer ähnlich gebliebenen Rindviehseuche der Keim wird, und also durch eine besondere Modification immer eben dieselbe Krankheit hervorbringt. Dabey ist noch dieses etwas ganz besonders, daß Kälber, die noch nicht an die freye Luft gekommen sind, davon nicht angesteckt werden; hernach aber sind sie eben so sehr, wie alles übrige Rindvieh, angestecket worden.

Auf diejenigen Kälber, welche von durchgeseuchten Müttern fallen, wirkt das Gift gelinder, besonders bis zum fünften Monathe. Dies

hat

hat zuerst der berühmte Alta, hernach auch Jul. D. Rössing*) beobachtet, und bey den Gröningschen sowohl, als Frisischen Bauern, wird solches für ein Grundsatz gehalten.

Ich gestehe zwar, daß einige Zufälle der Krankheit bey diesem und jenem Stücke Vieh unterschieden sind; aber dieser Unterschied hängt, von dem Unterschiede, der durch die Seuche angegriffenen Theile ab; und von der Entzündung, welche entweder in eine Vereiterung, oder in den kalten Brand, übergeht. Die Lunge aber wird bey allen kranken Vieh vorzüglich angegriffen, wie der große Haller **) überzeugend dargethan hat. Der kalte Brand, oder das völlige Verderben der unterschiedenen Magen, und besonders des Psalters, kann auch daher entstehen, wenn das Vieh nicht hinlänglich getränket wird, oder wenn es zu lange dursten muß u. s. w.

Auch ist nothwendig, daß die Besichtigung der Viehmagen sogleich nach dem Verrecken vorgenommen werde: weil sonst, auch bey dem im gesundesten Zustande geschlachteten, die inwendige feine Magenhaut eben so angehet, als bey einem an der Seuche gefallenen Thiere.

Nach

*) Königl. Preußl. Amtmann zu Leer, im Briefe vom 29sten May 1770.

**) Traité de la Contagion &c. pag. 13. §. 6. & de lue bovilla p. 10. §. 6.

Nach der Einimpfung habe ich einige wüthend werden, andere aber gelähmet, gesehen; je nach dem, entweder das Gehirn, oder das Rückenmark, angegriffen worden war.

An einigen hundert Häuptern habe ich selbst das Einimpfen verrichtet, und im Anfange manches Stück Rindvieh dabey eingebüßet; welche von mir allesammt sorgfältig zerleget worden. Auch habe ich viele natürlich erkrankte in der Cur gehabt. Sehr vieles, an der natürlich entstandenen Seuche vereckte Vieh, habe ich ebenfalls dem Zergliederungs-Messer unterworfen; aber keinen Unterschied weder an diesem, noch an jenem wahrgenommen.

Ob nun gleich das Gehirn, das Rückenmark, oder irgend ein Theil der Eingeweide, bey einigen mehr leidet, als bey andern; so ist doch deswegen die Krankheit selbst eben so wenig unterschieden, als man die Venusseuche für unterschiedene Krankheiten hält, wenn sich bey dem einen Patienten harte Knoten, vorzüglich an dem Haupte, bey dem andern aber an den Knochen der Beine oder der Arme äußern; oder, als man das Podagra für zweyerley Krankheiten hält, wenn es bey diesen die Hände, bey jenen die Gelenke der Füße, in einer häßlichen Geschwulst auftreibet.

Es ist also eine und eben dieselbe Art der Krankheit, von welcher einzig und allein das Rindvieh angegriffen wird, als dessen natürliche Beschaffenheit allein im Stande ist, das empfan-

gene

gene Gift in die Rindviehseuche zu verwandeln. Denn dieses Gift, wie ich gleich anfänglich erinnert habe, steckt kein einziges sonst bekanntes Thier an; eben so wenig als den Menschen. Von den Büffeln, Auerochsen, Bisons, und andern, besonders Africa eigenen Ochsen, getraue ich mir nicht, etwas zu bestimmen, weil ich keine Probe mit denselben habe vornehmen können. In dem Thiergarten des Durchl. Prinzen von Oranien wurde vor einigen Jahren ein Ochse *) vom Vorgebirge der guten Hofnung eine Zeitlang unterhalten, der zur Einimpfung brauchbar gewesen wäre, und wirklich dazu hätte gebraucht werden müssen, wenn der Aufseher über den Thiergarten, der auch Aufseher über die Naturalien-Sammlung ist, mir solches hätte verstatten wollen. Denn es ist mir und jedem andern, der mehr, als ein bloßes Namenregister aus der Naturgeschichte zu wissen sich bestrebt, sehr viel daran gelegen, einzusehen: ob diese höchst schädliche und schreckliche Seuche ihren Ursprung aus Africa, oder aus Asien, genommen habe.

§. 2.

Die Pocken sind auf ähnliche Art, blos bey den Schaafen ansteckend: bey den Ziegen sind sie es

*) Herr Gr. von Büffon hat den Kopf eines solchen Ochsen abgebildet, in der Naturgeschichte rc. Th. XI. Tafel 41. Fig. 4. und 5. Seite 416.

es niemals. Die Krankheit selbst habe ich nur aus den Schriften anderer und aus Beschreibungen, besonders des berühmten Vitet *) kennen gelernet, welcher die Schaafpocken sehr gut beschrieben hat. So viel weis ich aus verschiedentlich wiederholten Versuchen, daß sie mit den Kinderpocken nichts gemein haben. Denn ich habe unsern Kinderpockengift den Schaafen eingeimpft: aber sie haben davon niemals Pocken bekommen. Auf diese Art glaube ich die Frage des Jul. D. Borel beantwortet zu haben, welche von der Königl. Pariser Gesellschaft der Landwirthschaft S. 86. aufgeworfen worden ist.

§. 3.

Der bösartige Roz **) der Perde, oder diejenige Krankheit, welche, wegen ihrer höchst schädlichen Beschaffenheit, vorzüglich der Roz genennet wird, greift, nach des berühmten Vitet ***) Ausspruch, das ganze Pferdegeschlecht an, auch die Maulesel und Esel. Die Engelländer nennen ihn, wegen der, bey dieser Plage, beständig geschwollenen Kinnbacken-Drüsen, die *Glanders*, oder die Drüsen ****).

Ich

*) Medecine Veterinaire Tom. II. pag. 326. *Barberet* Memoire qui a remporté le prix 1765. pag. 16. & 49.

**) Der Roz der Pferde Erxleben S. 260.

***) pag. 822.

****) *Gibson* the Farriers new Guide p. 99. C. XXIIX.

Ich habe mit diesem verderblichen Uebel viel Versuche angestellt, aber dasselbe durch kein einziges Mittel heilen können. Den aus den Nasenlöchern fließenden giftigen Roz habe ich unter das Wasser gemischet, das andern Pferden sollte zu trinken gegeben werden. Ich habe auch lange Zeit, ein mit dem bösartigen Roz behaftetes Pferd, unter den gesundesten Pferden, in in eben demselben Stalle stehen lassen. Aber ich habe von dem allen nicht die geringste nachtheilige Wirkung verspürt. Auch der berühmte Erxleben *) macht die Anmerkung, daß Robertson und Retting, nebst mir, den bösartigen Roz ganz und gar nicht für ansteckend gehalten haben.

Der berühmte Viter **) merket so gar an, daß ein gesundes Pferd, welchem die Rozmaterie, oder der giftige Eiter, vermitteist einer Wunde, eingeimpft werden mögte, davon nicht würde angesteckt werden: woran ich aber sehr zweifle, weil ich gewiß weis, daß der eiterhafte Nasenschleim unter der Hüfte, oder sonst irgendwo, eingeimpft, den wahren und tödtlichen Roz hervorgebracht hat.

Und daraus kann man schlüßen, daß der Roz blos die Pferde, und zwar alle, ohne Unterschied, befalle. Ich sage: alle; weil diese Krankheit

*) Erxleben vom Rotz der Pferde S. 270.

**) pag. 825.

heit niemals geheilet wird. Ich habe auch die Erfahrung, daß man einigen wenigen, obschon sorgfältig und vorsichtig, angestellten Versuchen, nicht recht sicher trauen könne. Denn ich halte jetzt den Roz für wirklich ansteckend, den ich sonst nicht so gefährlich hielt; weil der mit dem Getränke vermischte giftige Nasenschleim diese Krankheit mit hervorbrachte. Eben dies ist der Erfolg zu Marseille gewesen, da man giftigen Eiter den Hunden zu fressen gegeben hatte*); und eben das habe ich auch bey der Rindviehseuche wahrgenommen.

Ganz anders verhält sichs mit der Pockenmaterie: denn sie bringt ganz gewiß die Pocken hervor, wenn sie mit dem Getränke genossen wird. Ich habe mit ziemlicher Kühnheit die Versuche der Chineser wiederholet, und allemal den glücklichsten Erfolg gesehen. Aber alsdenn wird ein hinreichender Vorrath von Pockenmaterie erfordet. Beyläufig will ich anmerken, daß ich, um von der hinlänglichen Menge dieser Materie versichert zn seyn, allen Eiter aus einer einzigen Pocke, mit einem Stückchen Zucker, aufgefangen, und auf diese Art solche, nicht nur am besten verwahren, sondern auch, wie viel dazu erfordert werde, habe bestimmen können.

Einige Viehseuchen sind also, so wohl durch das Othemhohlen, als auch durch das Einimpfen ansteckend

*) *Disdier* et *Coutier* de peste Massil. p. 216. 217.

ckend, wie die Rindviehseuche, und vermuthlich auch der bösartige Roz der Pferde. Und weil so wohl dieses letztern Uebels, als der erstern Seuche bösartige Materie, mit dem Getränke verschluckt, keine nachtheilige Wirkung hervorbringt: so kommen beyde darinn mit dem Gifte der Ottern überein. Einige aber, als die Kinderpocken, theilen ihr ansteckendes Gift so wohl durch das Othemhohlen, als auch durch den Schlund und das Einimpfen mit: alle jedoch verdienen wahre ansteckende Seuchen genannt zu werden.

§. 4.

Im vorigen Jahrhunderte 1682, und in dem jetzigen 1731 wüthete in Italien, Deutschland, Frankreich und der Schweiz, auch in den Niederlanden, eine ansteckende Seuche, die dem Hornvieh und den Pferden, zuweilen auch den Schweinen verderblich war. Der ehrwürdige Outhof*) hat davon eine ganz vollständige Geschichte geliefert, auch der berühmte Viter**) und der Herr von Haller***), welcher anführet, daß sie unter dem Namen des Zungenkrebses bekannt sey.

Bey dieser Krankheit zeigten sich auf der Zunge brandigte Geschwürchens, die plötzlich jedem Thiere,

*) in libro egregio, de iudiciis Iehovae etc. p. 750. 751.

**) pag. 285.

***) Memoire sur la Contagion parmi le betail, p. 32.

Thiere, gemeiniglich innerhalb 24 Stunden, den Tod zuzogen *), wo nicht die Zungen-Schwämme durch das Aufritzen der Haut, mit einem sägeförmig gezackten Spatel, oder mit einem scharfen Löffel, oder mit der Lanzette geheilet wurden. Nach dieser Operation wurde die Zunge mit Salz und Essig, oder mit Wein gerieben: und auf diese Art wurde so wohl Hornvieh, als Pferde, von dieser Plage, in einer Zeit von vier oder fünf Tagen geheilet.

Diese Pest, oder diese brandartigen Zungenschwämmchen des Viehes verbreiteten ihr Gift weit geschwinder und heftiger, als die Rindviehseuche: und wenn man ihnen freyen Lauf ließ, war der Tod ihre gewisse Folge. Weil diese Seuche herrschte, da ich noch ein Kind war: so habe ich sie nicht beobachten können.

Man hat aber bey derselben bisher weder die Einimpfung versucht, noch irgend einige andere Proben gemachet: daher wir nur sehr wenig von dieser Art Viehseuche wissen.

§. 5.

Ich mache also den Schluß: daß jede Art der ansteckenden und giftigen Seuchen des Viehes von einem besondern Keime, oder Grundstoff, herkomme, welcher beständig eben dieselben Zufälle der Krankheit erzeuget; und, daß dieser Grund-

*) Vitet S. 286.

Grundstoff durch die Luft, als das allgemeine Fortführungsmittel (vehiculum) überall verbreitet, und durch das Einathmen, oder vermittelst der Lungen, bisweilen auch mit dem Nasenschleim und mit dem Speichel, oder mit den Nahrungsmitteln genossen, in den Körper gebracht, und mit dem Blute vermischt werde.

Zweytes Hauptstück.

Ob der Grundstoff der Viehseuchen in der Luft erzeugt werde?

Die Luft, oder der die Erdkugel umgebende Dunstkreis, ist eine Vermischung oder Verbindung von tausendfachen, oder vielmehr allen möglichen Ausdünstungen der lebendigen sowohl, als der todten Körper. Auf diesen Dunstkreis müssen auch die Erdbeben, nebst den Ausdünstungen der feuerspeyenden Berge, so wie die verschiedenen Jahreszeiten und Witterungen, Einfluß haben; aber dennoch nicht dergestalt, daß daraus die Pocken, Masern und Venusseuche unter den Menschen, die ansteckende Entzündung der Lunge bey dem Hornvieh, die Pocken unter den Schaafen, der Zungenkrebs unter dem kleinen und großen Vieh, oder der bösartige Roz unter den Pferden, entstehen könnte. Wenigstens findet dies in Europa nicht Statt:

den in diesem Welttheile sind alle ansteckende Krankheiten der Menschen so wohl, als der Thiere, unter jedem Himmelsstrich, in jedem Clima, und zu jeder Jahreszeit, eben dieselben. Dennoch ist nichts gewisser, als daß mit einem Mahl, zu irgend einer Zeit und irgendwo, der Grundstoff von einer jeden dieser mannigfaltigen Seuchen erzeuget worden sey.

Ich weis sehr wohl, daß der berühmte Fürstenav*), Börner**), Nigrisol***), und viele andere, von den Lufterscheinungen, Kometen, kalten Wintern, und Ausdünstungen des Erdbodens die Rindviehseuche haben herleiten wollen. Aber ich habe alle diese von ihnen angegebene Ursachen sorgfältig geprüft, und, wo nicht aller, doch der mehresten, Ungereimtheit überzeugend dargethan****). Und in der That scheint mir nichts augenscheinlicher zu seyn, als dieses: denn es müßte überall ein grosser Unterschied unter der Viehseuche, auf welche ich mich hier blos einschränke, Statt gefunden haben, wenn ich dabey auf alle Lufterscheinungen, und auf die

*) Kurze Einleitung zur Haushaltungs-Vieharzneykunst. S. 3.

**) Abwendung und Cur der Hornviehseuche. S. 15. §. 13. und S. 24. §. 24. und S. 16. §. 15.

***) Gedanken von der Viehseuche des Hornviehes, übersetzt. Leipzig 1749.

****) Ebendaselbst S. 105. u. f. f.

die mannigfaltigen Ausdünstungen, in so vielen unterschiedenen Ländern, mein Augenmerk richte. Das Gegentheil von dem allen, ist aus allen Geschichten der Rindviehseuche offenbar. Denn was Ramazzini und Lancisi in Italien, der Marquis von Courtivron in Frankreich, der Herr von Haller in der Schweiz, Gölcke, und andere, in Deutschland, Le Clerc in Rußland, Mortimer und Layard in Engelland, von der Rindviehseuche beobachtet haben; das stimmt nicht nur mit sich selbst, sondern auch damit überein, was ich in den Niederlanden wahrgenommen habe. Die Luft also, die Winterkälte, so wenig als die Sommerhitze, sammt den mannigfaltigen Ausdünstungen, tragen nicht das geringste zur Vermehrung oder Verminderung der Anfälle dieser Seuche bey. Ich*) habe sogar angemerkt, daß auf den kalten Winter im Jahre 1727 keine Viehseuche gefolget ist.

Der berühmte Börner**) widerspricht sich ebenfalls. Denn, nachdem er zuerst die Viehseuche den Lufterscheinungen und Ueberschwemmungen zugeschrieben hatte: bemerkte er hernach, daß die Rindviehseuche durch einen einzigen Ochsen aus Dalmatien nach Italien verschleppt worden sey.

Nigrisol***) beweiset seine willkührlich angenommene Meynung, daß die Seuchen des Viehes von

*) Seite 106.

**) Ebendaselbst S. 31. §. 19.

***) S. 30.

von den Ausdünstungen des Erdbodens abstammeten, nicht gerade zu, sondern blos aus den Berichten und Lehrsätzen der Alten, des Lucrez, und anderer.

Zu Rostock aber hat ein Ungenannter *) die wahre Ursache der Viehseuche in einem scharfen, flüchtigen, mit Schwefel vermischten, Salze gesucht, das in der Luft herumschwärmen und die Hornviehseuche hervorbringen sollte. Er wollte nämlich behaupten, es stiege aus den mineralischen Quellen ein salziger Thau oder Dampf, in die Höhe, welcher sich auf den Wiesen und Viehweiden ausbreitete, und von dem Rindvieh alsdenn theils eingeathmet, theils aber mit dem Futter verschlungen würde.

Indessen scheint mir ein ungenannter Brandenburger **) der Wahrheit näher gekommen zu seyn, indem er die Ansteckung aus der Berührung, sowohl durchs Einathmen, als durchs Einschlucken, erklärt, und deutlich zeiget, daß in der Luft, in der Beschaffenheit des Himmelsstrichs, im Wasser, und in den Nahrungsmitteln nichts bösartiges zu finden sey.

Auf

*) Beschreibung von der entdeckten Ursache der Viehseuche 1766.

**) Beytrag zur Geschichte der allgemeinen Viehseuche in der Mark Brandenburg. Leipzig 1767.

Auf eine sehr seltsame Art aber erklärt der schon mehrmahls angeführte Kuhnst***), wie die Hornviehseuche sich ausbreite. Er hat nämlich den Einfall, daß der stinkende Schleim, welcher aus dem Maul und den Nasenlöchern fließt, nicht vermittelst einer besondern Bösartigkeit dem benachbarten Vieh die Seuche mittheile; sondern nur bey demselben eine Furcht und einen Abscheu, oder ein Schaudern errege: und daß dies eine solche Wirkung auf das Rindvieh habe, daß es mit einer ähnlichen Seuche befallen werde. Darauf müßten die gesunden von den erkrankten Stücken abgesondert werden, nicht aus Furcht vor der Ansteckung, sondern damit bey denselben ebenfalls nicht ein Abscheu erreget würde. Den kalten Brand der Magenhäute leitet er vom Thau und Mehlthau her, woraus eine äzzende Säure entstünde, welche die Entzündungen und die Absonderung der Häute durch das Absterben verursachen sollte.

Ich will aber, damit ich zur Sache und zum Hauptzweck zurückkehre, den ersten Ursprung jener Viehseuchen ganz und gar nicht entwickeln, weil dieses nicht der Vorwurf der Frage ist; sondern von dem Keim und Grundstoff dieser Seuchen handeln, der sich vor einigen Jahren in Europa geäußert hat. Ich will untersuchen: ob dieser Grundstoff auf dem Erdboden überall, und besonders in Europa, aus dem

*) S. 33. 38.

dem Dunstkreise und der Luft abstamme, oder ob er anderswo entstehe, und von da herbey geschleppt werde, so daß blos die Ansteckung des Viehes durch die Berührung erfolge?

Weil aber die Feinheit dieses Grundstoffs vor unsern, auch noch so sehr geschärften Augen, unendlich tief verborgen liegt; so werde ich seinen Ursprung und seinen Gang nicht gerade zu erweisen können. Ich will also nur die wichtigsten Gründe, aus den historischen Nachrichten, von unterschiedenen Viehseuchen anführen, die alle zur Gnüge überflüßig darthun, daß die Rindviehseuche, in diesem Jahrhunderte, zuerst aus Dalmatien nach Italien gebracht, und von dort aus durch ganz Europa verbreitet worden sey. Ich berufe mich auf den Lancisi, Ramazzini, Outhof, Layard und Herrn von Haller, welche allesammt diese Herstammung erforschet und erwiesen haben. Außer diesen könnte ich noch hundert andere anführen, wo nicht das Ansehen, welches jene bey jedermann haben, so gros wäre, daß hierinn weiter kein Zweifel mehr übrig bleiben kann.

Ich habe fast alle Schriften von der Rindviehseuche gelesen, welche der Dr Krünitz *) aufführet: ich habe auch sogar diejenigen gelesen, die noch nachher herausgekommen sind. Ich habe die verschiednen Landesverordnungen gelesen, deren Absicht dahin gieng,

*) Verzeichniß der vornehmsten Schriften von der Rindviehseuche. Leipzig 1767, 8.

gieng, die Seuche entweder gänzlich abzuhalten, oder sie zu mildern. Alle klügeren Aerzte, alle Gesetzgeber, keinen einzigen ausgenommen, haben den Grundstoff der Viehseuche nicht, als in unserm Dunstkreise erzeugt und entstanden, betrachtet, sondern als durch die Berührung ausgestreuet und verbreitet. Der Herr von Haller *) schreibt sogar, daß der Ochse bekannt sey, der den Saamen dieser schrecklichen Seuche nach Europa gebracht habe.

Ich läugne nicht, daß bisweilen in einigen Ländern diese Plage eine Zeitlang aufgehöret habe, und unvermuthet an andern Orten aufs neue wieder ausgebrochen sey, welche von der Seuche ganz frey zu seyn schienen. Aber dies beweiset nicht, daß der Grundstoff hier aus der Luft entsprossen sey. Das beständige Reisen so mancherley Leute, die Besuchung der Jahrmärkte, und ähnliche Ursachen, haben jene unsichtbare Keime nach den entlegensten Orten bringen können, und wirklich dahin vielfältig gebracht.

Denn wenn die Seuche aufhören müßte, weil in der Luft weiter kein neuer Grundstoff erzeugt würde: warum sollte sie doch wohl bey eben denselben Lufterscheinungen, bey eben denselben Witterungen, in eben denselben nassen oder trocknen Ländern, oft viele Jahre hinter einander aufgehört haben, wie solches bekanntermaaßen oftmahlen geschehen ist.

 Endlich

*) sur la Contagion des bêtes à Cornes. p. 18.

Endlich will ich einen Beweis anführen, der stärker ist, als alle übrigen: nämlich die völlige Unterdrückung der Viehseuche durch das Tödten des erkrankten Viehes. In der Schweiz hat das Tödten der kranken und verdächtigen Thiere, und das tiefe Einscharren der vereckten, die Seuche so glücklich getilget, daß dieses Land sehr viele Jahre hindurch verschonet geblieben ist. In Engelland ist man bey einem ähnlichen Verhalten eben so glücklich gewesen. In Brabant und Frankreich hat diese löbliche Anstalt einen eben so heilsamen Erfolg gehabt: welches alles gewiß nicht hätte geschehen können, wenn in dem Dunstkreise selbst der Keim oder Grundstoff dieser Seuche erzeuget würde.

Man ziehe die Wetterbeobachtungen unterschiedener, und zwar solcher Länder zu Rathe, in welchen die Viehseuche bald aufzuhören, bald wieder von neuen zu wüthen schien, ob solche sich jemals nach den Abwechselungen des Himmels und der Witterung gerichtet haben?

Der Dunstkreis des Erdbodens ist also nicht die erste Ursache, sondern blos das Zuführungsmittel der ansteckenden Materie, so wie alle Ausdünstungen und leichtern Körper überhaupt. Aus ihrem langsamen Fortgange erhellet zugleich, daß sich der ansteckende Dunstkreis eben nicht sehr weit erstrecke. Wenn es wahr ist, daß der Zungenkrebs des Viehes sich sehr schleunig ausgebreitet habe: so scheint die Ursache davon vielmehr in der

Menge

Menge der angesteckten Thiere zu liegen. Denn nicht nur das Hornvieh, sondern auch die Pferde wurden mit dieser Krankheit befallen: und überdies nahm die Krankheit so schleunig überhand, daß die davon angegriffenen in einer Zeit von 24 Stunden hinstarben. Bey den Schafpocken geht alles langsamer, und es sind auch insgemein die Heerden mehr von einander abgesondert. Der bösartige Roz der Pferde stammt selten blos aus der Luft her, sondern oft, wo nicht immer, von der Berührung eines mit dieser Krankheit behafteten Thieres, oder solcher Sachen, welche mit diesem Gifte besudelt sind.

Das Bösartige und Ansteckende in der Luft aber hängt sich an die weichen, besonders wollenen Körper, desto vester, je leichter es in sie eindringt: und daher ist die Verbreitung desselben durch Wolle tragende Thiere, oder solche, die weiche Haare haben, immer am meisten zu befürchten.

Endlich und zuletzt scheint mir die Uebereinstimmung aller besondern Zufälle, aller der verschiedenen Arten von Viehseuchen, auch in den entlegensten Ländern, einen Grund für die Berührung abzugeben. Diese würde gewiß nicht Statt haben, wenn die Seuchen des Viehes von den in der Luft in Gährung gesetzten Ausdünstungen hervorgebracht würden. Man würde vielmehr alsdenn überall und an allen Orten, je nach dem die Natur und Beschaffenheit der Ausdünstungen unterschieden wäre, auch einen

Unter-

Unterschied in den Zufällen der Krankheit beobachten. Indessen ist in Dalmatien, in Italien, in Frankreich, in der Schweiz, in Deutschland, Dännemark, Schweden und Rußland, so wie in den Niederlanden und in Engelland, die Rindviehseuche immer eine und eben dieselbe. Die Schaafpocken sind sich überall gleich. Der bösartige Zungenkrebs, der so wohl das Rind- als das Pferde-Vieh trifft, ist an alleu Orten einerley. Und der bösartige Roz der Pferde bleibt sich überall ähnlich. Ueberall ist die Heilung, wenn solche bey diesen Seuchen noch Statt findet, einerley, obschon die Luft und der Dunstkreis an allen diesen angeführten Orten Himmel weit unterschieden ist.

Aus allen diesem mache ich also den Schluß, und zwar, wie ich glaube, mit dem größten Rechte, daß die Luft, oder der Dunstkreis des Erdbodens, nicht die Mutter der Viehseuche sey, sondern nur des Mittheilungs- oder das Fortführungs-Mittel derselben.

Drittes Hauptstück.

Ob der Keim, oder Grundstoff, der Viehseuchen in dem Körper der Thiere selbst erzeuget werde?

Nachdem die Preisaufgabe die Luft, als eine mögliche Ursache der Viehseuche betrachtet, wird billig weiter gefragt: ob der Keim oder Grundstoff derselben in dem Körper des Thieres selbst erzeuget werden könne? Wenn dieses geschähe, so könnte ein jedes Thier, ohne Ansteckung, in eine ähnliche Krankheit verfallen, und also auch tausende zugleich, dergestalt, daß die Krankheit, welche eine ansteckende Seuche zu seyn geschienen hätte, blos von einzelnen erkrankten Thieren herrühre.

Mir sind aber so wenig dergleichen allgemein um sich greifende Krankheiten unter den Thieren, als gemeine und besondere Krankheiten unter den Menschen bekannt. Die Fieber selbst nehme ich hiervon nicht einmahl aus, nämlich die Frühlings und Herbst-Fieber: denn auch diese scheinen mir von einem, in der Luft herumschwärmenden, bösartigen Wesen herzurühren. Alle diejenigen Aerzte, welche die Zufälle der Wechselfieber aus der verdorbenen Galle, und andern verdorbenen Säften, herleiten wollen, irren ganz gewiß. Die verdorbene Galle entsteht vom Fieber,

Fieber, nicht aber gegenseitig. Die weitere Erörterung dieser Sache würde mich aber zu weit von meinem Zwecke ableiten.

Es ist bekannt, daß in den Körpern der Wölfe und Hunde, aus einer besondern Beschaffenheit und Anlage der Säfte, die Wuth entstehen könne: welche fähig ist, wenn sie einmahl da ist, andere Thiere, auch so gar den Menschen, durch die Berührung anzustecken, dergestalt, daß er in die Wasserscheu verfällt, die durch keine Kunst geheilet werden kann, und unvermeidlich tödlich ist. Ich weis zwar wohl, daß der berühmte Wundarzt Maret*) zu Dijon, eine Geschichte von einem Mädchen aufgezeichnet hat, welches durch mancherley Gemüthsbewegungen und Leidenschaften von selbst, toll und wasserscheu geworden seyn soll. Es verabscheuete nämlich das Wasser: dies konnte aber aus andern Gründen herrühren. Denn, daß die wahre Wasserscheu hier nicht gewesen seyn müsse, erhellet daraus, daß dieses Mädchen nicht nur das Baden sich hat gefallen lassen, sondern auch, ehe es verschied, ohne Schwierigkeit getrunken hat.

Man sagt auch, daß die Schwindsucht, wenn sie bey einem Menschen innerlich aus verschiedenen Ursachen entstanden wäre, andere dergestalt anstecken könne, daß sie, an eben dieser Krankheit, endlich ihren Geist aufgeben müssen.

Die

*) Hist. de l'academie de Dijon, Tom. I. p. 110.

Die Venusseuche wird jetzt ebenfalls von vielen nicht mehr für ein anderwärts hergebrachtes Gift, welches andere durch die Berührung anzustecken pflege; sondern für ein, aus unzüchtigen Umarmungen und andern Umständen, entstehendes Uebel gehalten, das erst hernach ansteckend wird. Alles dies aber schäme ich mich hier weitläuftiger anzuführen. Ich müßte mich sehr irren, wenn nicht die genaueste Geschichte dieses abscheulichen Gifts augenscheinlich bewiese, daß es aus Amerika nach Europa gebracht, und durch die Reisenden hernach beynahe über den ganzen bewohnten Erdboden ausgebreitet, ja so gar den Einwohnern von Otahite, die in der edelsten Einfalt der Sitten leben, mitgetheilt worden sey. Obs aber blos die Menschen anstecke, das ist schwer zu bestimmen. Ich besinne mich nicht, daß jemals die Neugierde der Aerzte so weit gegangen, die Einimpfung desselben an andern Thieren zu versuchen. Ich verwahre in meiner Sammlung natürlicher Seltenheiten das Knochengerüste eines Beutelthiers, dessen Knochen fast alle voll harter Knoten sitzen, welche den venerischen Knochenauswüchsen bey den Menschen sehr ähnlich sind. Ich behaupte dadurch nicht, daß dieser Fehler der Knochen von eben derselben Seuche entstanden sey. Dies hat mich nur in Verwunderung gesetzt, und empfehle daher einsichtsvollen und scharfsichtigern Männern die Untersuchung dieser Erscheinung.

Wo nur irgend Menschen in großer Anzahl in einem engen Raume sich beysammen befinden, da scheinet

scheinet die Luft durch ihre Ausdünstungen dergestalt verdorben zu werden, daß daraus eine besondere Art der Pest entsteht.

Bako, die große Zierde Britanniens, hat dessen zuerst erwähnt. Es starben nämlich die Richter so wohl, als die Gerichtsbediente, an einem pestilenzartigen Gefängniß-Fieber, womit sie überfallen waren. Dieses Unglück geschahe wahrscheinlicher Weise im Jahre 1577, wie Jul. Pringel *) erinnert; welcher anführt, daß im Jahre 1750 am 11ten März zu London, aus eben dieser Ursache, von sechs Richtern, die dieses Fieber ergriffen hätte, viere gestorben wären, und daß von den übrigen, die Amts halber hätten gegenwärtig seyn müssen, sechs und dreyßig das Leben eingebüßet hätten. In Krankenhäusern, Waisenhäusern, Bauernhütten, auf den Schiffen, auch in Feldlägern, hat man sehr oft eine ähnliche pestartige Seuche bemerkt. Man kann indessen einer solchen Verderbniß der Luft durch ihre Reinigung, vermittelst eines Windfanges, oder Ventilators, zuvorkommen, wie der berühmte Hales **) erwiesen hat. Denn, wo sonst von hundert Gefangenen in jedem Jahre funfzig sterben mußten, da starb, nach dem durch diese künstliche und herrliche Erfindung die Luft verbessert war, von zwey hundert Menschen im Jahre 1749 nur einer, und zwar an den Pocken. Im Jahre 1750 starben von

*) Oper. om. on. yait. fevers. pag. 330.

**) Treatise on Ventilators. pag. 29. 30. cet.

von 240 nicht mehr, als zween.. Im Jahre 1751. starb gar keiner; 1752 aber ein einziger, vor Alter. u. s. w.

Mit der Rindviehseuche verhält es sich aber ganz anders: denn dieses Vieh wird zu jeder Jahreszeit überall, auf der Weide so wohl als in Ställen, von dieser Plage angefallen; dennoch in Ställen eher, weil daselbst die Thiere in der angesteckten Luft nicht nur länger sich aufhalten, sondern auch einander näher sind.

Es ist indessen nicht zu läugnen, daß es einige giebt, welche dafür halten, die Hornviehseuche könne ohne alle Ansteckung entstehen. Dies ist die Meynung des berühmten Fischer, wie auch des schon angeführten Jul. D. Rössing*), ferner des D. Gallesky, von welchem ich bald weitläuftiger handeln werde. Indessen haben die beyden erstern weder wahrscheinliche Gründe, noch Wahrnehmungen, angeführt.

Der berühmte D. Gallesky **) aber hat bewunderungswürdige Versuche mit seinen Ochsen vorgenom-

*) in dessen Briefe S. 4.

**) Seine Abhandlung habe ich vor fünf Jahren gelesen, und des Mannes Standhaftigkeit in Versuchen bewundert: ich habe sie aber verlohren. Haller hat, in seiner Abhandlung von der Rindviehseuche, ihrer auch gedacht S. 14. §. 9.

nommen. Er verminderte oder entzog ihnen gänzlich, bald das Saufen, bald das Fressen, bald beydes zugleich, bis sie starben. An den verreckten Thieren hat er einige Umstände bemerket, welche mit denen an der Seuche gestorbenen Vieh Aehnlichkeit hatten; vornämlich an den Verdauungs-Werkzeugen: aber bey keinem einzigen Stück, flossen so wenig aus den Nasenlöchern ein häßlicher Schleim, als aus den Augen giftige Thränen. Die Lunge war bey keinem angegangen oder faul, noch von einer faulen Windgeschwulst (emphysemate) anfgetrieben. Diese Zeichen aber hätten da seyn müssen, um überzeugt zu werden, daß die Entziehung des Fressens und Saufens die wahre Rindviehseuche hervorgebracht habe. Es kann nämlich und muß blos eine schreckliche Entzündung der Lunge, welche auch die innere Nasenhaut, nebst den Augen, angreift, für das einzige und eigene Kennzeichen der Rindviehseuche gehalten werden. Des Herrn von Hallers Beweise leiden in dieser Sache gar keine Ausnahme oder Einwendung.

Wenn ich aber auch zugeben wollte, daß die Gallesfischen Schlüsse gegründet wären: woher ist es denn gekommen, daß in den Niederlanden, besonders in Brabant und in andern sumpfigen Ländern, worinn nur gar zu viel Wasser ist, die Rindviehseuche so sehr gewütet hat? Warum sollten in eben den Niederlanden andere die Seuche von den feuchten Gegenden, und von Ueberschwemmungen haben herleiten

leiten wollen, wenn sie vom Mangel des Wassers entstünde?

Man hat, damit ich wieder zur Hauptsache komme, seit 1711 bis diesen Tag nicht bemerket, daß die Rindviehseuche von selbst entstanden wäre. Needhams Gründe sind von gar keinem Gewicht: denn er hat niemals selbst Rindvieh in der Cur gehabt. Fischers und Rössings Gründe sind höchst ungewiß, weil sie von den Krankheiten des Rindviehes erst gehandelt haben, als die Seuche ihr Gift schon überall ausgebreitet hatte.

Herr von Haller*) bemerkt sehr richtig, daß der Ochse, welcher im Jahre 1711 die Rindviehseuche aus Ungarn ins Paduanische Gebieth gebracht, eben so bekannt sey, als das Schiff, mit welchem die Pest von der Levante nach Marseille gekommen. Es könnte vielleicht jemand behaupten, daß das Rindvieh den Saamen dieser Krankheit mit auf die Welt brächte; so wie nach der Meynung der Alten, die Menschen mit dem Saamen aller Krankheiten gebohren wurden, und so wie, auch heutiges Tages, einige den Satz vertheidigen, daß alle Menschen mit der Blattermaterie in der Grundmischung des Bluts zur Welt kämen: allein der überaus glückliche Erfolg der Einimpfung hat die Ungereimtheit dieses Vorgebens nunmehro hinlänglich erwiesen.

*) Sur la contagion des bêtes à cornes. p. 18.

Gleichwie ich aber niemals jemanden gesehen habe, der die Pocken, Masern oder die Venusseuche von selbst, und ohne unmittelbare Berührung bekommen; so ist mir auch kein Beyspiel bekannt, daß ein Stück Rindvieh die Seuche jemals anders, als durch die Berührung oder Einimpfung erhalten.

Da dies also eine ausgemachte Wahrheit ist, so darf man sich nicht wundern, daß das Tödten des mit der Seuche behafteten Viehes so unvergleichliche Wirkung gehabt; und daß durch die wachsame Vorsorge der Obrigkeit die Seuche von vielen Orten, eine lange Zeit hindurch, abgehalten worden: bis durch die Sorglosigkeit anderer, und Vernachläßigung der Gesetze, das Gift von einem Orte zum andern verschleppt, und der Landmann dadurch in die betrübtesten Umstände versetzt worden ist.

Auch der berühmte Haller *) bestätigt meinen Satz. „Wenn die Rindviehseuche, sagt er, in den Thieren von selbst entstünde, so wie die Fieber bey den Menschen; so würden wir die angesteckten Ställe umsonst verschließen, und es wäre auch das Tödten der erkrankten Thiere vergeblich: alsdenn könnte auch die Sperrung und Einschließung unserer Grenzgebirge, durch Zäune, Gräben und Wächter, nichts helfen. Alle diese Vorkehrungen würden eine Krankheit nicht abhalten, die in dem Blute, auch des gesundesten Thieres, ihren Ursprung hat.“

Es

*) ebend. p. 19.

Es entsteht also niemals, weder die Rindviehseuche, noch irgend eine andere ansteckende Krankheit des Viehes, aus einer innerlichen Verderbniß der Säfte; sondern durch ein, auf eine mannigfaltige Weise, die uns oftmalen unerklärbar ist, herbey geschlepptes Gift.

Viertes Hauptstück.

Ob ansteckende Viehkrankheiten von Insekten entstehen?

Es ist ein altes Sprüchwort: daß niemals etwas so abgeschmackt gewesen, welches nicht die Weltweisen erdacht und heftig vertheidigt hätten. Dies findet durchgehends Statt, und vornämlich, wenn es auf den Ursprung der ansteckenden Seuchen ankommt, da die größten und erfahrensten Aerzte solchen verschiedenen Insekten zugeschrieben haben.

A. Kircher scheint allen übrigen den Weg gezeigt zu haben: denn er hat Würmer zur Ursache der Menschenpest gesucht, als wenn dieselben aus der Fäulniß entstünden, und durch die Ausdünstungen verbreitet würden. Es sollen aber dennoch schon vor ihm Haupmann, Faber, Paolini und andere, wenn wir den Vallisneri *) glauben dürfen, eben diese

*) Nuova idea de mal contagioso de' Buoi. Oper omnia. Tom. I. pag. 13 — 27. cet.

diese willkührlich angenommene Meynung geltend zu machen gesucht haben.

Noch deutlicher haben sich die berühmten Bono und Cogrossi dafür erklärt, und Würmer für die wahre Ursache der Rindviehseuche ausdrücklich angegeben. Zu dieser Parthey ist hernach Vallisneri getreten, welcher versichert, daß er eben so, wie Bono, das Blut des an der Seuche vereckten Rindviehes voller Würmer beobachtet habe, und zwar dergestalt, daß solche in dem Blute der gesund geschlachteten Thiere dieser Art nicht zu sehen gewesen wären. Vallisneri behauptet ferner, daß diese Würmer ein wenig größer wären, als diejenigen, welche man in dem Saamen der Thiere anträfe. Endlich meynt er, daß sie sich durch Eyer vermehren, ohnerachtet er auch glaubt, daß sie lebendig gebährende seyn können u. s. w. Denn alles will ich nicht anführen, was er zur Behauptung seiner Meynung vorgebracht hat. Aller Aufmerksamkeit ist jene diesen Würmern beygelegte Eigenschaft werth, daß sie sich lieber in dem Blute der Färsen (Iuvenca) als der erwachsenen Ochsen aufhielten *), oder daß die Färsen der Seuche mehr unterworfen wären, als das ältere Rindvieh: wovon das Gegentheil täglich wahrzunehmen, ich das Glück gehabt habe. Denn Kälber, welche der freyen Luft noch nicht genossen haben, greift die Seuche sehr selten oder gar nicht an; die Ochsen

*) Nuova idea &c. pag. 18. 19.

Ochsen aber sehr geschwinde. Er hat auch dieser Meynung vollkommen angemessene Heilmittel in Vorschlag gebracht, nämlich wurmtreibende, vornämlich Quecksilber, Schwefel und dergl. die aber in die Blutadern eingesprützt werden müssen*); dergleichen Heilungsart auch von einigen zu unsern Zeiten angerathen worden ist.

Cogroßi hat nicht geringere Ungereimtheiten behauptet**), nämlich daß diese Würmer anfänglich kriechende wären, hernach aber wahrscheinlicher Weise in Fliegen verwandelt würden, alsdenn überall herumflögen, und weit und breit die Plage der Länder würden. Aus Furcht aber, daß diese Verwandelung seinem Leser nicht recht gefallen möge, fügt er hinzu, sie könnten auch, wegen ihres feinen Körpers, durch den Wind leicht von einem Ort zum andern gebracht werden.

Wenn man ihre Gründe gehörig untersucht, so wird augenscheinlich klar, daß sie nicht gerade zu behauptet haben, sie hätten bey jedem kranken Rindvieh diese Würmer wahrnehmen können; sondern Vallisneri führt nur gleichsam im Vorbeygehen an, er habe, eben so wie Bono, das Blut voller Würmer beobachtet. Hernach aber wird alles als Muthmassung angegeben. Auch Cogroßi sagt, es sey wahr-

*) Ebendaselbst.

**) Daselbst. S. 27.

scheinlich, daß die Rindviehseuche von unsichtbaren Insekten herkomme, die blos der Natur dieser Thiere verderblich wären.

Engelmann*) aber bemerkt ausdrücklich, daß er, vermittelst des Vergrößerungsglases, in den angesteckten Säften des Rindviehes, keine andere Thiere habe können wahrnehmen, als die, welche in dem auf Heu gegossenen Wasser gefunden werden.

Vitet **) hat zwar in der Seuche, welche das Rindvieh so wohl, als Pferde und Schaafe, im Jahre 1761 betroffen, Würmer beobachtet; aber blos in den Geschwüren der Nasenlöcher und des Mundes: sonst weder im Blute, noch in den Geschwüren der Lunge, der Leber, des Gehirns u. s. w. Dies beweist also gar nichts: denn mancherley Fliegen haben ihre Eyer dahin legen können, wie auch vielfältig geschieht. Plencie macht ähnliche Schlüsse, und schlägt Quecksilberartige, als wurmtreibende Mittel vor; welche aber niemals etwas gutes gestiftet haben.

So oft ich auch das Blut des, von der noch heutiges Tages wüthenden Seuche angesteckten, oder daran verreckten Rindviehes untersucht habe, ist es mir niemals geglückt, Würmer darinn zu erblicken. Anfänglich gerinnet alles Blut, ohne etwas Blutwasser

*) Haarlemsche Verhandl. T. VI. II. Deel. p. 287.
**) Daselbst. S. 301.

wasser (Serum) bemerken zu lassen. Beym Fortgange der Krankheit fault aber das Blut dergestalt, daß es gar nicht mehr gerinnet, sondern auch nach dem Tode beständig flüßig bleibet. Einmahl habe ich bey einer jungen Färse, die am zweeten Tage der Seuche verrecket war, das Blut geronnen gesehen. In diesem Blute habe ich nicht das mindeste von Insekten wahrnehmen können; und eben so wenig in dem eiterhaften Nasenschleim einer gleichfalls im Monath November dieses 1777sten Jahres verreckten Kuh.

Zu der Zeit aber, als die Italiäner, und mit ihnen Vallisneri, jene Insekten, als die Ursache der Rindviehseuche, auf die Bahn brachten, war die Einimpfung noch nicht bekannt. Sie hätten gewiß ihre so sehr geliebte Voraussetzung fahren lassen, wenn sie gesehen hätten, daß vermittelst des Einimpfens, auch nur eines kleinen Theils des seuchenhaften Nasenschleims, oder der Thränen, am sechsten, siebenden oder achten Tage, das Rindvieh angesteckt wäre: denn eine so schreckliche Wirkung würde, in einem so kurzen Zeitraume, unmöglich gewesen seyn, wenn die Zufälle der Rindviehseuche von Insekten, die ins unendliche durch die Zeugung sich hätten vermehren müssen, wären hervorgebracht worden. Wenn die Vervielfältigung derselben auch aufs geschwindeste, wie bey den Läusen, fortschritte; so würden sie dennoch keinesweges zur Hervorbringung so vieler Entzündungen, Geschwüre und dergleichen, durch den ganzen Körper des Thieres, zureichend gewesen seyn.

Ich halte es nicht der Mühe werth, die Zeit mit Anführung der verschiedenen Meynungen derer zu verderben, welche wie Fürsteuow*) das Entstehen der Seuche den Heuschrecken, Raupen, oder Viehbrämen beymessen, die sie gar nicht gekannt zu haben scheinen: oder welche die Plage den Spinnen und anderm ähnlichen Ungeziefer, zuschreiben. Denn jene Insekten werden jederzeit uud überall gefunden. Die Seuche aber ist im Gegentheil nur zu gewissen Zeiten, und zwar blos in diesem Jahrhunderte, wahrgenommen worden.

Die Rindviehseuche hängt also nicht von Insekten, sondern von einer Anlage und Neigung der thierischen Säfte ab, welche plötzlich durch die Ansteckung in jene besondere Fäulniß übergehen.

§. 2.

Auch die übrigen Seuchen des Viehes, als die ansteckenden Zungenschwämme, die Schaafpocken und der bösartige Roz der Pferde, werden nicht von Insekten erzeuget. Denn sie haben ihr Gift mit eben den Umstäuden, wie die Rindviehseuche, verbreitet, und sind auch durch ähnliche Umstände gänzlich gedämpft worden.

§. 3.

Es giebt aber dennoch Viehkrankheiten, welche offenbar von Würmern herstammen. Dergleichen sind

*) Haarlemsche Verhandl. S. 53.

sind, unter der Haut des Rindviehes, der Hirsche, auch des Rennthiers, die so genannten Engerlinge. Im Magen, vornämlich der Pferde und Schaafe, diejenigen Würmer, welche in Fliegen verwandelt werden und deren Geschichte Vallieneri und Reaumur vortreflich beschrieben haben. Eben so liegt in den Eingeweiden des Rindviehes bisweilen der Bandwurm verborgen, obschon Vitet *) schreibt, daß solcher niemals beym Rindvieh, bey den Pferden, Ziegen und Schweinen, gefunden werde. Denn ich verwahre noch einige Ellen von einem Bandwurm, welchen eine Färse bey einem heftigen Durchfall, als es an der eingeimpften Seuche krank war, von sich gegeben hat. In den Gallengängen, in der Gallenblase und in den Lebergängen, halten sich die Leberwürmer auf, welche den Schaafen, Ziegen, Hirschen, dem Rindvieh, den Pferden, Eseln und Schweinen, am meisten aber den Schaafen, Ziegen und dem Rindvieh gefährlich sind. Wider alle diese Insekten hilft kein Mittel, und obgleich selbige in einigen Jahren stärker wüthen, als in andern; so können sie dennoch keine ansteckende Seuche hervorbringen.

§. 4.

Oft halten sich in den Nasenlöchern der Schaafe und anderer Thiere Würmer auf, wovon der berühmte

*) in der vorhergehenden Schrift Tom. I. p. 43. am Ende.

rühmte Sager *) ein besonderes Beyspiel aufgezeichnet hat. Er scheint mir aber dennoch in Beschreibung der Zufälle außerordentlich geirrt zu haben; denn er hat angemerkt, daß das ganze Gehirn von Insekten verzehrt worden sey, welches ganz gewiß nicht wahr gewesen seyn kann. Wie sollten doch wohl die Schaafe so lange haben leben können, bis alle Bestandtheile des gedoppelten Gehirns zernaget, vernichtet und aufgerieben worden? Es ist ohnstreitig gewiß, daß er die Hirnschädel der verreckten Thiere nicht tief genug geöfnet, und die Nasenhölen, die über den Hirnschädel tief herunter laufen, ohne Zweifel für leere Höhlen des Gehirns gehalten habe.

Fünftes Hauptstück.

Von den vorzüglichsten Heilmitten in allen Viehseuchen.

Alle Aerzte, welche jemals unter den berühmtesten in Europa, ohne vorgefaßte Meynung, die Rindviehseuche besonders untersucht haben, stimmen einmüthig darinn überein, daß kein einziges Heilmittel jemals, weder äußerlich noch innerlich gebraucht, das Rindvieh entweder vor der Seuche bewahret, oder

*) de morbo singulari ovium in Moravia Ao. 1765. p. 6.

oder, wenn es angesteckt war, davon hergestellt habe. Und dies hat auch der berühmte Herr von Haller noch neulich öffentlich bekräftiget. Wenn ein Stück Rindvieh eine hinlänglich starke Leibesbeschaffenheit, oder vielmehr eine gewisse Anlage hat, die Viehpest leichter zu ertragen; so übersteht es die Plage, und wird oftmahls, wenn die heftige Staupe nachlässet, die das ganze Blut ansteckt, beym Leben bleiben und gesund werden. Denn zuweilen stirbt es auch langsam, an hier und dort entstandenen Geschwüren, und an einer allgemeinen Luftgeschwulst (emphysemate).

Eben so verhält sichs mit den Schaafpocken. Der Roz der Pferde, weil er viel bösartiger ist, bringt alle ums Leben, oder macht sie unbrauchbar: denn der Beinfraß greift täglich weiter um sich.

Man muß also untersuchen, wie lange die Empfänglichkeit der Viehseuche dauren könne, ehe man wegen der Vorbauungsmittel mit Sicherheit und Gewißheit etwas bestimmen kann?

§. 2.

Der bösartige Roz der Pferde wird deswegen täglich schlimmer, weil er die Schleimhaut der Nase nicht nur mit Geschwüren überzieht, sondern auch das Nasenbein mit einem häßlichen Beinfraß angreift. Die Drüsen der unteren Kinnladen leiden nur vermittelst der Nerven. Indessen steckt das Gift andere Pferde an. Die Cur des sehr erfahrenen La Foße und des Herrn von Sind ist zwar wohl schein-

scheinbar: aber sie hebt das Uebel nicht aus dem Grunde. Auch die Blätter des Sinngrün, oder der Vinka per Vinka haben hier keine besondere specifische Hilkraft. Der Gebrauch des Quecksilbers hat zwar den Speichelfluß erregt, aber das Uebel nicht gehoben.

Die beste Vorsicht ist also das Tödten der rotzigen Pferde, in dem Augenblicke, da sich die Krankheit äußert.

§. 3.

Die Schaaspocken sind von anderer Art, denn daran sterben nicht alle Schaafe. Deswegen müßte man zuförderst prüfen, wie lange das Gift oder der Keim dieser Plage, der entweder in dem Dunstkreise, oder in andern Dingen, oder auch in den kranken Thieren, auch nach dem Tode derselben steckt, seine schädliche Kraft auf andere zu wirken, äußern könne? Wenn derselbe so gar Jahre lang, wie das Gift der Pest und der Kinderpocken dauren könnte; so würde das Tödten der blatternden Schaafe, oder die, zur Verhütung der Ansteckung, gesetzmäßig vorgeschriebene Absonderungs- und Reinigungszeit (quarantaine) von welcher ich bald weitläuftiger reden werde, ganz und gar keine Hofnung, eines glücklichen Erfolgs versprechen können. Man muß also das Einimpfen versuchen, welches eben den Grund für sich hat, daß es die Zufälle mildert, welche denn die Thiere auch deswegen leichter überstehen, weil sie vermittelst dieser

ser Operation zu einer bequemen Zeit krank gemacht werden. Aber deswegen ist dennoch das Einimpfen noch kein Abwendungsmittel: denn es macht die Seuche immerwährend. Wo nicht etwan jemand dafür halten wollte, welches auch nicht ganz falsch ist, die Seuche werde schleunig unkräftig werden, wenn so gleich, von der Zeit an, da die Schaafpocken in einer Gegend zu herrschen anfiengen, die Heerden durch das Einimpfen geheilet würden.

Vielleicht würden daraus noch andere sehr nützliche Beobachtungen entstehen, nämlich: daß alle von geheilten Müttern fallende Lämmer, die Einimpfung leichter aushalten könnten, weil auf die Art eine günstigere Anlage, das Uebel zu ertragen, entdeckt würde, und die Hirten hernach diejenigen sorgfältiger aufzögen, welche eine größere Hofnung zur Heilung blicken ließen. Denn daß eine jede natürliche Anlage etwas erbliches habe, wie bey den Menschen, also auch bey den Thieren, ist sehr augenscheinlich. Wir sehen deshalb ganze Familien mit häßlichen Pockennarben schrecklich verunstaltet; andere Familien im Gegentheil, bey welchen kein Merkmaal zurückbleibt, obschon alle Nachkommen die Pocken ausgestanden haben: denn es ist gewiß und ausgemacht, daß zuweilen in einer und eben derselben Familie, oder bey Kindern von eben denselben Eltern, eine ganz verschiedene Leibesbeschaffenheit Statt finde. Aber auch alsdenn kann aus anderen Umständen die vortheilhaftere Anlage erkannt werden;

z. E.

z. E. aus der durchsichtigern Farbe der Haut, wie ich selbst solches anderswo behauptet habe *).

Vielleicht aber wird an den Schaafen, als Thieren, die mit einem dicken Vließ, oder mit dichten Haaren bedeckt sind, etwas ähnliches nicht bemerkt werden können. Indessen würde eine sorgfältige Aufmerksamkeit und wiederhohlte Beobachtung, ohne Zweifel, viel neues und in dieser Sache überaus nützliches lehren. Eine fleißige Besichtigung der Augen, der Nase, der Zunge, und anderer nicht bedeckten Theile des Leibes, könnte ein ziemlich ungezweifeltes Merkmaal an die Hand geben.

§. 4.

Die Rindviehseuche ist von grösserer Wichtigkeit, weil sie sich weiter ausbreitet. Denn binnen drey oder vier Jahren hat sie ganz Europa verheert. Die Schaafpocken werden hingegen nur in einigen Gegenden wahrgenommen. Ich habe sie niemahls gesehen, ob ich schon über dreyßig Jahre die Arzeneykunst treibe, und auf die Seuchen des Viehes sehr aufmerksam gewesen bin. In meinem Vaterlande scheinen sie kaum bekannt zu seyn. Und also ist es wahr, daß dieses Uebel in einigen Gegenden weniger zu bedeuten habe.

Aber ich komme wieder zur Hauptsache. Ich habe oben gesagt, daß das ansteckende Gift der Rindvieh-

*) Anmerkungen über die Einimpfung der Blattern, S. 36.

viehseuche nicht lange aufbewahret werden könne, und daß es sich auch nicht weit verbreite, ja, daß es so zu sagen, in der Luft ersterbe und verschwinde. In Engelland, zum Exempel*), werden diejenigen Oerter, welche zuvor für besonders angesteckt gehalten und ausgezeichnet waren, aus diesem Register ausgestrichen, wenn die Viehpest nur vierzig Tage nachläßt. Eben so haben die Engelländer über die Jahrmärkte geurtheilet. Ueber die Viehställe aber ist ihr Urtheil anders ausgefallen; denn sie haben befohlen, daß kein Stück unangestecktes Rindvieh, in einem zuvor angesteckt gewesenen Stall sollte gebracht werden, ehe nicht zween Monathe oder sechzig Tage verstrichen wären **). Der Herr von Haller aber bestimmt für dergleichen Ställe zum wenigsten drey Monathe ***), und empfiehlt zugleich alles hölzerne und übrige Stallgeräthe zu verbrennen.

In Frießland ist im Jahre 1715 die Reinigungs- und Prüfungszeit zur Verhütung der Seuche von den Staaten der Provinz auf vierzehen Tage; im Jahre 1749 aber auf dreyßig Tage vestgesetzet. Im Jahre 1753 wurde sie wieder auf vierzehen Tage: von den Staaten der vereinigten Niederlande im Jahre 1753 auf acht Tage eingeschränkt,

*) Collection of all the Ordres of council and causes relating to the distempered cattle publis hed 1751. pag. 6.

**) Ebendaselbst. S. 18.

***) Ebendaselbst. S. 24.

schränkt, dahingegen sie selbige im Jahre 1762 wieder bis auf vierzehen Tage verlängert, aber im Jahre 1766 wieder auf acht Tage verkürzt haben. In den Niederlanden scheint diese, durch die Gesetze bestimmte Absonderungsfrist, zur Erleichterung der Handlung und wegen anderer dringenden Umstände, auf vorbeschriebene Art, abgewechselt zu haben. Die Engelländer sind standhafter gewesen, und haben, von Mangel und Bedürfnissen nicht so sehr bedrohet, sie im Jahre 1750 auf vierzig Tage vestgesetzet*): kein Rindvieh darf verkauft werden, bis es der Eigenthümer vierzig Tage lang in Besitz gehabt hat. Der berühmte Herr von Haller**) versichert eben dies. Wir wissen sehr zuverläßig, schreibt er, daß ein aus einem angesteckten Stalle gekommenes Thier, erst einen Monath nachher krank geworden ist. Und deswegen setzt er***), da er von der Prüfungsfrist handelt, welche das aus Burgund kommende Rindvieh beobachten soll, sechs Wochen oder drey und vierzig Tage, dazu vest.

Nach der Königl. Preußl. Verordnung in Cleve vom 13ten April 1769****) sind zu dieser Absonderung und Pestprobe nur acht Tage vorgeschrieben. Wie lange aber die verreckten Thiere die ansteckende Bösartigkeit behalten, das getraue ich mir nicht zu bestim-

*) Ebendaselbst S. 39.

**) Ebendaselbst. S. 6.

***) Ebendas. S. 28.

****) Instruktion. §. 7. N. 10.

bestimmen. Ich kann nur als gewiß versichern, daß ich mit dem Blute, mit der Haut und mit dem Fleische eines an der Seuche, so gar schon vor acht Tagen verreckten Rindviehes, das Einimpfen vorgenommen, und davon die schrecklichsten Zufälle gesehen habe. Denn alle von diesem giftigen Stoff angesteckte Kälber sind gestorben.

In Engelland haben die Gesetze verboten, daß niemand mit Milch, Häuten, Fleisch, Talg oder Kaldaunen von seuchenhaftem Rindvieh, Schweine, Kälber, Lämmer, oder irgend ein anderes Thier, mästen oder füttern soll. Die Engelländer haben auch verordnet, die an der Seuche verreckten Thiere tief unter der Erde zu verscharren, und zwar sammt den Häuten, auch wohl gar zu verbrennen. Aber, außer daß diese letztere Art des Verfahrens nicht eben die allersicherste war, so erforderte sie auch so viel Feuerung, daß solche für alles vereckte Vieh nicht würde zureichend gewesen seyn.

In andern Ländern wurden vier und zwanzig Stunden nachgelassen, binnen welchen das verreckte Thier, bald mit, bald ohne Haut verscharret werden mußte.

Der Grund dieser unterschiedenen und sich einander entgegen stehenden Gesetze, war dieser, daß einige die Häute nicht für ansteckend hielten, indem sie glaubten, daß mit dem vereckten Thiere auch das ansteckende Gift getödtet sey. Ich selbst bin so gar noch vor einigen Jahren dieser Meynung gewesen, bis ich durch das Einimpfen mit Häuten vom Rindvieh, welches schon acht Tage lang an der Seuche verreckt war, wie oben gemeldet ist, überzeugt worden bin, daß diese Häute in der That ansteckend sind, und zwar ziemlich lange: denn Layard *) hat uns berichtet, daß die Rindviehseuche, vermittelst der Häute, nach Engelland aus Seeland gebracht sey. Der Herr von Haller aber bauet auf die Versuche des Marquis von Courtivron **) und anderer, und getrauet sich daher nicht zu entscheiden, ob die Häute von verreckten seuchenhaftem Rindvieh ansteckend bleiben oder nicht? Er würde ohne Zweifel diese Entscheidung gewagt haben, wenn er so, wie ich, mit der Einimpfung den Versuch gemacht hätte.

Der Genuß des Fleisches, von dem an der Seuche vereckten Rindviehe, hat den Menschen noch niemals geschadet. Dies weis ich ganz gewiß; denn in dem Lande, worinn ich wohne, verkaufen oder verschenken die Landleute das an der Seuche verreckte Rindvieh an die Armen, und ich weis nicht, daß jemals etwas nachtheiliges daraus, von 1742 bis auf den heutigen Tag, entstanden wäre. Das Fleisch wird auch an vielen Orten, besonders in den nordlichen Ländern, eingepöckelt und geräuchert, her-

nach

*) Ebendaselbst. S. 12.

**) Ebend. S. 17. §. 9.

nach entweder an Ort und Stelle gegessen, oder zu eben dem Behuf versendet. Wenn man die Zeit genau wüßte, da das Gift erstirbt, wenn zum Beyspiel solches binnen vierzig Tagen erfolgte; so würde die Einfuhr desselben in eine gesunde Gegend keine nachtheilige Wirkung haben. Da man aber diese Zeit nicht bestimmen kann; so ist mit Recht und gutem Grunde, durch die Verordnungen und Gesetze einiger Länder verboten worden und wird noch verboten, weder Häute, noch gesalzenes und geräuchertes Fleisch oder Talg von Oertern, die der Seuche wegen verdächtig seyn möchten, einzuführen.

Ohne Zweifel mögte auch wohl das Talg, nebst den daraus bereiteten Lichtern, etwas nachtheiliges stiften können: ohnerachtet ich vierzehen Tage hinter einander Tag und Nacht Lichte, die von dem Talch des an der Seuche verreckten Viehes gemacht waren, in einem kleinen überall dichten und verschlossenen Stalle habe brennen lassen, worinn ich ein Kalb ohne allen Nachtheil unterhielt: denn dieser einzige Versuch beweiset noch nichts gewisses. Mancherley Umstände und Hindernisse, die man kaum glauben wird, haben mich abgerathen, mehrere Versuche zu machen. Es würden aber in der That sehr viele erfordert, um hierinn zu einer völligen Gewißheit zu gelangen.

Vor allen Dingen scheint es mir sehr nothwendig zu seyn, durch so viele Versuche, als nur zu machen möglich sind, die wahre Zeit zu bestimmen, da die Kraft des ansteckenden Giftes, eines an irgend einer Seuche vereckten Thieres, erstirbt oder verschwindet. Mir deucht, daß solches auf folgende Art am besten bewirkt werden könne:

1) Müßten einige an der Rindviehseuche gefallene Ochsen in einer gewissen Tiefe verscharret werden. Hernach müßte man mit dem wieder ausgescharrten Aase derselben, bis zum vierzigsten oder sechzigsten Tage und noch länger, die Einimpfung versuchen.

2) Eben dies müßte mit dem eingesalzenen und geräucherten Fleische geschehen.

3) Aehnliche Versuche sollten mit dem Talge angestellet werden, welches noch länger, ohne zu verwesen, unter die Erde verscharret werden könnte.

Ich habe mich aber sehr gewundert, in der Instruction, welche der große König von Preußen im Jahre 1765 S. 58. wegen der Rindviehseuche hat erneuern lassen, diese Wahrnehmung S. 58. zu lesen: „es sey durch die Erfahrung bestätigt, daß das mit der Haut verscharrte Rindvieh, nach 10 und mehr Jahren, noch unverweset gefunden sey.“ Wenn diese Versicherung glaubwürdig ist, wie man kaum daran zweifeln kann; so müßten unsere Versuche, die wir bisher gemacht haben, noch viel länger fortgesetzt werden. Es werden also die Landesobrigkeiten nicht eher es dahin bringen können, daß sie die ansteckende Seuche abwehren, so klug und vorsichtig sie auch sonst ihre

Gesetze

Gesetze abfassen mögen, bis dieser Punkt völlig entschieden ist.

Was ich von der Rindviehseuche angemerkt habe, daß kann auch auf die Schaafpocken und auf die übrigen Viehseuchen angewandt werden. Der bösartige Roz der Pferde aber, weil solcher niemals geheilet wird, und sein Gift auch, nach dem Geständnisse des Herrn von Haller, alle damit behaftete umbringt, wird am sichersten durch das augenblickliche Tödten und Verscharren unterdrückt. Es wäre indessen dennoch der Mühe werth, auf ähnliche Art zu erforschen, wie lange dieses Gift seine schädliche und ansteckende Kraft behielte: man mögte nun zu diesem Zwecke das Aas des vereckten Thieres selbst, oder den Zaum, und andere dergleichen Sachen, braucheu wollen.

§. 5.

Nun komme ich zur wichtigsten Frage: ob alles verdächtige Rindvieh, nebst dem angesteckten, getödtet werden müsse, so bald die Seuche unter ihnen bemerket wird?

Lancisius hat diese Art, der Ansteckung Einhalt zu thun, zuerst in Vorschlag gebracht. Die Schweizer*), die Engelländer, Hannoveraner, Franzosen, und neulich auch die Brabanter, haben diesen Vorschlag ins Werk gerichtet. Die zu Brüssel 1771 gedruckte

*) Haller S. 31. §. 15.

Geschichte der Ausbreitung der Rindviehseuche, und der, von der Brabantschen Obrigkeit mit unglaublichern Glücke, dagegen gebrauchten Vorbauungsmittel, ist sehr lesenswürdig. Auf der 28sten Seite wird angeführt, daß von 111960 Stücken Rindvieh nur 424 todtgeschlagen sind, und daß also nur $\frac{1}{264}$ Theil von der ganzen Anzahl ums Leben gebracht sey, um das übrige Hornvieh zu retten. Sonst ist immer die Hälfte des Rindviehes darauf gegangen, wenn man der Ansteckung freyen Lauf gelassen hat. Und in vielen Gegenden der vereinigten Niederlande ist der Landmann nicht einmahl so glücklich gewesen; sondern hat überhaupt nicht mehr, als den dritten Theil des Rindviehes gerettet. Nach dieser Rechnung aber hätten die Brabanter nicht 424, sondern 74,640 Stück Rindvieh einbüßen müssen.

Erxleben *) führt eben dieselben Länder an, auch Oesterreich; und fügt ganz recht hinzu, daß seuchenhaftes Rindvieh nicht nur todtgeschlagen und tief verscharret, sondern daß auch der nachbleibende Mist, nebst dem Futter, und alles, was von dem seuchenhaften Thier hätte verunreinigt werden können, verscharret werden müsse.

Des Königs von Preussen Majestät**) haben im Jahre 1769 auf ähnliche Art befohlen, daß, wenn irgend-

*) Ebend. Seite 162. **) Seite 18. §. 7.

irgendwo an der Rindviehseuche ein Stück Vieh fiele, man die übrige Heerde unverzüglich tödten solle, damit die Seuche nicht weiter um sich greife: aber unter dieser preiswürdigen Bedingung, daß der Eigenthümer aus der Landescasse seinen Verlust ersetzt erhalten solle.

Es ist also gar nicht mehr zweifelhaft, daß das schleunige Tödten das vorzüglichste Vorbauungsmittel sey: unter der Bedingung, daß der Verlust demjenigen, der sein Rindvieh zum gemeinen Besten umbringen und einscharren läßt, auf gemeine Kosten ersetzt werde. Und denn muß, durch die strengsten Gesetze, das Einbringen einer jeden verdächtigen Sache, aus den angesteckten Gegenden, verbothen werden.

Indessen scheint mir dieses heilsame und löbliche Mittel, der Seuche vorzubauen, nicht überall brauchbar zu seyn. In den vereinigten Niederlanden, zum Exempel, würde das Tödten des verdächtigen Viehes nichts helfen, wo nicht in Ostfriesland, in der Grafschaft Bentheim, im Bisthum Münster, im Herzogthum Cleve und Geldern, im Stifte Lüttich, und in Brabant, wie auch in Flandern, eben dieses Gesetz beobachtet würde. Es müßte auch alle Gemeinschaft zur See verhindert werden. Denn aus Dännemark erhalten die Niederlande einen großen Zufluß von Rindvieh, und dadurch oft eine neue Ansteckung. Dieses Mittel würde auch zu dieser Zeit abgeschmackt seyn, da durchs ganze Land die Seuche ausgebreitet ist, wie der Herr von Haller solches sehr richtig bemerkt hat *). Hier sind seine eigenen Worte: „so bald ein ganzes Land, wie Holland, in tausend Dörfern und Ställen angesteckt ist, sind menschliche Kräfte nicht hinreichend, eine ansteckende Seuche auszurotten.“

Eben diese Schwierigkeit hat, ohne Zweifel, in vielen andern Ländern Platz. Denn wer wird doch wohl alle Landesherren zwingen, dieses Gesetz allgemein zu beobachten? Wer wird den Schaden jenes Landes ersetzen, welches der Ansteckung am meisten offen steht und ausgesetzt ist? Oft ist auch dem einen Lande daran gelegen, daß in dem benachbarten die Zahl des Rindviehes durch die Seuche vermindert werde, weil es alsdenn das seine um so viel theurer verkaufen kann u. s. w. Aber ich muß weiter gehen. Wir wollen uns einmahl in Gedanken vorstellen, daß Spanien, Frankreich, Italien, die Schweiz, Engelland und Brabant, durch das Tödten des von der Seuche angesteckten Rindviehes, von dieser Plage befreyet würden. Alsdenn bleibe doch noch der größte Theil von Enropa übrig, nämlich ganz Deutschland, vom venetianischen Meerbusen an, neben den Alpengebirgen und der Schweiz vorbey, bis an den Rhein, an Brabant, und die Nordsee, ganz Dännemark, nebst Schweden, und dem weitläuftigen russischen Reiche, bis an die asiatischen Grenzen.

Wo

*) Seite 31.

Wo nicht alle europäischen Fürsten einmüthig den Schluß fassen, eine Linie, oder einen sogenannten Kordon, wie zur Pestzeit, auch gegen die Rindviehseuche, zu ziehen; so würde diese höchst löbliche Anstalt ganz und gar nichts helfen können. Im türkischen Reiche achtet man niemals irgend eine Pest. Also könnte eben diese Vorkehrung neben den croatischen Grenzen, und längst der Donau, bis ans schwarze Meer, ohne alle Schwierigkeit gemacht werden, vornämlich wenn in der Taterey keine Viehseuche herrschte. Hernach müßte alles angesteckte Rindvieh, an allen Orten und zu einer Zeit, getödtet und eingescharret werden: und auf diese Art würden alle übrige Vorschriften, wie solche zur Abwendung der Pest beobachtet werden, in Ausübung gebracht werden können. Vitet hat nicht anders geurtheilt, wenn man den bösartigen Roz der Pferde ausrotten wollte *). Indessen halte ich dafür, daß der Verlust eines jeden Landes, aus einer durch Verträge errichteten gemeinen Viehsterbecasse, ersetzt werden müsse. Denn der Tod eines Menschen zur Pestzeit lässet sich deswegen nicht mit dem Sterben eines Rindviehes vergleichen, weil das letztere einen gewissen Werth hat, den der Eigenthümer verlieret: dagegen ist der Verlust eines Menschen durch den Tod nur moralisch, weil sein Eigenthum durch das Erbschaftrecht einem andern zufällt.

Ich

*) S. 830.

Ich befürchte aber sehr, daß ein so allgemeines Gesetz, oder eine so allgemeine Vereinigung, niemals zu Stande kommen werde. Denn wir werden mit der Zeit alle Plagen dergestalt gewohnt, daß jetzt niemand mehr ernsthaft daran denket, wie der schrecklichen Ansteckung mit der Blattern- und Masern-Seuche ein Ziel gesetzt werden kann. Neunhundert Jahre hat nun schon die giftige Aesteckung dieser doppelten Seuche gewüthet, und eine Niederlage von einigen Millionen Menschen angerichtet: welches Trauer- wir mit so vieler Gleichgültigkeit anschauen, daß wir uns und die Unsrigen, ohne allen Wiederstand, als Schlachtopfer darstellen. Eben dies geschiehet heut zu Tage in Ansehung der Rindviehseuche. Und dazu kommt noch dies, daß diejenigen Landleute, welche viel Rindvieh aufziehen, in der Zeit, daß die Seuche geherrschet hat, reicher geworden sind, weil sie seitdem alles, was sie gewinnen, theurer verkauft haben. Butter, Käse, Fleisch, Talg, Leder, Haare, Hörner, Knochen, und alles andere, haben sie höher ausgebracht. Beym ersten Anfall der Seuche ist nur der Verlust fühlbar. Hernach findet sich die Ersetzung durch die höher steigenden Preise alles dessen, was der Landmann ziehet. Diese erhöheten Preise bleiben beständig, wenn schon die Seuche aufhört; wie vornämlich in solchen Ländern offenbar wird, in welchen vorzüglich an Viehweide Ueberfluß ist. Es haben also die Bauren und Ackerbesitzer blos im Anfange der Seuche verlohren: und es werden noch heutiges Tages, da die Seuche fortdauert, die Aecker höher, als zuvor, verpachtet.

In

In solchen Ländern aber, in welchen nur wenig Rindvieh, im Verhältniß zu dem Umfange der Aecker, gehalten wird, ist dieser Verlust viel wichtiger; weil solcher schwer zu ergänzen fällt, und unter dessen aller Ackerbau eingeht: vornämlich wo man die Ochsen, statt des Zugviehes, gebraucht, wie solches, die Niederlande ausgenommen, in Europa durchgängig geschiehet.

Weil aber mehr, als wahrscheinlich ist, daß ganz Europa durch einmüthige und allgemeine Gesetze nie sein wahres Beste wahrnehmen wird, und daher zugleich offenbar ist, daß die Seuche fortdauern werde, wie solches von 1711 bis hieher geschehen ist: so ist es nothwendig, daß man auf andere Mittel denke, das Rindvieh zu erhalten, damit wir nicht mit demselben, so sehr unentbehrliche Vortheile verlieren. Daß aber keine andere Mittel, außer der Einimpfung, hierzu ausfündig gemacht werden können, will ich nun beweisen.

Sechstes Hauptstück.

Von Einimpfung der Rindviehseuche, ihren Vortheilen und Bedingungen.

§. 1.

Die Einimpfung der Rindviehseuche ist zuerst in Engelland, hernach in Braunschweigschen 1746, in Nordholland 1755, zu Grafenhaag 1757, und in eben demselben Jahre zu London, mit zweifelhaftem Glücke versuchet worden*); bis ich, nebst dem berühmten Herrn van Doevern zu Gröningen 1769**) und nebst dem Herrn Münniks in Frießland, wo jedoch der ehrwürdige Alta die Einimpfung zuerst angestellet hatte, viele und mannigfaltige Versuche mit solchem Erfolge gemacht habe, daß im Ganzen genommen, vermittelst der Einimpfung eine größere Anzahl durchgebracht und geheilet wurde, als durch alle nur mögliche Heilmittel von der natürlich entstandenen Seuche hatten gerettet werden können***).

Diese

*) meine Vorlesungen. S. 81.

**) S. 12. u. f. f.

***) Aus dem Verzeichnisse des geheilten und gestorbenen Rindviehes, welches auf Befehl der Staaten von Holland und Westfriesland herausgekommen ist, und welches die vier letzten Monathe des Jahres 1769 und die beyden ersten des Jahres 1770 enthält, habe ich wahrgenommen, daß blos in

Diese Versuche haben auch erwiesen, daß kein Stück Rindvieh, welches die eingeimpfte Seuche einmahl überstanden hat, von derselben jemals wieder angesteckt wird, welches die in Nordholland gemachten Versuche noch zweifelhaft gelassen hatten.

Hernach wurde die Einimpfung in Dännemark, ohne Nutzen, vorgenommen, bis sie wieder vom neuen

in Holland 114,152 Stück Rindvieh gestorben, und 39,965 Stück geheilet sind. In Westfriesland waren 43,180 Stück gestorben, und 21,091 Stück gewesen. Nach dem Verzeichnisse, das vom Jahre 1769 auf Befehl der Staaten von Friesland gemacht ist, sind 51,022 Stück gestorben, und 17,237 Stück wieder gesund geworden. Die Anzahl der Verstorbenen hat sich also zu der wieder Genesesten verhalten, wie 208,354 zu 78,293. Die ganze Anzahl der von der Seuche angesteckten ist folglich gewesen 286,647; von welcher kaum $\frac{2}{7}$ Theil gerettet sind. Da im Gegentheile von dem durch die Einimpfung angesteckten Rindvieh aller Art mehr, als die Hälfte, beym Leben erhalten wurde. Wenn wir also allen von geneseten Müttern gefallenen Kälbern die Seuche einimpfen wollten, und von hunderten zwey Stück verlöhren; so würde die ganze Anzahl des Verlustes 4166 Stück seyn: woraus die grossen Vortheile von jeder Einimpfung sichtbar erhellen, besonders wenn wir auf den Preis derselben sehen. Wir wollen setzen, der Preis der Kälber sey zwanzig holländische Gulden; so wird der ganze Verlust sich auf 83,320 Gulden belaufen, da die Summe des Werths aller geneseten 3,649,620 Gulden macht. Also würde der Werth eines jeden

neuen in Gröningen und Friesland, mit glücklicherm Erfolge, versucht wurde.

Die Vortheile dieses Rettungsmittels sind vornämlich diese:

1) Daß minder theure Färsen, oder Kälber, der Gefahr der Ansteckung blos gestellt werden.

2) Daß die Färsen die Seuche bekommen, ehe sie den Stier zugelassen haben, und also ehe sie träch-

jeden durchgeseuchten Kalbes einen Zusatz von $\frac{3}{40}$ Theilchen eines Gulden bekommen, welches so wenig ist, daß es gar nicht in Anschlag kommt. Die Summe des Werthes aber von dem Rindvieh, das durch die natürlich entstandene Seuche eingebüßet ist, wenn Kühe und Kälber, das Stück nur auf 20 Gulden angeschlagen worden, giebt 4,167,080 Gulden. Ich muß gestehen, daß aus diesem Grunde der Werth der geneseten gewiß um ein Drittheil erhöhet wird. Aber sie kommen allmählich, wenn die Seuche aufhört, wieder auf den vorigen Preis herunter. Ich weis, daß durchgeseuchte milchende Kühe für 2,0 Gulden das Stück, sind verkauft worden. Wenn wir die Wirkung von dem Tödten des Rindviehes, welche die Staaten von Brabant bekannt gemacht haben, S. 28. damit vergleichen; so sehen wir, daß um 111,960 Stück Rindvieh zu erhalten, nur 424 Stück erschlagen sind, und daß also nur $\frac{1}{265}$ Theilchen eingebüßet sey, oder von 100 Stücken $\frac{3}{8}$ Theil eines Stückes, und daß folglich der Verlust hier noch weit geringer gewesen sey, als von der allerglücklichsten Einimpfung, dabey von hundert Kälbern wenigstens immer nur eins verlohren geht.

trächtig sind, welches ein größerer Vortheil ist, als mancher beym ersten Anblick glauben mögte. Denn wo die natürliche Seuche eine ganze Heerde auf einmahl anstecket, da werden Ochsen, Kälber, Färsen und Kühe, ohne Unterschied, damit befallen. Fast alle Kühe verkalben, daher wird auch, wenn sie ja noch mit dem Leben davon kommen, und wieder gesund werden, die Gebärmutter insgemein zu sehr beschädigt, als daß sie hernach wieder leicht trächtig werden können. Sie werden so gar, nach diesem Unfall, nicht so bald wieder hitzig, so, daß nicht selten die Eigenthümer ihre Kühe ein ganzes Jahr lang füttern müssen, ohne den geringsten Nutzen von ihnen zu haben, bis sie endlich gemästet und geschlachtet werden.

An solchen Orten, wo die Landleute ihre Einkünfte blos aus ihrem Vieh nehmen müssen, hat man vorzüglich Gewißheit und Sicherheit nöthig. Und deshalb scheint mir die Einimpfung, wenn auch dadurch nicht mehr Vieh gerettet würde, als auch die natürliche Seuche überstehen könnte, hier besonders einen Vorzug zu verdienen. Ein Kalb hat nämlich selten den vierten Theil des Werthes einer Kuh, und zum andern, werden die Kühe hernach zu rechter Zeit trächtig werden, leicht kalben, und ordentlich ihre Milch und ganze Nutzung geben.

§. 2.

Indessen war den Landwirthen in den Niederlanden zu viel daran gelegen, als daß sie sogleich diesses sehr schickliche Mittel ihre Heerden zu retten, unversucht lassen konnten. Zum ersten hatten sie bemerkt, daß von einer jeden Mutter gefallene Kälber zur Ansteckung nicht recht aufgelegt und geschickt wären, als bis sie eine Zeitlang die freye Luft geathmet hatten. Zweytens, daß bey Kälbern, die von Müttern abstammeten, welche die Seuche glücklich überstanden hatten, die Zufälle der Krankheit insgemein gelinder gewesen, und daß mehrere von denselben geheilet worden, als von solchen, die von andern Müttern gefallen.

Sie vereinigten also diese Umstände, und wandten die Einimpfung so wohl bey denen an, die von durchgeseuchten Müttern waren, als auch bey denen, welche noch nicht in der freyen Luft gelebt hatten.

Unter diesen Umständen sind die Zufälle der Seuche so glinde gewesen, daß die Landleute sehr oft zweifelhaft blieben: ob das Vieh von der mit ihm vorgenommenen Einimpfung wirklich krank geworden, oder nicht. Ich selbst habe, durch ihr Beyspiel ermuntert, bisweilen bey dreyßig und mehr Stücken zugleich, die Einimpfung, mit besonderem Vergnügen, vorgenommen. Denn die Kälber sprungen in eben demselben Stalle lustig unter einander herum. Dasjenige, welches kränker war, als die andern, sonderte sich von selbst von den übrigen ab, und kehrte hernach, wenn es anfieng sich besser zu befinden, mit

mit der vorigen Munterkeit, zu dem übrigen Haufen zurück, bis sie alle die erforderliche Seuchenzeit überstanden hatten. Auf diese Art stirbt kaum ein Stück von hunderten.

Zuweilen ist es aber geschehen, daß die Krankheit, weil sie sehr gelinde und kaum zu spüren war, ganz und gar nicht zum Ausbruch gekommen ist, und daß ein solches Kalb, wenn es hernach unter der angesteckten Heerde weidete, wider Vermuthen die Seuche bekam.

Hieraus entstand also eine Ungewißheit, welche weder der Handel mit durchgeseuchtem Vieh, noch die Landwirthschaft füglich ertragen kann. Die meisten haben also die Einimpfung zweymahl angestellt. Zum ersten Mahle, ehe die Kälber in die freye Luft gekommen waren; und zum zweyten Mahl, im dritten oder vierten Monathe ihres Alters: nicht, weil sie glaubten, das Rindvieh werde zwey Mahl hinter einander vermittelst des Einimpfens von der Seuche angesteckt; sondern damit die Landleute gewiß seyn konnten, daß ihr Vieh wirklich die Seuche überstanden hätte.

Eine vielfältige und fast tägliche Beobachtung hat endlich bewiesen, es werde nicht nothwendig erfordert, daß ein Kalb, um die Seuche glücklich auszustehen, noch nicht an die freye Luft gekommen: sondern daß es zureichend sey, daß ein Kalb von einer durchgeseuchten Mutter abstamme, und daß die

Einimpfung geschehe, ehe dasselbe fünf Monathe alt wird. Unter diesen Umständen ist nicht nur die Seuche selbst gelinde, sondern sie zeiget auch hinlänglich offenbare Zufälle, woraus jeder Landwirth von ihrer wirklichen Gegenwart versichert seyn kann. Heutiges Tages wird also in Gröningen und Friesland die Einimpfung an den Kälbern angestellet, so daß, unter den angeführten Umständen, selten von hunderten eins verlohren geht.

§. 3.

Aus diesem so sehr glücklichen Erfolg der Einimpfung, glaubte ich mit Recht folgern zu können, daß in allen denenjenigen Ländern, in welchen das Tödten des seuchenhaften Rindviehes, mit der gewünschten und gehoften Wirkung nicht Statt finden kann, die Einimpfung bey Kälbern, die von durchgeseuchten Müttern gefallen sind, das einzige Vorbauungsmittel sey, die schreckliche Rindviehseuche erträglich zu machen.

Vielleicht würde auch eine bessere natürliche Anlage des Vaters, so wie wir solches von den Müttern wissen, hierzu noch mehr beytragen. Man müßte also die Heerden des Rindviehes blos durch Bullen und Kühe, welche die Seuche überstanden hätten, vermehren. Wenn alle mit einmüthiger Uebereinstimmung dies in Ausübung brächten; so würden wir binnen zwölf Jahren keine andere, als durchgeseuchte Kühe haben, von welchen keine andere, als zur Einimpfung wohl aufgelegte Kälber fielen.

Indessen würde mit der Ausübung des Einimpfens doch diese Unbequemlichkeit verknüpft seyn, daß, wenn die Viehseuche nicht irgendwo in der Nachbarschaft fortdauerte, kein Stoff zum Einimpfen zu bekommen seyn würde. Es müßte also in jedem Lande eine hinreichende Menge Färsen dazu bestimmt werden, daß beständig seuchenhafter Stoff vorräthig wäre. Eins, oder zwo derselben müßten allemahl zugleich, in vestgesetzten Zeiten, der Einimpfung unterworfen werden, damit beständig ein frischer und wirksamer Keim vorhanden seyn könnte. Diese Färsen müßten aus der Landescasse unterhalten werden, und, weil wenigstens die Hälfte auf diese Art überstünde; so würde diese durchgeseuchte Hälfte einen desto höhern Werth bekommen.

Es ist endlich ganz ausgemacht und offenbar, man mag das Todtschlagen, oder das Einimpfen, in Ausübung bringen, daß vorzüglich bey den Vorbauungsmitteln erfordert werde, die wahre Zeit zu entdecken, wie lange das ansteckende Gift sich erhalten könne, ehe solches gänzlich erstirbt, oder verdunstet. Wie lange also ein an der Seuche verrecktes Vieh, unversehrt, mit der Haut, unter die Erde verscharret, auf der Oberfläche der Erde, und unter freyem Himmel, oder im Wasser versenket, sein ansteckendes Gift behalte? Wie lange dergleichen eingepökeltes oder geräuchertes Aas; wie lange das

Talg, die Häute, die Hörner, die Knochen u. s. w. ansteckend bleiben? Und in Ansehung des Einimpfens: wie lange ein jeder dazu bestimmte Stoff bequem und zweckmäßig aufbewahret werden könne? Durch alle diese Versuche würden wir allen Gesetzgebern und Landwirthen einen vesten Grund an die Hand geben, auf den sie hernach weiter bauen könnten; dadurch aber würden wir dem Vaterlande so wohl, als den Nachkommen, die preiswürdigsten Dienste leisten.

VI.

Lorenz Spengler von der fünfschalichten Holzpholade (Pholas Lignorum.)

Siehe Tafel V.

So selten auch diese Pholadenmuschel vorzukommen pflegt, so ist sie doch verschiedenen Conchiliologen nicht unbekannt geblieben: aber von ihnen so nachläßig und unzulänglich beschrieben, und mit so unvollkommenen Abbildungen vorgestellet worden, daß weder der Naturliebhaber, noch Sammler, sie jemals hätte können kennen lernen. Rumph ist der erste, der diese Muschel beschrieben und eine undeutliche Abbildung von ihr gegeben. Er nennt nur die zwo Hauptschaalen, ob man gleich aus dem Kupfer ersehen kann, daß seine Pholas über beyden Wirbeln mit einer runden Kappe bedeckt gewesen. Eben so wenig erwähnt er auch der zwey dünnen und schmalen Schälchens, wovon das eine auf den Rücken, wo die zwo Hauptschaalen zusammen stoßen, das andere an der unteren Seite, oder dem Bauche der Muschel, an gleichem Orte, mit einem Ligamente bevestiget zu seyn pflegen. Es hindert aber dieser Umstand gar nicht, daß er nicht sollte eben dieselbe Muschel gemeynt haben; denn so bald solche aus dem Wasser kommt und das Thier stirbt, so fallen gedachte zwo lange dünne Schaalen sogleich von ihrem Orte ab, und daher sind viele Naturkündiger verleitet worden, dieser oder jenen Pholadenart, weniger Schaalen beyzulegen, als sie wirklich haben. Dieser Zufall giebt nicht selten Gelegenheit, zu einer kleinen Verwirrung, wenn man die Schriftsteller hierinn zu Rathe ziehen soll. Das wenige, was Rumph von dieser Muschel sagt, passet sonsten ganz gut, besonders, daß sie im vermoderten Pfahlholze sich aufhalten solle, welches lange im Seewasser gestanden, wovon er ihr auch den Namen beygelegt. Browne in seiner Naturgeschichte von Jamaica, S. 417. beschreibt eben diese Muschel, und stellt sie Tab. 40. Fig. 11. in einem schlechten Kupfer vor. Hier ist die kurze Beschreibung nach dem englischen:

„Die kleine runzlichte Pholas, mit gebogenen Streifen, ist eine vielschalichte Muschel, und besteht 1) aus zwo länglicht runden großen Schaalen, die an dem einen Ende stark abgerundet sind. 2) aus zwey kleinen dünnen Plättlein, die über dem Rücken liegen, wo beyde Schaalen zusammen stoßen. 3) aus einem runden hohlen Stück, welches an dem stumpfen Ende der Muschel, quer über dem Wirbel, bevestiget ist, um beyde Schaalen mit einander zu verbinden.“

Nie=

Niemand wird in dieser Beschreibung, so kurz sie auch ist, unsere Holzpholade verkennen.

Am allerkenntlichsten aber ist sie vom Davila S. 397., jedoch ohne Abbildung, beschrieben. Er verwahrte verschiedene derselben, die noch in ihrem Holzstücke von Seepfählen eingeschlossen waren, in seinem Kabinet, und gestehet, daß diese Pholadengattung sehr selten sey.

Herr von Linné versteht zuverläßig unter seiner Pholas pusillus N. 24. diese Holzpholade, indem er ganz richtig den Browne citirt, da hingegen Davila allein den Rumph anführt. Dies beweist, daß beyde Schriftsteller darunter ein und dieselbe Muschel verstanden haben.

Aus den angeführten Schriftstellern erhellet zwar, daß die Holzpholade ihnen zum Theil bekannt genung gewesen: aber es fehlt viel, daß ein wißbegieriger Liebhaber sich aus ihren Beschreibungen und den Abbildungen, dieser so schönen Muschel, eine richtige Vorstellung hätte machen können, wie sie es doch in der That verdient. Ich werde daher versuchen, meine Leser, durch Hülfe beygefügter getreuen Zeichnung, und durch eine umständlichere Beschreibung, mit derselben näher bekannt zu machen.

Die erste Figur stellt die ganze Muschel von der Rücken-, die zwote von der untern Seite, die dritte die inwendige Seite einer der beyden Hauptschaalen, und die vierte die Kappe von der untern oder inwendigen Seite, sämmtlich vergrößert war. Die letztere liegt über Zwerch des Wirbels von beyden Schaalen. Fig. 1. a. Fig. 5. ist die natürliche Größe der Muschel im Umriß. Wenn von vielschalichten Pholadenmuscheln die Rede ist, so begreift man wohl, daß diese Schalen unter sich in keinem Verhältnisse, sondern von sehr ungleicher Figur und Größe seyn müssen. Alle Pholaden haben zwo große Hauptschaalen, die in allen Stücken, so wie bey den meisten zweyschalichten, einander ganz gleich sind: aber sie schließen nirgends dicht zusammen, und haben kein Gelenk wie diese; dahero bedürfen sie einige andere kleinere Schaalen, welche diesem Mangel ersetzen, und sie zusammen verbinden können.

Obgleich unsere Holzpholade sich vor dem forschenden Auge des Menschen zu verbergen suchet; so ist sie doch mit so vieler Schönheit, Pracht und unbegreiflicher Kunst geschmücket, daß sie keiner andern Muschel, durch ganz eigenthümliche Vorzüge, zu weichen Ursache hat.

Wenn die Muschel mit ihren fünf Schaalen vereinigt ist, so bildet sie vorn an ihrem untern oder dicken Ende eine halbe Kugel, in der Mitte, nach der Länge, wird sie walzen- und am vorderen Theil keilförmig und platt gedrückt. In der Länge hält sie einen Zoll fünf Linien, und am dicksten Theil ist sie sieben Linien breit.

Ich habe schon oben gesagt, daß diese Muschel in Ansehung der beyden Haupttheile, völlig gleichschalig sey. Sie sind dünn, etwas durchsichtig und spröde; der Materie nach steinschaalicht, inwendig milchweiß von Farbe, gleichsam wie calzinirt: ausgenommen das vordere, schmale und offene Ende Fig. 3. c. d. der Fortwuchs der Muschel, welcher einem gelben durchsichtigen Horne gleichet, und glänzend glatt ist. Das selteneste und schönste an der Muschel ist der Wirbel. Schon die Stelle, wo er sich befindet, hat viel besonderes, denn er ist ganz an dem äußersten, untern und dicken Theil der Muschel angebracht, so daß außer dem Donax rugosa Linnei meines Wissens keine Muschel dem Wirbel so nahe an ihrem Ende träget. Er ist von außen nach der inwendigen Seite sehr tief eingerollt: hingegen ist der Rand der Muschel an der äußern Seite gegen dem Wirbel, gleich einem Saume, auswärts umgeschlagen Fig. 3. e. so daß er zwischen ihm und dem Wirbel eine tiefe trichterförmige Oeffnung zurück läßset, Fig. 1. und 2. f. f. welche der Muschel, wenn beyde Schaalen zusammen sitzen, ein überaus artiges Ansehen geben. Zwischen diesem Saume und dem Wirbel, entspringt von inwendig heraus ein flacher zugespitzter Zahn, der unterwärts hohl ist, sich über den Wirbel zurück bieget, mit einem aufgehobenen Rücken von der Schale absteher, und auf der obern und flachen Seite ausgehöhlt und zart gereift ist, Fig. 3. g. Diese hervor stehende Zähne beyder Schaalen, dienen darzu, daß sie sich unter

dem

dem Theile der Kappe Fig. 4. h, wo diese doppelt ist, verstecken können, und mit Hülfe der übrigen Einschnitte, Erhöhungen und Vertiefungen, die zusammen eine so schöne und regelmäßige Bildung darstellen, und genau auf die Muschel passen, beyde Schaalen vest zusammen klammern, welches um so nothwendiger ist, da sie von allem Gelenke, Zähnen oder Bändern gänzlich entblößt sind. Denn der von inwendig halbrund herausgebogene Zahn, Fig. 3. i. kann gar nichts zum Verbinden der beyden Schaalen beytragen, da beyde Zähne, wenn die Schaalen geschlossen, einander nicht erreichen können. Es scheint, daß sie nur da sind, um die Schaalen an das Thier bevestigen zu helfen. Dieser letztere Zahn hat seinen Ursprung von der vordersten Spitze des einwärts gerollten Wirbels, und ist gleichsam eine Fortsetzung desselben. Anfänglich ist er nur dünn und schmal, und wird erst gegen das vordere Ende etwas breiter. Es ist derselbe, in Vergleichung der Zähne, in den Muschelschalen des Teredo, und besonders von dessen Abänderung, bey den Tranquebarischen Wurmröhren, nur klein, in der Figur und Stellung aber immer dem Pholaden-Geschlechte getreu. Es kann dennoch der Methodist kein besseres, sicherers und unwandelbarers Kennzeichen dieses, ich mögte bald sagen, grenzenlosen Geschlechts wählen, als eben diesen krumm hervorgebogenen Zahn: dieses wird ihm zum sicheren Führer dienen. Sonst sind beyde Hauptschalen auch noch durch zwo Muskeln verbunden, wovon die größte durch eine länglich runde

und

und tiefe Grube, an der Seite des Rückens, Fig. 2. c. der kleinere aber gegen über, nach dem Bauch, durch einen kleinern Flecken sichtbar ist.

Die auswendigen Seiten der beyden Hauptschalen, haben gleichfalls viele vorzügliche Schönheiten; man kann sie nach vier verschiedenen Abtheilungen betrachten.

Die trichterförmige Höhlung, welche der überworffene Saum zur Seite des Wirbels, Fig. 1. und 2. f. f. verursacht, ist der Mittelpunkt, aus welchem 25 feine, scharf eingeschnittene Reifen entspringen, die beynahe die ganze Seitenfläche einnehmen würden, wenn sie nicht in ihrem bogenförmigen Lauf, vornen an der Brust (wie der Herr Dr. Martini diesen Theil füglich nennt) einen gebrochenen Winkel einschnitten, wodurch denn ein glattes Feld, in Gestalt eines schiefen Vierecks, wenn die Schaalen geschlossen sind, entstehet, Fig. 2. b. Diese zarten Streifen sind bis in k. k. wieder durch ganz feine Querlinien durchschnitten, so daß dieser Theil einer zarten Raspel gleichet. Von k. k. bis l. l. sind die Reifen glatt, werden immer flächer, und nehmen eine andere Richtung, welche den Wirbel zum Mittelpunkt derselben macht. Der übrige Theil der Muschel von l. l. bis m. ist völlig glatt, und hier zieht sich die Muschel schief nach einer Seite hin, und läuft in eine flach zusammen gedrückte, schnabelförmige und abgerundete Spitze aus. Die dritte Schale unsrer Muschel ist die sonderbare Kappe Fig. 1. a. deren Ober:

Obertheil ganz glatt und gewölbt ist. Sie sitzt, wie schon gesagt, über dem Wirbel beyder großen Schaalen und bevestiget sie zusammen. Diese Verbindungswerkzeuge sind sehr merkwürdig. Man betrachte nur die untere Seite dieser Kappe, Fig. 4. Nicht allein die zween über die Wirbels rückwärts krumm gebogene Zähne Fig. 3. g. greifen zwischen der Scheidewand und dem gewölbten Deckel gedachter Kappe: sondern diese düune Wand hat überdies die Ein- und Abdrücke des ganzen Wirbels beyder Schaalen so genau, als ob dieselbe, gleich einer weichen und flüßigen Materie, darüber hergegossen wäre. Nächst dem, daß die Kappe durch diese zarte untere Wand, oder dem Boden, etwas über die Hälfte bedeckt wird, doch so, daß ein hohler Raum zwischen beyden bleibt; so macht diese untere Seite, mit dem äußern Umriß derselben, eine so zeichnungsmäßige und zierliche Bildung, die sich allerdings leichter bewundern, als beschreiben lässet. Zur Ersetzung des letztern wird die genaue Abbildung Fig. 4. den Liebhaber einigermaaßen schadlos halten können. Hinter dieser Kappe nun, oben auf dem Rücken, wo beyde große Schaalen niemahls dicht zusammen passen, liegt die vierte Schaale, als ein langes, schmales und sehr dünnes Plättchen, welches an dem vordern Ende Fig. 1. n. ganz spitzig zugehet, in der Mitte am breitesten ist, an dem Hintertheil aber sich unter der Kappe verbirget, und mit einem unterwärts gebogenen Häckchen, sich gegen den Wirbel zu, fest einklammert.

Die

Die fünfte und letzte Schaale ist eben ein dergleichen Plättchen, das in der Mitten breit und an beyden Enden spitzig zugehet, jedoch ohne mit einem solchen Häckchen, wie das vorige, versehen zu seyn. Dies liegt unten am Bauche der Muschel Fig. 2. o. auch an einer Stelle, wo die Schaalen nicht zusammen schließen. Beyde scheinen durch eine Art eines Ligaments an die Muschel bevestiget zu seyn, aber leicht abzufallen, besonders das letztere, wenn die Muschel trocken wird.

Die Farbe an dieser Holzpholade ist bey allen Exemplaren, die ich gesehen habe, folgende: der Theil des Kopfs der Muschel, welcher durch die sich kreuzenden Reifen mit kleinen Nägelchen besetzt ist, das er dadurch einer feinen Raspel gleichet, ist kreidenweiß und siehet gleichsam verkalcht aus. Die glatte Brust, vorn am Kopfe, ist strohgelb, alles übrige der beyden großen Schaalen, nebst den drey andern kleinern, ist mit einer ganz dünnen, braunen, schmutzigen Haut überzogen.

Der Ort des Aufenthalts dieser Muschel ist Ostindien, und die hier beschriebene ist bey Tranquebar, in einem auf der See an den Strand getriebenen alten Stücke Holzes gefunden worden. Ein Liebhaber und Sammler bemerkte an selbigem einige ungewöhnlichen Ritzen und Löcher von außen, und erweiterte dieselben behutsam mit einem Messer, da er denn, zu seiner großen Verwunderung, etliche dieser seltenen Muscheln hervorzog, die denn durch den Ankauf

kauf einer großen Sammlung Tranquebarischer Conchylien in mein Kabinet gekommen. Rumph, Davila und Browne haben die ihrigen gleichfalls in altem Pfahlholz, das lange im Seewasser gestanden, angetroffen, nach welchem der erstere ihr auch den Namen beygelegt. Sie wohnen gemeiniglich in Gesellschaft mit mehrern ihres Geschlechts beysammen, doch hat jede Muschel ihre eigene Höhlung, gleich andern Pholaden, die sich in Stein, Muscheln und Korallen u. s. w. einzubohren gewohnt sind.

Von der Seltenheit dieser Holzpholaden zeugen so viele große Conchylien-Sammlungen, die diese Muschel noch entbehren müssen; selbst Davila vergißt nicht, ihrer Seltenheit zu gedenken. In der Hochgräflichen Moltkischen Conchylien-Sammlung findet sich ein Exemplar, welches der beschriebenen in allem gleich ist, nur daß ihr das Alter mag gemangelt haben: denn es fehlt hier der vordere, durchsichtige, schnabelförmige und schiefgedrehte Fortsatz der Muschel, beynahe gänzlich. Auch an denen, in Browns Naturhistorie von Jamaica, in Kupfer vorgestellten amerikänischen Holzpholaden, welche überhaupt, gegen die ostindischen gerechnet, sehr klein sind, vermisset man ebenfalls diesen sehr merkwürdigen Theil der Muschel. Es mögte denn seyn, daß sich unter den Holzpholaden auch Abänderungen befänden, wenn allenfalls nicht das Alter dieser Muschel an diesem Zuwachs Theil haben sollte.

Die

Die von dem Herrn Dr. Martini neu entdeckte, und im zweeten Bande der Beschäfftigungen S. 369. beschriebene und abgebildete Helmpholade, ist die einzige, die mit der hier beschriebenen, und besonders in Ansehung der über die Wirbel gelegten Kappe, vieles gemein hat. Es sey nun, daß sie wirklich nur aus dreyen Schalen bestehe (welches ich am ersten zu glauben geneigt bin) oder daß die zwey schmalen Plättchens, durch das Herumwälzen der Madrepora in der See, hätten verlohren gegangen seyn können; so ist sie dennoch, der großen Aehnlichkeit der einzelnen Theile ohnerachtet, von derselben noch immer sehr unterschieden, und macht jede Muschel für sich eine eigene Gattung aus. Zu geschweigen, daß die Holzpholaden sich nie in Stein und Korallen einbohren werden, so wenig als die Helmpholade sich im Holze wird finden lassen. So zeigt auch schon die äusserliche Gestalt, daß die abgesetzten Theile unter sich ein ganz anderes Ebenmaas angenommen, welches bey Vergleichung beyder Abbildungen jedem Liebhaber, ohne Mühe, ins Auge fallen wird. Der Herr Doctor Martini hat ganz recht, daß die Pholas beym *Gualt.* Tab. 105. lit. F. viele Aehnlichkeit mit dessen Helmpholade habe: es scheint aber, daß derselben die Kappe gänzlich muß gefehlet haben, und daß der Kupferstecher an der letzten Figur, ohngeachtet des schwarzen Schattens, dennoch das glatte Bruststück vorstellen wollen.

Da es eine eigenthümliche Eigenschaft des Pholadengeschlechts ist, daß es in fremden Körpern und aller-

allerley Materien eine Wohnung sucht; so ist zu vermuthen, daß diese Familie noch vielen Zuwachses neuer Arten fähig sey: nach dem die Naturliebhaber hinter das Geheimniß gekommen, die Körper aufzusuchen, worinnen sich diese Muscheln zu verstecken gewohnt sind, und wovon die obengedachte neue Helmpholade des Herrn Dr. Martini eine Probe abgeben kann.

Alle Arten von abgestorbenen Korallen und Seegewächsen, stalaktitische und andere Kalchstein-Klumpen, die in der See herum rollen, schwere Conchylien u. s. w. wird man nur selten finden, ohne von dieser und jener Art, und die meiste Zeit von verschiedenen Pholaden-Geschlechtern zugleich, durchlöchert und bewohnt zu seyn. Man beliebe nur dergleichen Stücke zu rütteln, so wird man bald durch ein Klappern ihr Daseyn gewahr werden.

Ich gedenke mit erster Gelegenheit eine der seltensten Pholade, die von allen noch bekannten Gattungen gänzlich abweichet, und die ich auf obige Art erhalten, in unseren Beschäftigungen den Conchylien-Liebhabern bekannt zu machen.

VII.

Beschreibung eines seltenen Turbo, mit auswendig beutelförmigen Kammern,

von

Lorenz Spengler.

Siehe Tafel V.

Bey dem sonderbaren Bau vieler steinschalichten Schnekkengehäuse, läßt sich nicht immer von Naturforschern errathen, zu welchem Zwecke oder Nutzen der Einwohner, diese oder jene ungewöhnliche und künstliche Einrichtung seines Wohnhauses, vorhanden sind. Wenn man annimmt, daß der weise Schöpfer nichts unnöthiges seinen Kreaturen angeschaffen, sondern daß alles, was da ist, zu ihrem Wesen und Bestehen nothwendig erfordert wird; so bleibt dem Naturliebhaber, wenn er bey dergleichen vorkommenden, seltsam scheinenden Einrichtungen, die Ursache davon nicht zu erklären weis, wenigstens eine ehrerbietige Bewunderung übrig.

Die gegenwärtige Nadelschnekke mag wohl von dieser Art seyn, deren wunderbare Bauart den Naturliebhaber mehr in Verwunderung zu setzen fähig ist, als daß derselbe die Ursache davon mit Gründlichkeit zu erklären im Stande seyn möchte.

Das ungewöhnliche und seltene dieser Schnekkenschale ist an derselben gar nicht versteckt; sie trägt das sonderbare auf der Oberfläche ihrer äußern Schale, und dies bestehet in beutel- oder taschenförmigen Kammern, in welche die vier bis fünf grossen und ersten Windungen der Schnekke, regelmäßig eingetheilet sind.

Es sind in allem funfzehen Windungen an dieser Schnekke deutlich zu unterscheiden. Eine jede dieser Windungen ist mit einer hohen Kante, welche sich in zwo Reifen vertheilt, eingefaßt, und der Zwischenraum derselben, auch selbst unter dem Dekkel der Kammern, ist durchgehends rund ausgehöhlet. Die Oefnungen der Beutel sind gegen die Mündung der Schnekke gekehrt, und an diesem Ort eben so breit, als der Raum zwischen beyden hohen Kanten der Windungen es verstattet. Vorwärts sind alle Dekkel in einem halben Zirkel ausgeschnitten, Fig. 2. a. a. a. gewölbt, und fast eben so hoch, als erst gedachte Kanten, welche die Windungen einfassen. Hinterwärts aber b. b. werden sie etwas niedriger nnd verlieren sich in einen flach zugerundeten Boden. Die Tiefe dieser Kammern, oder so genannten Beutel, sind an der vordersten und größten Windung,

dung, im unbeschädigten Zustande, beynahe zwo Linien lang, und in der Mitte so weit, als die Dikke zweyer Kartenblätter ausmachen.

Die Schale des Dekkels ist durchsichtig und dünn, und hat die Farbe der übrigen Theile der Schnekke.

In der ordentlichsten Eintheilung, begreift jede der vier bis fünf ersten Windungen eben so viele beutelförmige Kammern. Im Fall aber die Schnekke eines größern Wachsthums fähig seyn sollte; so würde sie auch deren mehrere ansetzen, denn es läßt sich sehr wahrscheinlich auf den jedesmaligen Anwachs der Schale, von einer Kammer zur andern, schlüßen, und denn würden nur die untersten glatten Windungen, mit dem Thiere ehemals aus dem Ey, hervor gekommen seyn.

Damit die Kammern eine desto größere Weite gewinnen möchten; so siehet man inwendig, wie in der Mitte der Windungen eine aufgehobene Wulst herum läuft, welche die Vertiefung des Beutels von außen nothwendig gemacht.

Die Mündung der Schnekke ist zwar wohl rund, nimmt aber, beym Ausgange des getheilten Randes der Schnekke, doch eine in die Höhe gehende Richtung, und endiget sich daselbst in eine ausgekehlte Spitze; so daß die vordere Mündung der Schnekke eben den zirkelförmigen Ausschnitt erlanget, als bey den Dekkeln angeführt worden. Der äußere Rand stehet oben an dem breiten Ende der Schnekke empor, und fasset sie zierlich ein. Durchgehends ist die ganze Schnekkenschale zart, und besonders bey den großen Windungen etwas durchsichtig. Die Farbe ist in- und auswendig dunkelviolet, nur die hohen Kanten sind etwas heller und mit braunrothen Flekken geziert. Gestalt und Farbe zeigen, daß diese Schnekke aus Westindien, oder von der Küste Guinea hergekommen. Fig. 7. auf der fünften Tafel ist die natürliche Größe. Der Deutlichkeit wegen habe ich sie bey Fig. 8. etwas vergrößert vorstellen wollen. Ich besitze zwey Stück dieser Schnekke, die einander an Gestalt und Größe gänzlich gleich sind. Ein Beweis, daß ihre sonderbare Gestalt kein Naturspiel seyn kann!

Nur beym Lister, und sonst bey keinem einzigen Schriftsteller, findet man eine, aber sehr unvollständige Schnekke, Tab. 589. Fig. 53. abgebildet, die vielleicht die beschriebene Art seyn könnte. Die Beschreibung, die er davon giebt, läßt es fast vermuthen: Cochlea alba mediis orbibus in plures sinus depressis. Könnte man nicht diese Schnekke die Beutelnadel nennen?

J. H.

VIII.

J. H. Chemniz von der balaena rostrata oder dem Schnabelfische.

Unter den Fischen, welche im vorigen Frühjahre von unsern Wallfischjägern gefangen worden, befand sich auch ein Schnabelfisch, balaena tripennis rostrata. Bey den Dänen und Normännern heißt er der Nebbe Hval, bey den Holländern Snebvisch und bey andern wird er Boops, Butzkopf, Jubartes und Jupiterfisch genannt. Man rechnet ihn zur Classe der säugenden Thiere.

Den unsrigen hatte man am 26sten May 1777 auf der Höhe von Spilzbergen erwischet. Ich habe das Reise = Journal des geschickten Steuermanns Riewert Jappens, vom Schiffe Königsgabe, in Händen gehabt, darinnen dieser Fang mit nachfolgenden Worten beschrieben wird.

„Des Abends (am 26. May) ließen sich verschiedene Butzköpfe bey unserm Schiffe sehen. Wir machten sogleich Anstalt, sie zu fangen, und schlichen

schlichen uns mit unsern Booten ganz nahe an sie hinan. Endlich schoß unser Harpunier seine Harpune unten an die rechte Seite des einen veste. Denn wir huteten uns wohl, die Harpunfeder oben an den Rücken, wo er gar keinen Speck hat, und so hart wie ein Bret ist, hinzuwerfen. Sie wäre gewiß wieder zurück gesprungen und nimmer sitzen und stecken geblieben. Wir jagten uns, nachdem wie ihn schon stark verwundet hatten, noch eine gute Stunde mit ihn herum. Zuletzt, wie er sich lange tapfer gewehrt, und das eine unserer Boote mit seinem Schwanze noch halb voll Wasser geschlagen hatte, ward er durch unsere Harpunen- und Lanzenstiche immer mehr entkräftet und endlich getödtet. Wir zogen ihn aufs Verdeck unseres Schiffes, um ihn mit desto grösserer Bequemlichkeit zu behandeln, und seinen Speck, so nur eine Hand breit tief an ihm sitzet (da es auf einem rechten Wallfisch wohl Ellen hoch sitzen kann) abschneiden, und in unsere Fässer sammlen zu können. Den Kopf und Schwanz hoben wir als eine Seltenheit auf für den P. C. in Copenhagen."

Seine Farbe ist völlig so schwarz gewesen, wie das schwärzeste Leder unserer Schuhe zu seyn pfleget. Wenn es aber Prof. **Erxleben** in seinen Systemat. p. 608. behauptet: Cutis laevissima, nigra, in ventre alba — abdomen rugis longitudinalibus, und Klein uns belehret ligridis instar variegata — cutis in in dorso fusca in ventre albedinem contrahens *Kl.* Hist. Nat. pilcium Miss. I. p. 13. so muß das wohl eine Varietät oder das Weibchen vom Schnabelfische gewesen seyn. Auch setzt Klein ausdrücklich hinzu, er beschreibe ein Weibchen.

Die ganze Länge unseres Fisches hat nicht mehr, als 25 Fus betragen: er ist folglich noch sehr jung gewesen. Die alten sollen 40 bis 59 Fus in der Länge haben.

Man hat aus seinem Speck nur neun Tonnen des feinsten und schönsten Trahns gekochet: außerdem aber auch aus seinem Kopfe und den übrigen Theilen einen Anker desjenigen reinsten Oels, so den Namen Wallrath oder Sperma ceti führet, gesammlet. Daß hieraus solche Lichter bereitet werden können, welche den mehresten Wachslichtern noch vorzuziehen, ist ohne mein Erinnern bekannt.

Die Schiffleute, so ihn mitgebracht, versichern es einstimmig, daß er wunderselten vorkomme, (selbst der Commandeur betheurete es, daß er bey seinen fünf und zwanzig Reisen zum Nordpol, die er auf holländischen Schiffen gethan, noch niemals, als bey dieser Reise Bulzköpfe erblickt) daß er ein sehr scharfes Gesicht habe, und äußerst schwer zu fangen sey; daß er, nach der Art aller Finnfische, im Schwimmen die größte Fertigkeit besitze und schneller wie ein Pfeil davon laufen und dahin schießen könne *).

 Unsern,

*) Mit dem Fange der Finnfische geben sich um deswillen die Wallfischjäger gar nicht ab, weil wenig Speck bey ihnen zu

Unsern, von dem ich hier rede, würden sie schwerlich überlistet haben, wenn er das geringste von ihren Nachstellungen bemerket, und nicht vielmehr, als ein junger unerfahrner Laffe, mit seinen Brüdern so lange bey ihren Schiffe herumgeschwärmet und gespielet, bis er sein Leben verscherzet.

Ich besitze den ganzen Knochenbau seines wunderbar gebildeten Kopfs und sonderbaren Schnabels, der, wenn ich die große und schwarze Lederfarbe ausnehme, einem Gänseschnabel vollkommen gleichet. Ich verwahre auch sein aufgetrocknetes Auge, so von der Größe und der Gestalt eines Ochsenauges wenig unterschieden ist, und ohnstreitig dem ganzen Fische den Namen des Ochsenauges zuwege gebracht. Das membrum virile, der Gehörknochen, die eine Floßfeder, der ganze ansehnliche Schwanz (cauda bifurca) mit seinen starken, mehr als einen Daum dicken Sehnen, hänget nun, um trocken zu werden, in meinem Hofe. Ja sogar einige seiner Läuse sind ihm, von den vorgedachten Steuermann, abgelesen und in Spiritus aufgehoben und mir zugestellet worden. Sie gleichen in allen den spinnenförmigen Wallfischläusen, deren Füße mit solchen theils einwärts, theils auswärts gekehrten Zacken und Hacken versehen sind, um sich damit bequemlichst theils in den Speck solcher Fische hinein,

zu gewinnen und gar viel Zeit und Fanggeräthe zu verlieren ist — da sie gemeiniglich mit allen Harpunenstricken und Linien davon zu laufen pflegen.

hinein, theils auch wieder heraus arbeiten zu können. Nur sind diese vom balaena rostrata ungleich zarter, weißer, kleiner, niedlicher, wie jene vom balaena vulgari.

Mit der ersten Schifsgelegenheit werde ich alle diese erbeuteten Theile und Glieder des Schnabelfisches, der von mir so sehr verehrten Gesellschaft naturforschender Freunde, übersenden *).

Den ganzen Knochenbau des Kopfes werden Sie unerwartet sonderbar finden, und es wird Ihnen schwer fallen, zu bestimmen, welcher Theil der obere und welcher der untere gewesen; ob die bewegliche Kinnlade, um der Analogie willen, mit anderen Thieren, bey welchen immer die bewegliche (wenn ich den Japagri und einige wenige andere Vögelarten ausnehme) Kinnlade unten, und die veststehende oben im Haupte zu sitzen pflegt, auch hier unten gesessen; oder ob bey dieser Fischart von der sonst fast allgemeinen Einrichtung der Thierkörper eine Ausnahme Statt finde, und also die untere Kinnlade die veststehende und die obere die bewegliche sey. Linné läßt sich von diesem Fische im Mus. Regis Adolph. Friderici p. 51. also vernehmen: Maxilla inferior quadruplo latior superiore (oder ich möchte lieber sagen crassior, denn sie ist nicht eben breiter, aber viel dicker wie die andere) wenn also diejenige Kinnlade, welche weit

*) Dieses Versprechen ist erfüllt, und unser Kabinet, durch die Gütigkeit unsers verehrten Freundes, bereits im Besitz dieser merkwürdigen Stücke. O.

weit dicker ist, inferior seyn soll, so kömmt richtig die bewegliche maxilla nicht unten, sondern oben zu stehen. Sollte das richtig seyn?

In dieser beweglichen maxilla finden Sie auf der einen Seite einen Zahn, der erst bey der Eintrocknung des Kiefers sichtbarer und kenntlicher geworden. Den, auf der andern Seite, habe ich um ihn näher nach seiner eigentlichen Größe und Wurzel zu untersuchen, herausgerissen und neben ihm noch eine Spur von einem kleinern Zahn gefunden. Nun, wenn er Zähne im Schnabel hat, wie kann er denn beym Klein und anderen edentula heißen?

Von seiner Zunge weis ich nichts anders zu sagen, als dies wenige, daß sie, nach dem Berichte einiger verständigen Schifleute, die ich genau darüber examiniret, die Gestalt und Größe einer Schweinszunge gehabt habe; wie solche nach dem Zeugnisse des verdienstvollen, uns nur zu früh entrissenen Prof. Erxleben, fünf Fus lang seyn könne, bleibt mir unbegreiflich. (Lingua quinque pedes longa, figura bovillae. Syst. reg. Animal. p. 608.) Klein sagt: Os edentulum neque ullam mentionem facit Dalaeus virgarum cornearum. Denn da bey einem solchen Bau des Kopfes und Schnabels nicht einmal Raum für eine kleine Zunge vorhanden ist, wie sollten da vollends Banden haben Platz finden können?

In den Zoologien und Thiergeschichten wird der Schnabelfisch unter die Classe der säugenden Thiere gerech-

gerechnet: allein wie will er doch mit seinem langen Schnabel saugen können? Soll er nun dennoch in der Classe der Säugthiere seinen alten Platz behalten; so befürchte ich, die Gänse und Enten, welche mit ihm gleiches Schnabels sind, werden auch den Säugethieren zugesellet werden müssen.

Ob er fistulam duplicem in rostro (wie fast allgemein vorgegeben wird) und nicht vielmehr fistulam duplicem respiratoriam erst in vertice supra caput, oder deutlicher im Nacken habe, darüber will ich die Gesellschaft urtheilen lassen. Das Knochengerippe mag es helfen entscheiden.

Wenn das Zeugniß der Schifleute, die ihn lebendig gesehen und gefangen, etwas gelten soll; so wirft er nur einen Wasserstrahl aus seiner fistula respiratoria duplici in die Höhe, der aber wohl vier Ellen hoch steiget, und zwey bis drey Zoll in der Dicke haben kann. Irre ich nicht gänzlich, so scheinet mir der Prof. Müller im ersten Theile des Linnéischen vollst. Nat. Syst. S. 481. vom Einhornfische (der gleichen ich auch schon längstens für die Gesellschaft bestellt habe) das nämliche zu behaupten: „er werfe, bey einem doppelten Canal der Sprützröhre, nur einen Wasserstrahl.“

IX.

Beschreibung einer unterirdischen Reise zu den Steinkohlengruben bey Valenciennes

von

Heinrich Sander.

Ich denke noch immer mit Vergnügen an die angenehmen Tage zurück, die ich im Julius 1777 in Valenciennes zugebracht habe. Die Stadt selbst, die Vestungswerke, das Arsenal, das große Hospital, die Battistfabriken, die munteren wohlthätigen Gesellschaften der Bürger und Einwohner, die prächtige fruchtbare Gegend, die herrliche Flachserndte, das stille Glänzen der Schelde zwischen den breiten Ebenen, die das Auge nicht ermißt, die Abtey St. Vicorne und St. Amand, mit ihren großen und reichen Kirchen, die Schlammbäder und Quellen bey dieser Abtey, das freye natürliche Leben, die reine und gesunde Luft, die man in Paris vergessen muß — Das alles war für mich wahre Nahrung und Erquickung. Die Stein-Kohlenwerke zogen insbesondere meine Aufmerksamkeit auf sich, um so mehr,

mehr, da mich D. Morand in Paris fast beschworen hatte, mir das alles zeigen zu lassen, was die Academie durch ihn in Kupfer stechen lassen.

Ein ehrlicher alter Mann, Matthieu, der noch lebt, und durch seinen Sohn jetzt die Sachen besorgen läßt, hat, wie man mir sagt, vor funfzig Jahren, zuerst die Entdeckung dieses wichtigen Minerals in dieser Gegend gemacht. Der dasige Königliche Intendant, Monseigneur de Senac, ließ diesem Alten, durch seinen Secretair, Mons. Desault, ein sehr gefälliger mir unvergeßlicher Freund, befehlen, daß er mir alles weisen, und zugleich für meine Sicherheit sorgen sollte. — Die gütige Natur hat das ganze Land in der Tiefe mit den herrlichsten Steinkohlen angefüllt. Oben sind die schönsten Fruchtfelder und Wiesen. Einzelne Particuliers haben sie übernommen. Es sind fünf Schächte, und eben so viel Machines à feu, die ziemlich nahe bey einander stehen. — Vor dem Thore nach Mons haben andere auch angefangen zu graben: sie graben aber schon acht Jahre, ohne brauchbare Kohlen zu finden, indessen sind gute Zeichen da, die in der Tiefe bessere Kohlen hoffen lassen. Ehe man gute Kohlen findet, stößt man auf eine Art bläulichter Steine, die man aber nicht zum Brennen brauchen kann. In den ältesten Gruben sind schon so große weite Gänge ausgegraben, daß sie zum Theil bis unter die Stadt gehen. Man unterscheidet die großen oder guten Kohlen, und die kleinen oder schlechten, das Pulver,

den

den Grus davon. Von jenen kostet der Eymer 22 Sols, von diesen nur 11 Sols.

Ich hatte den Vormittag des 19ten Julius dazu bestimmt, in die Fosse du Jardin, weil das die schönste und reichste Grube ist, einzufahren. Sie heist so, weil ehemals an dem Ort, wo jetzt die Grube und Feuermaschine ist, Gärten waren; man hat aber die Bäume und alles übrige weggeräumt. Matthieu glaubte, daß ich am sichersten im Korbe (au panier) einfahren würde. George Boisseau aber, der Aufseher über die Arbeiter, der Steiger, wie wir in Deutschland sagen, mißrieth es mir, weil gegenwärtig seine Seilen am Korbe schlecht wären. Bequemer wäre es freylich gewesen; weil man aber bey solchen Unternehmungen auf die Bequemlichkeit Verzicht thun muß, so wählte ich den andern Weg, auf den Leitern (par Echelles) und so stieg ich in der Mitte zwischen Boisseau und dem Miceur, der den Arbeitern beym Aussteigen die bleyernen Zeichen zur Bezahlung auf dem Büreau austheilt — in einer starken Viertelstunde, 110 Toisen, oder 660 französische Schuh hinab. Man gab mir graue Ueberhosen, ein graues Westchen, das vorne mit einem Nestel zugemacht wurde, eine Mütze von eben dem Zeuge, und oben darauf einen schlappen Hut — So komisch habe ich in meinem Leben nicht ausgesehen! Meine Kleider wurden indessen oben in einem Kuffer verschlossen. An die linke Achsel heftete man mir noch etliche Lichter.

Meine

Meine beyden Begleiter nahmen ihre Lichter auf den Hut, und der hinterste mußte noch etliche Lichter in Vorrath mitnehmen, im Fall, daß ich lange unten verweilen wollte. — Ich muß die ehrliche Treue, die sorgfältige Wachsamkeit, die liebreiche Geschäftigkeit, die geduldige Aufmerksamkeit dieser Leute auf mich, und auf alle meine Fragen, Wünsche und Bedürfnisse billig dankbar rühmen. Wie angenehm war es mir, in diesem Lande noch den Funken von alter deutscher Redlichkeit und Zuverläßigkeit wieder zu finden, da ich etliche Monathe in Paris zugebracht hatte, wo Lügen, Betrügen, Hohnlachen und Ueberlisten der herrschende Charakter, das allgemeine Betragen der Bedienten gegen jeden Fremden ist! — Die ersten vierzig Toisen gieng der Weg gerade neben der Wasserpumpe hinab. Da war es nun nicht anders, als wann ein künstliches Donnerwetter um mich herum wäre! Das Wasser, das beständig überall herabfällt, macht einen so naß, wie der Regen; und die Schläge der Maschine tönen in dem hohlen engen Gange so heftig, wie der Donner am Himmel. In der Tiefe von vierzig Toisen, gehen die unterirdischen Gallerien an, die man in die Steinkohlenminen hinein gemacht, und jetzt mit Holz unterstützt hat. Die Mine geht von Morgen gegen Abend, und hat ihr Fallen gegen Mittag. Die Ader in diesem Gang ist dreyßig Zoll breit, oder drey Schuh mächtig — es giebt andere, die nur 20 bis 25 Zoll mächtig sind. In verschiedenen übereinander angelegten Stockwerken wird jede Ader ge-

 bauet;

bauet; und alle schon ausgeleerte Gänge sind oben und an beyden Seiten mit Holz unterstützt, damit nicht die losgewordene Steine herabgefallen, und den Weg verschütten. Jede Etage hat eine Treppe, auf der man trocken, bequem und ohne alle Gefahr hinabsteigen kann. Dann geht von jedem Stockwerke zum andern ein Weg, wo man freylich nicht aufrecht stehen kann, bis zur Thüre an einer neuen Treppe. Aber zwischen zwey Lichtern in der Mitte kommt man recht gut fort, und sieht zu beyden Seiten immer die Reste von der alten schon ausgeleerten Mine. In diesen unterirrdischen Gängen ists so still, so ruhig. Man sieht und hört noch nicht, was unten vorgeht, und die Oberwelt ist auch schon lange aus den Augen und Ohren verschwunden. Recht majestätisch, dunkel, schweigend siehts unten aus. Es war oben ein dunkler regnerischer Tag, aber in dieser Tiefe weder warm, noch kalt. Das Einathmen ward mir im geringsten nicht schwer. Von Zeit zu Zeit begegnete mir einer von den Arbeitern, die ihr Tagewerk unten gemacht hatten, und diese Leute sind es so gewohnt, unter der Erde zu seyn, daß sie mit ihrem Licht auf dem Hut da herum kriechen, wie wir in den Zimmern herum gehen. Sie arbeiten jedes mahl nur sechs Stunden an einander fort, dann werden sie abgelöset, und steigen wieder herauf.

Als wir endlich unten an der Mine, die wirklich gebauet wird, angelangt waren, so giengen wir

1) linker Hand hin nach dem Ort, wo die Eymer hinaufsteigen und herabgehn. Wie das oben einge-

eingerichtet ist, will ich nachher sagen. Hier war das schönste für mich, daß der leere von oben zurückkommende Eymer noch tiefer hinab gieng, als 660 Schuhe. Man sah die Lichter der Arbeiter in einer großen Entfernung sehr klein, aber im Dunkeln und in der tiefen Stille ungemein lieblich schimmern.

2) Dann giengen wir rechter Hand, immer unter den Unterstützungen von Holz, in die Gallerie noch so weit hinein, bis wir die Arbeiter wirklich antrafen. Das war noch ein Weg vou 140 Toisen, oder 840 Schuh, in der Tiefe von 660 Schuh. Durch die Bußole weis man, in welcher Gegend man ist. Wir giengen unter der großen breiten Schelde durch, ohne daß ein Tropfen Wasser irgendwo durchgesickert wäre. Freylich kann man in diesen Wegen nur sehr selten gerade stehn. Man muß sich fast immer zweyfach machen, sich öfters niedersetzen und ausruhen, und im Fortgehen der Reise beständig auf ein kleines Stück Holz stützen. Bisweilen kommen da, wo man noch nicht lange gearbeitet hat, Stellen, wo man sich ganz auf den Boden legen, und auf Händen und Füßen, wie die Bären, fortkriechen muß.

In der Grube sieht man deutlich das Hangende und das Liegende, oder die zwo Steinarten, zwischen denen die Steinkohlen brechen. — Die Leute sitzen da, in einer krummen beschwerlichen Stellung, schwarz am ganzen Leibe, wie man Teufel mahlt, und treiben

 wahr-

wahrhaftig saure Arbeit. Das Licht steht neben ihnen, jedem ist die Höhe seiner Arbeit durch ein Bret, das über einem Pfosten, der zwischen dem Hängenden und Liegenden eingemacht ist, liegt, vorgezeichnet. — Ueber diesem sitzt noch einer, über dem wieder einer — so sieht man hie und da Lichtchen, und hört an der vesten harten Mine klopfen. Sie treiben, wann sie erst unten lange mit dem spitzigen Hammer losgehackt haben, große starke eiserne Keile hinein, und spalten dadurch ihr Stück, verkleinern dann die großen Hälften immer mehr, und verklopfen sie wieder. — Ich habe es selber versucht, ein Stück loszuschlagen, und habe erfahren, daß es wirklich harte Arbeit ist.

Das, was aus der Grube losgebrochen worden, wird mit Schaufeln in große Eymer geworfen, und diese müssen eigene dazu bestellte Leute, die sie Traineurs nennen, in den Gallerien nach und nach an den Ort fortziehen, wo sie auf und absteigen. Dazu ist an den Eymern eine Art von Kummt, oder ein Geschirr von Leder mit zwo Ketten, worinn sich die Leute einspannen, wie die Pferde. Einer muß es allemahl zehen Toisen fortziehen. Dieses Stück Weges ist durch Holstücke bezeichnet. Auch dies ist sauere schwere Arbeit. Ich ließ mich einspannen, und konnte kaum so einen geladenen Eymer von der Stelle ziehen.

In allen Gruben um Valenciennes arbeiten beständig 1500 Leute. Die Arbeit geht, ohne Aufhören,

ren, Sonn- und Feyertage abgerechnet, Tag und Nacht fort, und für diese Leute, die beständig bey Lichte arbeiten, und von der Welt nichts sehen und hören, ist Tag und Nacht einerley. Alle arbeiten nach einer Taxe. Können sie ihr Stück in sechs Stunden machen, so ists ihr Vortheil. Brauchen sie neun Stunden, so bezahlet man ihnen doch nur ihre Arbeit.

Ein Mineur (Hauer) muß drey Schuh neun Zoll hoch in die Mine hinein arbeiten, und dafür zahlet man ihm 17 ½ Sols.

Ein Traineur muß den geladenen Eymer zehen Toisen fortziehen, und bekommt dafür 15 Sols.

Der Aufseher über die Arbeiter bekommt monathlich 18 kleine Thaler oder 3 Livres.

Der, so am Ende der Gallerien, beym Anfange der Treppen sitzt, und den Arbeitern die sogenannten Plombs, — es sind aber gestempelte Messingstücke, — austheilt, erhält täglich 20 Sols.

Ungesund ist die Arbeit nicht. Man hat wenig Beyspiele, daß die Leute an giftigen Dünsten gestorben wären. Will das Licht an einem Ort nicht brennen, so geht man heute nicht dahin. Durch die Thüren an den Treppen hat die äußere Luft eine immerwährende Gemeinschaft und einen Wechsel mit der innern. Oft überarbeiten sie sich und verkälten sich

 dann.

dann, wann sie im Schweis heraus kommen. Einige machen an einem Tage drey Tagewerke.

Eben der, der die Arbeitszeichen austheilt, versieht die Arbeiter auch mit Lichtern. Es sind dünne Unschlittlichter mit groben Dachten. Ein Mineur bekommt täglich drey, ein Traineur zwey Lichter. Man braucht alle Jahre 15000 Pfund, und das Pfund kostet den Interessenten acht Sols. Der Lichtstock ist von Holz, hat in der Mitte einen eisernen Ring, und ist am Ende zugespitzt, damit sie ihn in das Holz, oder in die Schleife am Hut stecken können.

Holz braucht man hier alle Jahre ebenfalls 15000 Quarrees. Das Quarre hat 25 Combes, oder Stücke. Alle diese Stücke bringt man ohne besondere Anstalt und Mühe in den leeren Eymern hinab: unten legt und stellt man sie in und übereinander, wie man Holz aufpackt, und von allen diesen Stämmen kommt kein einziges Stück mehr ans Tages Licht.

Ich sah auch die Löcher zum Schiespulver in dem Hangenden und Liegenden. Sie sind nicht tiefer, als ein Finger lang ist.

Auf den Leitern ist gar keine Gefahr. Die Sprossen werden alle vierzehen Tage von eigenen dazu bestellten Leuten besichtigt, weil es der gewöhnliche Weg für alle Arbeiter ist. Es arbeiten unten zehn- bis zwölfjährige Buben und Mägdchen in Hosen,

und

und steigen aus und ein, so oft man will. Vor kurzem ward ein dicker fetter Mann beym Aufsteigen ohnmächtig, er kam aber durch frisches Wasser bald wieder zu sich. Das beschwerliche Aufsteigen wird dadurch sehr erleichtert, daß man überall ausruhen kann; und welch eine Freude, wenn man des Tages Licht, die Sonne wieder sieht!

Die Leute wissen aus langer Gewohnheit die Zeit in dieser Tiefe sehr genau. Einer, der schon um drey Uhr eingestiegen war, rieth jetzt, daß es halb zehn Uhr sey; ich suchte unter den Kleidern meine Uhr, und es war halb zehn Uhr.

Um die Steinkohlen zu Tage zu födern, ist über den Gruben ein großes Haus gebauet, über der Oeffnung ist eine Einfassung, wie an einem Brunnen; den ganzen übrigen Theil des Hauses nimmt eine Maschine ein, die von drey, und wann die Grube sehr tief wird, von vier Pferden getrieben wird. Ein großes Rad treibt einige andere kleinere, und an diesen hängen an Stricken große Eymer in die Grube hinab. Indem der eine steigt, sinkt der andere. Unten sind Leute zum Einfüllen, und oben zum Ausleeren. Die Pferde gehen so lange, bis ein Eymer herauskömmt. Alsdann kann sie der Kerl durch einen eigenen Ton, an den die im Kreis gehende blinde Thiere schon lange gewöhnt sind, stille stehen, und wieder durch einen eigenen Laut fortgehen lassen. Aus einer Grube von 110 Toisen kam ein Eymer in wenigen Minuten herauf. Man schlägt unten, wann

 er

er gefüllt ist, einige kleine Ketten ins Kreuz darüber, um zu verhüten, daß sie nicht herausfallen. Oben zieht man mit Hacken die Kohlen heraus, wirft sie mit Schaufeln in Schubkarren, in diesen werden sie in die Magazine gebracht, aus denen täglich eine Menge verkauft wird.

Um das Wasser, das sonst die Gruben anfüllen würde, aus der Tiefe wegzuschaffen, sind die fünf Feuermaschinen vor dem Thore nach Tournay angelegt. Man bedienet sich des Feuers und der Luft, um aus der Tiefe das Wasser herauf zu bringen. — So herrscht der Mensch durch seinen Verstand über alle Elemente, und braucht das Eine, um das Andere zu überwältigen!

Zu jeder von diesen Maschinen ist, nicht weit von der Grube, ein großes sehr hohes Haus gebauet, das in einige Stockwerke abgetheilt ist. Von denen, die wirklich im Gange sind, sieht man von weitem den Rauch in die Höhe steigen. Andere müssen zuweilen nach den Umständen und Bedürfnissen der Gruben stille stehn. Die Maschine ist größtentheils von Eisen: doch sind auch große hölzerne Hauptbalken daran, und man versicherte mich, daß sie sehr viel Holz kosten. Unten im Haus ist der Ofen, sodann kommt der Kessel mit dem Cylinder, und weiter oben ist das Bassin und die Röhre, in welcher das hinaufgebrachte Wasser wieder herabfällt.

Der Ofen wird beständig mit Steinkohlen einneheizt. Sieht man hinein, so muß man über das erschreckschreckliche Feuer erstaunen. Die Hitze spürt man wohl, aber keinen Gestank. Entweder der Wind vertreibt ihn gleich, oder ich war schon daran gewöhnt.

Oben ist über dem Ofen ein Kessel eingemauert auf einem sehr breiten Heerd; darinn wird nun beständig Wasser gekocht. Hoch ist er nicht, aber die Peripherie ist desto größer.

Alle Dünste, die von diesem kochenden Wasser aufsteigen, sammlen sich in einem weiten großen Cylinder, der über dem Kessel hängt; dazu sind ringsherum mehrere kleine Gänge angebracht. Man kann sich von der Menge und der Gewalt dieser Dämpfe überzeugen, wenn man sich eine von diesen kleinen Röhren öfnen läßt. Eine unglaubliche Menge Dünste fährt mit einer so ungeheueren Heftigkeit heraus, daß ich, wann es mir mein Führer nicht vorhergesagt, geglaubt hätte, hier in meinem naturhistorischem Beruf ersticken zu müssen. — Da kann man sehen, wie viel Luft im Wasser ist! — wie erstaunend sie verdünnnet werden kann! — wie gern sie sich in einem weitern Raum ausdehnt!

Doch im Cylinder wird diese Menge und Gewalt der Dünste gleich gedämpft. Dann durch einen Hammer, der immer steigt und fällt, vermittelst einer eisernen Stange, die bald vorwärts geht, bald zurückstößt, ergießt sich aus einer Röhre eine hinlängliche Menge frischen Wassers in den Kessel, und in dem Augenblick zieht sich auch der Stempfel in den großen Pumpen in die Höhe, das Wasser steigt unten in die

Pumpen, kann nicht mehr zurück, und wird durch den Druck der Maschine 700 Schuh hoch hinaufgebracht. Oben fließt es durch einen Kanal in große Kuben, aus denen es am Eck des Hauses in Röhren herabfällt, die es in einen kleinen Bach leiten.

So bald man den Hammer vest hält, so kann kein Wasser in den Kessel fallen, und die ganze Maschine steht still. Sie fängt aber sogleich wieder an, als man den Hammer wieder spielen läßt.

In den Steinkohlengruben macht man durch die Löcher mit Pulver gefüllt, deren ich oben Erwähnung gethan habe, dem Wasser einen Weg zur Maschine.

Oben sieht das aufgezogene Wasser, wie leicht zu denken ist, blauschwärzlicht aus, und reizte mich nicht, es zu versuchen: doch spürte man auf der Zunge nicht viel widerliches darinn. Es fiel mir ein, daß Hill in Engelland in einem solchen unterirrdischen Wasser etliche Gattungen mikroscopischer Thiere gefunden habe, und wie gerne hätte ich mit diesem Wasser ähnliche Versuche angestellt. Aber dem Reisenden fehlen oft Mittel, Zeit und Gelegenheit zu den angenehmsten Untersuchungen.

X.

X.

Zergliederung und mikroscopische Beobachtungen eines Bandwurms, Taenia Lata L. und eines Kürbiswurms, Cucurbitinus

von

Wilhelm Friedrich Freyherrn von Gleichen, genannt Rusworm.

Siehe Tafel VI.

Vorausgesetzt, daß ich gar nicht der Meynung bin, in dieser Beobachtung zweener Bandwürmer, die Geschichte des ganzen Geschlechts, geben zu können, oder zu wollen; werde ich auch die Nachrichten und Beobachtungen, die uns die Naturforscher von andern Arten in ihren Schriften gegeben haben, bey ihrem Werth oder Unwerth beruhen lassen, und ihrer nur alsdann gedenken, wenn es meine Untersuchungen erfordern.

Taenia

Taenia ist der breite, kurz gegliederte Bandwurm, und Cucurbitinus der mit vier bis fünfmahl längern Gliedern versehene, mehr als die Hälfte schmälere Wurm. Ein anderes Unterscheidungszeichen ist ihre Farbe, die bey ersteren ein lichtes, schmuziges Braun, bey letzteren aber strohgelb ist. Beyde verwahre ich verschiedene Jahre in Weingeist. Den ersteren habe ich zu Murten, von der Frau Rousser, selbst bekommen; der letztere aber wurde daselbst durch ihre Mittel abgetrieben. Er war viele Jahre die Quaal einer mich nahe angehenden Frauensperson, die ich, da alle, in einer Zeit von beynahe drey Jahren, ihr verordnete Mittel, öfters mit Lebensgefahr, vergeblich gebraucht worden, selbst dahin begleitete.

Der kurzglidrigte Bandwurm, so mir zu diesen Beobachtungen gedienet hat, ist nach meiner Messung zwanzig Nürnberger Fuß lang*), und an beyden Enden, doch an dem vordern etwas feiner, als an dem hintern, zugespitzt; zwischen welchen beyden Enden die kurzen Glieder in gleicher Breite, wie ein Band, von einem zum andern fortgehen.

Das vordere zugespitzte Theil stelle ich Fig. 1. in natürlicher Größe, und Fig. 2. vergrößert vor; Fig. 4. aber

*) Herr Rosen von Rosenstein gedenkt, in seinem Traktat von Würmern, eines Bandwurms von 300 Ellen lang; und im dritten Theil der Anat. Chym und Botan. Abhandlungen der Königl. Akademie der Wissenschaften, S. 465. wird eines andern gedacht, dessen Länge 1980 Zoll, oder 27 Toisen war.

4. aber ist die Abbildung eines Stückes der kurzen Glieder nach der Natur.

Man bemerket hier einen Streif von schmuzig blauer Farbe, der den Wurm nach seiner ganzen Länge in zween Theile theilt. Aber in der Vergrößerung Fig. 5. verdrängt die helle Farbe der Haut die blaue dieses Streifes.

Einige haben ihn das Ruckgrad genannt, vermuthlich weil sie nicht gewußt haben, daß dasjenige, was sie für das Rückgrad angesehen haben, der Bauch ist; und Herr Bonnet hat an einer andern Art, auf der äußeren Fläche der Haut, Theile gesehen, und abbilden lassen, denen er den Namen blumenförmige Körperchen gegeben hat.

Wenn man die äußere Kante des Bandes wegschneidet; so siehet man durch das Vergrößerungsglas, Fig. 7., wie die Glieder in einander schließen, und sowohl hier, als bey der vorhergehenden 6ten Figur bey a., daß die beyden Flächen des Bandes nicht einfach, sondern getheilt sind.

Die ungemein feine Haut des Wurms scheint von drüsenartigen Gefäßen zusammen gesetzt zu seyn; an deren innern Wand man bey dieser Vergrößerung sehr kleine Kügelchen erblickt, Fig. 6. a. a. und Fig. 7. Diese Kügelchen hat, wie Herr Bonnet anführet, schon Löwenhock bemerket, und ersterer, wie weiter unten vorkommen wird, sie mit Sand verglichen. Das Folgende dieser Beobachtung wird aber lehren,

daß

daß sie wohl etwas mehr Aufmerksamkeit verdienen, als beyde Beobachter darauf verwendet haben.

Die Glieder der Rückenseite dieses Wurms, Fig. 6. haben keine sichtbaren Oefnungen, wie die Bauchseite, noch diejenigen Haken, die andere Beobachter, vermuthlich bey anderen Arten, gesehen haben. Hingegen erblickt man bey b. zwo getheilte gelbrothe Drüsen, die in dem nächsten Gelenke eingepasset haben.

Von den Bewegungsarten dieses Wurms kann ich darum nichts sagen, weil ich keinen lebendig zu sehen die Gelegenheit gehabt habe; und wie und wenn diese Würmer in den Leib des Menschen kommen, muß ich bekennen, daß ich noch weniger davon weis, als der Blindgebohrne vom Sehen, und der Schulmeister meines Dorfes, von der Palingenesie.

Ich glaube also, mich dem Leser gefälliger zu machen, wenn ich ihn mit der schönen Hypothese, womit ich bey dieser Gelegenheit aufwarten könnte, verschone, und dagegen lieber zu der Beschreibung des Kürbiswurms fortgehe.

Zum Glück für die Menschheit, ist dieser böse Gast derselben, dessen Anfälle viel heftiger und grausamer, als diejenigen des kurzgegliederten Bandwurms sind, weit seltener als dieser.

Derjenige, welcher obgedachter Frauensperson zu Murten abgetrieben wurde, gieng getödtet in einem

Klum-

Klumpen verschiedener, theils langen, theils kurzen Stücken ab. Diejenigen nicht gerechnet, die zuvor und schon zu Hause von Zeit zu Zeit abgegangen waren, mag er erstbeschriebenen an der Länge wohl noch übertroffen haben. Er ist, wie bereits gesagt, mehr als um die Hälfte schmäler, als dieser, und seine, unter gewissen Umständen sich leicht absondernde Gelenke, sind wohl vier bis fünf Mahl länger, Fig. 10. Oefnungen, oder so etwas, das man für Säuggefäse halten könnte, habe ich weder an großen Stücken, noch an einzelnen Gliedern, im warmen Wasser, bey allen ihren Gestaltsveränderungen, auch nicht mit den stärksten Gläsern wahrnehmen können; obwohl nicht zu zweifeln ist, daß sie ihnen nicht fehlen werden. Aber die Drüsen seiner Haut Fig. 11. sind durch verschiedene Falten mehr auseinander gesetzt, als an der Tänia. Anfang und Ende sind ebenfalls, wie bey dieser, bis auf die Dicke eines Zwirnsfaden verjüngt; und vorne wird man ein kleines Knöpfchen gewahr, woran ich, ehe es vertrocknete, eine kleine Vertiefung, mit einwärts gerichteten Runzeln, durch das Vergrößerungsglas entdeckte.

Wenn man einige Glieder des Bandwurms vergrößert betrachtet, Fig. 5., so verliehret sich, wie ich schon oben erwähnet habe, der blaulichte Streif, den man mit bloßen Augen sieht; dagegen kommen in der Mitte eines jeden Gliedes, die Säug- oder Abführungsgefäße, in der Gestalt kleiner Grübchen zum Vorschein, welche auch wohl, wie bey den Polypen, zu beyden

Ver-

Verrichtungen zugleich dienen können. Eine mehrere entdeckten mir auch meine stärksten Gläschen nicht. Auch die auf einem Glastäfelchen vertrockneten Stückchen zeigten dasjenige nicht, was ich nach dem, was Herr Bonnet davon sagt*), zu sehen glaubte; jedoch mehreres, als Herr Past. Götze vermuthet. Denn es ziehen sich alsdann die beyden Flächen des Bandes so dicht zusammen, daß sie dadurch viel Durchsichtigkeit erlangen, und in der Mitte ein undurchsichtiger Wulst, welcher die drüsigten Körper oder Theile des vermeynten Rückgrads sind, sichtbar wird. Aber weiter ist auch hier nichts zu sehen.

Ich verfiel also auf ein anderes Mittel, das mich hoffen ließ, das Innere des Wurms genauer kennen zu lernen. Zu dem Ende that ich ein Stück desselben in ein Gläschen mit Wasser und verstopfte es. So oft ich bemerkte, daß das Wasser trüb wurde, verwechselte ich es mit frischem Wasser, und dieses wiederhohlte ich in einer Zeit von ohngefähr vierzehen Tagen, so oft, bis ich endlich das Wurmstück, wenn es an der innern Wand des Gläschens hieng, so durchsichtig fand, daß ich nun die inneren Gefäße schon mit bloßen Augen sah.

Nun brachte ich es, auf dem Schiebergläschen, unter mein schwächstes Vergrößerungsglas. Hier sah

*) Herrn Carl Bonnets, wie auch einiger anderer Naturforscher auserlesene Abhandlungen aus der Insektologie ꝛc. S. 58.

sah ich nun Fig. 9. die röthlichen Körperchen in ihrer wahren Lage, Farbe und Form, und zugleich die dreyseitigen Oeffnungen unter den obgedachten Grübchen, Fig. 5. Eine andere Lage dieser Theile haben wir schon Fig. 6. b. gesehen. Zu beyden Seiten erblickte ich in der sehr durchsichtigen Haut eine Menge kleiner dunkler Kügelchen, welche alle meine Aufmerksamkeit aufzufordern schienen. Ich verstärkte die Vergrößerung durch mein viertes Gläschen, und hier sahe ich sie noch deutlicher. Nun war es Zeit, sie auch mit dem stärksten Gläschen zu betrachten. Wie gros war nicht meine Verwunderung, als ich durch N. o. o. solche eyrunde Körper vor mir sah, die nicht von dem Blumenstaub gewisser Pflanzen, z. B. vom Korn, zu unterscheiden wären, wenn sie nicht die vollkommenste Gleichförmigkeit, die nur zwischen zween verschiedenen Körpern möglich, aber bey dem Blumenstaube einer, und der nämlichen Blume oder Blüthe, öfters sehr verschieden ist, unter einander hätten, Fig. 12.

Man würde sich, in Ansehung ihrer Farbe, sehr irren, wenn man sie für so dunkelbraun halten wollte, als sie bey der Erleuchtung von unten, gesehen werden: denn wenn man sie von oben herab auf dunklen Grund erleuchtet, so siehet man erst ihre wahre weißgelbe Farbe. Das körnigte Ansehen ihrer Haut sollte dem Beobachter fast die Vermuthung geben, daß kleine Kügelchen hindurch schienen: allein, da ich sie auf dem Schiebergläschen mit Reiben zerquetschet, habe ich Fig. 13. d. gesehen, daß das Innere derselben einfach und, wie Glas, durchsichtig ist. Diese Körperchen liegen, wie man dies Fig. 6. a. a. und noch besser, nach dem langen Durchschnitt der Gelenke Fig. 7. sehen kann, an der inneren Fläche des getheilten Bandes in großer Menge auf einem feinen, auch bey der stärksten Vergrößerung, kaum sichtbaren Häutchen.

Mit dem Kürbiswurme hat mir es nie gelingen wollen, ihn durch die Fäulung so durchsichtig zu machen, daß ich dergleichen kleine Kügelchen darinnen hätte liegen sehen können. Es scheinet also, daß seine Haut von dichterer Substanz ist, als die Haut des Bandwurms. Aber die Analogie führte mich zu der Richtigkeit meines Schlusses, daß diese Kügelchen auch hier vorhanden seyn müsten: denn ich fand diesen Wurm sehr reichlich damit versehen, so bald ich ein Stückchen desselben auf dem Schiebergläschen im Wasser zerquetschte, und den durch dieses Hülfsmittel hervorgekommenen Schleim vergrößert betrachtete. Allein, ob sie schon von Farbe jenen Körperchen vollkommen ähnlich waren; so wichen sie jedoch von der eyrunden Form ab, und erschienen als zirkelrunde Küchelchen, Fig. 13.

Wenn der Naturforscher allezeit nach dem Augenschein urtheilen wollte; so würde er, anstatt sich und andere zu unterrichten, nur sich und andere betrügen, und von einem Fehlschluß zum andern hingerissen werden. Derjenige also, der unsere Körnchen

chen sogleich für Eyer nehmen wollte, weil sie die Form derselben haben, könnte sich vielleicht im erstgedachten Falle befinden. Wenn er aber mehrere Vergleichungen anstellet; so werden ihm auch gewisse Arten der Infusionsthierchen einfallen, welche man, dem Ansehen nach, nicht weniger für Eyer halten würde, wenn ihre freywillige Bewegung ihre Thierheit nicht veroffenbarte.

Ehe wir aber diese Körperchen näher betrachten, wird es nöthig seyn, zuvor die Thiere, worinnen wir sie antreffen, noch genauer, als es bisher geschehen können, kennen zu lernen. Nun hat Herr Bonnet in Beantwortung der vierten Frage seiner Abhandlung: „Ist der Bandwurm ein einziges Thier, oder eine ganze Kette von Würmern?“ gesucht, diejenigen zu widerlegen, welche mit Valisneri den Bandwurm für eine Reihe aneinander hängender Würmer gehalten haben. Die Gründe seiner Widersprüche sind zwar nicht ohne Schein, jedoch so viel ich davon urtheilen kann, nicht von der gewöhnlichen Stärke seiner Logik.

Die ersten seiner Einwendungen gegen die Valisnerischen Sätze, betreffen die fortdaurende Bewegung einfacher, von dem Ganzen getrennter Glieder des Wurms, die er blos als einen Beweis des, über dem ganzen Leib, ausgetheilten Lebensprincipiums ansieht. Auch sollen, nach seiner Meynung, die zusammenhangenden Gefäße, welche Herr Winslow, durch die ganze Länge des Wurms, ausgesprützet hat,

 die

die Einheit des Thieres beweisen. Ob ich sie nun schon bey meinen beyden Exemplaren fleißig und oft genung aufgesuchet; so habe ich sie jedoch nie finden können. Vermuthlich hat also Herr Winslow eine andere Art des Bandwurms vor sich gehabt, von dem man sich ohngefähr die Vorstellung machen könnte, daß er wie ein hölzernes Gelächter, dessen Glieder durch zwo durchlaufende Schnüre zusammen hängen, ausgesehen habe. Hätte aber derselbe die Haut des Wurms, nach meiner Art, durch die Fäulung verfeinert, und dadurch diese Gefäße entblößt: vielleicht wäre alsdann die Jneinanderfügung dieser Röhren bey jedem Gelenke entdeckt worden: denn was sich trennen soll, muß sich trennen können.

Von der Bewegung des Bandwurms und seiner abgesonderten Glieder kann ich zwar nur schlüßen und vergleichungs Weise sprechen, weil ich, wie gesagt, keinen lebendig gesehen habe. Hingegen setze ich das Vertrauen in die Wahrheitsliebe eines vortreflichen Bonnets, daß, wenn er die wunderbaren Bewegungen einfacher, vom Ganzen getrennter Glieder des Kürbiswurms, so oft und viel, wie ich sie gesehen habe, sehen sollte, er die Theilbarkeit dieser Würmer, nicht mehr bestreiten würde.

Ganze Stunden habe ich oft den verschiedenen Gestaltsveränderungen dergleichen Glieder im warmen Wasser zugesehen. Bald sah ich diese Stücke eine eyrunde, bald herzförmige, bald lange und schmale, bald eine Kürbiskernform, (wovon vermuthlich die Benennung herrühret) auch so gar bey einem,

dann

dann und wann langsamen Fortrücken, annehmen; und dieses Spiel nie eher sich endigen, als bis das Wasser kalt wurde, aber auch sogleich wieder anfangen, wann bald genung wieder warmes Wasser zugegossen wurde.

Nun frägt Herr Bonnet ferner: „wie es zugehe, daß sich die vermeynten Kernwürmer mit solcher Ordnung und nach einem so richtigen Ebenmaas zu stellen wissen, daß sie ein aneinander fortgehendes Ganzes ausmachen, welches gleichsam stufenweise in seiner Größe bald ab- bald zunimmt? Vereinigen sie sich etwan darüber, daß die kleinern den ersten, die größeren den zweeten Platz einnehmen und also allmählig die übrigen auf diese folgen sollen?“ Hier scheint es, daß er von der Bildung des Wurms spricht, von welcher niemand wird behaupten wollen, daß sie durch die Versammlung einzelner Stücke geschehe. Er kann auch nicht begreifen, wie die getrennten Stücke einander wieder finden, und sich, nach Valisneri Meynung, wie Bienenketten oder Rattenschwänze zusammen hängen sollen; welches alles mir so unbegreiflich seyn würde, als Herrn Bonnet, wenn es erwiesen wäre, daß sich einmahl getrennte Glieder wieder vereinigen. Hat man denn jemals zerstückte Polypen und Regenwürmer einander aufsuchen, und durch ihre Vereinigung wieder ein Ganzes herstellen sehen? Nein! ein abgesondertes Stück oder Glied des Wurms vereiniget sich niemals mehr mit dem Ganzen, sondern es gehet ab, und wird wieder durch den neuen Anwachs ersetzet.

Wahr ist es zwar, daß die Glieder, wenn der Wurm stark ist, und sie nicht gutwillig los läßt, öfters so vest an einander hängen, daß, wenn ein aus dem Leibe zum Vorschein gekommenes Stück ergriffen wird, alsdann durch den Zurückzug des Wurms, das Band, ehe es abreißt, gleich einer Saite, ohnglaublich stark angespannet wird. Aber nicht weniger wahr ists auch, wie ich dies öfters auch von Kürbiswürmern gesehen, daß, wenn Stücke von einigen Ellen in dem Leibe des Menschen los- und abgehen, und dadurch die Kraft des Ganzen geschwächet wird, sich die Glieder solcher Trümmer alsdann so leicht, als ein eingeweichtes Löschpapier trennen. Aber der Kopf, welchen Herr Bonnet an seinem kurzgliedrigten Bandwurm entdecket hat, scheint ihm der wichtigste Beweis für seine Meynung zu seyn.

Um diesen Theil zum einzigen Nahrungsgefäß des Thiers zu machen, hat er zuvor gesucht, die Meynungen aller derer Beobachter, die seine blumenförmigen Körperchen für dergleichen Gefäße angesehen haben, in einem dicken Nebel von Zweifel einzuhüllen, ob er schon selbst sagt: „daß die Natur einige Thiere ganz anders, als alle übrigen, die wir kennen, gebildet habe. Vielleicht ist dies der Fall bey dieser Wurmart, wo uns die vielen von dem Allgemeinen abweichenden Erscheinungen von einer Bewunderung zur andern führen.

Man werfe nur einen, mit Nachdenken begleiteten Blick, auf meine vergrößerte Abbildung Fig. 9.

die

die ich von den rothen Drüsen in der Mitte jedes Gliedes und ihrer Form und Lage gebe: man sehe Fig. 5. auf die Grübchen dieser Gelenke, ehe die äußere Haut durch die Fäulung abgesondert ist, und betrachte wieder die an dieser Stelle undurchsichtigen dreyseitigen Oefnungen, und schlüße nun auf die Bestimmung des Ganzen dieser Maschine. Ganz natürlich werden sie sich als das vorzüglichste Werkzeug der Ernährung und Erhaltung des Thieres darstellen. Denn da die Größe der dreyseitigen Oefnung deutlich genug zu erkennen giebt, daß sie keine Dunstlöcher seyn können; so bleibt nichts anderes übrig, als zu schlüßen, daß diese Gefäße entweder die Säugwerkzeuge des Maules selbst, oder die Eingeweide des Thieres sind. Beyde Bestimmungen können auch in ihnen vereiniget, und die wahren Drüsen und Muskeln der Sauggefäße auf so feine Art mit ihnen verbunden seyn, daß sie sogar dem verstärkten Auge des Beobachters entgehen.

Der vermeynte Kopf des Wurms dürfte also, bey der Gegenwart dieser Gefäße, noch zu einem andern Endzweck da seyn, als den Nahrungssaft einzusaugen, und dem Wurm den weiten Weg bis an das Ende seiner Glieder zuzuführen. Und ich sehe nicht, was man dagegen einwenden könnte, zu glauben: daß dieser Theil dem Wurm hauptsächlich dazu diene, sich an einem oder andern Orte vest zu saugen; damit, wenn Trennungen geschehen, das vordere Stück, als die Wurzel des ganzen, allen in den Gedärmen vor-

 gehen-

gehenden Bewegungen wiederstehen könne, und nicht mit den Excrementen ausgeführt werde.

Das Wahrscheinliche dieses Schlusses liegt in der ersten und zwoten Figur des Kopfes vor Augen. Hier sehen wir in der Vergrößerung, an dem ersten eyrunden Gliede, ein längliches Grübchen, welches das Sauggefäß ist; und wie ein nicht breites, sondern rundes Glied in dem andern steckt. Trennt man diese wurmförmig runden Glieder, so kömmt ein ganz dünner, klein gekerbter Faden c. zum Vorschein, welcher keine gliederartigen Abtheilungen hat, und dessen Anfang vermuthlich das Sauggefäß ist.

Man würde sich sehr irren, wenn man nur die erhabene Seite desselben sähe, solchen für hohl zu halten, weil die andere Seite das Gegentheil zeiget, wo wir eine rinnenförmige Vertiefung gewahr werden, wie dies an dem Durchschnitt des Fadens, Fig. 3. noch deutlicher gesehen wird. Die ganze Struktur dieses Werkzeuges giebt also hinlänglich zu erkennen, daß es gar wohl das Band seyn könne, durch welches sich der Wurm, an einer Stelle des Darms vest saugt, und anklammert.

Indem ich nun, nach allen vorhergehenden, nicht anders schlüßen kann, als daß diese Würmer, das Vermögen der freywilligen Absonderung ihrer Glieder haben; so will ich mich nun an die Beantwortung der Fragen: „was sind wohl diese abgesonderte Theile, und wie erwachsen sie zu einer so ungeheuren

Kette

Kette von Gliedern?“ wagen. Denn man wagt immer, wenn man solche Schlüsse vorträgt, denen hinlängliche Beweise fehlen. Dieses freywillige Geständniß wird also hoffentlich diejenigen beruhigen, die noch nicht meiner Meynung sind. Ich erbitte mir also nur noch die Erlaubniß, meine Gedanken sagen zu dürfen: ob ich schon glaube, daß, da uns in dem Reiche der Natur, kein Gesetz zum Schweigen verbindet, wenn wir Ursache zu reden haben; auch das Recht, seine Gedanken über Gegenstände, die unsere Erkenntniß erweitern, oder auf Spuren neuer Entdeckungen führen konnen, mit Bescheidenheit vorzutragen, niemanden streitig gemachet werden könne.

Es werden aber diejenigen, welche das wenige, was ich bisher von der Theilbarkeit der Glieder des Bandwurmes angemerket habe, beyfällig aufgenommen haben, die erste Frage von selbst beantworten und sagen: daß also jedes Glied des Bandwurms ein besonderes Thier seyn müsse. Aber nichts weniger dürften sie sich wohl vermuthen, als dies von meiner Seite bezweifelt zu sehen, indem ich bekenne, daß mich meine Beobachtungen hievon noch nicht hinreichend überzeugt haben. Im Gegentheil zeigten sie mir ganz andere, von allen bekannten Naturgesetzen abweichende Aussichten. Man wird sie errathen können, so bald ich den Herrn Derome Deslisle nenne, welcher die Polypen durch die neue Hypothese, die er von ihren Körperbau, in einer besondern Schrift *) bekannt gemacht hat, in einer ganz anderen Gestalt, als sie bishero erschienen sind, auftreten läßt. Billig sollte ich zwar Bedenken tragen, einen so unreifen Schluß, aus diesem nicht weniger reifen System zu folgern, zumalen es unter andern Widersprüchen, die Prüfung eines so scharfsinnigen als scharfsichtigen Beobachters, des Herrn Past. Göze, gegen sich hat **). Man wird aber Schlüsse von Behauptungen zu unterscheiden wissen.

Es entspringen aber aus der Delislischen Hypothese folgende zween Säze:

1) daß jedes durch die Haut scheinende, und bey dem Zerschneiden herausfallende Kügelchen, ein besonderes Thier, und also

2) der ganze Polyp eine Sammlung von dergleichen Thierchen in einer gemeinschaftlichen Haut sey.

Die Gründe, worauf er dieses System gebauet, hat er in einen so angenehmen Vortrag einzukleiden gewußt, daß sie jeder Kenner dergleichen Schriften, gewiß nicht ohne viel Vergnügen lesen wird.

Der Polyp wäre also, nach Herrn Delisle Hypothese, das bewegliche Haus, einer unzählbaren Menge

*) Neues Hamb. Mag. B. III. S. 428.

**) Prüfung der Schrift des Herrn Derome Delisle, über eine neue Art, die Erzeugung rc. der Polypen im süßen Wasser zu erklären. Des Herrn Trembley Abhandlung zur Geschichte einer Polypenart des süßen Wassers rc. S. 531.

Menge Einwohner. Was sollen nun wohl, die, schon von den meisten Naturforschern, für polypenartig erkannte, Band- und Kürbiswürmer seyn? Die Analogie giebt freylich zum öftern keine große Gewährschaft für die Schlüsse, so wir nach solcher machen; indessen dürfte sie hier gleichwohl nicht ganz zu verwerfen seyn, wenn wir auch nicht bessere Beweise der Uebereinstimmung derselben vor uns hätten.

Jedes Glied ist, wie wir gesehen haben, so wie der Leib des Polypen, ein Aufenthalt für eine unzählbare Anzahl kleiner, an den innern Flächen der Haut hangender, ey- oder kugelrunder Körperchen. Aus ihren vergrößerten Abbildungen Fig. 12. kann man sehen, daß sie, ohnerachtet ihrer Form, dennoch nicht wohl Eyer seyn können: da sie eines Theils, wenn wir die Eyer gewisser Schmetterlinge ausnehmen, mit einer, bey dem Baue der Eyer, nicht gewöhnlichen körnigten Haut überzogen, und andern Theils in so großer Menge bey einem Thiere angetroffen werden, wo es unter die Seltenheit gerechnet werden muß, wenn zwey beysammen wohnen.

Könnte man nun von der Zukunft erwarten, daß die Delislische Polypenkörnchen, durch Erfahrungen, als Thiere erkannt werden; so dürfte alsdann der analogische Schluß, wenigstens die Wahrscheinlichkeit, daß auch diese kleine Kügelchen der Bandwürmer, die Erbauer und Bewohner desselben seyn könnten, vor sich haben.

Von

Von deren Leben oder Leblosigkeit sich zu überzeugen, dürfte man nur ein abgesondertes, erst aus dem Leibe gekommenes Glied, welches ich zu thun, zu meinen größten Verdruß versäumet habe, auf ein gewärmtes Schiebergläschen legen, es wohl zerquetschen, und den hervorkommenden Schleim, anfangs allein, hernach aber mit warmen Wasser verdünnet, mit starken Gläsern beobachten. Ich denke mir aber hier einen Beobachter, der freywillige und zufällige Bewegungen unter dem Mikroscop zu unterscheiden gelernt hat. Alsdann würde man vielleicht andere Begriffe von diesen Körperchen bekommen, als diejenigen erlangen können, die sie nur mit einem schwachen Suchglase, oder wie Herr Andry auf einer Stecknadelspitze in Klümpchen durchs Mikroscop betrachten.

Es ist von Wichtigkeit, und die Liebe des Nächsten erfordert es, die Fehler, so große Naturforscher hierinnen begehen, — dann große Leute fehlen auch, — nicht zu übersehen. Ich muß also die ganze Stelle, welche Herr Bonnet in seiner Abhandlung vom Bandwurme vom Herrn Andry anführet, so wie dasjenige, was er selbst von diesen Körperchen hinzusetzt, wörtlich abgeschreiben, und den Leser bitten, sie mit meinen hievon gegebenen Abbildungen zu vergleichen. Hier sind seine Worte:

„Andry hat sich darüber fast eben so ausgedrückt. Wir sahen (der berühmte Herr Mery nämlich, und er, nebst einem andern Doktor der Arzeney) in in dem ganzen Umfange des Wurms, eine gewaltige Menge kleiner drüsigter Körperchen, welche den Hirsenkörnern gliechen, aber vollkommen rund waren. Ich kann aber diesen Wust von Kügelchen, die ich nachgehends mit dem Vergrößerungsglase von neuem sorgfältig untersucht, mit nichts besser, als mit dem Rogen eines Karpfens vergleichen, weil sie eben so dick auf einander zu liegen schienen: jedoch ist jedes von dem andern unterschieden. Sie sind aber in dem Wurm in so großer Menge, daß auch dasjenige, welches bey dem Berühren an einer Stecknadelspitze hängen bleibt, wäre es auch nicht größer, als das kleinste Stäubchen, doch unter dem Vergrößerungsglase, als ein ganzer Haufen einer unglaublichen Menge Kügelchen, erscheint.

„Weiter: Andry hält diese Kügelchen für die Eyer des Wurms. Meiner Seits habe ich sie ebenfalls mit aller möglichen Aufmerksamkeit beobachtet: ich muß aber gestehen, daß meine Beobachtungen mit dieser Gelehrten ihren nicht übereinstimmen. Erstlich habe ich diese Kügelchen nicht so klein, als sie befunden; denn ich konnte sie mit bloßem Auge unterscheiden. Zweytens kam mir, unter dem Vergrösserungsglase, ihre Gestalt weder so regelmäßig, noch einem runden Kügelchen so genau ähnlich vor, als sie behaupten. Vielmehr gleichen sie Sandkörnern, oder feinem Staube, wiewohl sie rundlicher zu seyn scheinen, wenn man sie mit bloßen Augen, oder nur durch ein Handglas betrachtet. So habe ich auch

endlich

endlich in der Linie der Drüsenkörperchen keine dergleichen Körnerchen wahrgenommen. Sollte es wohl ganz unwahrscheinlich seyn, wenn man muthmaßte, daß sie bey dem Bandwurme eben das wären, was bey großen Thieren das Fett ist: nämlich eine Menge öhlichter vom Blute abgeschiedener, und in gewissen Behältnissen eingeschlossener Materie? Wenigstens kömmt mir diese Muthmaßung weit wahrscheinlicher als diejenige vor, welche **Andry** anzunehmen scheint."

Wenn dergleichen Beobachtungen von Anfängern auf diese Art gemacht werden; so kann man sie in der Stille ruhen lassen: führen sie aber den Namen großer Naturkündiger und Beobachter, alsdann kann das Zutrauen, so andere Beobachter auf sie setzen, die nachtheiligsten Folgen für die Naturkunde haben, wenn sie annehmen, was sie verwerfen, und blind sind, wo sie sehen sollten.

So scheint auch Herr **Bonnet** das Wiederwachsen abgerissener Stücke des Bandwurms in Zweifel ziehen zu wollen, weil wir, nach seiner Meynung, noch keine unmitelbare Beweise davon haben. Es fehlt aber an solchen Beweisen so wenig, daß dieses Wiederwachsen vielmehr nicht den geringsten Zweifel unterworfen seyn kann: denn niemalen wird, nachdem ein Stück abgegangen ist, wenn in einiger Zeit wieder eins erscheinet, das erste Glied, so hervorkömmt, ein breites, sondern, wenigstens kann ich es von dem Kürbiswurm mit Gewißheit sagen, allezeit wieder

wieder ein spitzig zulaufendes Glied seyn, welches genugsam zeigt, daß der Wurm durch Ansetzung neuer Glieder, wieder seine vorherige Gestalt erlanget habe.

Dieses Wiederwachsen abgesonderter Theile, kann aber nur in dem Falle statt haben, wenn der Wurm mit seinem Vordertheil noch vest sitzet; da wir gesehen haben, daß einzelne Glieder sich nicht mehr mit dem Ganzen vereinigen können. Eben so wenig können sie aus Mangel des Kopfes, da er nicht aus dem Gliede erwächst, sondern die Glieder aus ihm entspringen, sich vest setzen, und zu neuen Würmern erwachsen; sondern sie müssen sterben und verfaulen, oder abgehen: dahero man vermuthen kann, daß, wenn dann und wann deren zwey beysammen wohnen, sie aus zween verschiedenen Zeugungspunkten entsprungen sind.

Erklärung der Figuren.

Fig. 1. Der Kopf des Bandwurms in natürlicher Größe.

Fig. 2. Derselbe vergrößert.

Fig. 3. Der Durchschnitt des Fadens c. des Kopftheils.

Fig. 4. Ein Stück der breiten Glieder des Bandwurms.

Fig. 5. Drey vergrößerte Glieder der Bauchseite, und

Fig. 6. der Rükkenseite dieses Wurms.

Fig. 7. Die Glieder desselben, nach abgeschnittener Kante, vergrößert.

Fig. 8. Das durch die Fäulung durchsichtig gewordene Stück des Bandwurms von Fig. 4. der Deutlichkeit wegen etwas größer als natürlich gezeichnet.

Fig. 9. Dieses vergrößert.

Fig. 10. Vier Glieder des Kürbiswurms in natürlicher Größe.

Fig. 11. Zwey Glieder desselben vergrößert.

Fig. 12. Durch N. o. o. vergrößerte Körner, deren Lage bey Fig. 6. a. a. und Fig. 7. gesehen wird: vom Bandwurme.

Fig. 13. Dergleichen vom Kürbiswurme.

XI.

Entdeckungsgeschichte der wahren Polypenfresser, bestätigt von Gottfried Ephraim Goeze.

Dem Herrn Rendant Ebel, zu Berlin, war es vorbehalten, die wahren Polypenfresser zu entdecken. Gemeine Fluß- und Teichschnekken sind die Thäter, welche dieser Beobachter, seit Trembleys Zeiten, zuerst in dieser Qualität angetroffen hat. Es ist dadurch in der Polypengeschichte nicht nur die Lücke ausgefüllet, daß die Polypen von gar keinem andern Thiere wieder gefressen würden; sondern es werden auch nun alle Polypenbeobachter gewarnet, diesen Schleichern keinen Zutritt in ihren Gläsern zu gestatten. Ein zwiefacher Nutzen, den wir dieser Entdeckung zu danken haben.

Bereits am 28sten Jänner dieses 1777sten Jahres hatte unser Freund der Gesellschaft den Vorfall gemeldet, und wir wollen jetzt aus seiner Zuschrift einen kurzen Auszug liefern.

„Die bis jetzo immer für so unschuldig angesehene Wasserschnekken, und unter ihnen die so genannten gelblichen zarten Spitzhörner*), habe ich, als wahre Polypenfresser, auf der That ertappt. Selten wird man Junge dieser Art und andere Gattungen verfehlen, wenn man Wasserkräuter mit Polypen in Gläser einsetzt, und ich habe sie immer darum gern geduldet, weil sie die sich an die Seiten derselben ansetzende Moose oder Conserven abweiden, und die Gläser rein zu halten pflegen. Folgende Erfahrungen aber haben mich überzeugt, daß sie unter den Polypen eben so gefärlich sind, als die Wölfe unter den Schaafen.“

„Ich hatte seit vorigem Frühjahre grüne Armpolypen, in einem kleinen Glase, stehen, welche sich ansehnlich vermehret hatten**). Es war eben darinn ein fadenartiges Wassermoos so stark gewachsen, daß es beynahe das ganze Wasser ausfüllete, als ich das Glas bey einfallendem Frost an einen temperirten

*) Helix stagnalis Linn. N. 703. Wasserschnecken (Müller) Sie ist beym Frisch im 8 Th. seiner Ins. S. 14. N. 7. beschrieben und auf der 7 Taf. vorgestellt. Ferner findet man davon eine Abbildung im 4. B. des Berlinschen Magazins, Taf. IX. Fig. 33. A und B.

**) Diese Vermehrung kann man dadurch befördern, wenn man ein Glas mit kleiner Lemna, worinn die Vegetation an den Seiten von statten gegangen, mit gestepptem Papier zugebunden, einige Wochen unangerührt stehen läßt. Man wird hernach sie bey tausenden erblicken.

ten Ort versetzte. Gleichwohl wünschte ich meine Polypen von diesem Moose zu befreyen, durfte aber nichts davon herausnehmen, weil sich viele daran gesetzt hatten. Mir fielen die Moos fressende Schnekken ein. Zwey von obgedachten Spitzhörnern sollten den Dienst verrichten, und sie thaten es nach Wunsch, weil sie in den alten Gläsern, woraus ich sie nahm, ausgehungert waren, und keine Nahrung mehr hatten*). Das Moos, welches die Schnekken, durch ihr Herumkriechen auf demselben, aufthürmten, nahm täglich ab. Als ich aber einige Zeit nachher nach den Polypen selbst sahe, waren sie alle verschwunden, und nicht einmal einer mehr, wie ich anfänglich glaubte, in dem, von den Schnekken übrig gelassenen Reste von Moose, das ich in reinem Wasser untersuchte, anzutreffen. Ich dachte an nichts weniger, als daß die Schnekken die Ursache dieses Verlustes seyn sollten; sondern schrieb solche dem, durch ihren Unrath, getrübten Wasser zu, ob ich gleich schon die Erfahrung hatte, daß sie sich in trübe gewordenem Wasser eine geraume Zeit erhalten konnten."

*) Diese Schnekken gehoren also zu den *Herbi-* und *Carnivoris* zugleich. Es ist kaum glaublich, wie gefräßig sie sind. Wenn ich drey bis vier von den größten unserer Gegend, mit dem Horn in der Länge eines halben Fingers, in ein gewöhnliches Krankenglas mit Wasser setze, und solches inwendig mit Kräutern, und oben mit drey Finger hoher Lemna anfülle; so ist binnen drey oder vier Tagen alles verzehret, und das Wasser helle.

„Eine zwote Erfahrung aber lehrte mich die Polypenfeinde näher kennen. Eben diese beyden Spitzhörner sollten nun auch, in einem großen Glase mit braunen Armpolypen, das zarte Moos an den Seiten abasen. Diese Polypen hatten sich bisher besonders dauerhaft bewiesen *). Sie waren die Nachkommenschaft eines einzigen Polypen, den ich, im Anfang des Aprils vorigen Jahres, einzeln an einem Wasserkraut fand, und eine mir ungewöhnliche Größe hatte. Merkwürdig, daß ich an dieser Polypenkolonie nicht die mindeste Spur von Läusen bemerkte, wenn andere den Sommer hindurch eingesetzte Polypen häufig damit besetzet waren. Jetzo waren dieselben, wegen Mangel der Nahrung, zwar klein, aber doch so zahlreich, daß ihre Menge vornämlich die helle Seite des Glases gänzlich bedeckte.“

„Ihr Schicksal aber wurde bald entschieden. Nach ein Paar Tagen waren sie insgesammt verschwunden. Jetzt erst fiel mein Verdacht auf die Schnekken, worinn ich mich auch so wenig irrete, daß ich sie bald auf frischer That ertappte. Ich legte die eine in frisches Wasser, und, als sie anfieng darinn herum zu wandern ließ ich zween Polypen recht

*) Ein solcher hat sich bey mir, in einem alten vegetirenden Glase, wozu kein Tropfen frischen Wassers gekommen, vom August an, da ich das Vergnügen hatte, ihn dem Herrn Staatsrath Müller zu zeigen, bis zu den letzten Tagen des Novembers gehalten.

recht vor ihrem Kopf hinabsinken, welche sie auch augenblicklich vor meinen Augen verschluckte. Nun wußte ich also die Ursache, warum bey mir und anderen Freunden, die Arm- und alle andere Polypenarten, sich oft so schnell verloren hatten. Denn bey jenen grünen Polypen waren auch die schönen Schäfferschen Blumenpolypen, die ich in meinem Leben erst zum zweyten Male angetroffen, mit den Wasserlinsen, woran sie hiengen, zugleich verschlungen worden."

Dies war der merkwürdige Aufsatz, der mir gleich nachher zugeschickt wurde. Er erregte meine ganze Aufmerksamkeit, und er wird nichts von seiner nachher durch die Bestätigung dieser Erfahrung erlangten Stärke verlieren, wenn ich alle meine damahls bey mir aufgestiegene Zweifel entgegen setze.

Von Trembleys Zeiten, an hatte man durchgängig dies als eine der größten Merkwürdigkeiten bey den Polypen angesehen, daß sie in ihrer Art die gefräßigsten Thiere wären: aber von keinem andern Thiere, Insekt oder Wurm gefressen würden. Alle vom Trembley darüber angestellte Versuche waren vergeblich gewesen *). Weder die zu ihnen eingesetzte kleine Fische, noch gewisse, in ihrer Art, überaus gefräßige Wasserkäfer hatten sich an ihnen vergriffen. Ich habe, seit einigen Jahren, diese Versuche nicht

*) S. meine Uebersetzung seiner Polypengesch. S. 187. 188. 189.

nur oft wiederholet; sondern auch noch weiter zu treiben gesucht. Alles mögliche, was im Wasser den Namen Raubthier führet, wurde zu ihnen hineingesetzt. Selbst die gefräßigsten Larven der Wasserkäfer (Dytiscus), die sich unter einander selbst fressen, und kleine Fische, welche gegen sie Riesen sind, bezwingen können, haben keinen Polypen angerühret.

Endlich trat Slabber auf *), und behauptete von seinem *Devorator*, oder von der Larve der *Tipulae littoralis* Linn. daß sie die Polypen fräße, und er sogar einen verschluckten in dem durchsichtigen Kanal des Wurms gesehen habe. Dies bewog mich, im Sommer 1776 meine Beobachtungen, über diesen Punkt, von neuem anzufangen. Ich sammlete alle gefräßige Wasserthiere, die ich nur finden konnte, uud setzte sie in besondere Gläser mit reinem Wasser. Nachdem ich sie einige Tage hungern lassen, bis ich merkte, daß sie sich unter einander selbst anfielen, gab ich ihnen nichts als Polypen, und dennoch wollten sie solche nicht verschlingen. Die Dytiscuslarven machten zwar zuweilen Miene, sie zu verzehren, zerrissen auch einige mit ihren Zangen, ließen sie aber wieder fahren, ohne sie im eigentlichen Verstande einzuschlucken. Die Dytisci selbst fraßen sich einander tiefe Löcher in den Bauch: die Polypen aber bleiben immer verschont. Ich konnte also zu keiner Gewiß-

*) Physikal. Belustigungen oder mikroskopische Wahrnehmungen rc. S. 10.

Gewißheit kommen, weil ich den Slabberschen Versuch, aus Mangel der Larven, nicht nachzumachen vermogte. Hierzu kam eine andere gegenseitige Erfahrung, die mir ein großer Liebhaber der Naturgeschichte und genauer Beobachter, der jüngere Herr Graf von Borke zu Stargoort in Hinterpommern, in einem lehrreichen Schreiben vom 26sten October 1776, mittheilete:

„Zwo Larven der *Tipulae littoralis* waren auch in dem nämlichen Wasser. Ich glaube gewiß, daß diese Larven, im vorigen Sommer, meine Polypen gefressen haben. Denn daß sie es thun sollen, hat uns Slabber gesagt.“

Ich machte dagegen einige Einwendungen: daß sich die Polypen durch andere Zufälle könnten verloren haben, und man von dieser Sache nicht eher etwas gewisses behaupten könne, als bis man zu wiederholten Mahlen wahrgenommen hätte, daß diese Larven die Polypen nicht nur verschlungen; sondern auch bey sich behalten und verdauet hätten. Zugleich ermunterte ich den würdigen Beobachter, der mit den besten Talenten dieser Kunst versehen ist, auf diese Erscheinung Achtung zu geben. Kurz nachher, nämlich in einem Schreiben vom 10ten November, meldete er mir gerade das Gegentheil.

„Nunmehro kann ich ihnen doch etwas melden, was ihnen gewiß lieb seyn wird. Ich habe von dem, was Slabber behauptet, das Gegentheil gesehen.

Zwo solche Larven der Tipulae littoralis hatte ich, mit Polypen und kleinen Ephemernymphen in einem Glase zusammengesetzt. Anfänglich schien es mir — so nachtheilig ist es, wenn man eine vorgefaßte Meynung hat — daß sich wirklich meine Polypen anfiengen zu verlieren, und der sogenannte Devorator wurde schon beschuldigt. Sie hatten sich aber auf den Boden begeben, und ich fand sie hernach wieder. Als ich nun am 4ten dieses mein Glas betrachtete; so fiel mir gleich in die Augen, daß ein mittelmäßiger Mutterpolyp, der nur erst einen Jungen getrieben hatte, den Devorator vest seinen Armen hielt. Ich glaubte, er würde nur ausgesogen; allein nach einigen Stunden war die ganze Larve in des Polypen Körper einlogirt. Anfänglich sahe ich, daß sich noch etwas davon bewegte; allein der Polyp beraubte sie bald ihres ganzen Lebens. Des folgenden Tages kam ich zur völligen Gewißheit, da ich eben diese Erscheinung wahrnahm, nur mit dem Unterschiede, daß meine zwote und letzte Larve nur ausgesogen wurde, und ich sie hernach oben auf dem Wasser, als eine bloße Haut schwimmen sahe. Ich brachte sie auf einen Glasschieber, und betrachtete sie mit der schwächsten Linse meines Stegmannischen Kompositi. Die vollkommene Zeichnung war noch zu erkennen, außer das Schwanzende, welches durch das Aussaugen gelitten hatte."

Ich setze die Slabbersche Erfahrung als richtig voraus und so folgt aus Vergleichung beyder: daß die Poly-

Polypen und die Larven der Tipulae littoralis einander wechselsweise verzehren. Indessen schien mir die erste durch die letzte ziemlich wankend gemacht zu seyn, und ich blieb zweifelhaft, bis die Ebelsche der Sache den Ausschlag gab, wiewohl ich auch dieser noch immer den Zweifel entgegen setzte: die Schnecken hätten den Polypen eine Zeitlang zwischen ihren beyden breiten Lippen behalten, und nachher doch wieder von sich geben können. Nun aber nahm ich mir ernstlich vor, im nächsten Frühjahre die Sache auf das genaueste zu untersuchen, und ich kann meinen Lesern die gewisseste Bestätigung vorlegen. Ein Auszug aus meinem Beobachtungsjournal wird alles ins Licht setzen.

Am 6ten May dieses 1777 Jahres hohlte ich aus einer Pfütze, die mit einem benachbarten Bächelchen Konnexion hatte, Wasserkräuter und Meerlinsen der kleinsten Art. Ich fand darinn alles mögliche von Gottes Geschöpfen der mikroscopischen Welt: Armpolypen, Einaugen, kleine Dytiscos: unter anderen die Naid. Serpentinas (ungezüngelte Naiden, Merkurschlänglein des Rösels); insonderheit die Wasserschnekken, die des Polypenmordes beschuldiget wurden: kleine in groser Menge, und auch einige von Mittelgröße. Diese letzteren setzte ich mit den Armpolypen zusammen in ein Magazin. Ich erwählte dazu ein hellweißes Zylinderglas, durch welches der Fokus der Lupe durchreichte, füllte solches mit reinem Wasser, fieng mit der Barometerröhre aus den andern Gläsern ein Dutzend Polypen heraus, und brachte sie in dieses. Nachdem sich die Polypen an den Seiten herum, wie gewöhnlich, vest gesetzet hatten (denn ich hatte mit Fleiß in diesem Glase auch nicht ein Kräutchen gelassen), that ich zwey Spitzhörner von mittelmäßiger Größe zu ihnen hinein. So bald sie sich aus ihrem Gehäuse ausgelegt hatten, fiengen sie an, an den Seiten des Glases mit ihrem breiten Saum hinaufzuschieben *). Ich begleitete sie ohne Unterlaß mit der Lupe. Es konnte nicht fehlen: sie mußten mit ihren Lippen bald hier, bald dort auf einen Polypen stoßen. Diese fuhren bey der geringsten Berührung zusammen. Weiter geschahe ihnen aber diesmal nichts Leides. Die Schnekken schoben vorbey, und oft über sie her.

Am 7ten sahe ich mich genöthiget, meine Polypen mit einer Mahlzeit von Einaugen zu bewirthen. Den Schnekken aber gab ich nichts von Kräutern. Das Glas war an den Seiten von Moos noch völlig rein. Sie sollten also recht hungrig werden. Nun fieng ich meine Beobachtungen wieder an, sahe aber nichts von Feindseligkeiten, ohnerachtet ich die Schnekken bey ihrem Gange mit einer dünnen Barometerröhre so dirigirte, daß sie ihren Weg durchs Lager

ger

*) Der Gang dieser Schnekken ist ganz sonderbar. Man kann auch mit der Lupe keine Art der wellenförmigen Bewegung an ihrem Saume bemerken, und es ist nicht anders, als ob sie wie ein Schatten fortziehen.

ger der Polypen nehmen, und mit ihren dicken Lippen gerade auf die Vorposten stoßen mußten. Die Polypen fuhren abermahl mächtig zusammen; allein das war es alles, was ihnen wiederfuhr. Kannibalenstreiche wurden an ihnen noch nicht ausgeübet.

Am 8ten des Morgens saßen meine Polypen noch in eben der Zahl da, wie ich sie in das Glas eingezählet hatte. Die Schnekken schoben immer zwischen ihnen durch, ohne ihnen einiges Leid zuzufügen. Nur einen sahe ich mit dem Leibe gerade in die Höhe stehen, der nur noch einen Arm, sechse aber verlohren hatte. Von den sechsen waren noch kurze Strünke zu sehen. Er hatte sie aber nicht eingezogen, wie sie sonst wohl zu thun pflegen, und ein oder ein Paar Arme hängen lassen; sondern sie waren ihm abgerissen, wie man deutlich sehen konnte. Wie ein Weidenbaum stand er da, dem die Zweige abgehauen waren. Den Schnekken konnte ich diese Frevelthat noch nicht beymessen. Eher schob ich die Schuld auf eine *N.* Serpentinam. Wenn zuweilen davon eine recht rüstige einem Polypen in die Arme fällt, und sie kann in der Nähe etwas erreichen, um das sie sich mit dem einen Ende herumschraubt; so sind die Arme der Polypen geliefert, und sie werden ihm ausgerissen.

Bey dieser Gelegenheit muß ich einer besondern Bemerkung gedenken. Ich hatte noch in einem Nebenglase mit Lemna Polypen mit Schnekken zusammengesetzt. So gern sonst die Polypen an der Seite des

des Glases, besonders an der Lichtseite, zu sitzen pflegen, und noch gestern fast alle daran gesessen hatten; so hatten sie sich heute, als am 9ten May, alle in die Mitte an die Stiele der Wasserlinsen retiriret. Hier sind sie vor den Schnekken sicher, welche nur an den Seiten der Gläser herumwallen, und sich an den Meerlinsen, wenn sie nur ganz dünne auf der Oberfläche des Wassers schwimmen, nicht halten können. Sollten wohl die Polypen ihren Feind merken, und sich deshalb in die Mitte begeben haben? Bey der mindesten Berührung fährt die Schnekke in ihr Häuschen, und weil nun kein Widerstand mehr da ist, so steigt solches, da es sammt der Schnekke, seinem Einwohner, spezifisch leichter als das Wasser ist, gerade zur Oberfläche. Merkt die Schnekke, daß alles sicher ist, so kömmt sie wieder zum Vorschein, und begiebt sich an die Seite des Glases. Noch zur Zeit keine Feindseligkeiten. Das sahe ich aber deutlich, daß sie in diesem Glase das zarte Moos an den Seiten abweideten, auch einige Meerlinsenstengel abschäleten. Eben hatte sich eine Serpentina an solchem herumgeschoben. Sie wurde mit den Lippen der Schnekke gefaßt, entschlüpfte ihr aber glücklich.

Am 12ten schlichen die Spitzhörner noch eben so ruhig, als in den vorigen Tagen, im Glase herum, ohne den Polypen das mindeste Leid zuzufügen. Sie konnten kaum einen halben Zoll fortrücken; so stießen sie auf einen. So viele waren in diesem Magazin.

So

So bald sie solche nur berührten, ließen sie gleich wieder von ihnen ab, und nahmen ihren Gang seitwärts. Dies dauerte über acht Tage, und ich wurde gegen die Ebelsche Versuche immer zweifelhafter. Ich kam dabey zugleich auf die Gedanken, daß ich mich in der Person irrete, und die Ebelschen Spitzhörner eine besondere Art von Schnekken seyn müßten.

Am 16ten May. Bis hieher haben die Polypen von den Schnekken noch keine Feindseligkeiten erfahren. Sie scheinen vielmehr mit ihnen auf einen freundschaftlichen Fus zu leben. Heute hatte sich ein ziemlich rüstiger Armpolyp an das Ende des Schnekkenhauses gesetzt, und ließ sich allenthalben glücklich mit herumführen. Auf der Reise fuhr ihm ein rother Wasserfloh in die Arme. Er fieng ihn, und verzehrte ihn ruhig auf der Bastion seines vermeynten Feindes. So muß auch in der mikroscopischen Welt ein Thier dem andern zum Fuhrwerk dienen. Zwar sind diese Schnekken den Polypen eine langsame Landkutsche; aber die Wasserflöhe den Afterpolypen eine desto geschwindere Post. Absichtlich mogte sich der erstere wohl nicht an das Schnekkenhaus gesetzt haben. Indessen scheinen sie es doch nach einem gewissen Instinkt zu thun. Oft habe ich ihrer mehr als einen, an einem Dytiscus gesehen. Der Erfolg lehrt, daß ihnen auf der Reise immer öfter etwas zur Nahrung aufstößt, als wenn sie an einem Orte sitzen bleiben.

Der

Der 26ste May war endlich der glückliche Tag, an welchem sich die Ebelsche Erfahrung völlig vor meinen Augen bestätigte, und auch nicht der geringste Zweifel übrig blieb, daß nicht die Wasserschnekken wahre Polypenfresser seyn sollten. Ich hohlte an diesem Tage aus einer alten Gartenfontaine einige Gläser mit kleiner Lemna, darinn ich eine Helix von ziemlicher Größe wahrnahm. Wenigstens war sie wohl vier Mahl so gros, als die beyden, die bisher zum Polypenfraß beordert waren. Bey meiner Zurückkunft setzte ich sie sogleich in ein Glas, worinn wohl zehen mit Jungen besetzte Polypenmütter an den Seiten hiengen. Da die Schnekken beym Einsenken in das Glas zu Boden fallen; so muß man sie mit einer Glasröhre oder Feder umkehren, damit sie gleich an der Seite des Glases, wo Polypen sitzen, hinaufschleichen können. Meine Schnekke schob auf den ersten Polypen zu, faßte ihn dicht am Schwanzende, wo er sich angesogen hatte, mit ihren Lippen, und ließ ihn ganz behende unterwärts in die zirkelrunde Oeffnung des Mauls einschurfen, daß ich noch die Arme, die der Polyp nicht einziehen konnte, nachfahren sahe. So gieng es in der Reihe fort. Fünfe wurden in drey bis vier Minuten vor meinen Augen gefressen, und hätte ich den Räuber nicht herausgenommen; so wäre in einer halben Stunde meine ganze Polypenkolonie verschmaußt gewesen. Denn er schien das Handwerk recht gut zu verstehen, und schon lange getrieben zu haben. Da die Polypen nicht alle in einer Linie, sondern in verschiedenen

Win-

Winkeln neben einander saßen; so wuste er sich meisterlich nach dem rechts sitzenden Nachbar zu wenden, wenn er den zur Linken verzehret hatte. Ein Schauspiel, das man mit bloßen Augen deutlich sehen kann!

Noch an demselben Abend mußte er in Gegenwart meiner Freunde die Probe machen. Ich setzte ihn wieder zu den Polypen, und er schlurfte vor unsern Augen eine Polypenmutter mit vier Jungen ein, daß wir die Arme der Alten und Jungen, wie ein Bündel zusammen geschlagen, konnten nachfahren sehen. Niemals wird er einen Polypen von vorne, mit den Armen zuerst, sondern allezeit von hinten, mit dem Schwanzende zuerst, verschlingen. Alle Tage bis hieher sind diese Versuche wiederhohlet, und durch mehr als eine Schnekke bestätiget worden. Gleich nachher hohlte ich aus vorgedachter Fontaine noch mehrere Wasserschnekken von der Größe der ersten, und setzte sie in Kraut und Lemna, die sie in wenig Tagen, wie ich oben schon bemerkt habe, ganz aufzehrten. Dessen ohnerachtet schmecken ihnen doch die Polypen, so oft es mir gefiel, sie mit diesem Desert zu bewirthen. Folglich das einzige bisher entdeckte und bekannte Thier in der Natur, das Polypen frißt. Eine Entdeckung, die unserm Freunde bey der Nachwelt allezeit noch zur wahren Ehre gereichen wird. Zum Beschluß noch eine Erinnerung. Wer diese Versuche glücklich nachmachen will, der nehme ja keine kleine Spitzhörner; sondern die größten, die er bekommen

kommen kann. Ich habe hernach noch etwas grösſere, als die beyden ersten, zu meinen Polypen eingesetzt; allein auch diese wollten nicht anbeißen. Die Ursache davon kann ich noch zur Zeit nicht angeben. Noch gestern sahe ich sie im Glase herumschleichen, aber in einer ganz andern Gestalt, als vorher. Das Horn war auf beyden Seiten mit einer dicken weißen Verbrämung eingefaßt, die ich für Schimmel hielt. Bey genauerer Betrachtung durch die Lupe entdeckte ich, daß es zwo Strecken von Millionen kleinen Glokkenpolypen waren. Ein fleißiger Beobachter thut nie einen vergeblichen Blick in seine Gläser. Er entdeckt immer etwas neues: denn die Natur ist unerschöpflich.

XII.

Von dem Purpur,

welcher sich im Buccino Lapillus Linnaei befindet,

in einem Schreiben an den D. Martini

von

J. H. Chemniz

Sie riethen mir, mein bester Martini, vor einiger Zeit, ich mögte die Nachrichten der alten und neueren Schriftsteller von den Purpurschnecken, der Purpurfarbe und den ehemaligen berühmten Purpurfärbereyen zu sammlen mich bemühen, eine kleine Abhandlung über diese Materie aufsetzen und der Gesellschaft einschikken. So sehr es mir auch an der hierzu nöthigen Geschicklichkeit und Muße fehlet; so habe ich dennoch ihren freundschaftlichen Rath befolget, aber bey allen meinen Naturforschungen wenig Neues entdekkt*). Sie aber haben in dem 3ten Bande

*) Selbst Fabius Columna, in seinem ziemlich rar gewordenen Traktate *de Purpura*, hat mir kein Genüge geleistet. Auch sein Commentator der sonst berühmte Daniel Major hat mich über diesen Punct wenig erbauet und befriediget.

Bande ihres vortreflichen systematischen Konchyl. Werkes das beste hieher gehörige, beym Hauptstükke von den Purpurschnekken, dergestalt eingesammlet, daß ihren Nacharbeitern wenig erhebliches zur Nachlese übrig gelassen worden.

Doch ist mir vor kurzem des Herrn Hans Ströms, (Past. zu Wolden, in der Vogtey Sundmör, des Norwegischen Stifts und Bißthums Bergen) lesenswürdige Abhandlung vom Buccino Lapillus Linn. und dessen Purpur in die Hände gefallen. Sie stehet in dem, erst gegen das Ende des vorigen Jahres herausgekommenen, eilften Bande der Schriften unserer hiesigen Gesellschaft der Wissenschaften, ist ihr aber schon vor sechs Jahren übergeben worden. Da sie wohl aus der dänischen Sprache so bald nicht übersetzet und allgemein bekannt gemacht werden mögte; so hoffe ich desto mehr ihren und der Gesellschaft Dank und Beyfall zu verdienen, wenn ich Ihnen anjezo einen kleinen Auszug davon mittheilen werde.

Daß in dieser Schnekke, welche den Namen Lapillus führet, eine Purpurfarbe stekke, hat schon Lister bemerket, und sie daher in seiner Hist. conchyl. tab. 965. fig. 19. purpuram anglicanam genannt. Der Ritter von Linné hat dies weiter bekannt gemacht. Keiner aber hat diese Sache gründlicher, als unser verdienstvoller, unverdrossener Herr Past. Ström, untersuchet. Schon in seiner lehrreichen phys. und ökonom. Beschreibung vom Sundmör, Tom.

Tom. I. p. 183. gedenket er dieser zwo nur gemeinen und unansehnlichen, aber um ihres Purpursafts willen, allemahl sehr merkwürdigen Schnekke; er erzählt auch dort schon, wie man sich an manchen Orten in Norwegen ihres Saftes zu bedienen pflege, um damit gewissermaßen ganz unauslöschliche Merkzeichen und Buchstaben auf die Leinen- und Wollenzeuge zu setzen. Allein seit der Zeit hat er alles weit genauer und umständlicher untersucht, auch viele hunderte solcher Schalengehäuse zerbrochen, um desto besser ihre inneren Geheimnisse — wenn erst dieser Vorhang weggeräumet worden, — zu erfahren. Er gesteht es offenherzig, daß es ihm nicht wenig Mühe und Geduld gekostet, ehe er so weit gekommen, diese kleine Abhandlung der Welt vorlegen zu können; daß im Jahre 1769 nicht leicht eine Woche vergangen, darinnen er nicht ein Paar Tage auf die Untersuchung oder Zergliederung dieser Schnekke gewendet, um es nur erst mit Gewißheit zu erfahren, in welchem Theil und Gliede derselben, der kostbare Purpursaft zu suchen und zu finden sey. Davon, spricht er, will ich nicht einmahl reden, daß mich auch seit der Zeit diese Sache noch öfters in Arbeit und Uebung erhalten. Er rühmt es dem Swammerdam nach, daß er ihn zuerst durch seine, in der Bibel der Natur, vorkommende anatomische Anmerkungen und Vorstellungen auf die Spur gebracht: er beklaget es aber, daß ihn dieser sogleich wieder verlassen, weil Swammerdam von zergliederten Landschnekken rede, er es hingegen mit Seeschnekken zu thun gehabt, die von jenen gar sehr unterschieden gewesen. Auch bekennet er es mit einer Treuherzigkeit, die sehr gefällt und uns ganz für den Mann einnimmt, daß er den Swammerdam an vielen Orten nicht ehe verstanden, bis er selber das meiste und schwereste, seiner für ihn so ungewohnten anatomischen Arbeiten, glücklich zu Ende gebracht. Da sey ihm hernach alles im Swammerdam deutlicher aufgeschlossen worden, und er habe das belohnende Vergnügen gehabt, eine große Gleichheit und Uebereinstimmung, zwischen ihren beyderseitigen Erfahrungen und Untersuchungen, anzutreffen.

Seine Abhandlung hat drey Theile. In dem ersten handelt er theils von den äußern, theils von den innern Theilen und Gliedern dieser Schnekke, dabey denn auch die Figuren und Abbildungen — um dadurch alles gesagte besser zu erläutern — nicht gesparet worden. In dem andern beschreibt er uns ihre Art zu leben und sich fortzupflanzen. Endlich kömmt er im dritten Theile auf die in ihr befindliche Purpurfarbe, und auf deren Gebrauch und Anwendung, zu reden.

Kein Glied derselben soll bewundernswürdiger seyn, als ihre Zunge. Er bekräftiget, was Swammerdam von einer ähnlichen Schnekkenzunge behauptet: „Sie erfordere wohl zehen Tage, wenn sie recht genau sollte betrachtet und abgezeichnet werden.“ Sie gleiche der feinsten seidenen Schnur und allersubtilesten Urkette, und da sie bey ihrer beträchtlichen

lichen Länge unmöglich ausgestreckt in dem kleinen Körper der Schnekke liegen könne, so finde man sie an ihrem innersten Ende so zusammengerollt und zusammengelegt, wie man etwa die Schifsseile in einen Kreis zusammen zu legen pflege. Bey ihrem äußersten Ende aber laufe sie ganz spitzig zu, auch sey sie daselbst am schärfsten. Es sey höchst wahrscheinlich, daß sie solche Zungen weit hervor strecken, damit sie in andere Körper eindringen, sie aussaugen und auslekken könne.

In den weiblichen Zeugungsgliedern (also durchaus nicht in dem vermeintlichen Geblüte und Adern) und am meisten in vtero materno, hat er allein bey ihr diejenigen Säfte, welche zur Purpurfärberey brauchbar sind, gefunden. Er hat im vtero drey besondere, durch Häute und Fibern von einander unterschiedene Abtheilungen, und in denselben dreyerley Arten von Säften angetroffen. In der ersten kleinern Abtheilung hat er einen lichtbraunen bleichfarbigen, in der andern mittelsten und größten Abtheilung, einen gelben ungemein klebrigten, und in der dritten kleinsten Abtheilung, einen schwarzen, unter dem Vergrößerungsglase dunkelgrün erscheinenden Saft gefunden. Dieser dreyfache Saft fasset allein die wahre Purpurmaterie in sich. So gar auch der lichtbraune und gelbe ist dazu eben so dienlich, als der schwarze und dunkelgrüne: doch mit dem Unterschiede, daß der bleiche Saft die schwächste — der gelbe Saft schon eine weit stärkere, und der dunkelgrün grüne Saft die stärkste und beste Purpurfarbe und Röthe verursachet und hervorbringet. Dabey merkt er auch dies an, daß selbst die weiße frische Materie der Eyer dieser Schnekke — sobald solche auf leinen Geräthe oder auf wollene Zeuge gestrichen und an die Sonne gehänget worden — die Purpurfarbe gegeben; ja daß auch die junge Schnekkenbrut, welche dabey gesessen, erst grünlich, darauf purpurroth geworden, sobald die Sonne darauf geschienen: und daß endlich auch so gar die Eyerschalen derselben, um der in ihnen befindlichen Purpurfarbe willen, bey der Sonne die Purpurfarbe angenommen*).

Da es dem Herrn Past. Ström sehr darum zu thun gewesen, ihre Nahrungs- und Erhaltungsmittel zu erfahren, um sie zu seinen Untersuchungen füttern und lebendig erhalten zu können; so ist er endlich, wie er in ihren Eingeweiden noch dem Barth der verschluckten Meereicheln entdecket, dahintergekommen, daß der in Norwegen so genannte Berggrind oder Bergschorf (Lepas balanoides Lin.) ihre liebste und angenehmste Speise sey. Mit ihrer spitzigen Zunge wissen sie durch die Fugen des Dekkels bey

*) Bey diesen, auf lauter Erfahrungen gegründeten Aussagen, wird man jene Behauptung des Prof. Müllers im 6ten Theile des Lin. vollständ. Natursyst. S. 463. nicht mehr so gar unwahrscheinlich finden, wenn er vorgiebt, daß diese Schnekke bey der Paarung einen Purpur von sich gebe und Purpureyer lege.

bey den Seeeicheln meisterhaft durchzudringen, und ihn ganz rein auszulekken und auszusaugen.

Wie mag doch aber, werden Sie begierig fragen, der gute Mann wohl zuerst darauf verfallen seyn, in unsern Schneckchen, welches das Striemchen heißt, die Säfte zur Purpurfärberey zu suchen und zu finden? Das ist so zugegangen: Ein benachbarter Prediger hat es ihm einstmals erzählet, daß ein gemeines Bauermädchen in seinem Dorfe die Gewohnheit habe, aus dem vorhin beschriebenen Schnekkensaft ihre Strümpfe und Leinewand mit Merkzeichen und Buchstaben zu versehen. Mehr bedurfte es nicht, um unsern Ström aufmerksam und nachforschend zu machen. Er erkundigte sich sogleich an seinem Wohnorte, ob daselbst diese Art, mit Schnekkensaft zu zeichnen, gleichfalls unter den Frauensleuten oder Mannspersonen bekannt und gewöhnlich sey? Allein er konnte bey allem Nachfragen auch keinen einzigen entdecken, der hiervon die geringste Kenntniß und Wissenschaft haben wollte.

Es ist überhaupt wohl schwer zu errathen, was die erste Anleitung und Veranlassung müsse gegeben haben, um in dieser Schnekke eine Purpurfarbe zu suchen, und sie an einer solchen Stelle, nämlich in vtero, wirklich zu finden, woselbst sie, wiewohl unter einer ganz fremden Gestalt, in dem weißen, lichtbraunen, gelben, schwarzen und grünen Saft allerdings befindlich ist. Wer mag doch wohl zuerst auf den Kunstgriff gekommen seyn, die Purpurfarbe

 durch

durch die Hülfe der Sonnenstralen aus der weißen — gelben — grünen Materie erst recht zu Stande zu bringen, da dergleichen Verwandlungen der Farben durch Hülfe der Sonnenstralen sonst eben nicht bekannt noch gewöhnlich sind? Sollte vielleicht ein bloßer Zufall die ganze Erfindung veranlasset, oder auch wohl der Purpur, welchen die Schnekke zu gewissen Zeiten ausschüttet, und eine unzeitige Geburt zu seyn scheinet, hiezu Gelegenheit gegeben haben? Zuweilen ist auch die vterus, vermuthlich von einer Art Krankheit, wie zusammengepresset, dabey man alsdann in der Oefnung des Schnekkenhauses ebenfalls einigen Purpursaft zu finden und wahrzunehmen pflegt.

Will man nun mit diesem Purpursafte färben, so ist, wie Herr Pastor Ström erinnert, folgendes nöthig. Man muß zuerst das Schnekkenhaus zerbrechen, alsdann den vterum aufsuchen, und allen darinnen befindlichen Saft mit einer Federspuhle oder kleinem Messer sorgfältigst herausnehmen. Diesen ungemein klebrigen Saft vermischet man mit einer kleinen Quantität saurer Milch, um ihn dadurch ein wenig flüßiger und zur Zeichnung der Buchstaben bequemer zu machen. Darauf kann man es versuchen, damit zu zeichnen, und zu färben. Das alsdann mit Merkzeichen versehene Leinen- und Wollenzeug hänget man so gleich in die Sonne, da man denn gar bald das Vergnügen haben wird, das schönste Purpurroth zu erblicken. Sollte man die Farbe

ein

ein wenig zu dick aufgetragen haben, und daher die Zeichnung zu dunkel ausgefallen seyn: so darf man nur alles, wenn es ein Paar Tage lang in der Sonne getrocknet worden, (denn so lange muß es trocknen, wenn die Farbe beständig und dauerhaft bleiben soll) in Lauge ab- und auswaschen, alsdann wird es bald lichter und schöner werden.

Alle Farbenmaterie, die der fleißige Mann, aus mehr als hundert großen und kleinen Schnekken dieser Art, mit vieler Mühe, zusammen bringen können, hat nicht mehr als 14 Grane betragen. Dieses Quantum hat er mit 1 Quentchen 16 Granen saurer Milch vermischet und dadurch flüßiger gemacht, darauf einen leinenen Lappen hineingetaucht, und hernach denselben, nachdem er ihn zuvor wohl ausgepreßt und ausgedrückt, an die Sonne gehänget. Dieser Lappen hat hiervon eine zwar etwas ungleiche, doch ziemlich starke Purpurfarbe erhalten. Sie würde, spricht er, noch stärker geworden seyn, wenn ich etwas weniger Milch genommen. Ein anderes Mahl hat er dergleichen Färberey mit einen Lappen von wollenem Zeuge versucht. Der Erfolg hievon ist dem vorigen vollkommen gleich gewesen. Das Wollenzeug läßt damit sich folglich eben so leicht und eben so gut purpurroth färben, als das Leinenzeug. Endlich hat er es noch einmal mit einer gleichen Quantität der Farbenmaterie versucht, dieselbe aber dieses Mahl nicht mit saurer Milch, sondern mit 1 Quentchen 16 Gran Wasser vermischet, darauf beydes zusammen

men auf einen zinnernen Teller gewärmet und alsdann wieder einen Lappen Leinewand hinein getunket, der aber nur ganz schlecht und schwach davon gefärbet worden. Bey einer solchen Färberey würde, wie er versichert, noch einmahl so viel Farbematerie, wie vorhin, erfordert werden, wenn man seinen Zweck erreichen wollte. Die Vermischungen der Purpursäfte mit Brandtewein sind ihm auch mißlungen. Es ist ihm bey einem solchen Verfahren unmöglich gewesen, eine gute und reine Purpurfarbe zu erhalten.

Mehrere Versuche hat er nicht anstellen wollen, davon er die Ursachen in seiner Abhandlung anführet.

„Ich gebe, spricht er zuletzt, diesen ganzen Versuch, so viele Mühe und Arbeit er mir auch verursachet, mehr für curiös als nützlich aus, so lange man, nach alter Gewohnheit, nur dasjenige nützlich nennen will, was den Beutel füllt und viel Geld einbringet. Bedenke ich hingegen, welch' ein unerwartet großer Nutzen zu seiner Zeit (ofte erst lange hernach) von den allergeringsten Entdeckungen entstehen kann; und wie unstreitig es schon vortheilhaft genung ist, im Buche der Natur zu studieren, wenn man dazu sonst wenig Bücher hat, um etwas daraus lernen zu können, und man es doch sehnlich wünschet, durch die Aufheiterung, Ausbesserung und Belustigung des Verstandes und der Sinne, beschwerliche Amtsverrichtungen zu überwinden, und der Welt Eitelkeiten

ten und Thorheiten je länger je mehr zu vergessen; auch in einem Lande, wo nur wenige studieren, doch etwas, so wenig es denn auch mögte, zum Wachsthum der Wissenschaften beyzutragen — da halte ich mich berechtigt, ganz anders hiervon zu urtheilen. Ich bin also wenigstens bey dieser Sache mir selber nützlich gewesen, hoffe auch Leuten vom Geschmack eine Art unschuldigen Vergnügens verursacht zu haben, dessen Nutzen und Nothwendigkeit von allen Vernünftigen zugestanden werden muß.

Noch eins merkt er an: das Gewicht der Zeuge, welche mit Purpur gefärbet worden, sey nicht zu allen Stunden des Tages gleich gewesen, vielmehr wären solche des Morgens weit schwerer befunden worden: als des Mittags, welches von der Feuchtigkeit herrühre, welche sie bey der Nachtzeit an sich gezogen, und zur Mitagszeit, wenn der Tag am heißesten gewesen, wieder verlohren.

Wenn Sie es erlauben wollen, so will ich zu allen bisher gesagten, davon nichts meiner Wenigkeit, sondern alles lediglich dem Herrn Past. Ström dankbarlichst zugeschrieben werden muß, nur noch ein Paar Worte hinzuthun:

1) Die Alten scheinen es ganz und gar nicht gewußt zu haben, daß unter dem weissen, braunen und gelben Safte mancher Schnekken wirklich schon der wahre Purpursaft verborgen liege, und daraus, durch Hülfe der Sonnenstralen, gar bald zum Vorschein gebracht

bracht werden könne. Wenigstens findet sich von dieser ganzen Verädelung und Verwandelung der Farben, durch die Sonnenstrahlen, keine Spur in ihren vom Purpur und von den Purpurschnekken handelnden Schriften. Vom Réaumur und einigen anderen französischen Gelehrten ist es bekannt, daß sie hinter das Geheimniß gekommen, und nun wissen wir es denn auch von unserm Herrn Past. Ström, daß er hiervon aus eigener Erfahrung und Ueberzeugung am besten und deutlichsten schreiben können.

2) Der Purpursaft muß nicht allein in den Purpur- und Stachelschnekken (muricibus) gesucht werden. Er ist eben so gut und noch wohl besser in vielen anderen Schnekken, und insonderheit in vielen Spißhörnern (buccinis) zu finden. Möchten doch nur mit den klebrigten Säften der Schnekken mehrere Farbenversuche vorgenommen, und dabey die Hülfe der Sonnenstralen nie vergessen und versäumet werden!

3) Ob jemals in den Land- und Flußschnekken ein Purpursaft angetroffen worden, das mögen andere ausmachen. Daran hat man auch wohl nie im rechten Ernste gedacht, dergleichen etwas in den Säften der Muschelschalen — die dazu vielleicht eben so tauglich seyn möchten — aufzusuchen.

4) Von den Meereicheln, diesem gewöhnlichen Nahrungs- und Erhaltungsmittel der Purpurschnekken, findet man in allen Meeren eine unglaublich

große

große Menge: wie, wenn man daraus den Schluß machte, daß die Anzahl der Purpurschnekken ebenfalls größer uud zahlreicher seyn müsse, als es bisher von den mehresten Konchyliologen geglaubet worden?

5) Wer sagt es uns, den Purpursaft allein in den Schnekken zu suchen, wo er nur so sparsam zu finden ist! — Sollte er nicht in anderen Seethieren weit reichlicher und überflüßiger anzutreffen seyn? Der Unrath der Wallfische pflegt ganz roth zu seyn, und die Leinewand, welche damit bestrichen wird, eine dauerhafte rothe Farbe zu geben, wie solches der Prof. Müller im Lin. vollst. Natursyst. Tom. I. p. 485. richtig anmerket. Läßt sich schon so viel mit seinen Excrementen ausrichten, was wäre nicht erst von seinen innern Theilen und Eingeweiden zu erwarten, wenn man sich die Mühe nehmen wollte, solche genauer und sorgfältiger zu untersuchen*).

*) Man findet übrigens vom Buccino Lapillus L. eine Abbildung in Martinischen Conchillen-Cabinette im 3. Bande, auf der 121. Kupfertafel Fig. 1111. 1112. O.

XIII.

Beschreibung des Zeoliths,

seiner Arten und Abänderungen, nach dem äußeren Ansehen,

von

Johann Zoega.

Der Zeolith hat die Mannigfaltigkeit seiner Arten und Abänderungen mit den übrigen Producten des Mineralreichs gemein, und man findet aus eben der Ursache, bey der Bestimmung seiner Gattungskennzeichen und specifiken Charaktere, nach dem äußeren Ansehen, die überall bey den Körpern diese Reiches herrschende Schwierigkeiten.

Island und die farðeischen Inseln scheinen sein eigenthümliches Vaterland zu seyn; in Schweden hat ihn Cronstedt, wo ich nicht irre der erste Entdecker desselben, gefunden; in dem nördlichen Theil von Norwegen soll er gleichfalls fallen; vom Harze habe ich ganz unsichere Nachrichten, und kenne überall nur den Isländischen und Farðeischen.

Aus diesen, wegen mehrerer besonderen Mineralproducte merkwürdigen Inseln, fällt er am Ufer, mit anderen Steinarten, mehrentheils vom Anspülen

der

der See abgeschliffen, für sich allein, oder mit anderen Erd- und Steinarten verwachsen, nackend oder mit einer Rinde überzogen; nur in kleineren Stücken auf Island, in größeren auf den faröeischen Inseln. Ob er auch in den Gebirgen, oder an Felsen ansitzend falle, ist mir unbekannt, ausgenommen den, welcher in der Bergart des faröeischen gediegenen Kupfers, in der Gestalt kleiner Kugeln, eingesprengt ist.

Seine Farbe, die heterogene Rinde ausgenommen, ist eigentlich weiß, mehr oder weniger, selten ins milchblaue fallend und halb durchsichtig, noch seltener gelblich, fleischfarbig, kupferfarbig, grün, uneigenthümlich.

Die Rinde ist gemeiniglich dünne, selten einen halben Zoll dick. Sie ist mehr oder weniger

grün, erdartig, einförmig im Bruche. Dergleichen Rinde überzieht ebenfalls den auf diesen Inseln fallenden Chalcedon; an dem Doppelspath habe ich sie nicht bemerket. Ob sie Kupfer halte, ist mir nicht bekannt.

grün, lettig, cristallinisch im Bruche. Diese fällt auch in losen Stücken ohne Zeolith, hat ein weiches Ansehen, zeigt aber verschiedene Stufen ihrer Härte, und möchte wohl die dortfallende Jaspisart von derselben Farbe hieraus entstehen. Eine gleiche Art fällt besonders in Island, die auswendig grün, inwendig braunroth ist, und der Anfang einer grün und braunen

nen isländischen Jaspisart, die man hier Onyx nennt, seyn möchte.

gelblich oder rostfarbig, ebenfalls lettig, und im Bruche cristallinisch; giebt wahrscheinlich einen gelblichen Jaspis. Ist selten.

braun, lettig, sandig, erhärtet. Ist gemein.

gelblich, lettig, erhärtet. Ist nicht selten.

Die Erd- und Steinarten, worauf und worinn er sitzt, oder womit er verschiedentlich verbunden ist, sind:

Die letzt angeführten Letten, der braune und gelbliche, die in der Verbindung mit dem Zeolith bald als Rinde erscheinen, bald nach Art anderer Bergarten, mit ihm verbunden sind.

Die braune sandige Bergart des faröeischen gediegenen Kupfers, worinn er in kleinen Stücken, halben und ganzen Kugeln, strahlig und crystallisirt, mit seiner eigenthümlichen Farbe, oder vom Kupfer und Kupfergrün braun oder grün gefärbt erscheint.

Es ist schwer, oder vielmehr unmöglich, allgemeine auf alle Arten passende generische Kennzeichen des Zeoliths, nach dem äußeren Ansehen, anzugeben. Nichts desto weniger hat er etwas besonderes, nicht auszudrückendes in seinem äußeren Ansehen, so daß wenn man von jeder der drey unten vorkommenden Abtheilungen nur eine Art oder Abänderung kennet,

man

man die übrigen ohne Mühe erkennen kann, und die Vergleichung der stufenweise mit einander verwandten Arten und Abarten gewöhnt das Auge zu einer leichten Entscheidung.

Näher kömmt man zum Zweck, wenn man eine hypothetische Idee seiner allgemeinen Struktur voraussetzt.

Man stelle sich nämlich mehrere an einander sitzende Kugeln vor, jede aus lauter concentrischen Fäden oder Strahlen, feinen oder groben, bestehend; die die Peripherie dieser Kugeln formirende Strahlen von zweyen oder mehrern benachbarten in einander greifend, einander durchwebend, und die Verbindung der Kugeln mit einander bewirkend.

So verhält sichs augenscheinlich bey den mehresten Zeolitharten: doch freylich nicht bey dem Mehlzeolith, nicht bey den mehresten Cristallzeolithen. Man muß sich aber nicht alle diese Kugeln als vollkommen vorstellen; eine verdrängt einen Theil der andern, und giebt ihr Eindrücke, die ihre sphärische Gestalt verändern, wie nämlich geschehen würde, wenn man mehrere nicht völlig harte Kugeln in eine Masse zusammen drücken wollte, oder wie die Cristalle gewöhnlich bey ihrer Verbindung einander verdrängen.

Man findet, doch selten, dergleichen einzelne Kugeln; öfters halbirte oder zerstückte, die nur an der einen oder andern Seite mit mehreren verbunden gewesen sind, oder mehrere dergleichen Segmente von Kugeln, mit glatter Oberfläche, an einander verbunden, häufigst von der Art. II. 5. γ. b. αα; selten von II. 5. α. β. γ. b.

Die concentrische Verbindung der sichtlichen Theile des Zeoliths, der Fäden oder Strahlen desselben, ist also gewiß das vorzüglichste generische Kennzeichen, wenn es sich gleich nicht auf alle Arten paßt: wie es denn einem Naturforscher nicht ungewöhnlich ist, die nahe Verwandschaft natürlicher Körper einzusehen, ohne in allgemeinen Ausdrücken angeben zu können, worinn sie bestehe. Einige Cristallzeolithe scheinen eben diese concentrische Verbindung der Strahlen zu zeigen: nur mit dem Unterschiede, daß die Strahlen in neben einander stehende Blätter oder Lamellen, die gleichfalls in einem Betracht ihren gemeinschaftlichen Mittelpunkt haben, zusammen gewachsen sind; andere zeigen wirkliche Strahlen, noch andere zeigen nicht die geringste Spur, von der vorher beschriebenen allgemeinen Einrichtung.

Mit dem Chalcedon, der besonders auf den faröischen Inseln ungemein schön fällt, scheint der Zeolith in sehr genauer Verwandtschaft zu stehen. Man bemerkt bey Untersuchung der vielfältigen Abarten, eine allmählige Zunahme der Härte, die wenn, wie wirklich geschiehet, die Form und (fast die) Farbe des Chalcedons dazu kömmt, ein flüchtiges Auge leicht irre machen kann.

Es

Es giebt auch eine Art, die, dem Ansehen nach, mit dem isländischen Doppelspath viele Aehnlichkeit hat, nicht aber nach Art der Spathe rhomboidalisch bricht.

Die unendlich abwechselnde Arten lassen sich füglich unter drey Hauptabtheilungen bringen, die vielleicht nur Stufen der allmähligen Verwitterung oder Entstehung seyn mögten.

Diese Abtheilungen sind:

1) Mehlzeolith. 2) Strahlzeolith. 3) Cristallzeolith.

I. Mehlzeolith.

1. locker mehlig, zwischen den Fingern zerreibbar.
   α. in kleinen Klumpen, in brauner erhärteter Erdart eingesprengt.
   β. für sich allein.
   γ. die Peripherie des fein strahlichten Zeoliths bedeckend.
      αα. an der innern Peripherie hohler Zeolithkugeln.
      ββ. auf der äußern Fläche des Zeoliths ansitzend.
2. fest, mehlig, fast fett anzufühlen, wie ein Thon: läßt sich mit dem Nagel schaben und schneiden.
3. mehlig, hart, sandig.
4. wie Mehl aussehend, hart, fest.
   α. an der Peripherie des harten Strahlzeoliths. II. 5. γ. b.

β. am Mittelpuncte des chalsedonförmigen Zeoliths. II. 5. γ. b. αα. aa.

II. Strahlzeolith.

1. dicht, ohne Strahlen, quarzig im Bruch, feuerschlagend.
2. dicht, hart, uneben im Bruch, ohne Strahlen.
3. dicht, hart, uneben im Bruch, mit schiefen, sich kreuzenden, schimmernden Strahlen durchwebt.
4. dicht, hart, glatt und einförmig im Bruch, ohne Strahlen.
   - α. weiß, ganz undurchsichtig.
   - β. bläulich, halb durchscheinend im Mittelpunct, weiß, strahlig in der Peripherie.
5. dicht, strahlich, matt, undurchscheinend.
   - α. a. feinstrahlig.
     - b. grobstrahlig.
   - β. a. kurzstrahlig; Strahlen wenige Linien bis einen Zoll lang.
     - b. lang strahlig, zween bis drey Zoll.
   - γ. a. anscheinend weich.
     - b. hart.
       - αα. Chalcedonförmig mit glatten halb kügeligten Flächen.
       - aa. mit weißem Kern im Mittelpunct.
6. dicht, strahlig, schimmernd, glänzend wie Cristall.
   - α. feinstrahlig.
   - β. grobstrahlig.
     - a. kurzstrahlig.

a. lang-

b. langstrahlig.

αα. die Fläche der Peripherie uneben, höckerig.

ββ. die Fläche der Peripherie, wie cristallisirt.

7. die Strahlen in der Peripherie von einander abgesondert.

α. in feine Haare, kurz, dicht neben einander stehend, vollkommen, wie der feinste Sammet anzusehen, in halbkugelichen Flächen; in hohlen Stücken des chalcedonförmigen Zeoliths 5. γ. b. αα.

β. in feine Haare, lang bis einen halben Zoll, weitläuftig neben einander stehend, gläsernes Aussehen; von der Art 5. α. a.

γ. in steife Borsten; von der Art. 6. α.

δ. in cristallinische Spitzen; von 5. β.

Anm. Diese vier Abänderungen scheinen nur zu entstehen, wenn die Zeolithstücke inwendig hohl sind, so wie auch die mehresten Cristalle der folgenden Hauptabtheilung in den Höhlungen desselben anschießen.

III. Cristallzeolith.

1. ordentliche cubische Cristalle.

α. in hohlen Kugeln von dünnem Strahlzeolith.

β. auf anderm Strahzeolith liegend.

γ. auf und in gelblichem Thon liegend.

δ. auf und in brauner sandiger Bergart.

a. In Kugeln und hohlen Formen, wie α.
b. In losen Cristallen, wie β. γ.

2. Irregulaire vieleckigte Cristalle.
3. Irregulaire, fast rhomboidalische, flache, selenitisch aussehende, wie unter einander geworfene Cristalle.
α. in einer fortlaufenden Fläche auf anderen Zeolithen liegend.
β. hin und wieder zerstreut.
γ. drusenförmig gewachsen, gleich einer Spathdruse, und auf dem einen Ende schief stehend.
4. Wie Stücke von Kugeln, aus vertical stehenden Lamellen zusammen zusammengesetzt, die Peripherie in verschiedene Flächen gleichsam abgeschnitten, die das nöthige Verhältniß zur Beybehaltung der sphärischen Gestalt des Ganzen gegen einander haben, spiegelnd, wie der Spiegelspath.
5. Selenitisch aussehend, aus schief an einander liegenden Blättern oder Lamellen bestehend, schielend oder mit Farben spielend, wie der Doppelspath, nicht spathartig brechend.
α. kleine Kugeln, wie Erbsen, Nüsse rc. mit einer ganz dünnen grünen oder gelblichen Rinde, durchaus gefüllet; gemein.
β. große irregulaire Stücke; selten.

XIII.

Neu vermehrte Erläuterung über die schädlichen Wirkungsfolgen eines bey uns, ohne sichere Kenntniß und sonderlichen Verdacht, lange Zeit unterhaltenen nordamericanischen Giftrebenstrauchs

von

D. Johann Gottlieb Gleditsch.

Durch gegenwärtige Abhandlung, bey welcher ich mich gleich Eingangs auf eine ähnliche beziehen muß, die ich der Königl. Akademie der Wissenschaften, als einem Vorläufer von gegenwärtiger, vorgelesehen habe, erfülle ich den Auftrag mit Vergnügen, der mir vor einiger Zeit von unserer Gesellschaft naturforschender Freunde gegeben worden ist: eine noch nicht allgemein genung bekannte giftige Pflanze, zur nöthigen Warnung, außer Zweifel zu setzen. Man hatte dieselbe, ich weis nicht aus was für einem Irrthume, zu einem ganz andern Gebrauche bestimmen wollen, und vielleicht nach ihrem blos äußerlichen Ansehen beurtheilet, welches doch wegen Entscheidung ihrer noch weit wichtigeren Eigenschaften, nicht hinreichend seyn konnte: indem vielmehr deren ganz ungleiche Verbindung, mit anderen bey uns noch unbekannten Wirkungen, wider Vermuthen, recht schädlich zu werden angefangen hat. Diese Abhandlung würde vielleicht zu einer anderen Jahreszeit, wegen mehrerer dazu kommenden und erforderlichen Bemerkungen, weit brauchbarer haben werden können, die aber nunmehro zu einer künftigen Fortsetzung am schicklichsten seyn möchten.

Glücklich indessen ist unser Erdstrich, den wir mit anderen bewohnen, daß die große Naturhaushaltung ihn, mit vielen und manchen sehr giftigen Gewächsen, zu verschonen gut gefunden: welche sonst bey der Menge ihrer unübersehlichen Absichten, zu deren Erfüllung, in anderen Welttheilen schlechterdings leben und wohnen müssen. Sie sind da, und wie alles dasjenige, welchem der höchste Verstand und Machtspruch des allerhöchsten Wesens sein Daseyn, und, mit der Verfassung des Erdballes, eine gleich lange Dauer gegeben, vollkommen und nothwendig gut.

Nun sprechen wir zwar zuweilen sehr viel von schädlichen und giftigen Pflanzen, wir klagen auch wohl unserer eigenen Schuld halber darüber, welches doch vielmehr über uns selbst geschehen sollte: allein es könnte sich der Umstand mildern, wenn wir dahin trachteten, auch diese Geschöpfe auf ihrer eigentlich nützlichen Seite genauer kennen zu lernen, um sie glimpflicher zu beurtheilen, und alsdenn besser anzuwenden. Schon unsere Voreltern beschuldigten unter andern den Taxus- oder Eibenbaum mit dem gemeinen Holderstrauche und mehrern anderen

einer

bösartigen Eigenschaft; sie suchten so gar den nunmehro vieler Orten fast einheimisch gewordenen Walnußbaum, mit mehrern gleich unschuldigen Gewächsen, verdächtig zu machen. Dieser Irrthum, unser gewöhnliches großväterliches Erbtheil, dessen wir uns vor andern versichert halten konnten, nahm, bey unserer recht ehrerbietigen Fahrlosigkeit und Geneigtheit immer zu, daß wir uns zuletzt kaum entschlüßen konnten, daran zu zweifeln, um zu den nöthigen Untersuchungen zu schreiten, und zu richtigen Beweisen zu gelangen, wie es doch seyn mußte. Die alte Sage blieb also das sehr beliebte Hülfsmittel, diese und mehr davon abhangende Irrthümer fortzupflanzen, an der Stelle der Beweise.

Es mögen aber angeführte Gewächse in der That schädlich oder doch verdächtig seyn, oder auch nicht; so sind sie doch, in ihrer Wirkung, noch lange keine molukanische blindmachende Bäume, keine Mancenillenbäume, keine Giftbäume oder Giftrebensträuche, die wir so äußerst zu fliehen nöthig haben sollten. Fleißige und gründliche Versuche müssen nach Vernunft und Erfahrung diese Wahrheit entscheiden. Diejenigen Gewächse aber, die sich durch ihre besondere Wirksamkeit vor den übrigen besonders auszeichneten, wurden, ihrer guten oder auch schlimmen Wirkungsfolgen halber, bald zu den Arzneyen gerechnet, bald aus diesen ausgeschaltet und unter die Gifte gesetzet. Der bloße Zufall aber hat mehr von dergleichen entdeckt, als daß sie durch einen, aus wissensenschaftlichen Einsichten entspringenden tiefern Nachsinnen, kennbar gemacht worden wären. Was aber der Fleiß und eine geschickte Untersuchungsart, bey der verschiedenen Zubereitung und Anwendung solcher einmal erfundenen Mittel, vorzügliches gethan, davon kann uns die in der Geschichte noch aufbehaltene und mit der gesunden Vernunft überall genau verbundene Wahrheit am besten überführen.

Doch ohne hier von denen als Arzeneyen vielfältig im Gebrauch gekommenen Gewächsen solcher Art vorher zu handeln, dürfen wir nur so gleich bey den leicht schädlich werdenden und so genannten giftigen Pflanzen selbst stehen bleiben. Es muß sich alsdenn sonder allen Widerspruch ergeben, daß man es nur gar zu oft bey der ersten Entdeckung und allenfalls einen kurz abgebrochenen Theile der Erfindungsgeschichte habe bewenden lassen. Vielleicht hat man auch bey etlichen, aus Mangel der Gelegenheit und manchen zum Theil nicht ganz verwerflichen Ursachen, überhaupt zu wenig Verlangen bezeiget, sich nach mehrern und wichtigern Umständen zu erkundigen, bis etwa ein zweeter oder dritter mehr bedenklicher Zufall die Forschungsbegierde von neuen rege gemacht. Vortheils oder auch Schadens wegen, haben sich auch wohl Kunstverständige zuweilen gedrungen gesehen, der ersten Entdeckung weiter nachzuspühren, und dieser oder jener dabey vorkommenden besondern Erscheinung halber, gründlichere oft fremde Erkundigungen einzuziehen; sollte es auch nöthig gewesen

seyn,

seyn, außer dem Vaterlande selbst, dergleichen aus den äußersten Enden von beyden Indien einzuziehen.

Ein hieher gehöriger Zufall ereignet sich in unserer Nachbarschaft von neuen, schon zum zweyten Mahle, welcher, da er ehedem zu Berlin nicht völlig unbekannt gewesen ist, schon damahls manchen Gartenliebhaber hätte aufmerksam machen sollen: er trug sich nämlich mit einer, derjenigen allernächst verwandten Pflanzenart etliche Mahl zu, welche sich gegenwärtig eben so schädlich erwiesen hat, als jene vorher. Die Sache betrifft ein ganz offenbar schädliches fremdes Gartengewächse, welches weit über ein Jahrhundert, und also lange vor unserer Zeit, schon in den ältern deutschen botanischen Gärten, auch Zeithero in starken Sammlungen von nordamerikanischen Bäumen und Sträuchern ist unterhalten worden, ohne genauere Kenntniß seiner Schädlichkeit. In etlichen Theilen des mitternächtlichen Amerika hingegen war man von dessen bösartigen Wirkungen, aus dem beständig davon entstehenden Schaden, vorlängst überzeugt, und gab ihm den Namen des Giftbaumes Toxicodendron, welchen es auch mit nach Europa brachte und sehr lange behielt.

Die Saamen dieser bösartigen Rebenpflanze sind von da, fast zuerst nach Frankreich und nachhero auch nach Engelland gebracht worden, woraus man denn dieselbe mit anderen davon herkommenden Abänderungen häufig erzogen hat. Noch eine andere Gattung des nämlichen Geschlechts aus China und Japan

Japan ist noch dazu gekommen, welche man den Vernisbaum nennt, der, wenn er beyde vorher schon bekannt gewordene Giftbäume an Bösartigkeit nicht, wie man doch davon gewiß weis, übertreffen sollte; ihnen doch mit seiner besondern Abänderung darinnen allerdings gleich kommt. Alle diese giftigen Gewächse sind, sowohl dem Namen als Geschlechte, nach in unsern deutschen Gärten, seit einiger Zeit, sehr wohl bekannt.

Die Botanisten stellten ehemahls, bey ihren Vorlesungen, über die Namen schon erwähnter Pflanzen, zuweilen sehr flüchtige Betrachtungen an, sie erklärten nur den Blumenbau, bestimmten ihr Geschlecht und begnügten sich damit. An dem in Amerika durch sie überall verursachten Schaden hingegen, wurde nur wenig und fast nur im Vorbeygehen gedacht: ob sie schon von je her immer einige Untersuchung verdienet hätten, da man zumahl in den Gärten öfters mit ihnen umgehen und sie berühren mußte. Es blieb aber bey dem erstern, ohne weitere Untersuchung, und man behandelte sie sämmtlich, ohne sich gegen ihren Gift in Acht zu nehmen, wie man es mit derjenigen Gattung jährlich zu thun gewohnt war, die wir hier insbesondere beschreiben werden.

Sie wurde nämlich eine ziemliche Zeitlang, in grossen Gartentöpfen in unsern Winterhäusern, wie die zwote oder kleinere Art unterhalten und aus den Wurzelsprossen erzogen. Alle drey Jahre verpflanzete man sie, und beschnitt deren Wurzeln, Zweige und Sprossen

Sprossen ohne die geringste Furcht: außer daß sich einzelne Gärtner gehört zu haben erinnerten, die Pflanze sey schädlich, doch ohne daß sie davon Erfahrungen anführen konnten; bis vor einigen Jahren, da fast jedermann anfieng, ihre Schädlichkeit mehr zu fürchten. Den Firnißbaum, als eine acht bis zehenfüßige Gattung des Giftbaumes, ließ man, ohne zu versetzen, viel länger stehen, daß er deshalb nur selten blühte, oder wie die andern, so wohl schlechte Früchte brachte, als auch wie jene, wegen der Menge von Wurzeln und Sprossen, die Gefäße zersprengte.

Die starke Vermehrung und durch Erfahrung mehr bestätigte Dauerhaftigkeit sämmtlicher Pflanzen machte nachher, daß man sie endlich auch ins freye Land verpflanzte, weil man sie wegen ihrer schlechten Schönheit wenig achtete, und entweder in die abgelegensten Winkel der Gärten brachte, oder häufig wegwarf. Warum aber diejenigen Personen so selten von der giftigen Wirkung Schaden litten, welche sie verpflanzten und beschnitten, kam sonder Zweifel daher, weil das gewöhnliche Verpflanzen, Beschneiden und Vermehren der wuchernden Wurzelstöcke sehr zeitig im Frühlinge, in den Monathen März und April vorgenommen wurde, ehe noch der Saft des Wachsthums halber verdünnet und in voller Bewegung war, wie er gegen den Maymonath bis zum August bey guter warmer Witterung gefunden wird. Zu anderer Zeit verpflanzte man die Giftbäume nach dem Septembermonathe und später, in welcher Jahreszeit

reszeit die Bewegung des Saftes und die davon abhangende Ausdünstung allmählig schwächer geworden war. Wozu noch kam, da man nur einzelne oder wenige Giftbäume zu unterhalten Lust hatte, daß man sich bey ihrer Behandlung und in ihren Dünsten eben nicht zu lange aufhielt, zu geschweigen, daß man dabey gar in Schweiß hätte gerathen sollen, um von deren Schädlichkeit Merkmahle an sich selbst zu erfahren: dergleichen sich sonst doch nur an einzelnen, nicht aber an allen Personen gleich äußern, die damit umgehen. Wo sich aber auch Fälle in den Gärten ereigneten, daß die höchst feinen und flüchtigen unmerklich ausdünstenden Dämpfe in einzelne Körper wirkten, wie es bey unvorsichtigen zuweilen wohl geschehen seyn muß, so wurde doch die Schuld des Zufalles nicht auf solche, den meisten sehr unbekannten Pflanzen geschoben.

Denn da die wahren Umstände und Ursachen der Schädlichkeit bey uns noch immer unbekannt blieben, oder auch seit der alten Sache, mit dem rechten Nahmen selbst in Vergessenheit gerathen waren; so glaubten nur wenige sich davor in Acht nehmen zu dürfen, die meisten wusten davon gar nichts. Selbst ich, der sich in jüngern Jahren ein besonderes Werk daraus machte, mit der Saat und Verpflanzung aller seit geraumer Zeit, in den deutschen botanischen und öconomischen Gärten bekannt gewordenen Gewächsen zu beschäftigen, sahe mich genöthiget, wichtigerer Kenntnisse halber, insgemein Hand anzulegen; da denn

auch

auch diese giftigen Pflanzen ohne Furcht von mir bearbeitet worden sind. Wie ich denn auch bey der fernern Untersuchung viel genauer mit ihnen umgegangen bin, als andere, auch ohne darauf zu denken, daß sie mir schaden könnten, und habe zu der Zeit von andern Botanisten und Gartenfreunden nichts verdächtiges von ihnen erfahren.

Nun kann es wohl seyn, da ich mir überhaupt angewöhnet, bey Behandlung fremder und unbekannter Gewächse behutsam zu seyn, niemals ihren Saft auf das Gesichte und die übrige bloße Haut beym Beschneiden kommen, oder lange darauf zu lassen, sondern so gleich abzuwischen, noch weniger aber aus Unachtsamkeit am Halse, im Gesichte und so weiter durch Kratzen und Einreiben tiefer einzubringen, wie es von andern im größten Schweiße geschiehet, daß ich deshalb nicht leicht etwas schädliches von giftigen Gewächsen erfahren dürfen, wie jene. Denn wie oft geschiehet nicht dasjenige, was ich hier sage, und wie oft werden nicht die mit den schädlichen Pflanzensäften bestrichene Gartenmesser durch den Mund gezogen, abwechselnd zwischen den Zähnen gehalten, oder auch mit bloßen Händen abgewischt, ohne daß man daran denket: und was sonst aus Verwegenheit zuweilen gegen alle Verwarnungen dennoch gewaget worden ist, kann niemand unbekannt seyn!

Doch habe ich zu anderer Zeit junge Zweige und Blätter, so wohl vom Toxicodendro, als andern gleich

gleich schädlichern Gewächsen, in vollem Safte abgebrochen, auch wenn sie in voller Büthe gestanden sind. Ich habe sie alsdenn Stunden lang, ohne Furcht und üble Folgen, bey sehr warmen Wetter in der bloßen Hand getragen, bis ich Gelegenheit hatte, ihre Blumen ordentlich zu untersuchen, und die saftreichen Zweige zum Austrocknen in ein Buch zu legen. Was meine Schüler mehr als zu oft und hinter meinen Rücken damit vorgenommen, darf ich hier kaum anführen. Noch vor etlichen Tagen, ehe ich diese Nachricht aufsetzte, erhielt ich durch den Secretair unserer naturforschenden Gesellschaft, Herrn Otto, eben denselben Giftbaum, den man ihm von Croßen, die vorhabende Untersuchung zu begünstigen, zugeschickt hatte. Er war frisch, und ich verpflanzte ihn so gleich im Garten. Bey der Gelegenheit wurde die Wurzel beschnitten, ich schälte die Wurzel und nahm, mit Fleiß, Rinde und Kern in den Mund, käuete beyde etwa 16 bis 20 Minuten recht durch, und befand, dem Geschmack nach, bey der gegenwärtigen schon etwas späten Herbstzeit, weder etwas flüchtiges noch scharfes und reizendes darinnen; wohl aber ein erdhaftes zusammenziehendes Wesen, wodurch der Mund ausgetrocknet wurde. Die Zunge hatte dabey eine fast ähnliche und merkliche Art von Empfindung, eben als wenn man das Häutchen, das den Walnußkern umgiebt, mit jenen zugleich genießet. Im Frühlinge und Sommer würde ich sonst keinen Theil von dieser frischen Pflanze zu zerkauen gewagt haben.

Außer

Außer mir sind Gärtner, Arbeiter und andere, nicht immer so glücklich gewesen, auch nicht solche, welche doch mit dem Gewächse weit mehr umzugehen verstunden und dasselbe stärker zu behandeln gewohnt waren. Sie haben vielmehr dessen recht bösartige Wirkung, wie von der kleinen Art, welche in der Abhandlung weiter vorkommen wird, nach verschiedenen Graden der Heftigkeit nachdrücklich erfahren müssen; ob sie schon manche Zeit davon verschont gewesen sind. Wir könnten zum Beweise manche hieher gehörige Nachrichten geben, von Zufällen, welche einzelnen Liebhabern in den berlinischen Gärten begegnet sind, wenn uns die wahren Umstände davon noch jetzt erinnerlich geblieben wären. Statt aller dieser kann uns das Andenken genung seyn, von denjenigen schweren Zufällen, mit welchen der Königl. Gärtner, Herr Müller, nebst seinen Gesellen und Lehrpurschen, beym Verpflanzen der kleinern Art des Giftbaumes in den Garten der Königl. Akademie der Wissenschaften befallen worden ist, welche Pflanze der größern Gattung in der bösartigen Wirkung nichts nachgiebt. Herr Doktor Pallas, einer von unsern geschickten Aerzten, wird von seiner dabey angewendeten Cur, und was besonders die bey dem Gärtner selbst entstandene schwere Zufälle betrifft, die beste Auskunft geben können. Beyderley Pflanzen aber, die sich auch hier bey uns im Lande so schädlich erwiesen haben, sind nebst dem so genannten Firnißbaume in Canada, Virginien, Carolina und Pensilvanien, wegen des vielen Schadens, den sie daselbst beständig angerichtet haben, unter dem Namen der Giftbaume längst bekannt gewesen. Die Botanisten, welche nicht immer mit dem aller ersten Namen der fremden Gewächse zufrieden seyn können, unter welchen sie unter den Einwohnern gewisser Länder bekannt sind, oder von den ersten Erfindern bekannt gemacht werden, haben den Namen der hier abzuhandelnden Giftbäume mit der griechischen Benennung Toxicodendron abgewechselt, bey näherer Bestimmung aber gefunden, daß alle drey Arten zu dem Geschlechte des Rhus gehören, und haben die erste, welche zu dieser Abhandlung Gelegenheit gegeben, nach richtigern Gründen Rhus Toxicodendron, die kleinere Rhus radicans, und die dritte Rhus vernix mit dem Herrn von Linné genennet.

Unter der Benennung unserer erstern und grössern Gattung finden sich folgende Nahmen, die der Geschichte halber zu merken sind:

Edera canadensis. Cornut. Canat. 69. tab. 97.

Hederae trifoliae canadensi affinis planta, *Arbor venenata* quorundam. Hort. Reg. Paris. No. 84. wie sie schon zu Zeiten des Dionysius Jonquet, dem Königl. Professor der Botanic im Pariser Garten, in den Jahren von 1659 1660 nach Tourneforts Zeugniß genannt worden ist: daher es auch wohl kommen muß, daß sie einige französische Aerze gekannt, und unter den schädlichen Dingen, als einen Gift

mit

mit aufgeführet, welche den Rothlauf oder die Rose verursachen, angemerkt. vid. *Sauvages.* Nos.

Hederae trifoliae canadensi affinis, surrecta, *Arbor tinctoria.* Plukn. Almag. 181. Daß aber unsere Pflanze eben mit derjenigen einerley sey, von welcher der Name *Apocynum trifolium indicum fruticans*, nebst einem sehr schlechten undeutlichen Abrisse beym *Bod. a Stapel* in Theophrast. pag. 364. befindlich ist, muß man erst ausmachen.

Arbor trifolia venenata virginiana, folio hirsuto. Raj. Hist. 1799.

Toxicodendron triphyllum, folio sinuato pubescente. Tournef. Inst. R. Hb. 611. *Herba pulicaria.* Herbe à la Puce gallorum. Flöhkraut.

Rhus foliis ternatis, ovatis, acutis pubescentibus, nunc integris nunc sinuatis. Gronov. Flor. Virgin. 149. Wegen der Abänderung der Blätter ist diese Beschreibung richtig.

Rhus (*Toxicodendron*) *foliis ternatis*; *foliolis petiolatis angulatis pubescentibus*; *caule radicante.* Linn. Sp. Pl. ed. 2. T. I. pag. 381. no. 9.

Der große dreyblättrige nordamericanische Giftrebenstrauch.

 Der

Der große dreyblätterige nordamericanische Giftrebenstrauch oder große dreyblätterige Giftbaum, mit ausgeschweiften etwas wolligem Laube.

Der Nahme Giftesche kömmt wegen des gefiederten Laubes und Ansehens, mehr dem Firnißbaume, als diesem zu: und daß man ihn den Giftbaum mit Eichenlaube, oder die Gifteiche nennet, ist sehr unschicklich, aber gebräuchlich genung.

Diese Art von Rhus ist derjenige Giftrebenstrauch, der schon vor alten Zeiten bey den Schriftstellern für den rechten Giftbaum angenommen worden ist, von dessen bey uns im Lande neuerlich angerichteten Schaden ein mehreres anzuführen seyn wird. Man hat sie zuweilen mit der zwoten kleinern Art und deren schwächern Abänderung auch etlichen anderen ganz unschuldigen verwechselt, die wir im folgenden nahmhaft machen werden, und statt selbiger mit einigen Schaden, oder doch ganz ungleichen Folgen in Gebrauch gezogen.

Unsere naturforschende Gesellschaft hat, um alle diese Ungewißheiten zu heben, die rechte Pflanze, welche aus Croßen geschickt worden ist, mir, wie schon gedacht, zur Untersuchung zustellen lassen. Die dazu gehörige sehr merkwürdige Nachricht habe ich werth gehalten, zugleich der hiesigen Königl. Akademie der Wissenschaften, mit einigen Bemerkungen, vorzulegen, welche hier unter einer sehr veränderten Gestalt, und mit erläuternden Zusätzen vermehret, nunmehro folget.

Im

Im Pfarrhause des Königl. reformirten Hofpredigers, Herrn Conrad, zu Croßen, hat sich, seit ohngefähr acht Jahren, eine besondere Krankheit geäußert, von welcher sonst zu gleicher Zeit, weder in der ganzen Stadt, auch in keinem andern Hause, noch, seit dem Herbste des abgewichenen 1778sten Jahres, weiter etwas verspüret worden ist. Mit dieser Krankheit sind insgemein die sämmtlichen Einwohner im gedachten Hause jährlich befallen worden, bis auf eine einzige Person, von welcher weiter unten Erwähnung geschehen soll. Man bemerkte von ihr, daß sie sich im Frühlinge mit der guten recht warmen Witterung einstellte, den Sommer hindurch anhielt und sich nach dem Eintritte des Herbstes verlohr. Diejenigen Personen, welche damit befallen wurden, erlitten sie zuweilen mehr als einmahl, und die Grade der Heftigkeit und Dauer waren bey einzelnen Kranken sehr verschieden; ohne daß es dabey einem einzigen das Leben gekostet haben sollte.

Niemand verfiel anfangs auf die rechte und eigentliche Ursache dieser Krankheit, man gab sich lange Mühe sie auszufinden, bis auf die letzteren Jahre, in welchen man sie endlich entdeckte. Das Uebel äußerte sich insgemein dadurch, daß einzelne damit befallene Kranke einen besondern Ausschlag im Gesichte, am Halse, an den Füßen und Aermen bekamen, die dabey sehr aufgetriebene und hoch rothe stark entzündete Haut war gleich anfangs mit kleinen häufigen oder einzeln stehenden hellen Blasen besetzet, welche ein ständiges Brennen, und zuletzt ihrer Schärfe halber ein fast unerträgliches Jukken verursachten. Nach etwa drey Tagen veränderten sich diese kleine Blasen, sie wurden größer, und erzeugten eine scharfe, bald wässerige, bald zähere Materie, die sich nach den Ausdrücken einer wieder ersetzte.

Nebst einem starken Fieber fanden sich dabey abwechselnd Beängstigungen, ein Mangel am Schlafe mit Schmerzen im Halse und Augen ein. Bey etlichen hielten dergleichen Zufälle bis zum achten und zehenten Tage, bey anderen bis zum zwölften auch zum vierzehenten an. Die verschiedene Heftigkeit zeigte von der Beschaffenheit der Krankheitsmaterie nach Unterschied des Alters, der Menge derselben und ihrer verschiedenen Bösartigkeit, bis endlich die Zufälle mit der Geschwulst allmählig abnahmen, und die Blasen, nachdem die darinnen befindliche Materie bey der Vereiterung tiefer oder flacher eindringen können, mit Hinterlassung rother Flecken langsam abtrockneten und ganz vergiengen.

Diesem ungewöhnlichen und heftigen Rothlauf gab man, der Aehnlichkeit halber, einen hier im Lande nicht unbekannten Namen der Blatterrose. Ob man nun den Grund dieser so plötzlich einfallenden und sehr beschwerlichen Krankheit schon anfangs in einigen vermuthlich übeln Umständen der Wohnungen im Pfarrhause gefunden zu haben vermeynte; so war man dennoch auch viel zu gewiß, daß, vor den bereits vorher schon angemerkten acht Jahren, noch

keiner

keiner von den ehemaligen Bewohnern dieses Hauses damit befallen worden sey: wie es sonst wohl in anderen ähnlichen Fällen, mit anderen Krankheiten im Herbste und Winter, bey einer anhaltend feuchten Witterung, leicht geschehen kann. Es zeigte sich vielmehr in Ansehung der Jahreszeiten hier bey der besten Witterung gerade das Gegentheil, indem sich das Uebel in den schönen Frühlingsmonathen und warmen Sommertagen einfand, mit deren Ablaufe aber sich von selbst verminderte und verlohr.

Aus einer genauen Ueberlegung, wegen solcher Umstände, veränderten sich auch die vorigen Muthmaßungen, als ob die besondere ungesunde Beschaffenheit des Pfarrhauses daran Schuld sey, und man urtheilte weit richtiger, als vorher, nach dem die Bewohner desselben die Krankheit, seit sechs auf einander folgenden Jahren so oft überstanden, daß das Uebel seinen Grund vielmehr in den kleinen und von Gebäuden und Mauern allzu eingeschränkten Garten haben könnte, welcher hinter demselben Hause gelegen ist: wie man denn sogar die in selbigen Garten erzogenen Früchte nicht außer Verdacht ließ.

So aufmerksam indessen sämmtliche Bewohner auf alle dahin gehörige Umstände immer waren, und ob sie sich gleich des Gartens seltener, und der darinnen erzogenen Gewächse so selten als möglich, auch wohl gar nicht bedienten; so fanden sie sich doch nicht im Stande, das Uebel gänzlich von sich abzuhalten, daß sie damit nicht wieder hätten befallen werden können und sie gaben zuletzt die Hoffnung beynahe auf, hinter die wahren Ursachen ihres Zufalles zu kommen. Der Verdacht gegen die Beschaffenheitdes Gartens blieb indessen noch immer übrig.

Denn so oft sie diejenige Jahreszeit, mit den schon erwähnten Anfällen ihres gehabten gelindern oder heftigern Rothlaufes, wohl verglichen, und diejenigen Tage, nebst der Tageszeit zu Hülfe nahmen, an welcher und bey welcher sie sich jedesmahl im Garten befunden, und in selbigem länger oder kürzer aufgehalten hatten, und jedes insbesondere kurz darauf mit dem Uebel befallen worden war; so erneuerte sich der gehabte Verdacht, bis sie endlich im Heumonath des letzt verwichenen Jahres, durch einen neuen Beweis, von den Gründen ihrer Muthmaßung völlig überführet wurden.

Es erhielt nämlich die im Pfarrhause wohnende Familie, im Monath Julius, einen Besuch von einem jungen Frauenzimmer, welcher in dem kleinen Garten eine ganze Stunde lang dauerte. Eben diese Person war es, welche schon vorher von dem Jahre 1769 bis 1776 in demselbigen Hause gewohnet, und zur Sommerzeit, jährlich die derselben Familie wohlbekannte Krankheit, auch etliche Mahl ausgestanden hatte: von der Zeit an hingegen, von welcher sie sich nicht mehr darinnen befunden, von der Krankheit und allen dabey gewöhnlichen Zufällen vollkommen frey geblieben war. Noch selbigen Abend klagte diese junge Persen von neuen über die im Pfarrhause

ehedem

ehedem sehr genau bekannt gewesene Krankheitsumstände. Das dabey gleich zuerst brennende Jukken stellte sich am linken Arme wieder ein, und die Haut war schon an dem darauf folgenden Morgen znm Theil roth, entzündet und mit Blasen bedeckt, dabey das Gesicht, die Brust und Hände dieses Mahl besonders litten: nur waren die Zufälle gelinder als sonst, und die übrigen Theile des Körpers davon nicht angegriffen.

Hieraus glaubte man nunmehro, besser als jemals überzeugt zu seyn, man habe den Grund des Uebels in dem Garten, und zwar vielleicht in einem solchen Gewächse zu suchen, welches etwa vor sich im Stande seyn müsse, durch seinen flüchtigen und scharfen höchst wirksamen Dunst dergleichen plötzliche Zufälle zu erregen; welches sich aus den nachfolgenden Umständen mit gehöriger Gewißheit sehr deutlich ergeben wird.

Das jetzige Pfarrhaus war, durch ein Vermächtniß, zur freyen Wohnung des reformirten Predigers bestimmt. Es hatte gleich am Eingange in dem kleinen Garten ein belaubtes Cabinet, an welches der vorher angeführte große nordamericanische Giftrebenstrauch, aus einem sehr großen und sichtlichen Irrthume an statt des so genannten fünfblätterigen wilden canadischen Weinstocks, *Vitis quinquefolia canadensis*, welcher eine Art des fremden Epheu ist, im Jahre 1769 gepflanzet worden war. Dieses Gewächs kannte zwar niemand nach seinem Geschlechte, Nahmen und Eigenschaften: daß es aber nicht der vorgedachte wilde Wein war, sah jedermann. Der Verdacht fiel dieses Mahl darauf, und man beschloß es deshalb auszurotten, nachdem man die Umstände sämmtlich wohl überdacht hatte.

Denn man erinnerte sich viel zu genau, daß, als damals und in eben dem Zeitpunkte, das 1769. vorher gepflanzte Gewächs, im folgenden 1770. Jahre zum ersten Mahle ausgeschlagen war, die oft erwähnte beschwerliche Krankheitsperiode damit sogleich ihren ersten Anfang genommen habe, von da an sie in jedem nachfolgenden Herbste nachgelassen, und jedes Mahl im Sommer darauf, und wenn das Gewächs belaubet gewesen, wieder gekommen sey. Hierzu kam noch, daß der zeitige Besitzer des Gartens von der ehemaligen Krankheit vor allen nachmahls fast am heftigsten angegriffen wurde, nachdem er Tages vorher, etwa in Zeit von einer Stunde, die übermäßig wuchernden Wurzelsprossen des Giftrebenstrauches ausgeschnitten und die herunter hangenden Reben aufgebunden hatte.

Wie denn noch überdem bemerket wurde, daß sich im vorbesagten wohlbelaubten Gartencabinete eine Kinderwärterinn zu lange aufgehalten hatte, deren Kind auf dem Hofe Spielens halber herum lief: diese hatte, sich bey der Hitze zu kühlen und das Ungeziefer abzuwehren, Zweige von Giftrebenstrauche abgebrochen. Das Kind kam dagegen unter dieser Zeit gar selten zu ihr, und trug auf der linken Seite im Gesichte nur eine schwache Röthe davon; die

Wär-

Wärterinn aber wurde von der Krankheit im Gesichte am meisten und heftigsten befallen. Die Köchin im Hause war die einzige Person, welche von der Krankheit verschont geblieben, weil sie sich selten und niemals zu lange im Garten, am allerwenigsten aber unter den giftigen scharfen Ausdünstungen in dem Cabinette selbst befunden.

Man machte also mit dem Eingange des 1777. Jahres Anstalten, das oft besagte bösartige Gewächs im Garten mit größter Genauigkeit auszurotten, welches, so weit man es bemerken konnte, sehr wohl von statten gegangen seyn muß. Denn, als man nach der Zeit den Garten noch fleißiger besuchte, als vorher; so war von den ehemaligen verdrüßlichen Folgen doch nichts weiter zu spühren. Wie sich denn aber aller Aufmerksamkeit ohngeachtet, zwischen den Gebäuden und Steinen noch manche, mit Keimen versehene Wurzel verstecken, und wenn sie lebhaft ist, aus ungewöhnlichen Orten, in welchen sie der Zufall eine gute Zeit verwahret, dennoch wieder Vermuthen zum Vorschein kommen kann; so hat es sich damit auch hier ereignet.

Der aus Crossen nachgeschickte Bericht, vom 20sten August desselben Jahres, versicherte uns, daß eine dergleichen noch verborgen gelegene Wurzel einen Sprößling, in dem nunmehro mit Buchen bekleideten Lusthause des Gartens getrieben habe. Ein junges Frauenzimmer, das sich in diesem Hause befand, wurde dieses Ueberbleibsel gewahr, und brach es ab, um es der gegenwärtigen Gesellschaft zu zeigen. Diese Person, welche den Sprößling zwischen den Steinen hervorgelanget, mußte, nach Verlauf von 24 Stunden, die oft erwähnten übeln Zufällen an sich auch erfahren. Die Blasen kamen zum Vorschein, und der eine Arm wurde damit ganz bezogen, und der andere dadurch ergriffen. Doch sind diese Blasen, ohne weitere und schwerere Zufälle dieses Mahl nach etlichen schmerzhaften Nächten vergangen.

So weit gehet die von Croßen aus mitgetheilte Nachricht, von der man sagen kann, sie sey deutlich und unterrichtend genug, gegen manche andere, die die Schriftsteller nur gleichsam gelegentlich und unvollkommen gegeben haben. Denn sie zeiget auf den rechten Grund zurücke, aus welchen man die eigentliche Krankheit, mit ihren gewöhnlichen und sehr bekannten Zufällen, sehr bald erkennen kann. Sie bestätigt sich sowohl durch das Beyspiel einer ganzen Familie, an etlichen, dem Alter, Geschlechte und der Leibesbeschaffenheit nach verschiedenen Personen, als auch durch verschiedene dazu nicht gehörige, welche vorher nur im Hause gewohnt haben, oder, unwissend des Uebels und der Ursachen, nachher erst in den Garten gekommen sind. Diese sämmtlich sind, verschiedene Jahre nach einander, mit der vorerzählten Krankheit zu einer gewissen Jahreszeit, und die erstern zuweilen in einem und eben demselben Jahre zwey Mahl, nach verschiedenen Graden der Heftigkeit, befallen worden.

Durch

Durch eben diese Nachricht werden wir zu der vorangeführten verletzenden Ursache selbst auf das wahrscheinlichste geführt, von welcher schon außerdem Erfahrung und Vernunft vollkommen bestätigen, sie liege in der heftigen Wirkung der scharfen, flüchtigen und durchdringenden Dünste, der mit Recht in Verdacht gezogenen bösartigen Pflanze, und zwar eben so gewiß, als in ihren beyden andern schon angezeigten nächst verwandten Gattungen. Die erste und zwote hat sich bey uns in Deutschland eben so kenntlich gemacht, als sie schon ehedem in etlichen Provinzen des nordlichen Amerika, mit der dritten, welche der Virnißbaum ist, durch ihre ähnliche und merkliche Vergiftungsart bekannt gewesen. Man hat sie daselbst weit über ein hundert Jahre, wegen solcher Zufälle eben so gefürchtet, dergleichen sie bey uns erreget, als es nach der Zeit in Frankreich geschehen und selbst in den Nachrichten der Arzeneygelahrheit mit angemerket worden ist: bey uns aber nunmehro auch geschehen wird. Der erste Königl. Leibmedicus, der Herr geheime Rath Cotenius hät ehedem zu Potsdam fast ähnliche, auch die allermeisten Zufälle bey einer Frau von Stande bemerkt, welche unter den gesottenen hamburger Muscheln eine so genannte giftige oder kranke Muschel genossen, ohngeachtet die Bolle, mit der sie abgekocht waren, noch in der Schüssel befindlich gewesen.

Die Zeit im Jahre bey uns, die, nach gewissen damit verbundenen Umständen, derjenigen fast gleich

seyn

seyn kann, in welcher sich das Rhus Toxicodendron auch im nordlichen Amerika auf einerley Weise mag schädlich erwiesen haben, macht bey anhaltend warmen Wetter, von der anderen Hälfte des Maymonats, auch bey einer Tageslänge von 15 — 16 Stunden, bis zu den ersten Tagen des Septembers, etwa einen Zeitraum von einhundert und etlichen zwanzig Tagen aus; da man weder vor derselben noch hernach von ihrer giftigen Wirkung etwas wahrnimmt: es müsse denn seyn, wie dieses gleichfalls nicht unbemerkt geblieben ist, daß man unversehener Weise von abgehauenen Giftrebenholze aus den Gärten etwas unter den Vorrath zur Feuerung hätte kommen lassen.

Denn bey dem zunehmenden und hohen Sonnenstande stehet diese unsere Pflanze anfangs in der Blüte, im jungen Triebe, auch hernach im besten Wachsthume, und zugleich in der größten Kraft ihrer Schädlichkeit. Ihr völlig verdünnter und in volle Bewegung gesetzter flüchtig-scharfer Saft, dünstet während des besten Wachsthums am stärksten aus, sein Dampf sammlet sich in den natürlich schattigen dicken Standorten, unter dem Gebüsche, wo ihn kein freyer Zugang der Luft abwechseld zerstreuen kann. Daselbst wird er von den mehr oder weniger schwitzenden Menschen aufgefangen oder eingesogen, die sich daselbst, der Kühlung halber, gegen die Sonnenhitze zu verbergen suchen.

Wegen großer Aehnlichkeit der Umstände glaube ich also nicht zu verfehlen, wenn ich zu mehrerer Erläuterung und Bestätigung erwähnter Krankheitsgeschichte, diejenigen gleichfalls wohl bestimmten Nachrichten, nach einer kurzen und schicklichen Auswahl hier mit beybringe, welche auch andere glaubwürdige Schriftsteller außer unserm Vaterlande, theils von der bey uns nunmehro, als eine sehr bösartige bekannt gewordene Pflanze, theils von beyden schon angezeigten Arten von Zeit zu Zeit bekannt gemacht haben. Die Nachrichten eines aufmerksamen und gründlichen Kalms, in dem andern Theile seiner Reisebeschreibung, und eines Dudley, in den gelehrten Abhandlungen der Königl. Gesellschaft zu London, haben hier, zu unsern Absichten, vor andern den Vorzug.

Was nun diejenige Krankheit betrift, welche der große nordamericanische Giftrebenstrauch eigentlich verursachet; so hat man sie gerade für diejenige gehalten, von welcher man in Frankreich schon gewust, daß sie alle Toxicodendra erwecken, und also gerade für diejenige, welche sie wirklich ist: nämlich für eine Art der Blatterrose, mit ihren nachfolgenden und abwechselnden oft beschriebenen Entzündungszufällen. Die Aerzte nennen sie *Phlegmone pustulosa* oder *vesicularis*, die gemeinen Leute aber öfters das laufende Feuer, oder den Rothlauf mit Blattern, oder Blasen. Die Anzeigen einer schnellen, bald heftigen, bald geringen Entzündung an an etlichen äußerlichen Theilen, mit einer Härte, Spannung, schmerzhaften Geschwulst, einer hohen Röthe, die sich allmählig über den ganzen Leib ausbreitet, und deren davon fast unzertrennliche symptomatischen Fieber sind mehr als zu deutlich. Die noch dabey allmählig entstehende Zufälle, dergleichen ein beständig beißendes, zuletzt unerträgliches Jukken der Haut und der Augenlieder, mit einer Steifigkeit derselben, wie auch eine Entzündung der Augen, Schmerzen im Halse, Unruhe und Beängstigung, ein Mangel des Schlafes, fliegende Hitze mit bald vorübergehenden leichten Phantasien, Ohnmachten, Zuckungen und mehrere dergleichen wechseln ab, und sind nicht alle zugleich gegenwärtig.

Es zeigen sich insgemein auf der entzündeten Haut zugleich häufige Blasen oder Blattern, die eine scharfe Feuchtigkeit von sich geben, und sich gleich Anfangs nur selten verlieren, ohne zu verschwähren; meistentheils aber in eine starke Vereiterung übergehen. Alle solche Umstände äußern sich bey einer heißen Witterung, bey welcher die Körper und körperlichen Säfte leicht in stärkere Bewegung gerathen, und mit diesen bald gesundern, bald mehr verdorbenen Säften in den Zustand einer reichlicheren Ausdünstung versetzet werden; so daß das Einsaugen eines höchst feinen dunstartigen Pflanzengiftes, in Verhältniß mit jener, ungleich schneller vor sich gehet, und die Menschen also, nach verschiedenen Graden der Heftigkeit, davon angegriffen werden können. Ziehet man nnn die natürlichen Standörter

unserer

unserer giftigen Pflanze in Nordamerika, oder auch solche, die wir ihr insgemein geben, und in schattigen kühlen Lustwäldern, oder welches fast einerley seyn kann, in dichten damit bezogenen grünen Spaziergängen und Lauben, in unseren Gärten, unter welchen man sich vor der Sonnenhitze zu verbergen und abzukühlen gewohnt ist; so werden vorbesagte üble und plötzliche Zufälle sehr begreiflich, in Ostindien aber noch weit schwerer seyn müssen.

Hätten wir hier zur Absicht, durch eine vollkommene Abhandlung einer ganzen Krankheitsgeschichte, nebst den abwechselnden oder beständigen Zufällen in ihrem ganzen Umfange, die Gränzen eines Naturforschers zu überschreiten; so müsten wir mit den Aerzten von den Kräften einer angeblich giftigen, aber noch nicht hinreichend untersuchten Pflanze reden, von deren Bestandtheilen in der natürlichen Grundmischung, auch deren Wirkungsarten und Folgen einen deutlichen Bericht geben, welche sich unter verschiedenen Abänderungen in den menschlichen Körper äußern, ohne daß wir dieses Mangels halber dazu im Stande wären.

Ehe wir aber durch unsere Untersuchungen recht nützlich zu werden anfangen, so müssen wir die kaum weiter, als unter den Botanisten bestimmte, und wenn es hoch kömmt, unter etlichen Gärtnern und Gartenliebhabern so bekannt als nöthig gewordene Giftpflanze recht kenntbar zu machen suchen, damit sich der größte Theil von solchen Leuten davor hüten ler-

 ne,

ne, welchen sie am geschwindesten oder meisten Schaden zufügen kann. Denn dieses ist der Naturforscher in allen ähnlichen Fällen dem gemeinen Wesen schuldig. Um nun mit dem Unterrichte nach der Ordnung zu verfahren, muß es bey Ermangelung der vorerwähnten allernöthigsten Hauptumstände allerdings besser seyn, dergleichen vor allen Dingen etwas genauer zu berichtigen, als es hier von andern geschehen ist, von welchen man sonst mehr Genauigkeit fordern konnte. Niemand wird es also mehr für wirklich so genannte Kleinigkeiten ansehen, wenn wir nach den Gründen der Naturgeschichte diejenigen nützlichen und schädlichen Pflanzen zuerst, nach ihren Nahmen, Geschlechte, Gattung und andern äußerlichen Zeichen, als den so gleich in die Sinne fallenden betrachten, welche man einer fernern Abhandlung werth hält. Denn eben durch das Gegentheil von dem, was hier verlangt wird, haben viele ihre allzuseichten Kenntnisse verrathen, und ein grosser Theil ihrer Arbeiten muste deshalb unverständlich und unbrauchbar bleiben.

Man wird hieraus sehr wohl ersehen, daß auch in der natürlichen Geschichte des großen dreyblätterigen canadischen Giftrebenstrauchs noch eine beträchtliche Lücke auszufüllen übrig sey, zu dessen Untersuchung uns von Crossen her eben die Pflanze selbst ist zugeschickt worden, welche daselbst Schaden und Unordnung angerichtet hat. Sie bestehet in einem jungen Wurzelstocke, dessen erstes Ansehen jeden Sachverständigen so gleich überführet, daß er

Rhus

Rhus Toxicodendron des Herrn von Linnée sey; und folglich ein offenbar verschiedenes Gewächse, von dem davor gehaltenen *Celastro* (scandente) *inermi, caule volubili scandende. Linn.* Sp. Pl. ed. 2. T. I. pag. 205. no. 1. der Calasterrebe, die man den Baummörder nennet. Dieser an sich sonst sehr unschuldige Strauch, hat mit der jungen Giftrebe weder innerlich noch äußerlich etwas gemein, daran man beyde verwechseln könnte, außer, daß er sich um die Bäume und Zweige aufwindet, wie jene anfangs zuweilen auch bey uns gefunden wird: dagegen der Celaster von da bis in die Kronen aufsteiget, die Zweige dermaßen umschlinget und zusammen spinnet, daß sie vest in einander gezogen, allmählig absterben müssen.

Von denen sechs nachfolgenden steigenden und windenden Rebengewächsen, welche bey der überschriebenen Nachricht mit angeführt worden sind, unterscheidet sich unser dreyblätteriger große Giftrebenbaum ohnehin völlig: daß es ein eben so unverzeihlicher Fehler seyn würde, als wenn man die Gichtrübe *Bryonia alba*, die türkische Kresse *Tropaeolum Linn.*, oder gar die Schminkbohne *Phaseolus Linn.* und andere mehr, die noch nicht einmahl Holzarten sind, mit unsern Weinstocke *Vitis vinifera* verwechseln wollte. Denn hierher können, Aehnlichkeit oder Verwechselung halber, folgende Gewächse gar nicht gezogen werden; um dadurch zu sagen, was unsere Giftpflanze nicht sey, als:

 Hedera

Hedera (*helix*) Linn. Sp. Pl. ed. 2. T. I. p. 293. no. 1. Der Epheustrauch.

Clematis (*vitalba*) Linn. Sp. Pl. p. 766. no. 8. Die steigende Waldrebe oder Birne.

Tamnus (*communis*) Linn. Sp. Pl. T. II. pag. 1458. no. 1. Schwarze Stückwurzel.

Lonicera (*Caprifolium*) Linn. Sp. Pl. T. II. pag. 246. no. 1. Die welsche Zaungilge oder Geißblatt.

Menispernum (*Canadense*) Linn. Sp. Pl. T. II. pag. 1468. no. 1. falscher canadischer Hopfen.

Bignonia (*radicans*) Linn. Sp. Pl. T. II. p. 672. no. 13. Steigende Trompetenblume oder Veilrebe.

Die gemeinen und unwissenden Gärtner erlauben sich dergleichen Fehler sehr oft, welche sie unter den bloßen Liebhabern eifrig fortpflanzen, und da sie sich zu weise dünken, lassen sie sich von keinen Kunstverständigen eines bessern belehren. Doch sind die Botanisten darauf sehr aufmerksam, und streichen dergleichen falsche oft selbst erdachte Namen öffentlich durch; weil diese bey ihrer ersten Ausgebuhrt nicht gleich erstickte Fehler außerdem beym Arzeney- und Specereywesen, bey den Fabriquen und mancherley Zweigen der Haus- und Landwirthschaft sehr üble Folgen haben, daß die Policey und Gerichtshöfe manches wichtige davon aufweisen

weisen könnten, und man also aus Vorsicht so gleich mit Verbesserung dieses Uebels den Anfang machen muß. Unser Giftrebenstrauch kann, statt vieler anderen Gewächse, zu einem überaus erläuternden Beyspiele dienen. Denn da er aus einem Irrthume, unter einem andern Namen, als er eigentlich hat oder haben soll, statt eines andern Gewächses zur Belaubung eines Gartenhauses ganz unrecht angewendet worden, dazu er sich aus vielerley Gründen gar nicht schicket; so hat er seiner natürlichen Eigenschaft nach leicht schädlich werden können, wie er es so lange wirklich geworden ist, ehe der Fehler entdeckt wurde.

Denn da er vor etwa acht Jahren unter den Namen des wilden Weines *Hederae (quinque foliae)* Linn. Sp. Pl. T. I. pag. 292. no. 2., oder statt desselben, ohne weitere Kenntniß der Eigenschaften und Folgen zur Bekleidung der Sommerlaube gepflanzet worden war; so hat er sich weit anders erwiesen, als es der wilde canadische Weinstock würde gethan haben, oder würde haben thun können. Dieses fremde Rebengewächse hat man zu Croßen bald erkannt, und nach äußerlichen richtigen Kennzeichen, bey näherer Untersuchung, von dem dreyblättrigen Giftrebenstrauche gleich unterschieden. Das erste ist seit achtzig Jahren in den größten und weitläuftigsten Lustgärten zur Bekleidung der Mauern, Spatziergänge, Lusthäuser und Prospekte, wegen seines schnellen Wachsthums und reinlichen dauerhaften fünfblättrigen großen Laubes, ohne allen Schaden in Deutsch-

 land

land angewendet worden. Mit dem Weinstocke hat es manche Eigenschaften gemein, verträgt allerhand Grund und Lage, nähert sich aber, seines Blumenbaues halber, mehr dem Epheustrauche, als dem Weinstocke, und unterscheidet sich übrigens von dem Giftrebenstrauche so ausnehmend, daß es auch ein anderer, als ein Pflanzenkenner, ohne eine besondere Beschreibung mit jenen niemals zu verwechseln im Stande seyn kann; der schädlichen Wirkungsfolgen nicht einmal zu gedenken, dergleichen man von dem sogenannten wilden Weinstocke niemahlen erfahren hat.

Unser großer nordamericanische Giftrebenstrauch ist ein von der nachfolgenden kleinern Art ganz verschiedenes Gewächse, welche auch, wie jene, schon vor etlichen Jahren, da sie verpflanzet wurde, in dem Garten der Königl. Akademie der Wissenschaften fast gleichen Schaden angerichtet hat. Die große war dem Nahmen nach, wie davon gesagt worden ist, in Amerika und etlichen Landen von Europa, auch so gar bey uns bekannt, und ihre bösartige Wirkung bringt sie von neuen wieder ins Gedächtniß, und nunmehro ziehet sie, wie jene, die Aufmerksamkeit der Aerzte und aller Gartenliebhaber in einem solchen Zeitpunkte, mit allem Rechte, auf sich, in welchem sich ein großer Theil der letztern, mit Verläugnung des Geschmacks, statt der zeither fast übertriebenen kostbaren Blumenliebhaberey, vornämlich mit Unterhaltung der nordamericanischen und übrigen Holzarten,

arten, die sich in freyer Luft erziehen lassen, zu beschäftigen sucht. Vielleicht bringt diese Bemühung dem Staate mit der Zeit mehrere Vortheile, als jene zeitverderbliche Unterhaltung von Tulipanen, Nelken, Aurickeln und anderen Zwiebelgewächsen, welche mit vielen Kosten verbunden, blos der Blumen halber geschiehet.

Ob nun unser Giftrebenstrauch in denen fast zur Mode werdenden englischen Baumpflanzungen schon für neu und wenig bekannt gehalten werden wollen; so hat ihn doch, seit Jonquets Zeiten, das Verzeichniß der Gewächse des Königl. Pariser Gartens, wie nachhero die vornehmsten deutschen botanischen Gärten, immer gehabt. Wie sich denn dasselbe seit 1730 und 33 in der Mark Brandenburg befunden hat, wo es wieder von neuen seit vorigen Jahren unter dem Saamen aus England gebracht, und ohne auf die so schädliche Eigenschaft desselben zu denken, bey uns in mehrern Gegenden für die Lustwälder gesäet und erzogen worden ist. Von dessen äusserlichen Vorzügen ist nur wenig zu sagen, und von den übrigen guten Eigenschaften seit der Zeit noch weniger bekannt geworden. Die vornehmste Empfehlung davon muß demnach diese gewesen seyn, daß es schnell wachse, sich ohne Mühe durch Saamen und Wurzelstöcke vermehre, und an vielerley Orten unterhalten werden könne, in welchen sonst keine oder wenige andere Gewächse fortkommen und ausdauern wollen: um die übeln Folgen aber, um welcher willen es, nach der Vorschrift einer guten Landpolicey, vielmehr ausgerottet zu werden verdiente, und von Kennern, der Folgen halber, mit Fleiß vertilget wird, hat man sich nicht sonderlich bekümmert.

Die dunkle und heftig faserige Wurzel dieser Pflanze, welche fast in jedem Grunde und bey jeder Lage gleich dauerhaft ist, gleichet den jungen überall wurzelnden Rebenstämmen; sie gehet mit ihren Keimen stark um sich, und treibt eine Menge von Wurzelstöcken, daß dieser Menge halber die Hauptstöcke selten recht hohe, nämlich zehenfüßige und stärkere Stämme treiben, wenn man ihnen bey der Pflege, durch Schneiden und Abnehmen der Brut, nicht zur Hülfe kömmt. Es strecken sich die jungen Sprossen vielmehr ohne Stützen und nehmen eine windende schwache Rebengestalt an, die sich aber verändern läßt.

Das gleichfalls dunkelgrüne adrige Laub ist dreyblätterig und stehet auf abwechselnden einzelnen und Spannen langen Stielen an den jungen weichen Trieben, die, wenn sie abgerissen oder geschnitten werden, einen zähen Milchsaft von sich geben. Die Blätter selbst sind oberwärts glatt, unterwärts hingegen mit einem kurzen, feinen, weißen und wolligen Wesen nur dünne bezogen, dabey aber, so lange sie jung sind, mehr roth, und fallen im Herbste ab. Ihre Gestalt und Größe ist etwas veränderlich, und nach Beschaffenheit der Witterung geht ihre Ausbildung, so wie nach dem Alter, der Lage, Nahrung und Jahreszeit nicht immer mit gleichen Fol-

gen

gen vor sich, daß sie bald einem Rand haben, der ohne Zacken ist, auch nur zum Theil bey etlichen, dagegen er bey andern tiefer, enger, schärfer, spitziger, oder weitzackiger, auch wohl besonders ausgeschweift gefunden wird, daß etliche so gar in der Gestalt derselben eine Aehnlichkeit mit dem Eichenlaube gefunden zu haben vermeynen, und der Pflanze vermuthlich deshalben den Namen der Giftesche haben gegeben, wissen wollen.

Unsere Pflanze, die sich im Frühlinge sehr zeitig verpflanzen läßt, treibt ihre ziemlich ansehnlichen Knospen schon im October, und im Junius des darauf folgenden Jahres ihr Laub, auch dabey einzelne, recht feine, dünne, hellgrüne, zweyzöllige und ästige kleinblütige Blumensträuße. Man bemerkt aber, daß einige Pflanzen blos männliche, andere aber allein weibliche Blüthen vor sich bringen, welche sich sogar in der Größe von einander unterscheiden: die männlichen Blumen aber sind allezeit kleiner als die weiblichen.

Beyderley, dem Geschlechte nach, verschiedene und in zwo Pflanzen abgesondert von einander hervorkommende Blumen haben beständige, aufrecht stehende, regelmäßig fünftheilige Kelche, *Calyces*, und ihre Blumenkronen *Corollae* sind fünfblätterig und geöffnet, mit eyrunden Blätterchen. Bey den Männchen findet man fünf sehr kurze Staubfaden *Filamenta*, mit sehr kleinen Staubhülsgen *Antherae*. Dagegen sind in den weiblichen sonst gleichförmigen Blumen allezeit nur einzelne rundliche Fruchtknoten *Germina*, ohne Spuhren einer Befruchtungsröhre *Styli*, mit drey überaus kleinen, zarten, herzförmigen Befruchtungsnarben *Stigmata*. Die Früchte sind einzelne, rundliche, glatte, aschfarbige und gestrichelte Beeren, mit einem glatten tief gestreiften Kerne.

Dabey ist noch anzumerken, daß sich die drey offenbar giftigen Geschlechtsarten vom *Rhus*, nebst dem *Rhus* (*Comminia*) Linn. Sp. Pl. ed. 2. T. I. pag. 391. no. ibid. wilde oder falsche Pfefferbaum, vor den übrigen acht Gattungen unter andern auch darinnen auszeichnen, daß sie keine Zwitterblumen tragen, so, wie *Rhus* (*Cotinus*) der Perückenbaum durch seine feine, langstielige, große Federbüsche.

Was den Geruch und Geschmack des Saftes unserer bösartigen Pflanze betrift, so ist er bey der doppelt scharfen Grundmischung derselben wenig merklich, oder doch überhaupt weit schwächer, als er bey den andern eben so schädlichen gefunden wird. Er ist milchend und zähe, und wird beym Heraustreten aus der verwundeten Pflanze, bald mit einem, aus einer ganz andern Lage von Saftröhren, zugleich herausdringenden vermischt, darauf er an der Luft eine schwarze Farbe und einen unangenehmen Geruch bekömmt.

Daß

Daß er das Eisen etwas angreife und auf Leinewand und Papier solche dunkelbraune oder schwärzliche Flecke mache, welche sehr schwer oder gar nicht ausgehen wollen, muß dabey nicht vergessen werden. Man stellete sich des angezeigten Geschmacks und Geruchs halber, und wegen der zu gewisser Zeit mehr eingewickelten, und eines Theils nur in schwache Bewegung gesetzten Schärfe vor, als ob dieser Saft auf den Menschen eben keine so schlimme Wirkung thue, weil man dergleichen in einem gewissen Zustande der Pflanze und des Körpers nicht immer, oder nicht so merklich, wahrnehmen konnte. Zu einer andern Zeit hingegen und unter veränderten Umständen von beyden, hat sich die schädliche Wirkung der Pflanzen an den Menschen desto nachdrücklicher bewiesen: wie denn die darüber gemachten Bemerkungen deshalb keinen Widerspruch leiden.

So gewiß also das erste zu seiner Zeit befunden wird, so zuverläßig sagt uns die Erfahrung, daß selbst der aufgestrichene Saft, oder wenn er in die bloße Haut eingerieben worden ist, so gar bey eben solchen, welchen er eine gute Zeit vorher niemals schädlich gewesen, doch hernach in einem andern Zustande geschadet, und wegen seiner heftigen Schärfe auf der Haut Blasen gezogen, auch dabey Entzündung gemacht, und eine schmerzhafte Geschwulst erreget habe: wie dieses auch geschieht, wenn die Haut mit frischen Blättern des Giftrebenstrauchs gerieben wird. Bey anderen, welche den Saft auf

der

der Haut haben eintrocknen lassen, hat sich, nach Verlauf von 16 bis 24 Stunden, ein brauner Fleck gezeiget und das äußerst dünne Häutchen hat sich davon abgelöset. Noch schärfer ist die Wirkung, des frisch aufgestiegenen Saftes in die Haut, bey einzelnen Personen gewesen, wo er dieselbe dermaaßen angegriffen, daß sie nach etlichen Stunden schon angefangen schwarz und nach Art eines Leders dicht und hart zu werden, mit Verlust des obern Häutchens. Ein geschickter Arzt zu Zülchow hat sich dabey, um die Schmerzen zu lindern, der austrocknenden Mittel mit gutem Erfolge bedienet.

Unter den neuern Versuchen, die gleich den vorigen ordentlich und aufmerksam wiederholet zu werden verdienen, kömmt auch folgender vor: nämlich der frisch aus der Pflanze hervorquellende Saft ist mit Wasser oder Brühe einem Hunde und Huhne eingegeben, bey ersterm aber frisch in eine Blutader des Schenkels eingebracht worden, welches dieses Mahl wenig geschadet; doch will man bey dem Hunde einige leichte bald vorübergehende Zuckungen angemerkt haben. Ueber die schädlichen Wirkungen des Holzes vom Giftrebenstrauche bey der Feuerung, sind, wie schon gemeldet, manche kurze abgebrochene Bemerkungen vorhanden.

Diese und dergleichen an Menschen und Thieren gemachte sehr nützliche Versuche, erfordern, wegen zu großer Verschiedenheit und Abweichung in einzelnen Fällen, bey aller ihrer Gewißheit, manche Ein-

schrän-

schränkungen und eine sehr behutsame Anwendung. Wie man sich denn überhaupt zu hüten hat, um nicht aus der Wirkung verschiedener giftigen Pflanzen-Säfte in einen menschlichen Körper, auf viele, oder auf alle Menschen selbst zu schlüßen: ferner von den Menschen allezeit auf Thiere, und von den einzelnen Thierarten, sonder gedachte Behutsamkeitsregeln, auf andere, zumahl ganze Geschlechter in andern Natur-Classen. Ob nun die Bestandtheile der natürlichen Grundmischung unserer bösartigen Pflanze schon noch nicht so weit untersucht worden sind, daß man von ihnen hinreichende Kenntnisse nehmen könnte; so läßt sich doch vorläufig davon, und so viel aus Gründen muthmaßen, welche durch sinnliche Erfahrungen unterstützt werden, daß mehr gedachte frische Pflanzen, in ihrer beständigen fressend scharfen Mischung, so lange sie in ihren stärksten Wachsthume stehet, höchst feine und flüchtige, unmerklich und plötzlich eindringende, gleichfalls scharfe Antheile haben müsse, die sie zu einer Zeit mehr entwickelt verdampfe, als zur andern. Der in einer stärkern oder schwächern Bewegung sich befindende menschliche Körper, saugt alsdenn mehr oder weniger davon ein. Der übrige fixe scharfe Antheil greifet, nach den mit dem frischen Safte und Laube angestellenden Erfahrungen, die Haut, wie andere scharfe und Blasen ziehende Mittel an.

Der gleich Anfangs, seiner bekannten Schädlichkeit halber, angezeigte Mancenillenbaum, dessen sehr bösar-

bösartige Frucht einen nicht unangenehmen Geruch von sich giebt, hat zwar die heftig fressende Eigenschaft seines Milchsaftes in allen Theilen durchaus mit unsern Giftrebenstrauche gemein: aber er wird in allen ungleich heftiger befunden. Darinn sind indessen beyde verschieden, daß sich, nach den sehr richtigen Bemerkungen eines verdienstvollen Jacquins, keine Spuren und Wirkung von einer flüchtigen dampfigen Schärfe des frischen oder grünen Mancenillenbaumes ausfinden lassen; so häufig auch die Unwahrheiten durch die Einwohner und anderen davon verbreitet worden sind. Denn Herr Jacquin selbst hat unter dem Schatten des Mancenillenbaumes seine Ruhe genossen, ohne den geringsten Nachtheil davon zu empfinden. Wie denn das, nach der gemeinen Sage schädliche, von den Blättern auf die bloße Haut abträufelnde, oder einige Zeit auf dem abgefallenen Laube gestandene Wasser, keine üble Wirkung gethan hat. Blos der scharfe Michsaft des Baums und der Frucht, wenn er unmittelbar auf die Haut gebracht wird, ist so beizend, daß er bald mit fast ähnlichen Schmerzen, als ein heißes Eisen, recht große Blasen ziehet. Ob er also durch einen Zufall oder Verwegenheit, innerlich im Magen gebracht, weniger Schaden anrichte, oder nicht, wird wohl keine Frage seyn.

Nicht zu vergessen, daß die reife häufig abfallende fleischige milchsaftige Frucht, unter dem Baume nicht verfaule, oder in freyer Luft mit einem übeln

Geruche mißfärbig werde, wie von dem Safte des Giftrebenstrauchs schon gesagt worden ist; sondern vielmehr ganz austrockne. Darüber hat wohlgedachter Herr *Jacquin* in *American.* pag. 250. aus selbst eigener Erfahrung Meldung gethan. Der ansehnliche Mancenillenbaum, welcher daselbst unter dem Namen *Hippomane* (*Mancenilla*) *folus serratis*; *basi glandulosis* von ihm beschrieben und durch eine sehr deutliche Abzeichnung Tab. CLIX. erläutert worden ist, und welchen die Einwohner von Martinique jährlich umhauen, und seiner schönen Farbe und Härte wegen zur feinen Tischlerarbeit verkaufen, wird vorher mit Feuer umsetzet, theils den schädlichen Saft aus dem untersten Stammende heraus zu bringen, theils die obern Wurzeln abzubrennen; daß er bequemer gefället werden kann. Sie fürchten sich sehr vor seiner Schärfe, und verwahren das Gesicht gegen die abspringende Rinde und Späne mit feiner Leinewand.

Was nun von der kleinern Gewächsart, als der zwoten vorher zu verschiedenen Mahlen, dem Nahmen nach bemerkten, giftigen, eben so schädlichen Pflanze, als die erste, zur Erläuterung der Geschichte des großen Giftrebenstrauchs dienliches, noch gesagt werden könnte, bestehet in folgenden. Es ist nämlich diese sehr schwache fremde Holzart, wie die vorige, auch bey nns fast noch früher, unter dem Nahmen von Giftbaum, bekannt gewesen. Sie ist:

Toxi-

Toxicodendron amplexicaule, foliis minoribus glabris. Dill. Hort. Elth. pag. 380. die jüngere Pflanze.

Toxicodendron rectum, foliis minoribus glabris. Dill. Hort. Elth. p. 380. Tab. 291. fig. 375.

Rhus (radicans) Linn. Sp. Pl. ed. 2. pag. 381. no. 8.

Der kleine dreyblätterige nordamericanische oder canadische Giftrebenstrauch.

Diese Pflanze ist vieler Orten gemeiner, als die große, und hat beyde angezeigte Abänderungen, welche vom Dillenius als wirklich verschiedene Geschlechtsarten angegeben worden sind. Man hat sie in den botanischen Gärten viele Jahre unterhalten, ohne sich um ihre Eigenschaften zu bekümmern, welche gewiß wenig schwächer und gelinder sind, als bey der großen Art. Sie ist in allen etwas schwächer, unansehnlicher und kleiner, als jene: hat aber sonst in den mehresten Hauptumständen mit derselben sehr vieles gemein, auch selbst in der Erziehung aus Saamen, Wurzeln, Sprossen und Zweigen, und wuchert durch die Keimen außerordentlich. Ihre junge und weiche steigende Rebenzweige winden sich um andere niedrige Holzarten, auch um mäßig starke Bäume, in deren Rinden sie sich mit ihren vielen Saugewurzeln überall befestigen, und in Canada, Virginien und Pensylvanien bis zu den äußersten Wipfeln aufsteigen. Sonst aber erwachsen sie im freyen östers öfters von selbst, zu niedrigen, ganz schwachen und geraden Stämmen. Es ist aber ihre Vermehrung durch die Wurzelstöcke zuweilen so groß, daß sie fast beschwerlich zu werden anfängt, und Herr du Hamel hat ganze Gebüsche gesehen, die von einzelnen vorher gepflanzten Stöcken entstanden waren.

Wegen der äußerlichen Gestalt und des dreyblätterigen Laubes gleicht die Pflanze dem Rhus Toxicodendron sehr viel, nur, daß das Laub kleiner, glatter, auch fast ohne Zacken, aus dem grünen ins rothe spielend, gefunden wird; die jungen Blätter hingegen sind sehr braunroth, die Blüthen hellegrün, die trocknen Früchte von eben der Farbe, übrigens aber beyde letztern von einem solchen Bau, daß man sie beym ersten Ansehen, für eine natürliche Gattung von Rhus halten muß.

Der, durch den Einschnitt, aus der Rinde des jungen Holzes heraustretende braungelbliche scharfe Saft macht im Papier und Leinewand schwarze dauerhafte Flecke, welche schwer oder gar nicht wieder herausgebracht werden können. Wegen der bösen Eigenschaften, erinnert zwar Herr Kalm so viel, daß durch die Ausdünstung und das Berühren dieser Pflanzen üble Zufälle entstünden, sagt aber dabey, daß ihre Schädlichkeit geringer sey, als des Firnißbaums. Ob man nun schon gegen diese Erfahrung nichts einzuwenden haben möchte; so läßt sich doch aus der Vergleichung mit einer andern mehr ähnlichen Geschlechtsart, dergleichen Rhus Toxicodencodendron ist, ganz zuverläßig darthun, daß die kleinere, nämlich Rhus radicans eben so bösartig sey, als jene, und eben so schlimme Zufälle verursachet habe; dergleichen in den von Croßen eingeschickten Berichten enthalten sind.

Zum Beyspiele, als ein noch dazu hier bekannter Vorfall, kann uns, statt mehrerer, die im Garten der Königl. Akademie der Wissenschaften mit dem Gärtner Herrn Müller, dessen Gesellen und Lehrpurschen, sich vor einigen Jahren ereignete Begebenheit dienen. Denn da diese drey Personen einen alten, und sehr lange ohne Verpflanzung gebliebenen, stark eingewurzelten großen Stock, aus einem eisernen Gartentopfe, wechselsweise und mit einiger Gewalt herauszuziehen genöthiget waren, und bey dieser Arbeit Mühe anwenden mußten; so kamen sie bey der damaligen Witterung in Schweiß, welchen sie sich mit bloßen Händen von dem Gesichte, dem Halse, auch der entblößten Brust und dem Unterleibe abstrichen, und in Gedanken die jukkende Haut etwas kratzten. Sie wurden sehr bald darauf mit allen denjenigen verdrüßlichen Krankheitsumständen, nach verschiedener, doch gleich ähnlicher Heftigkeit befallen, welche in der von Croßen eingeschickten Nachricht sehr deutlich ausgedrückt worden sind. Es wird also hier der neuere Vorfall durch den ältern von neuen bestätigt. Nicht zu gedenken, was einem Liebhaber in einem berlinischen Garten kurz vorher begegnete, welcher einen jungen blühenden Zweig, den

er

er von Rhus radicans abgerissen hatte, in der Hand trug, und da er eben den Harn lassen wollte, sein Glied mit dieser bloßen Hand berührte, daran er eine plötzliche, heftige und schmerzhafte Entzündung, mit einer anhaltenden Geschwulst, besonders der Eichel davon empfinden mußte.

Von der dritten Gattung dererjenigen giftigen Pflanzen, die den Nahmen des Giftbaumes mit Recht verdienet, den man ihm als einem wirklichen Baume, wegen der vergiftenden Eigenschaft, gegeben hat, glaubt der Herr du Hamel, daß der Nahme Giftbaum wegen des vielen Schadens, den er seit langen Jahren in Canada durch Vergiften angerichtet, für ihn noch viel zu gelinde sey. Die verschiedenen klaßischen Nahmen, unter welchen er den Naturforschern nach und nach bekannt worden ist, sind folgende:

Arbor americana, alatis foliis, succo lacteo venenato. Plukn. Almag. 45. Tab. 145. fig. 1.

Toxicodendron foliis alatis, fructu rhomboide. Dill. Hort. Elth. pag. 39. Tab. 292. fig. 377.

Toxicodendron Carolinianum, foliis pinnatis; floribus minimis herbaceis. Müller. Catalog.

Arbor cujus lignum venenatum est. Dudley. Act. Angl. p. 145. n. 376.

Rhus (*Vernix*) foliis pinnatis integerrimis, petiolo integro aequali. Linn. Sp. Pl. ed. 2. T. I. pag. 380.

380. no. 1. *Kalm.* Itin. II. p. 211. Colden. Noveborae. pag. 64. Verniß- oder Firnißbaum. Giftesche. Giftbaum. *Poison-Wood.*

Er ist vornämlich ein fürchterlicher und zugleich sehr merkwürdiger Baum, als Bewohner der feuchten, gar nassen oder auch sumpfigen Wälder in Carolina, Canada, Pensilvanien und Japan, wo er zu einer Höhe von etlichen zwanzig Fuß erwächset, ohne einen sonderlich starken Stamm zu treiben, und bey seinem splintig-schwammigen Holze ein sonderliches Alter zu erreichen. Sein freyes und schnelles Wachsthum und der regelmäßige Sitz der Zweige geben ihm, nebst den gefiederten Blättern, das schöne Ansehen einer jungen Esche. Bey uns beträgt dessen Höhe gegenwärtig kaum über zehen oder zwölf Fuß, wobey er seine Hauptäste ziemlich weit auswirft.

Aus den Wurzeln vermehrt er sich eben nicht so stark, wie die vorhergehende Giftrebensträuche, ob er gleich nach einem drey- oder vierjährigen Hiebe in Lustwäldern allezeit etliche gute Stämme treibt; die aber schwächer sind, als der erste Hauptstamm war. Man kann ihn indessen von fremden und hiesigen Saamen häufig genung erziehen.

Gute Eigenschaften sind von ihm nur wenige bekannt, außer daß er in Indien und Japan einen Firniß giebt, welcher aus dessen, zwischen der Rinde und Splint, beym Einschneiden heraustretenden klebrich-milchenden bösartigen Safte zubereitet, aber nicht immer in verlangter Menge erhalten wird. Außerdem wird er, seiner schlimmen Eigenschaften halber, fast überall gefürchtet, ob er schon nicht allen Menschen ohne Unterscheid gleich schädlich ist; sie mögen damit beynahe umgehen, wie sie wollen.

Dieser Saft, so wohl des wilden und wahren Firnißbaumes, als des so genanten unächten japanischen, etwas schwächern, oder in der verletzenden Kraft weit schwächern, wenn er aus der gemachten Wunde des Baums herausdringet, hat, wie das frische Holz selbst, einen heftig oder unerträglich stinkenden Geruch, und einem scharfen, bald stärkern, bald schwächern Geschmack, welcher letztere die Zunge fast niemahls ohne Empfindung einiger Hitze angreift. Er greift das Eisen an und wird in der Luft bald schwarz.

Die frischen Blätter, welche eben keinen so merklich scharfen Geschmack haben, als man davon vermuthen sollte, färben das Papier beym Reiben gelbbraun, ohne daß man die Farbe so leicht wieder heraus bringen könnte, und die Blüthe hat einen ziemlich angenehmen, doch aber betrüglichen Geruch. Nach allen giltigen Kennzeichen ist der japanische unächte Firnißbaum keine von der nordamericanischen Pflanze wirklich verschiedene Gattung.

Alle diejenigen, welche mit der Bearbeitung des Baumes und dessen Holzes umzugehen haben, müssen sich, den Nachrichten zu folge, vor dessen plötzlichen und schädlichen Wirkung besonders in Acht nehmen, wie sie in Indien vor dem zu sammlenden und zum Firniß zuzubereitenden Safte thun: dabey sie sich, seiner giftigen Ausdünstung halber, Gesichte, Mund und Kopf verbinden müssen, wenn sie nicht Kopfschmerzen, geschwollene Lippen und Augen davon haben wollen. In Indien ist man aus Bemerkungen gewiß, daß diejenigen Kinder, welche sich unter dem Firnißbaume aufhalten, von dem scharfen, flüchtigen, zugleich dampfigen und schnell durchdringenden Wesen, bey der großen Wärme jener Himmelsgegend, einen Ausschlag über den ganzen Leib bekommen. Es die Schädlichkeit dieses Baumes daselbst so stark, daß ihn nicht jedermann angreifen darf, oder auch ohne Schaden an das frisch geschälte Holz riechen kann; am allerwenigsten darf indessen dergleichen Holz unter das Feuerholz gebracht werden, weil der Rauch davon vornehmlich überaus heftig wirket.

Es werden aber viele von denenjenigen, welche durch die Ausdünstungen dieses Baumes zu Schaden kommen, zuweilen etliche Tage blind: dagegen andern die Augen stark schwellen, und öfters entstehet eine starke Geschwulst über den Hals, die Brust und Arme, mit mehrern sehr verdrüßlichen Zufällen, von welchen allen man aber nicht weis, daß jemand daran gestorben seyn sollte. Das Berühren des grünen Holzes wird sehr vielen besonders nachtheilig, auch nach dem Berichte des Herrn Kalms, welcher, was die vergistende Wirkungsart betrift, mit dem Berichte von Croßen gar sehr übereinstimmt, werden die Menschen so gar mit verdrüßlichen Zufällen beschweret, wenn sie ein solcher Mann mit der bloßen Hand berühret, welcher das Firnißbaumholz bearbeitet, und der Rauch von dem angezündeten Holze ist merklich heftig und schädlich. Hände und Gesicht so, wie zuweilen die Haut über den ganzen Leib, schwellen von allen diesen Berührungsarten des Holzes; es entstehet dabey auch wohl eine Menge von Blasen, daß sie das Ansehen eines Aussatzes oder einer Krätze haben: worauf sich, nach etlichen Tagen, die Haut abschälet, als ob sie verbrannt gewesen wäre. Der Dunst des Firnißbaums ist verschiedenen Leuten auf ganz besondere Weise gefährlich, daß sie sich demselben auf eine gewisse Weite nicht nähern dürfen, ohne eine Geschwulst davon zu tragen. Wenn aber dieses dennoch unwissend geschehen seyn sollte; so schwellen Gesicht und Hände fast geschwinder, als sie selbst bemerken, daß sie sich dabey befunden haben. Von einem alten Manne hat Herr Kalm bemerkt, daß er sich vor diesem Baum weit ärger gefürchtet habe, als vor einer Otter. Wie ihm denn auch ganze Familien nicht unbekannt gewesen sind, aus welchen nur einige ohne Gefahr mit dem Baume haben umgehen können: wogegen andere von eben derselben desto mehr Schaden davon gehabt haben. Noch einen Mann hat er gesehen, der von den Ausdünstungen des Firnißbaums nicht nur sehr stark geschwollen; sondern noch überdern noch überdem so steif, als ein Kloß geworden war, daß man ihn in einem Laken tragen und umwenden mußte. Ein anderer aber war lange Zeit, und zwar, so lange er stark und munter geblieben, davon nicht beschädiget worden, bis ihm hernach der schädliche Duft endlich in einem schwächern Zustande, doch durchdrungen hatte, daß er dessen bösartige Wirkung desto nachdrücklicher erfahren mußte.

Da Herr Kalm zuletzt auch an sich selbst oft wiederholte Versuche gemacht, um die ihm vorher längst bekannt gewesene Schädlichkeit zu erfahren, hat er Zweige von dem Baume abgebrochen, die Rinde geschälet, daran gerochen, und die frisch geschälten Zweige zwischen den Händen gerieben und getragen. Er ist aber doch eine geraume Zeit von Zufällen befreyet geblieben; ob er wohl hernach noch einige schädliche Wirkungen dieses Pflanzengiftes erfahren müssen. Er schnitt an einem heißen Tage ein Reis ab, da er eben besonders im Schweiße war, er trug es eine halbe Stunde in der Hand, ohne daß er den Tag über davon etwas wiedriges hätte empfinden sollen, bis auf den Abend; da er etwas sehr weniges bemerkte. Als er aber den folgenden Morgen erwachte, empfand er um die Augen und an den Augenliedern ein starkes Jukken, welches zwar, nach einem öftern Auswaschen mit eiskalten Wasser nachließ, doch nur o weit, daß die Augenlieder noch den ganzen Tag

über

über steif blieben. Das vorige Jukken fand sich gegen den Abend wieder ein, und wurde den Morgen darauf eben so stark, als es den ersten Tag gewesen war. Das vorigen Tages so sehr lindernd gewesene Mittel that keine Wirkung, die Augen blieben ganz roth, die Augenlieder waren schwer zu bewegen, und das Uebel vergieng erst nach Verlauf von etwa sieben Tagen völlig.

Alle nun angeführte Umstände, welche die Schädlichkeit, Wirkungsart und abwechselnde Zufälle betreffen, kommen in der Hauptsache mit den Crotzenschen Nachrichten völlig überein, daß sie sowohl im Stande sind, die oben angeführte Krankheitsgeschichte gehörig zu erläutern, als die Schädlichkeit der drey so genannten Giftbäume in allen Welttheilen außer Zweifel zu setzen.

XV.

Beschreibung und Abbildung einiger, theils neuer, theils noch nicht abgebildeter Insekten,

von

J. F. W. Herbst.

Wenn die systematischen Verzeichnisse der unzählichen Geschöpfe, welche uns die Natur darstellt, auch keinen anderweitigen Nutzen hätten; so würde schon dieser einzige genung seyn, daß wir dadurch nun erst in den Stand gesetzt sind, das große Heer der Schöpfung im ganzen zu übersehen, und insonderheit auch sicherer zu bemerken, wie weit wir bisher mit unsern Kenntnissen und Entdeckungen gekommen sind. Nun wäre aber auch zu wünschen, daß ein jeder Naturforscher allen Fleiß darauf richtete, theils die noch vorhandenen großen Lücken auszufüllen, theils neue Materialien zusammen zu tragen, und auf solche Art es unsern Nachkommen zu erleichtern, ein dauerhaftes und schön geordnetes Gebäude aufzuführen; anstatt daß jetzt viele ihren ganzen Fleiß und Scharfsinn darauf richten, die vorhandenen

denen Natursysteme bald zu verändern, bald ganz umzuwerfen, und wieder von neuen aufzuführen: wozu es doch jetzt noch viel zu früh zu seyn scheinet, wenn wir nicht dieses beschwerliche Geschäft immer von neuen, und vielleicht mit nicht glücklicheren Erfolg unternehmen wollen. Ich bin gewiß versichert, daß, wenn ein jeder Naturforscher sich jenes zu seinem Hanptzweck machte, sich deshalb nur hauptsächlich ein Fach erwählte, und dieses durch neue Entdeckungen so viel als möglich zu erweitern, zu verbessern und zu bereichern suchte, seine größte Aufmerksamkeit auf die Gegend seines Aufenthalts wendete, und nichts bekannt machte, als was er nach wiederholten Versuchen als wahr befunden, und denn das neue, was er uns lehrte, auf das deutlichste und bestimmteste anzeigte, wir alsdenn gewiß in der edlen Kenntniß der Natur sehr geschwinde Schritte thun würden. Mit diesen Gedanken fieng ich vor einigen Jahren an, eine kleine Sammlung von Insekten zusammen zu tragen, und ich habe noch nicht Ursache gefunden, dieselben zu ändern. Da ich meinen Eifer und Fleiß hauptsächlich nur auf die hiesige Gegend einschränkte, und da die Natur unerschöpflich ist; so konnte es nicht fehlen, daß mir nicht vieles vorkommen sollte, was bisher nirgends beschrieben oder bekannt gemacht ist. Ich halte es für meine Pflicht, zu dem schon sehr großen Schatz der Kenntniß der Natur meine Schärflein beyzutragen, und von meinen kleinem Vorrath etwas in unsern Beschäftigungen bekannt zu machen, bis

sich

sich derselbe etwa so vermehrt hat, daß er eine besondere Beschreibung verdient. Und da hauptsächlich in der Entomologie eine genaue Abbildung mehr Licht giebt, als die umständlichste Beschreibung, bey welcher, wegen der großen Aehnlichkeit verschiedener Insekten, unmöglich aller Verwirrung vorgebeugt werden kann; so will ich jedes Mahl auch einige, zwar schon bekannte, aber noch nirgends abgebildete Insekten mit hinzufügen. Wenn gleich mein kleiner Beytrag keinen unmittelbaren Nutzen, weder in der allgemeinen Naturgeschichte, noch in der Oeconomie hat; so kann er doch einem jeden bedachtsamen Gemüthe Gelegenheit geben, durch Wahrnehmung der immer mehreren Mannigfaltigkeit der Geschöpfe, die unendliche Weisheit und Güte ihres großen Urhebers zu bewundern und zu verehren.

1) Der weißpunctirte Springkäfer. Elater punctatus. Fig. 1.

Dieser noch unbekannte Springkäfer gehört zu denen größten einheimischen dieses Geschlechts. Er ist durchaus kohlenschwarz, ohne Glanz, und überall mit weißen Pünctchen sehr sauber bestreuet. Die Fühlhörner sind sägeförmig, das Bruststück nach Verhältniß etwas länger, ziemlich gewölbt, mit einer kleinen Vertiefung in der Mitte. Die Deckschilde sind chagrinartig, und oberwärts sehr schwach gefurcht, welches sich nach der Spitze zu gänzlich verliert. Dieser Käfer ist etwas selten, und zeigt sich nicht

nicht alle Jahre. Seine Wohnung ist vermuthlich im Holz, so wie dies dem ganzen Geschlechte eigen zu seyn scheinet: daher man ihn auch nur an Weidenstämmen und bretternen Wänden zu finden pflegt.

2) Der spießtragende Wasserkäfer. Dytiscus hastatus. Fig. 2. A. B.

Ich gebe ihm diesen Namen, weil sich auf seiner untern Seite ein langer Stachel befindet, welcher von der Mitte des Bruststücks an, bis an den letzten Ring des Bauchs reicht; er liegt bis an das letzte Paar Füße auf dem Bauche vest angeschlossen, oder ist vielmehr so weit angewachsen, von dort an aber liegt er frey, und endigt sich in eine überaus scharfe Spitze. Man findet zwar dieses Spieß auch bey dem Dytisco piceo Linn. aber doch bey weitem nicht in solcher Länge. Der Zweck desselben ist vermuthlich, um sich damit auf den Grund des Wassers vestzuhalten, und vielleicht auch die erhaschte Beute damit zu tödten. Da ich diesen Käfer unter mehreren Ausländern aus Copenhagen bekommen habe; so kann ich sein eigentliches Vaterland nicht bestimmen: ich vermuthe aber, daß er kein Europäer ist, weil seiner noch nirgends erwähnt ist. Die Größe dieses Käfers ist, wie Fig. 2. zeigt, ohngefähr einen Zoll lang, und nach Verhältniß ziemlich schmal. Die ganze Oberfläche ist, wie es bey den Wasserkäfern gewöhnlich ist, sehr glatt, überall grünlich, schwarzbraun, ohne einige Abzeichnung; nur die Lip-

pe

pe ist braunroth. Die Deckschilde haben keine Furchen. Er gehört zu der ersten Art der Linneischen Wasserkäfer, mit blätterigen Fühlhörnern. Bey Fig. B. ist er auf der untern Seite abgebildet, um seinen Spieß a b zu zeigen.

3) Der träge Wasserkäfer. Dytiscus tardus. Fig. 3.

Da andere Wasserkäfer sehr viele Sprünge machen, wenn man sie aus dem Wasser nimmt; so liegt dieser vielmehr unbeweglich, und zieht die Füße so vest an sich, daß man ihn eher für einen im Schlamm befindlichen kleinen Stein, als für das halten sollte, was er ist. Er ist überdem wider die Gewohnheit dieser Käfergattung sehr gewölbt. Sein Aufenthalt ist in dem sandigten Schlamm des stehenden Wassers, woraus er sich nur gerade so lange in die Höhe erhebt, als nöthig ist, um frische Luft zu hohlen. Im Wasser herumschwimmend habe ich ihn nie gefunden; auch habe ich ihn nur in einem einzigen Teich finden können, der mitten zwischen Aeckern großentheils durch zusammengelaufenes Wasser entstanden ist. Meines Wissens hat noch niemand seiner erwähnt. Fig. 3. zeigt seine natürliche Größe. Die Fühlhörner sind bürstenartig. Der Kopf ist gelbbraun und sehr glatt, die Augen sind glänzend; das Bruststück ist ockergelbbraun, vorn und hinten schwarzbraun eingefaßt. Die Deckschilde sind pechbraun, ohne Glanz und Furchen, vielmehr werden

die

die Farben, so bald er trocken ist, matt und rauch. An der Wurzel und den Seiten sind die Deckschilde ockerbraun. Unten ist er gleichfalls pechbraun, mit einigen gelben Gürteln. Die Füße sind gelbbraun, und wie bey allen Käfern dieses Geschlechts gestaltet.

4) Der ungewisse Erdkäfer. Carabus dubius. Fig. 4. A. B.

Ich setze diesen Käfer nur unter dies Geschlecht, weil er mit demselben die meisten Kennzeichen gemein hat, so sehr er übrigens der äußern Gestalt nach von demselben abweicht. Denn da die Erdkäfer durchgängig länglich sind; so ist dieser vielmehr völlig so rund, wie die Sonnenkäfer (Coccinellae). Vielleicht darf ich mich erdreisten, mich als den Entdecker dieses Käfers anzugeben, da ich ihn weder in einem Insektenwerke, noch in irgend einer Sammlung gesehen habe. Vielleicht wäre er mir auch immer unbekannt geblieben, wenn mich nicht der Zufall zu eben dem in No. 3. erwähnten Teich geführt hätte, als er eben mit einem Netz durchgezogen wurde, und da fand ich ihn denn bald in dem mit herausgezogenen Schlamm. Dies scheint auch sein immerwährender Aufenthalt zu seyn, weil ich ihn sonst niemals, gemeiniglich aber bey dieser Gelegenheit gefunden habe. Doch muß er sich auch aus dem Teich erheben können, weil die Natur, die nichts umsonst thut, ihn mit Unterflügeln versehen hat. Ich würde de ihn unter die Wasserkäfer setzen, wenn nicht seine langen, schlanken und gar nicht zum Schwimmen eingerichteten Hinterfüße es verböten. Er ist übrigens, ohngeachtet seiner Kleinheit, einer der schönsten einheimischen Käfer. Fig. 4. A. zeigt ihn in seiner natürlichen, und B. in seiner vergrößerten Gestalt. Die Grundfarbe ist überall hellgelbbraun. Die Deckschilde sind zwar sehr glatt, aber bey der Vergrößerung findet man sie doch durch kleine vertiefte braune Pünctchen auf das sauberste gerippt. Die Nath ist spanngrün, und überdem stehen noch auf jedem Deckschilde bey der Wurzel ein viereckiger, in der Mitte zween und meist unten auch zween etwas zusammengelaufene spanngrüne Flecken, die rund herum etwas bräunlich eingefaßt, und bey einigen schwärzlich sind. Das Bruststück ist hellbraun, gelblich eingefaßt, und hat in der Mitte einen großen grünen Fleck. Das Schildlein fehlt gänzlich. Der Kopf ist auch größtentheils glänzend spanngrün. Die Augen sind braun. Das Maul hat zwey Paar Fühlerchen, das Zangenbiß ist glänzend braun, und die Lippe über demselben weiß. Die Fühlhörner sind bürstenartig, blaßgelb und haben zehen Glieder. Die Füße sind hellgelb, lang und schlank, mit schwachen Härchen besetzt. Der Fußtheil hat fünf Glieder und eine doppelte Klaue. Die Hinterkeulen haben oben einen Anhang, wie es bey den Erdkäfern gewöhnlich ist, aber die Stacheln unten an den Schenkeln sind sehr viel schwächer.

5) Der

5) Der berlinische Prachtkäfer. Buprestis berolinensis. Fig. 5.

Da ich diesen höchst seltenen Käfer, obgleich nur ein einziges Mahl bey Berlin gefangen habe, und seiner noch nirgends gedacht wird; so gebührt auch dieser Stadt die Ehre, ihm den Namen zu geben. Ich halte denselben für den seltensten in meiner Sammlung, und bey aller angewandten Mühe habe ich ihn doch nur ein einziges Mahl finden können; auch sind alle Bemühungen der scharfsichtigsten Sammler allhier dieserhalb vergeblich gewesen. Fig. 5. zeigt seine natürliche Größe. Er ist überall roth kupferglänzend, doch verliert sich diese Farbe unten auf den Deckschilden in schwärzlichblau; auch ist er überall runzlich, und da die Erhöhungen ins schwärzliche fallen, so vermindert dies den Glanz der Grundfarbe. Die Deckschilde sind durch runzlichte Vertiefungen gestreift, und ausser diesen Furchen haben sie auch noch runde eingedruckte Goldpuncte. Ganz was eigenes hat dieser Käfer, daß die Deckschilde unten sehr schmal zulaufen, und am Ende eine kleine Breite behalten, die auf jeder Ecke ein Zähnchen hat. Das Bruststück ist runzlich, und endigt sich unten an beyden Seiten in eine Spitze, beynahe wie bey den Springkäfern. Die Augen sind braun, die Fühlhörner kurz und sägeförmig, und alle einzelne Theile so gestaltet, wie es bey diesem Geschlecht gewöhnlich ist.

Die Naturgeschichte dieses Geschlechts der Prachtkäfer, die unter allen Käfern die seltensten und schönsten sind, ist noch wenig bekannt. Daß sie sich an stinkenden Orten aufhalten sollten, daher sie auch Stinckkäfer genannt werden, habe ich nie bestätigt gefunden. Herr Professor Beckmann, in seiner öconomischen Bibliothek, sagt, ihr Aufenthalt sey auf Blumen und Sträuchern. Dies mögte höchsteus nur von einigen kleinen Arten gelten. Die größeren Arten findet man gemeiniglich nur an den Stämmen der Bäume und an alten bretternen Wänden. Auch das ist mir noch nicht recht glaublich, daß, wie man dafür zu halten pflegt, die Larve dieses Käfers sich in schlammigten und sumpfigten Gegenden aufhalten soll: da doch diese Käfer von einer solchen zärtlichen Natur sind, daß sie nur in denen trockenen und heißen Tagen des Julii und Augusts, und auch alsdenn nur bey stiller Luft und in den brennenden Strahlen der Mittagssonne zum Vorschein zu kommen pflegen. Ich halte vielmehr dafür, daß die Larve im trockenen Holz wohne; theils weil ich die Käfer dieses Geschlechts gemeiniglich und am häufigsten an alten Brettern und in der Nähe von Holzplätzen gefunden; theils weil auch der Herr Professor Pallas in seinen Reisen schreibt, daß der Buprestis 8 guttata zu Kamsinka an allen liegenden Fichtenstämmen herumschwärmt. Dieser Buprestis 8 guttata ist auch hier, wiewohl nicht gar häufig, zu finden: ja ich habe so gar einige größere Arten hievon mit sehr abweichenden Verschiedenheiten entdeckt,

deckt, wovon ich bey einer andern Gelegenheit zu reden denke. Auch Buprestis Mariana ist nicht blos in America, sondern wird auch hier nicht gar selten angetroffen. Geoffroys Zweifel, daß Buprestis Chrysostigma nur mit dem Brennholz nach Paris sollte gekommen seyn, ist ungegründet, da dieser Käfer auch hier, ohnweit den Holzplätzen, nicht selten gefunden wird, und also auch in Paris wohl einheimisch seyn kann. Der Käfer, den der Herr Pastor Schröter in dem 1sten Theil seiner Abhandlung über verschiedene Gegenstände der Naturgeschichte tab. 2. fig. 3. abgebildet, und ihn sehr unrichtig einen scarabaeum nennt, ist Buprestis sternicornis. Sonderbar ist es, daß man, wie auch der Ritter Linné bemerkt, an diesem Käfer oft zwey bis drey über zwey Zoll lange Haare findet, die an den hintersten Beinen aus der Einlenkung des Schienbeins in die Keule hervorkommen. Man ist noch nicht einig, ob diese Haare ihm natürlich sind, oder durch Kunst angesetzt werden, weil die Indianer diese Käfer, wegen ihrer Schönheit, an die Ohren zu hängen pflegen. Wenn das letzte ist, wie es fast zu vermuthen, so muß man doch die Geschicklichkeit der Indianer bewundern, weil ich an meinen Exemplaren auch durch die stärkste Vergrößerung nicht die mindeste Spur einer künstlichen Ansetzung dieser Haare habe entdecken können. Denen Sammlern muß ich noch die Erinnerung geben, daß sie sich diesem Käfergeschlecht mit Vorsicht zu nähern haben, indem sie weit schneller auffliegen, als man sonst bey Käfern gewohnt ist.

6) Der schwarze Dornkäfer. Hispa atra. Fig. 6. A. und B.

Dieser sonst bekannte Käfer ist noch nirgends abgebildet. Die Beschreibung desselben im Müllerschen Natursystem ist richtig und gut. Fig. B. zeigt ihn in seiner vergrößerten Gestalt. Die berlinische Gegend, die überhaupt der Entomologie günstig ist, hat auch den Vorzug, daß man diesen Käfer, der sonst sehr selten ist, und in wenigen Cabinettern gefunden wird, so oft man nur will, fangen kann, wenn man nur die rechten Oerter zu finden weis, und die gehörige Vorsicht beobachtet.

7) Spenglers Rüsselkäfer. Curculio Spengleri. Fig. 7.

Er gehört nicht unter die ersten, sondern unter die fünfte Abtheilung der Rüsselkäfer im Linneischen Natursystem, nämlich unter die Kurzschnäbel mit glatten Schenkeln.

8) Der Thebaner. Scarabaeus Thebanus.

Diesen Käfer nennt Fabricius Cetonia versicolor; da aber derselbe im Linneischen System mit unter die Scarabaeos gehört, und sich alsdenn in demselben zween Scarabaei versicolores befinden würden,

würden, welches leicht zu Verwirrungen Gelegenheit giebt, indem dieser Käfer von dem andern, den Fabricius Melolontha versicolor nennt, gänzlich verschieden ist; so habe ich ihn zum Unterschied den Thebaner genannt, weil er in Egypten zu Hause ist. Uebrigens ist die Beschreibung Fabricii von diesem überaus schönen Käfer sehr genau, und darf nur noch hinzugefügt werden, daß die weißen Flecke auf den Deckschilden silberglänzend sind, und daß sich auf den, unter den Flügeldecken, hervorstehenden Hinterleib zween silberfarbige Flecken in Gestalt zwoer Herzen befinden.

9) Der Thomas-Bock. Cerambix Thomae. Fig. 9.

10) Der Sphinx. Scarabaeus sphinx. Fig. 10.

Warum Fabricius diesen Käfer so genannt hat, ist mir unbekannt. Sehr sonderbar ist es, daß, bey allen mir zu Gesicht gekommenen Exemplaren dieses africanischen Käfers, an den vordersten Paar Füßen das Fußtheil fehlet, und auch bey aller Vergrößerung nicht die mindeste Spur zu finden ist, wo es hätte eingelenkt seyn können. Fabricius hat daher auch diesen Mangel mit unter die Kennzeichen dieses Käfers gesetzt. Es verdient in der That alle Aufmerksamkeit der Entomologen, ob dieser Käfer wirklich der einzige unter allen denen vielen tausend Käfern seyn sollte, bey welchen die Natur dieses Glied nicht für nöthig gefunden haben sollte.

Sollte übrigens dieser kleine Versuch den Beyfall der Naturfreunde, und insonderheit der Entomologen erhalten; so würde derselbe mich sehr in dem Vorhaben aufmuntern, ein critisches Verzeichniß meiner Insectensammlung, nach Art des Füeßlischen Verzeichnisses schweizerischer Insecten, herauszugeben, mit einer genauen Abbildung, theils vieler neuer, so wohl ausländischer als einheimischer, theils vieler bis jetzt noch nirgends abgebildeter Insecten, unter welchen allein einige hundert Käfer vorkommen würden, und wobey die Liebhaber auf keine Weise das zu fürchten haben sollten, was leider ein gewöhnlicher Fehler vieler neuer entomologischen Schriften ist, daß man nämlich die schon längst und oft weit besser abgebildeten Insekten immer von neuen kaufen muß. Da meine Abbildungen mit größter Sorgfalt und Genauigkeit von mir selbst gemahlet sind, und ich, so viel möglich, neue Exemplare dazu nehme, so kann ich auch zuverläßig für die Richtigkeit derselben stehen. Sollte ich denn hier in Berlin einen Verleger und geschickten Kupferstecher dazu finden, so würde ich die Illumination entweder selbst verrichten, oder doch dieselbe unter meiner beständigen Aufsicht und Zurechtweisung verfertigen lassen, welches den Liebhabern gewiß ein so viel vollkommneres Werk versprechen würde.

XVI.

XVI.

Versuche mit den spathartigen Zeolith.

von

J. C. F. Meyer.

Der Herr Professor Bergmann, hat im 3ten Theil der neuen Abhandlungen der Upsalichen Societät, bey der Untersuchung der vulcanischen Produkte, auch die Bestandtheile des spathartigen Zeoliths angeben, und da diese mit den von mir herausgebrachten übereinstimmen; so würde ich es überhaupt für unnöthig halten, die damit gemachten Versuche zu erzählen, wenn ich nicht die im 2ten Bande dieser Beschäftigungen S. 481. gewagte Muthmassungen, daß diese Zeolithe aus ganz andern Bestandtheilen, als der daselbst untersuchte strahlichte Zeolith, zusammen gesetzt schienen, zurücknehmen müßte. Ich schloß dieses aus dem angeführten Versuche, den ich durch die mit dem Vitriolgeiste angestellte Digestion dieses calcinirten Zeoliths gemacht, und der nichts merkliches davon aufgelöset hatte. Diese Art des Zeoliths, der bald in unordentlich über einander liegenden Blätchen, bald in concentrischen zusammen gewachsenen Keilen gefunden wird, auf deren Oberfläche ich auch zuweilen prismatische Crystallen, von nicht ganz genau zu bestimmenden Ecken und Endspitzen gesehen, ist ziemlich weicher, als der strahlichte Zeolith: denn er lässet sich leicht schaben, und in einen gläsernen Geschirr, ohne vorher geglühet zu seyn, zerreiben. Er ist mehrentheils durchsichtig, und unterscheidet sich besonders dadurch von dem andern, daß er vor dem Lothröhrchen sehr aufschwillet. Der cristallinische und der in concentrischen Keilen, hat kein feines fadenartiges Gewebe, wie der strahlichte, sondern bestehet mehr aus breiten dem Marienglase ähnlichen Blättern, die sich aber nicht so leicht, wie diese, trennen lassen. Ich glaubte, daß die in diesem Steine befindliche Erden mit einer Säure gesättiget wären, da der kalcinirte der schwachen Vitriolsäure widerstand, und mischte dahero eine Drachme mit drey Drachmen Weinsteinsalzes, und setzte es in einem Tiegel vors Gebläse. Es floß bald, und gab beym Ausgießen eine weiße und undurchsichtige Masse, die auf der Oberfläche kleinstrahlicht und atlasartig glänzend, fast wie der feinstrahlichte Zeolith aussah, die Feuchtigkeit aus der Luft anzog, und mit Wasser ausgelaugt ein feines weißes Pulver zurückließ, das mit allen Säuren schäumte, sich nicht gänzlich darinn auflösete, aber auch keinen Gallert damit erzeugte. Die alkalische Lauge wies keine Spur einer

Säure.

Säure. Ich digerirte nun den rohen Zeolith mit den flüchtigen und fixen alkalischen, mit der Luftsäure gesättigten Salzen, die keine Säure an sich genommen, die Luftsäure aber an die in diesem Steine befindliche Kalkerde abgesetzt hatten. Eine Drachme mit einer halben Drachme Weinsteinsalz und distillirtes Wasser digeriret, und das Salz wieder ausgelauget, hatte fünf Gran zugenommen. Mit der Salpetersäure, so lange übergossen, bis er nicht mehr damit schäumte, hatte er außer dem Zuwachs vier Gran verlohren. Er enthielt also keine Luftsäure. Eine halbe Unze zerriebenen Zeoliths in einer gläsernen Retorte in offenes Feuer gelegt, gieng eine halbe Drachme einer unschmackhaften Feuchtigkeit über. Der Stein war, vermuthlich weil die Feuchtigkeit einen freyen Ausgang fand, nicht merklich aufgeschwollen. Im Schmelztiegel durchglühet, verlor er noch 12 Gran. Mit Vitriolgeist übergossen, und diesen eintrocknen lassen, ward er jedoch nicht stark angegriffen. Ich zerrieb dahero eine halbe Unze des rohen Steines, übergoß ihn mit einer halben Unze Vitriolgeist und ließ ihn verdunsten. Es ward ganz trocken und schmeckte nach Alaun. Ich fuhr deshalb so lange mit dem Aufgießen und Abdünsten des Vitriolgeistes fort, bis die Masse nicht mehr ganz trocken werden wollte, da ich das Vitriolöl gänzlich durch einen hiezu nöthigen Grad das Wärme ausdunsten ließ. Die Masse ausgelaugt, das unauflösliche mit Weinsteinsalz digeriret und wieder ausgelaugt, schäumte

 mit

mit Salpetergeist, aus dem siebenzehn Gran Kalkerde niedergeschlagen wurden. Das in Säuren unauflösliche, das, nachdem es geglühet worden, zwo Drachmen und zwanzig Gran wog, schmolz mit Weinsteinsalz und Borax vor dem Lothröhrchen zu einer klaren Kugel, und war also Kieselerde. Aus der Lauge mit Vitriolgeist, schied sich beym Eintrocknen noch Selenit, der zwölf Gran Kalkerde lieferte. Die übrige Lauge gab nunmehro mit Alcali versetzt, sehr gute Alauncristallen. Die zwey und zwanzig Gran Kalkerde wogen, nach dem Brennen, sechszehen Gran.

Dieser Zeolith enthält also:

Kieselerde 58 $\frac{1}{3}$ pr. Cent.
Cristallisationswasser 17 $\frac{1}{2}$ pr. Cent.
Kalkerde : : 6 $\frac{2}{3}$ —
Alaunerde : : 17 $\frac{1}{2}$ —

Daß die Zeolithe in Absicht des Verhältnisses ihrer Bestandtheile veränderlich sind, hat Herr Professor Bergmann bereits erwähnt, und es auch in den von dem Herrn Oberhofprediger von Troil herausgegebenen Briefen über Island bestätigt, daß der von Swappavari für sich im Feuer schmelzet.

Die

Die Salpetersäure mit dem rohen Stein digeriret, ziehet die Kalk- und Alaunerde leicht aus, und sie ließen in eben dem Verhältnisse Kieselerde zurück, zeigten auch keinen Gallert.

Mit gleichen Theilen vegetabilischen und mineralischen Laugensalzes, auch mit Borax, schmolz er zu Glaß.

XVII.

Physikalisch-mathematische Beschreibung des Brockenbergs.

von

Johann Esaias Silberschlag.

Unter den Gebürgen Deutschlands hat der Brocken den Rang, und er ist allemahl ein Berg, bey dessen ersten Anblick uns etwas großes ahndet, daher er denn häufig besuchet wird, ohne eben in seinen Seltenheiten erkannt zu werden. Ehemals machte ihn die Fabel berühmt oder vielmehr berüchtigt, und seinetwegen hat der Aberglaube manchen Scheiterhaufen angezündet: jetzt ist er dem Naturforscher schätzbar, und gleichwohl ist der Gewinn, den die Naturkunde aus diesen Besuchen bisher geschöpft, noch sehr mäßig. Vielleicht ist es dem geneigten Leser nicht mißfällig, einige Beyträge zu dieser Materie zu empfangen. Anfangs, ich läugne es nicht, hatte ich mir vorgenommen, eine Abhandlung von diesem Gebirge in diesen Sammlungen vorzulegen; allein ich fand gar bald den Umfang dieser Materie für Abhandlungen von dieser Art zu weitläuftig. Ich werde daher einige Hauptgegenstände, wie im Vorbeygehen, betrachten, alles übrige aber bis zu einer besondern umständlichern Betrachtung versparen.

Wenn

Wenn man von Ilsenburg aus auf den Brocken reiset, so bemerkt man linker Hand die aller verworrensten Geschiebe verschiedener Steinlagen, nicht anders, als ob sie durch den Ausbruch eines Erdbebens in die Höhe gewühlet worden, und rechter Hand einen tiefen Crater, dessen oberer Rand, wenn ich anders meinen Augenmaße trauen darf, auf 100 Ruthen breit und 200 Ruthen lang ist: denn er hat eine elliptische Gestalt, gleich einem tief eingesunkenen Thale. Nur die Auswürfe bezeichnen einen Crater, der verschiedene Schlünde gehabt haben muß. Derjenige, der zu rechts am Wege noch ziemlich kennbar war, muß über zehen Ruthen zum Durchmesser seiner Oeffnung gehabt haben. Jetzt ist alles mit Steinen überschüttet und mit Nadelholz, nebst häufig untermengeten Birken, bewachsen. Dieser Crater hat eine entsetzliche Menge von Kieselsteinen von allerhand Art rings um sich herum verbreitet. Derber Kieselstein, Quarz, Granit, Schieferklumpen, Wacken von allerhand Mengsel und Farben, liegen so unter einander gemischt, daß man entweder annehmen müßte, jeder Stein wäre mit seiner besonderen Masse an und für sich selbst erschaffen, oder man muß zugeben, daß ein Ausbruch des tiefsten Abgrundes sie, so wie sie ihm unter Weges begegneten, bis zum Gipfel der Brocken in die Höhe geschleudert habe. Denn auch der Brocken ist über und über von diesen Steinen besäet. Nahe um den Crater herum liegen die allergrößesten Klumpen, davon eine Menge in den Trichter wider zurück gerollet sind, und seinen

seinen Schlund verstopfet haben. Ich sage noch viel zu wenig, wenn ich berichte, daß einige ihrem körperlichen Inhalte nach, über 100 Centner schwer seyn mögen. Von diesen Kieseln lassen sich diejenigen, die aus den oberen Steinlagen herausgerissen worden, leicht unterscheiden. Die Kiesel sind auf allen Seiten abgerundet, und letztere sind eckigt, wie Bruchsteine, auch meistentheils entweder Granit oder kalkartig. Aber Lava wird man hier vergeblich suchen, ohnerachtet man vermuthen sollte, daß man auf einer so großen Strecke, von Ilsenburg bis zum Brocken hin, irgendwo Spuren von Toph, Asphalt oder wirkliche Lava antreffen müßte, wenn hier ein Vulkan gewüthet hätte.

Auf dem Rande dieses entsetzlichen Craters, stehet der Ilsenstein, eine senkrecht aufsteigende Klippe, so von dem Bette des Ilseflusses, bis zu ihrer äußersten Spitze, 230 rheinländische Duodecimalfuß hoch ist. So hoch habe ich sie befunden, als ich sie aus zween Standpunkten trigonometrisch vermaß. Andere haben eine größere Höhe herausgebracht, sie haben sie aber von der Grundlinie von Ilsenburg an berechnet. Diese Klippe ist nicht von Granit, sondern von derber Kieselsteinmaterie. Ihre steile und flache Seite wendet sie gegen Abend. Auf ihren Rücken hat sie eine beynahe senkrecht aufgerichtetes Geschiebe, von welchem viele Steine herunter gestürzet sind: aber auf der Nordseite siehet sie aus, als ob sie mit Gewalt von dem unterirrdischen Gesteine losgerissen und dergestalt aufgerichtet worden, daß das auf ihr vorher horizon=

horizontal ruhende Geschiebe eine beynahe senkrechte Stellung bekommen. In der Mitte, wo das Geschiebe augebet, lauft ein schräger Absatz südlich herab, und auf demselben zeigen sich Tannen von anderer Art, als diejenigen sind, so sich auf flachen Boden befinden, wofern in einer Gegend, die wie eine zerstöhrte Welt aussiehet, etwas flach genannt werden darf. Sollten diese fremden Tannen von Saamen entstanden seyn, den die Sturmwinde dorthin gewehet haben; so befremdet es uns billig, warum dieselben nicht auch auf anderen Bergen dieser Gegend anzutreffen waren. Ich halte sie vielmehr für ausgeartete Tannen, denen der dürre Stein nicht die erforderlichen Nahrungssäfte zuwenden kann, und welche dabey im Winter mehr Frost und im Sommer mehr Hitze, als die übrigen, auszustehen haben. Daß diese Tannen, zu welchen man geradezu nicht hinansteigen kann, wirklich von besonderen Wuchse sind, zeigte theils der ferne Augenschein, theils berufe ich mich auf die Versicherung des Herrn Oberforstmeisters von Zanthier.

Von hier wendet sich der steile und wegen des Felsenbodens beschwerliche Weg von Westen gegen Süden. Linker Hand Berge und rechter Hand das Ilsenthal, in welchem die Ilse, besetzt mit den anmuthigsten Bäumen und Gebüschen, von Cascade zu Cascade herabfällt, und jenseit dieses Thals steigt der hohe Brocken auf. Es waren beynahe zwo Stunden auf diesem Wege verflossen, den ich so vergnügt in Begleitung des jetzt regierenden Herrn Grafen Christian Friedrich, zurück geleget hatte,

als

als man linker Hand die so genannten Zeterklippen entdeckte. Diese Klippen sind große, hoch übereinander gelagerte Steinklumpen, davon der höchste die Gestalt einer Pyramide zeiget, auf der Spitze bedecket mit einem großen runden Steine. Zusammen aber stehen sie auf ein und eben demselben Berge, der ganz mit Trümmern einer zerfallenen Klippe bestreuet ist. Diese Zeterklippen sind also nur die Ueberbleibsel einer zerstörten Klippe, die gegen Westen herabgestürzet ist.

Endlich endete sich das Ilsenthal rechter Hand, mit einer quer vorliegenden Anhöhe, die von unserem Wege gerade von Ost nach West zum Brocken hinüber führete. Linker Hand zeigete sich eine Ebene, die man das Brockenbette nennte, und in einiger Entfernung vom Wege erschien ein Haus, welches das Haus auf dem Brockenbette hieß und zu ökonomischen Bedürfnissen erbauet war. Es ist bereits gemeldet worden, daß sich hier ein Wall oder Bergrücken quer durch das Ilsenthal gelagert habe, auf welchem man zum Brocken gelanget. Diesen Weg verfolgten wir und fuhren bis zur so genannten Henrichshöhe den Brocken hinauf.

Hier wolle sich der geneigte Leser mit mir so lange ausruhen, bis ich die Abbildungen des Brocken erkläret habe.

Tab. 1. Fig. 1. stellet den Brocken vor, wie er von Halberstadt aus erscheinet.

A. der Gipfel des Brocken, wo eine kleine Pyramide von Stein aufgerichtet ist, und wo der

Gene=

Generalfeldzeugmeister, Graf von Schmettau, zur Vermessung eines Längen-Grades, eine hohe Stange mit einer Fahne errichten ließ, davon aber jetzt nichts mehr vorhanden.

B. die Henrichshöhe mit den so genannten Torfhäusern. Des Brockens rechte Schulter, wenn man das Gesicht gegen Osten wendet.

C. des Brocken linke Schulter, sonst auch der kleine Brocken. Einige nennen auch die Henrichshöhe den kleinen Brocken.

D. der Winterberg.

E. Ein Berg am Fuße des Brockens. Dieser wird gleichfalls von einigen der kleine Brocken genannt.

F. das kleine Haus auf dem Brocken.

G. der Ort des Hexen-Altars und der Teufels-Canzel; so Fig. 2. noch besonders vorstellig gemacht worden.

H. der Weg nach der Henrichshöhe.

I. die Stadt Ilsenburg.

K. der Ilsenstein.

L. der Berg, Auerhahnenpalz genannt.

M. der Berg, auf welchen die Zeterklippen befindlich.

N. der abgebrannte Berg.

O. der Weg von Ilsenburg nach Wernigerode.

P. das Schloß zu Wernigerode.

Q. die Holzdemme, ein Fluß.

R. Weg nach Halberstadt.

W. die Stadt Wernigerode.

Fig. 2. S. Ein Theil des aufsteigenden Gipfels des Brockens.

T. der Hexen=Altar, dessen Höhe beynabe 7 Fus beträget, und worauf unter dem Heydenthume geopfert seyn soll.

V. allerhand abgefallene Steine.

X. die Teufels=Canzel, auf welcher ein Götzenbild gestanden haben soll.

Tab. II. der Brocken im Grundrisse.

Fig. 3. A. der Gipfel des Brockens.

a. die kleine Stein=Pyramide den höchsten Gipfel zu bezeichnen.

b. das kleine Haus.

c. der Brunnen.

d. das Haus auf dem Brockenbette.

e. der Hexen=Altar und die Teufels=Canzel.

f. eine Quelle, welche vormals

g. den Teufels=See bewässerte, in welchem schwarze Forellen befindlich waren: jetzt aber ist er abgelassen, in Torff=Gruben verwandelt und die Quelle läuft in das Thal hinab.

h. Eine gestürzte Klippe.

B. die Henrichshöhe, nebst denen daselbst erbaueten Torffhäusern i, k, l, m, n.

C. die linke Schulter oder kleine Brocken.

D. der Winterberg.

E. E. E. drey Berge am nördlichen Fuße des Berges, welche aber durch Bergrücken mit einander verbunden sind.

F. der Königsberg.

G. der

G. der Ecker-Fluß, der nachmals in die Ocker fällt.

H. der Ilsefluß.

Es folget der Prospect gegen Nord-Ost.

I. Ilsenburg.

K. der Ilsenstein.

L. die Auerhahnen-Palz.

M. die Zeter-Klippen.

N. der abgebrannte Berg.

O. der Jägerkopf.

P. Hochgräfliches Schloß von Wernigerode.

Q. Die Capelle auf der Hölle.

R. Weg von Ilsenburg nach dem Brocken.

S. Das Dorf Schireke, allwo ein hoher Ofen anzutreffen ist.

W. Wernigerode.

Es ist dieses die Aussicht, die man vom höchsten Gipfel herab so wol auf den Brocken selbst, als auch auf die umliegenden Berge bekommt, wenn man einmal das Gesicht gegen Nord-Ost und hernach gegen Süd-West wendet. Man siehet hieraus, daß der Brocken ein Berg sey, welcher den kleineren umliegenden Bergen gleichsam auf dem Schooße sitzet, die aber sämmtlich mit ihm durch Dämme verbunden sind. Das Hauptgebirge bestehet aus weiß- und schwarzen Granit, als dem gewöhnlichen Materiale der Gebirge vom Range: um so mehr ist es zu bewundern, woher die ganz fremden Steinmaterien in unzähligen Kieselsteinen seinen Gipfel erstiegen haben, wofern man nicht die vorhin angeführte Ursache gelten lässet.

Es liegen zwar auch Granitstücke in Menge auf ihm zerstreuet herum, aber insgemein als Splittern und Trümmern, selten als kieselförmige Steine.

Anfangs hoffte die Oberfläche, die seit der Schöpfung der Welt so vielen Abwechselungen von Stürmen und allen Witterungen unterworfen gewesen, ganz mit Granitsande bedeckt zu sehen: aber auch dieses findet sich nicht. Eine dünne Decke von Torff, Mooß und niedrigen Pflanzen bedecket sie, und unter derselben erscheinet der helle, klare, derbe Granit. Hin und wieder habe einige unbedeutende Verwitterungen angetroffen.

Als ich im Jahre 1751. zum erstenmale diesem Schauplatz der Natur bestieg, versicherte ein Jäger, der Brocken sey hohl, und bewies es, durch das Stampfen mit einem dicken Pfahle, auf die entblößten Stellen, da man denn den Wiederhall in der Tiefe hören konnte, nicht anders, als ob auf ein hohles Gewölbe geschlagen würde. Es waren aber nur solche Stellen hierzu brauchbar, wo der nackte Felsen hervor ragte. Sogar auf der Henrichshöhe giebt es Stellen, die einen starken Wiederton hören lassen.

Dieser Gipfel würde sich wie ein parabolischer Kegel in das Thal seines Fußes herabsenken, wenn er nicht gegen Nord-West und Süd-Ost zwo Schultern angesetzet hätte, deren eine, die Henrichshöhe genannt,

genannt, mit 970. Schritten, (jeder Schritt betrug zween rheinländische Duodecinal-Fuß), abgeschritten worden: von beyden Schultern an senket er sich sehr schräge in ein tiefes Thal hinab, aber gleichsam, als ob er mit dieser Bildung noch nicht vergnüget worden, erhebt er sich wieder an dem nordwestlichen Ende mit drey kleinen Bergen, die mit einander durch einen gemeinschaftlichen Bergrücken oder Wall verbunden sind; hingegen am südöstlichen Ende wirft er nochmals einen ziemlich hohen Querberg auf.

Noch nicht genug: er hat auch Arme. Gegen Süden dehnet er einen Arm bis zum Königsberge aus, den er mit sich vereinigt. Auf diesem Arme, der von seinem Hauptberge ausgehet, ist das langische Werk angeleget worden, welches zum Andenken des Herrn Oberforstmeisters von Langen also genennet worden, woselbst Torffhäuser, so wie auf der Henrichshöhe, angeleget sind, den Torff zu trocknen und zu verkolen.

Von der Henrichshöhe aber erstrecket sich ein anderer Arm zum Brockenbette hinüber, um auch die dortigen Bergketten mit sich zu vereinigen. Ob der Winterberg mit dem Brocken in Verbindung stehe, habe ich nicht bemerken können, ich vermuthe es aber.

Der Winterberg hat rings um sich herum vier Hügel, welche ihm ein sehr schönes Ansehen geben. Auf der nordöstlichen Seite hängt der Brocken mit einer dreyfachen Reihe von Bergen zusammen, deren einige vorhin benennet worden, zwischen welchen Quellen entspringen, die sich in die Ilse ergießen. Die Absichten des Schöpfers bey dem bewunderswürdigen Baue dieses Berglagers, werde in einer anderen Abhandlung berühren: jetzo sey es genung, so viel zu melden, daß es dazu diene, denen aus dem Brocken herausfließenden Quellen ihre erste Richtung zu ertheilen. Zwischen dem Brocken und dem Königsberge entspringet die Ecker, die sich in die Ocker ergießet. Im Ilsenthale entstehet die Ilse aus zwo Quellen. Die Bode entspringet zwischen der Henrichshöhe und dem Abhange des Königsbergs, und heißt die kalte Bode. Eine andere Quelle, die zwischen dem Abhange der Henrichshöhe und dem Berge, auf welchem die Capelle über der Hölle zu sehen, sehr ergiebig hervorsprudelt, vereiniget sich mit diesem Bache und beyde fließen nach dem Dorfe Schiercke hin.

Oben auf dem Brocken achtzehen Fuß niedriger, als der höchste Gipfel, befindet sich ein kleiner überbaueter Brunnen, welcher ohngefähr alle Minuten einen Cubickfuß Wasser von sich ströhmet, so vom Brocken in die Ilse herabfließet. Dieser Quell liefert also innerhalb 24 Stunden 1440 Cubickfuß Wasser, eher mehr als weniger. Als ich 1778 im August den Brocken bereisete, hatte es über vier Wochen lang nicht geregnet, der ganze Brocken war iso dürre, daß auch nicht einmal die Fußsolen der Stiefel benetzet

benetzet wurden. Man räumte rings um den Brunnen alles Moos und die Steine weg, damit nicht das geringste von Feuchtigkeit zu ihm rinnen konnte, und darauf ließ man ihn ausschöpfen. Derjenige, der dieses verrichtete, versicherte, daß in kurzer Frist der Brunnen wieder angefüllet seyn werde. Da nun die hereinbrechende Nacht nicht erlaubte, länger daselbst zu verweilen; so versparete man diese Erwartung auf den folgenden Morgen, da wir denn diesen Brunnen nicht nur gefüllt, sondern auch im vollen Ausflusse wieder antrafen. Also erzeuget sich diese Quelle im Eingeweide des Brockens selbst. Die ungleich tiefer liegende Quelle auf Tab. II. f. ströhmete stärker. Noch stärker aber die erste Ilsen-Quelle, die wenigstens noch 1000 Fuß höher liegt, als alle Harzgebirge. Diese Quelle ließ ich gänzlich aufräumen: da konnte man deutlich sehen, wie sie aus dem Grundfelsen selbst herausrieselte. Sie ergoß alle Secunden einen Cubickfuß Wasser, also in 24 Stunden 86400 Cubickfuß. Was für einen Teich mußte sie hinter sich haben, wenn dieser Ausfluß aus zusammen geflossenen Nebeln, Regen oder Schnee entstehen sollte?

Die zwote Ilsenquelle, welche ohngefähr zwanzig Fuß niedriger aus dem Berge hervorsprudelte, war gar so mächtig, daß sie ein oberschlächtiges Wasserrath nothdürftig bedienen könnte.

Also entspringen diese Quellen aus dem Berge selbst, und sind desto ergiebiger, je niedriger ihr Ursprung liegt. Sie entspringen höher, als alle umliegenden Berge, also können sie nicht aus andern zwischen den übrigen Gebirgen befindlichen Wasserbehältern entstehen, sondern das Eingeweide des Brocken selbst erzeugt sie, und die Frage, ob Quellen in den Bergen selbst erzeuget werden, ist entschieden. Und wie? das werde ich erst zuletzt berichten können. Ich behaupte damit nicht, daß alle Ströhme so entstehen, ich sage nur, es giebt Quellen, die ihren Ursprung nicht den Wolken des Himmels zu verdanken haben.

Als ich im Jahre 1751 zum erstenmale den Brocken besuchte, begegnete mir ein sonderbarer Zufall. Des Morgens früh sahe ich, von der Heinrichs Höhe aus, eine Wolke auf dem Gipfel des Berges gelagert, und meine Neugierde trieb mich an, eine solche Gelegenheit, die Wolken des Himmels zu ersteigen, nicht ungenutzt zu lassen; ich gieng, nebst einem Begleiter, in die Wolke. Kaum war ich einige hundert Schritte, mit einem feuchten Nebel umhüllt, fortgegangen, so hatte sich mein Führer von mir verirret; ich sahe mich nach ihm um, aber was über funfzehen Schritte von mir entfernt war, lag jenseits meinem Gesichtskreise: ich rief, aber ich erschrack über meine schwache Stimme, die sonst zur Erfüllung weitläuftiger Kirchen, zureichend war; der dicke Duft verschlang sie, und ich glaube nicht, daß sie sich weiter, als mein Gesicht, erstrecket haben mag. Mein Führer versicherte mich, daß er ohne Unterlaß gepfiffen und sein

Hund

Hund ohne Unterlaß gebellt habe: aber weder das eine noch das andere erreichte mein Gehör, ohnerachtet, wie es sich nachmals auswies, beyde nur hundert Schritte von mir entfernt standen. Unter diesen Umständen getrauete ich mich nicht weiter fortzugehen, und in der That wußte ich auch nicht mehr, weder wo ich hergekommen war, noch wo ich hingehen sollte, um aus der Wolke mich wieder heraus zu finden. Ich blieb auf einem Steine sitzen, und verwandelte die mitgenommene Wildschur in ein sehr enges Gezelt. Die Kälte war vollkommen so groß, als die strengste Winterkälte von 1740. Mein Athen verwandelte sich augenblicklich in Schnee, und der Auswurf des Speichels in ein Hagelkorn, der Dunst meines Körpers fror an die Haare der Wildschur, welche zuletzt auf derjenigen Seite, wo der Wind herstrich, wie eine beglaste Hechel aussahe, auf der gegen über befindlichen Seite blieben die Haare frey. Also trägt der Wind zur Verwandlung des Regens in Hagel das Seine bey. Die Bewegung meiner Arme und Füße unterhielt noch eine Zeitlang meine natürliche Wärme, allein nach Verlauf von anderthalb Stunden empfand ich eine Lähmung in den Gliedern, eine sanfte Müdigkeit überfiel mich, und ohnerachtet ich wohl wußte, daß unmittelbar der Tod darauf erfolgen dürfte; so war es mir doch unmöglich, mich derselben zu entwehren. Hier eräugnete sich ein neues Phänomen, welches mich wieder einigermaßen ermunterte. Die Wolke fieng an zu schneyen. Zuerst fiel der Schnee von oben her auf mich herab, und ich schloß daraus, daß zuvörderst der Dunst der Oberfläche der Wolke gefriere. Allmählich senkte sich die Erzeugung des Schnees zu mir nieder, da entdeckte in der Nähe, daß die Sternchen sowol, als die aus Stänglein bestehenden Flocken, sich im Augenblicke ohne der geringsten Weile erzeugten, ihr Daseyn durch einen hellen Blick anmeldeten, und indem sie bey ihrem langsamen Fall unter einander herum tummelten, an einander froren und größere Flocken bildeten. Endlich schien alles um mich herum theils Flocken, theils Sterne, theils feiner Eisstaub zu seyn. Bisher war der Wind so schwach, daß man seinen Zug kaum an den gefrornen Haaren der Wildschur bemerken konnte: auf einmal wurde er stärker, trieb die Wolke von ihrem bisherigen Lager weg. Plötzlich gerieth ich, aus einem dämmernden und den Othem fest erstickenden dicken Eisduft, in den hellesten Sonnenschein, und ich sah die Ursache eines zuletzt unvermeidlichen Todes vom Gipfel des Berges ins Land hinabfliehen; ich sahe den Begleiter, und seinen Hund sahe ich hinter einem der Wolke nachfahrenden Duft, welcher die Gestalt eines weißen Rehes zu haben schien, geblendet nachjagen und einen beträchtlichen Theil des Berges hinabstürzen. Sollte jemand einen neuen Versuch machen wollen, in eine Wolke zu gehen, dem rathe einen Compaß mit zunehmen, um sich zu rechter Zeit wieder heraus finden zu können.

Dieser Tag hatte sich mit einem Schauspiele der Natur angefangen, und mit einem Schauspiele sollte er auch beschlossen werden. Als sich die hochgräfliche Herrschaft mit mir auf dem Gipfel verfügte, um von da herab den prächtigen Untergang der Sonne zu betrachten, die, wie ein glühendes Gold, in die zwischen allen Thälern bereits herrschenden Nachtschatten und dicken Düfte am äußersten Horizonte sich eintauchte; sahe ich gegen Osten zurücke, und erblickte die Gestalt des Brocken ungleich größer als er selbst war, in einer Entfernung von zwo Meilen, wie ein entsetzliches Gespenst in freyer Luft schweben: das Brockenhäuslein und wir selbst standen in Riesengestalt da, bewegte ich meinen Arm in die Höhe, so war es nicht anders, als ob sich eine Tanne ausstreckte. Augenblicklich rief ich der Reisegesellschaft zu, gegen Osten zu schauen, und sie gerieth über diese Brocken-Erscheinung in Erstaunen. Es hatte aber damit folgende Bewandtniß. Aus dem Fürstenthume Halberstadt und Grafschaft Wernigerode war ein dünner Nebel aufgestiegen, auf welchem die untergehende Sonne das Bild des Brocken, wie auf einen Spiegel warf. Wie nun die Schatten in der Ferne größer werden und sich ausbreiten, so mußte auch der Umriß des Bergs und das, was vom Sonnenstrahle noch berühret werden konnte, sich in einer entsetzlichen Größe und Höhe abbilden. Wie oft begleitet uns im Nebel bey einer nächtlichen Laterne eine Gestalt, die der lebendigen gleich siehet? welches denn Gelegenheit giebet, daß Leute glauben, sich selbst gesehen zu haben. Selbst der Grubengeist ist ein Kind dieses Betrugs der Augen.

Bey dieser Gelegenheit kann ich nicht unerinnert lassen, auf einer in eben diesem Herbste vorgenommenen Reise von Wernigerode nach Goßlar, an dem Brocken, der Sonne gegen über, eine dünne Wolke, in Gestalt eines Cometen-Schweifs bemerkt zu haben, die sich bey einer vollkommenen Windstille nach dem Stande der Sonne wendete, bis ich endlich den Brocken aus dem Gesichte zwischen den Bergen verlohr. Man sagte mir, daß dergleichen Erscheinung bey stiller Luft sich nicht selten eräugne. Ein Umstand, der zur Erklärung der Richtung der Cometen-Schweife gehöret.

Aber wieder zu dem Brocken selbst zurückzukehren, so ist es besonders, daß man weder auf dem Berge selbst, noch auf seinen Nebengebirgen die geringste Spur eines Craters antrift: aber desto häufiger sind die am Fuße dieser Gebirge hervordringenden Quellen. Dieses machte mich aufmerksam auf die übrigen Berge, und da habe ich niemals an denjenigen, die oben einen Crater zeigeten, eine Quelle bemerket. Es scheinet also, daß die mit einer unversehrten Haube geschlossenen Berge, bey ihrer Erhebung aus der Tiefe des Abgrundes voller Höhlen sind, in welchen sich darum Quellen erzeugen, weil ihr unerbrochenes Dach den aufsteigenden Dünsten den Ausgang versagt.

Ich habe mir vorgenommenen, in der versprochenen weitläuftigeren Abhandlung, meine desfalls in der Baumanshöhle angestelleten Versuche umständ-

licher

licher zu beschreiben, und die Erzeugung der Quellen in diesen Höhlen in ihr völliges Licht zu setzen. Wenn nun aber die zusammenfließenden Dünste ein Bassin haben müssen, in welches sie sich versammeln und eine Quelle veranlassen können, der Brocken aber auf dem Gipfel, in der Mitte und nahe am Fuße Quellen ausgießet; so kann man mit großer Wahrscheinlichkeit daraus schließen, daß der Körper dieses Berges, der ungemein geräumig seyn muß, aus drey Höhlen-Etagen innerlich bestehe.

Ich schreite nun fort zu dem Pflanzenreiche dieses Gebirges. Der berühmte Herr von Haller hat uns in seinen Itineribus Hercinicis ein großes Verzeichniß und eine gründliche Beschreibung der Brockenkräuter geliefert.

Der jetzt regierende Herr Graf beschenkte mich, bey meiner Abreise, mit einem auf das sauberste verfertigten lebendigen Kräuterbuche, welches der dortige Herr Hof-Medicus und Stadt-Physicus mit besonderer Geschicklichkeit verfertiget hatte, und welches ich der Königl. Preuß. Academie der Wissenschaften in Berlin überreichet habe.

Ein noch viel weitläuftigeres Verzeichniß liefert uns Herr Rector Ritter zu Ilfeld, in seiner Erzählung von seiner Brockenreise, welche zu Helmstädt 1740. unter folgendem Titel herausgekommen.

Alberti Ritteri Relatio curiosa de iterato itinere in Hercyniae montem famosissimum Bructerum.

Eben war ich Begrif beyde Verzeichnisse mitzutheilen, als unser Botanicus Herr Professor Gleditsch mich mit einem weit vollkommenern Catalogen aller auf und um den Brocken herum von ihm selbst aufgesuchten Gewächse versorgete, und Erlaubniß gab, dasselbe hier einzurücken. Der geneigte Leser wird durch die beygesetzten Citationen im Stand gesetzt, diese Pflanzen unter ihren verschiedenen Ordnungen nachzuschlagen und ihr Geschlecht zu beurtheilen. Meine Pflicht erheischet von mir diesem würdigen Mitgliede unsrer Gesellschaft für diese Freundschaft ergebensten Dank abzustatten.

Alphabetisches Verzeichniß der vornehmsten Gewächse, welche um, an und auf dem Brocken, oder dessen allernächsten Vorgebirgen, auf allen verschiedenen Seiten nach dem Wechsel der Jahreszeit und Witterung, beym Auf- und Absteigen gefunden worden sind, für die zuweilen dahin reisenden Kenner und Liebhaber.

Acer Pseudo-Platanus. *Linn.* Sp. Pl. ed. 2. T. II p. 1495. no. 2.

Acer Platanoides. *Linn.* T. II. 1496. no. 5.

Acer

Acer campestre. *Linn.* T. II. 1497. no. 7.
Achillea Plarmica. *Linn.* T. II 1266. no. 13.
Achillea Millefolium. *Linn.* T. II. 1267. no. 18.
Acrosticum septentrionale. *Linn.* T. II. 1524 n. 6.
Acrosticum Thelypteris. *Lin.* T. II. 1528. no. 25.
Actaea spicata. *Linn.* T. I. 722. no. 1.
Aegopodium Podagraria. *Linn.* T. I. 379. no. 1.
Adoxa Moschatellina. *Linn.* T. I. 527. no. 1.
Agaricus clavus. *Linn.* T. II. 1644. no. 24.
Agaricus Androsaces. *Linn.* T. II. 1644. no. 23.
Agaricus simetarius. *Linn.* T. II. 1643. no. 18.
Agaricus viscidus. *Linn.* T. II. 1642. no. 12.
Agaricus fragilis. *Linn.* T. II. 1643. no. 21.
Agaricus clypeatus. *Linn.* T. II. 1642. no. 16.
Agaricus muscarius. *Linn.* T. II. 1640. no. 4.
Agaricus mammosus. *Linn.* T. II. 1642. no. 15.
Agaricus campanulatus. *Linn.* T. II. 1643. n. 19.
Agaricus Georgii. *Linn.* T. II. 1642. no. 14.
Agaricus deliciosus. *Linn.* T. II. 1641. no. 6.
Agaricus campestris. *Linn.* T. II. 1641. no. 9.
Agaricus piperatus. *Linn.* T. II. 1641. n. 8.
Agaricus chantarellus. *Linn.* T. II. 1639. no. 1.
Agaricus betulinus. *Linn.* T. II. 1645. no. 27.
Agaricus Quercinus. *Linn.* T. II. 1644. no. 26.
Agaricus integer. *Linn.* T. II. 1640. no. 3.
Agaricus dentatus. *Linn.* T. II. 1640. no. 5.
Agaricus Alneus. *Linn.* T. II. 1645. no. 28.
Agrimonia Eupatoria. *Linn.* T. I. 643. no. 1.

Agro-

Agrostis alba. *Linn.* Sp. Pl. T. I. 93. no. 10.
Agrostis capillaris. *Linn.* T. I. 93. n. 9.
Agrostis rubra. *Linn.* T. I. 92. no. 6.
Agrostis Canina. *Linn.* T. I. 92. no. 7.
Agrostis ſpica venti. *Linn.* T. I. 91. no. 1.
Agrostis ſtolonifera. *Linn.* T. I. 93. no. 8.
Aira criſtata. *Linn.* T. I. 95. no. 2.
Aira aquatica. *Linn.* T. I. 95. no. 6.
Aira coerulea. *Linn.* T. I. 95. n. 3.
Aira flexuoſa. *Linn.* T. I. 96. no. 9.
Aira montana. *Linn.* T. I. 96. no. 10.
Aira caryophyllea. *Linn.* T. I. 97. no. 14.
Ajuga pyramidalis. *Linn.* T. II. 785. no. 2.
Ajuga reptans. *Linn.* T. II. 785. no. 4.
Alisma Plantago. *Linn.* T. I. 487. no. 4.
Alopecurus pratenſis. *Linn.* T. I. 88. no. 1.
Alopecurus paniceus. *Linn.* T. I. 90. no. 5.
Alopecurus geniculatus. *Linn.* T. I. 88. no. 3.
Alopecurus agreſtis. Linn. T. I. 88. no. 2.
Alchemilla vulgaris. *Linn.* T. I. 378. no. 1.
Alſine media. *Linn.* T. I. 389. no. 1.
Anagallis arvenſis. *Linn.* T. I. 211. no. 1.
Anchuſa officinalis. *Linn.* T. I. 191. no. 1.
Andromeda Polifolia. *Linn.* T. I. 564. no. 5.
Anemone ranunculoides. *Linn.* T. I. 762. n. 17.
Anemone nemoroſa. *Linn.* T. I. 762. n. 15.
Anemone Pulſatilla. *Linn.* T. I. 759. no. 5.
Anemone pratenſis. *Linn.* T. I. 760. no. 6.

Ane-

Anemone Hepatica. *Linn.* Sp. Pl. T. I. 758. n. 1.
Anemone vernalis. *Linn.* T. I. 759. no. 4.
Anemone ſylveſtris. *Linn.* T. I. 761. no. 10.
Anemone alpina. *Linn.* T. I. 760. n. 7.
Angelica ſylveſtris. *Linn.* T. I. 361. no. 2.
Anthoxanthum odoratum. *Linn.* T. I. 40. no. 1.
Aquilegia vulgaris. *Linn.* T. I. 752. no. 1.
Arabis thaliana. *Linn.* T. II. 929. no. 3.
Arabis Halleri. *Linn.* T. II. 929. n. 5.
Arctium Lappa. *Linn.* T. II. 1143. no. 1.
Arenaria ſaxatilis. *Linn.* T. I. 607. no. 11.
Arenaria trinervea. *Linn.* T. I. 605. no. 4.
Arenaria ſerpillifolia. *Linn.* T. I. 606. no. 6.
Arenaria rubra campeſtris. *Linn.* T. I. 606. n. 8.
Arnica montana. *Linn.* T. II. 1245. no. 1.
Artemiſia cxmpeſtris. *Linn.* T. II. 1185. no. 4.
Arum maculatum. *Linn.* T. II. 1370. no. 12.
Arundo phragmitis. *Linn.* T. I. 120. no. 3.
Arundo Calmagroſtis. *Linn.* T. I. 121. n. 5.
Aſarum Europaeum. *Linn.* T. I. 633. no. 1.
Aſclepias Vincetoxicum. *Linn.* T. I. 314. no. 12.
Aſperula odorata. *Linn.* T. I. 150. no. 1.
Aſperula tinctoria. *Linn.* T. I. 150. no. 4.
Aſplenium Trichomanes. *Linn.* T. II. 1540. no. 19.
Aſtragalus glycyphyllus. *Linn.* T. II. 1067. no. 14.
Athamantha Libanotis. *Linn.* T. I. 351. no. 1.

Athamantha Meum. *Linn.* Sp. Pl. T. I. 353. no. 9.
Atriplex hastata. *Linn.* T. II. 1094. no. 9.
Atriplex patula. *Linn.* T. II. 1094. no. 11.
Avena elatior. *Linn.* T. II. 117. no. 2.
Avena pratensis. *Linn.* T. I. 119. no. 11.
Avena flavescens. *Linn.* T. I. 118. no. 9.
Bellis perennis. *Linn.* T. II. 1248. no. 1.
Betonica officinalis. *Linn.* T. II. 810. no. 1.
Betula alba. *Linn.* T. II. 1393. no. 1. cum varietat.
Betula Alnus. *Linn.* T. II. 1394. no. 5.
Bidens tripartita. *Linn.* T. II. 1165. no. 1.
Boletus bovinus. *Linn.* T. II. 1646. no. 11.
Boletus viscidus. *Linn.* T. II. 1646. no. 9.
Boletus versicolor. *Linn.* T. II. 1645. no. 4.
Boletus luteus. *Linn.* T. II. 1646. no. 10.
Boletus suberosus. *Linn.* T. II. 1645. no. 1.
Boletus igniarius. *Linn.* T. II. 1645. no. 3.
Briza media. *Linn.* T. I. 103. no. 3.
Bromus pinnatur. *Linn.* T. I. 115. no. 14.
Bromus giganteus. *Linn.* T. I. 114. no. 12.
Bromus tectorum. *Linn.* T. I. 114. no. 8.
Bromus mollis. *Linn.* T. I. 112. no. 2.
Bromus secalinus. *Linn.* T. I. 112. no. 1.
Bromus arvensis. *Linn.* T. I. 113. no. 7.
Bryum viridulum. *Linn.* T. II. 1583. no. 19.
Bryum simplex. *Linn.* T. II. 1587. no. 32.
Bryum argenteum. *Linn.* T. II. 1586. no. 27.

Bryum flexuosum. *Linn.* Sp. Pl. T. II. 1583. no. 15.
Bryum pellucidum. *Linn.* T. II. 1583. no. 13.
Bryum apocarpum. *Linn.* T. II. 1579. no. 1.
Bryum truncatum. *Linn.* T. II. 1584. no. 18.
Bryum squarrosum. Linn. T. II. 1585. no. 26.
Bryum pulvinatum. Linn. T. II. 1586. no. 28.
Bryum paludosum. *Linn.* T. II. 1584. no. 20.
Bryum pomiforme. *Linn.* T. II. 1580. no. 3.
Bryum pyriforme. *Linn.* T. II. 1581. no. 4.
Bryum carneum. *Linn.* T. II. 1587. no. 31.
B*ryum* Hypnoides. *Linn.* T. II. 1584. no. 21.
B*ryum* striatum. *Linn.* T. II. 1579. no. 2.
B*ryum* cespiticium. *Linn.* T. II. 1586. no. 29.
B*ryum* rurale. *Linn.* T. II. 1581. no. 8.
Bryum murale. *Linn.* T. II. 1581. no. 7.
Bryum capillare. *Linn.* T. II. 1586. no. 30.
Byssus Jolithus, *Linn.* T. II. 1698. no. 8.
B*ysus* lactea. *Linn.* T. II. 1639. no. 12.
B*yssus* saxatilis. *Linn.* T. II. 1638. no. 7.
B*yssus* candelaris. *Linn.* T. II. 1639. no. 9.
Callitriche autumnalis. *Linn.* T. I. 6. no. 2.
Caltha palustris. *Linn.* T. I. 784. no. 1.
Campanula decurrens. *Linn.* T. I. 232. no. 6.
Campanula Trachelium. *Linn.* T. I. 235. no. 16.
C*ampanula* rotundifolia. *Linn.* T. I. 232. no. 3.
Campanula patula. *Linn.* T. I. 232. no. 4.
C*ampanula* cervicaria. *Linn.* T. I. 235. no. 18.
Campanula glomerata. *Linn.* T. I. 235. no. 17.

 Carda-

Cardamine impatiens. *Linn.* Sp. Pl. T. II. 914. no. 9.
Cardamine pratensis. *Linn.* T. II. 915. no. 13.
Cardamine hirsuta. *Linn.* T. II. 915. no. 12.
Cardamine amara. *Linn.* T. II. 915. no. 14.
Carduus lanceolatus. *Linn.* T. II. 1149. no. 2.
Carduus acaulis. *Linn.* T. II. 1150. no. 26.
Carduus palustris. *Linn.* T. II. 1151. no. 6.
Carduus nutans. *Linn.* T. II. 1150. no. 3.
Carduus acanthoides. *Linn.* T. II. 1150. no. 4.
Carex remota. *Linn.* T. II. 1383. no. 14.
Carex dioica. *Lian.* T. II. 1379. no. 1.
Carex muricata. *Linn.* T. II. 1383. no. 11.
Carex digitata. *Linn.* T. II. 1384. no. 20.
Carex pulicaris. *Linn.* T. II. 1380. no. 3.
Carex leporina. *Linn.* T. II. 1381. no 8.
Carex pallescens. *Linn.* T. II. 1386. no. 29.
Carex hirta. *Linn.* T. II. 1389. no. 37.
Carex vesicaria. *Linn.* T. II. 1389. no. 36.
Carex axillaris. *Linn.* T. II. 1382. no. 12.
Carex canescens. *Linn.* T. II. 1383. no. 16.
Carex Pseudocyperus. *Linn.* T. II. 1387. no. 32.
Carex distans. *Linn.* T. II. 1387. no. 33.
Carex montana. *Linn.* T. II. 1385. no. 21.
Carex flava. *Linn.* T. II. 1384. no. 18.
Carex acuta. *Linn.* T. II. 1388. no. 35.
Carex atrata. *Linn.* T. II. 1386. no. 26.
Carex limosa. *Linn.* T. II. 1386. no. 27.

Car-

Carlina vulgaris. Linn. Sp. Pl. T. II. 1161. no. 4.
Carpinus Betulus. *Linn.* T. II. 1416. no. 1.
Carum Carvi. *Linn.* T. I. 378. no. 1.
Centaurea Scabiosa. *Linn.* T. II. 1291. no. 22.
Centaurea phrygia. *Linn.* T. II. 1287. no. 8.
Centaurea Jacea. *Linn.* T. II. 1293. no. 29.
Cerastium arvense. *Linn.* T. I. 628. no. 6.
Cerastium aquaticum. *Linn.* T. I. 629. no. 13.
Cerastium vulgatum. *Linn.* T. I. 627. no. 2.
Cerastium viscosum. *Linn.* T. I. 627. no. 3.
Cerastium semidecandum. *Linn.* T. I. 627. no. 4.
Chaerophyllum sylvestre. *Linn.* T. I. 369. no. 1.
Chaerophyllum temulum. *Linn.* T. I. 370. n. 3.
Chaerophyllum hirsutum. *Linn.* T. I. 373. no. 5.
Chelidonium majus. *Linn.* T. I. 723. no. 1.
Chenopodium Bonus Henricus. *Linn.* T. I. 317. no. 1.
Chrysanthemum segetum. *Linn.* T. II. 1254. no. 15.
Chrysanthemum Leucanthemum. *Linn.* T. II. 1251. no. 4.
Chrysanthemum inodorum. *Linn.* T. II. 1253, no. 10.
Chrysoplenium alternifolium. *Linn.* T. I. 569. no. 1.
Cichorium Intybus. *Linn.* T. II. 1142. no. 1.
Circaea alpina. *Linn.* T. I. 12. no. 2.
Circaea lutetiana. *Linn.* T. I. 12. no. 1.

Cistus Helianthemum. *Linn.* Sp. Pl. T. I. 744. no. 33.
Clavaria pistillaris. *Linn.* T. II. 1651. no. 1.
Clavaria digitata. *Linn.* T. II. 1652. no. 4.
Clavaria militaris. *Linn.* T. II. 1652. no. 2.
Clavaria coralloides. *Linn.* T. II. 1652. no. 6.
Clavaria ophioglossoides. *Linn.* T. II. 1652. n. 3.
Clavaria muscoides. *Linn.* T. II. 1652. no. 8.
Clinopodium vulgare. *Linn.* T. 821. no. 1.
Cnicus oleraceus. *Linn.* T. II. 1156. no. 1.
Comarum palustre. *Linn.* T. I. 718. no. 1.
Conferva rivularis. *Linn.* T. II. 1633. no. 1.
Conferva fontinalis. *Linn.* T. II. 1634. no. 2.
Conferva canalicularis. *Linn.* T. II. 1634. no. 4.
Conferva bullosa. *Linn.* T. II. 1634. no. 3.
Conferva amphibia. *Linn.* T. II. 1634. no. 5.
Conferva reticulata. *Linn.* T. II. 1635. no. 11.
Conferva gelatinosa. *Linn.* T. II. 1635. n. 13.
Conferva capillaris. *Linn.* T. II. 1636. no. 14.
Convallaria majalis. *Linn.* T. I. 451. no. 1.
Convallaria bifolia. *Linn.* T. I. 452. no. 8.
Convallaria Polygonatum. *Linn.* T. I. 451. no. 3.
Convallaria multiflora. *Linn.* T. I. 452. no. 4.
Convallaria verticillata. *Linn.* T. I. 451. no. 2.
Convolvulus sepium. *Linn.* T. I. 218. no. 2.
Conyza squarrosa. *Linn.* T. II. 1255. no. 1.
Coreopsis Bidens *Linn.* T. II. 1281. no. 4.

Cornus

Cornus sanguinea. *Linn.* T. I. 170. no. 3.
Corylus Avellana. *Linn.* T. II. 1417. no. 1.
Crataegus torminalis. *Linn.* T. I. 681. no. 2.
Crataegus Oxyacantha. *Linn.* T. I. 683. no. 8.
Crepis tectorum. *Linn.* T. II. 1135. no. 13.
Cucubalus Been. *Linn.* T. I. 591. no. 2.
Cucubalus otites. *Linn.* T. I. 594. no. 12.
Cynoglossa officinalis. *Linn.* 192. no. 1.
Dactylis glomerata. *Linn.* T. I. 105. no. 2.
Daphne Mezereum. *Linn.* T. I. 508. no. 1.
Daucus Carota. *Linn.* T. I. 348. n. 1.
Dentaria bulbifera. *Linn.* T. II. 912. n. 2.
Dianthus Carthusianorum. *Linn.* T. I. 586. no. 2.
Dianthus deltoides. *Linn.* T. I. 588. no. 7.
Dianthus superbus. *Linn.* T. I. 589. no. 11.
Digitalis purpurea. *Linn.* T. II. 866. no. 1.
Digitalis lutea magno flore. Rupp. Flor. Jen. 200.
Draba verna. Linn. T. II. 896. no. 1.
Echium vulgare. *Linn.* T. I. 200. no. 4.
Empetrum nigrum. *Linn.* T. II. 1450. no. 2.
Epilobium palustre. *Linn.* T. I. 495. no. 6.
Epilobium tetragonum. *Linn.* T. I. 494. no. 5.
Epilobium montanum. *Linn.* T. I. 494. no. 4.
Epilobium hirsutum. *Linn.* T. I. 494. no. 3.
Epilobium angustifolium. *Linn.* T. I. 493. n. 1.
Equisetum hyemale. *Linn.* T. II. 1517. no. 6.
Equisetum limosum. *Linn.* T. II. 1517. no. 5.

Equisetum arvense. *Linn.* T. II. 1516. no. 2.
Equisetum palustre. *Linn.* T. II. 1516. no. 3.
Equisetum sylvaticum. *Linn.* T. II. 1516. no. 1.
Erica vulgaris. *Linn.* T. 1503. n. 1.
Eriophorum polystachium. *Linn.* T. I. 76. no. 2.
Eriophorum vaginatum. *Linn.* T. 1. 76. no. 1.
Eryngium campestre. *Linn.* T. I. 337. no. 8.
Frysimum officinale. *Linn.* T. II. 922. no. 1.
Erysimum Alliaria. *Linn.* T. II. 922. no. 3.
Erysimum cheiranthoides. *Linn.* T. II. 923. n. 5.
Evonymus europaeus. *Linn.* T. I. 286. no. 1.
Eupatorium cannabinum. *Linn.* T. II. 1173. no. 11.
Euphrasia officinalis. *Linn.* T. II. 841. no. 2.
Fagus sylvatica. *Linn.* T. II. 1416. no. 3.
Festuca ovina. *Linn.* T. I. 108. n. 1.
Festuca fluitans. *Linn.* T. I. 111. no. 4.
Festuca elatior. *Linn.* T. I. 111. no. 13.
Festuca decumbens. *Linn.* T. I. 110. no. 12.
Festuca rubra. *Linn.* T. I. 109. no. 5.
Festuca duriuscula. *Linn.* T. I. 110. no. 3.
Filago arvensis. *Linn.* T. II. 1312. no. 6.
Filago germanica. *Linn.* T. II. 1311. no. 2.
Filago montana. *Linn.* T. II. 1311. no. 4.
Fragaria vesca. *Linn.* T. I. 708 no. 1.
Fraxinus excelsior. *Linn.* T. II. 1509. no. 1.

Fuma-

Fumaria bulbosa. Linn. T. II. 398. no. 1.
Galeopsis Tetrahit. *Linn.* T. II. 810. no. 2.
Galeopsis Galeobdolon. *Linn.* T. II. 810. no. 3.
Galium Aparine. *Linn.* T. I. 157. no. 22.
Galium rotundifolium. *Linn.* T. I. 156. no. 21.
Galium boreale. *Linn.* T. I. 156. no. 20.
Galium sylvaticum. *Linn.* T. I. 155. no. 13.
Galium palustre. *Linn.* T. I. 153. no. 3.
Galium uliginosum. *Linn.* T. I. 153. no. 7.
Galium verum. T. I. 155. no. 12.
Genista germanica. *Linn.* T. II. 999. no. 12.
Genista pilosa. *Linn.* T. II. 999. no. 10.
Genista tinctoria. *Linn.* T. II. 998. no. 9.
Gentiana centaurium. *Linn.* T. I. 332. no. 17.
Geranium sanguineum. *Linn.* T. II. 958.
Geranium rotundifolium. *Linn.* T. II. 957. n. 59.
Geranium columbinum. *Linn.* T. II. 956. no. 51.
Geranium molle. *Linn.* T. II. 958. no. 48.
Geranium palustre. *Linn.* T. I. 954. no. 41.
Geranium robertianum. *Linn.* T. II. 954. no. 45.
Geranium sylvaticum. *Linn.* T. I. 954. no. 40.
Geum urbanum. *Linn.* T. I. 716. no. 2.
Geum rivale. *Linn.* T. I. 717. no. 3.
Glecoma hederacea. *Linn.* T. II. 807. no. 1.
Gnaphalium diocicum. *Linn.* T. II. 1199. n. 35.
Gnaphalium sylvaticum. *Linn.* T. II. 1200. no. 39.

Hedera Helix. *Linn.* T. I. 242. no. 1.
Heracleum Sphondylium. *Linn.* T. I. 358. no. 1.
Herniaria glabra. *Linn.* T. I. 317. no. 1.
Hieracium Auricula. *Linn.* T. II. 1126. no. 6.
Hieracium cymosum. *Linn.* T. II. 1126. no. 7.
Hieracium dubium. *Linn.* T. II. 1125. no. 5.
Hieracium Pilosella. *Linn.* T. II. 1125. no. 4.
Hieracium alpinum. *Linn.* T. II. 1124. no. 1.
Hieracium murorum. *Linn.* T. II. 1128. no. 17.
Hieracium paludosum. *Linn.* T. II. 1129. no. 18.
Hieracium umbellatum. *Linn.* T. II. 1131. no. 28.
Holcus lanatus. *Linn.* T. II. 1485. no. 4.
Holosteum umbellatum. *Linn.* T. I. 126. no. 6.
Hordeum murinum. *Linn.* T. I. 126. no. 6.
Hydnum auriscalpium. *Linn.* T. II. 1648. no. 4.
Hydnum repandum. *Linu.* T. II. 1647. no. 2.
Hydnum imbricatum. *Linn.* T. II. 1647. no. 1.
Hydnum tomentosum. *Linn.* T. II. 1647. no. 3.
Hydrocotyle vulgaris. *Linn.* T. I. 339. no. 1.
Hypnum velutinum. *Linn.* T. II. 1595. no. 37.
Hypnum taxifolium. *Linn.* T. II. 1587. no. 2.
Hypnum sericeum. *Linn.* T. II. 1595. no. 35.
Hypnum denticulatum. *Linn.* T. II. 1588. no. 3.
Hypnum bryoides. *Linn.* T. II. 1588. no. 4.
Hypnum cuspidatum. *Linn.* T. II. 1595. no. 35.
Hypnum adianthoides. *Linn.* T. II. 1588. no. 6.
Hypnum complanatum. *Linn.* T. II. 1588. no. 7.
Hypnum riparium. *Linn.* T. II. 1595. no. 34.

Hyp-

Hypnum purum. *Linn.* T. II. 1594. no. 31.
Hypnum lucens. *Linn.* T. II. 1589. no. 9.
Hypnum crispum. *Linn.* T. II. 1589. no. 11.
Hypnum Crista castrensis. *Linn.* T. II. 1591. no. 19.
Hypnum abietinum. *Linn.* T. II. 1591. no. 20.
Hypnum palustre. *Linn.* T. II. 1593. no. 27.
Hypnum loreum. *Linn.* T. II. 1593. no. 28.
Hypnum cupressiforme. *Linn.* T. II. 1592. no. 22.
Hypnum squarrosum. *Linn.* T. II. 1593. no. 26.
Hypnum aduncum. *Linn.* T. II. 1592. no. 23.
Hypnum viticulosum. *Linn.* T. II. 1592. no. 25.
Hypnum proliferum. *Linn.* T. II. 1590. no. 15.
Hypnum parietinum. *Linn.* T. II. 1590. no. 17.
Hypnum plumosum. *Linn.* T. II. 1592. no. 21.
Hypnum dendroides. *Linn.* T. II. 1593. no. 29.
Hypnum alopecurum. *Linn.* T. II. 1594. no. 30.
Hypnum triquetrum. *Linn.* T. II. 1598. no. 12.
Hypnum fillicinum. *Linn.* T. II. 1590. no. 14.
Hypnum sciuroides. *Linn.* T. II. 1596. no. 39.
Hypnum myosuroides. *Linn.* T. II. 1596. no. 40.
Iberis nudicaulis. *Linn.* T. II. 907. no. 12.
Impatiens noli me tangere. *Linn.* T. II. 1329. no. 7.
Inula salicina. *Linn.* T. I. 1238. no. 11.
Iuncus conglomeratus. *Linn.* T. I. 464. no. 2.
Iuncus effusus. *Linn.* T. I. 464. no. 3.
Iuncus squarrosus. *Linn.* T. I. 465. no. 7.

Iun-

Iuncus articulatus. *Linn.* T. I. 465. no. 8.
Iuncus bulbosus. *Linn.* T. I. 466. no. 10.
Iuncus bufonius. *Linn.* T. I. 466. no. 11.
Iuncus campestris. *Linn.* T. I. 168. no. 17.
Iuncus niveus. *Linn.* T. I. 468. n. 16.
Iuncus pilosus. *Linn.* T. I. 468. no. 15.
Iungermannia ciliaris. *Linn.* T. II. 1601. n. 18.
Iungermannia furcata. *Linn.* T. II. 1602. n. 28.
Iungermannia viticulosa. *Linn.* T. II. 1597. no. 2.
Iungermannia epiphylla. *Linn.* T. II. 1602. no. 24.
Iungermannia rupestris. *Linn.* T. II. 1601. no. 18.
Iungermannia lanceolata. *Linn.* T. II. 1597. no. 4.
Iungermannia bidentata. *Linn.* T. II. 1598. no. 5.
Iungermannia complanata. *Linn.* T. II. 1599. no. 14.
Iungermannia resupinata. *Linn.* T. II. 1599. no. 10.
Iungermannia reptans. *Linn.* T. II. 1599. no. 13.
Iuniperus communis. *Linn.* T. II. 1470. no. 1.
Lactuca scariola. *Linn.* T. II. 1119. no. 4.
Lactuca perennis. *Linn.* T. II. 1120. no. 7.
Lamium album. *Linn.* T. II. 809. no. 5.
Lamium laevigatum. *Linn.* T. II. 808. no. 3.

Lamium

Lamium purpureum. *Linn.* T. II. 809. no. 6.
Lapsana communis. *Linn.* T. II. 1141. no. 1.
Lathraea squamaria. *Linn.* T. II. 844. no. 4.
Lathyrus pratensis. *Linn.* T. II. 1033. no. 16.
Lathyrus sylvestria. *Linn.* T. II. 1083. no. 17.
Lavatera thuringica. *Linn.* T. II. 973. no. 7.
Ledum palustre *Linn.* T. I. 561. no. 1.
Lemna minor. *Linn.* T. II. 1376. no. 2.
Leontodon Taraxacum. *Linn.* T. II. 1122. no. 1.
Leontodon antumnale. *Linn.* T. II. 1123. no. 4.
Leontodon hispidum. *Linn.* T. II. 1124. no. 8.
Leonurus cardiaca. *Linn.* T. II. 817. no. 1.
Lichen hirtus. *Linn.* T. II. 1623. n. 78.
Lichen plicatus. *Linn.* T. II. 1622. no. 72.
Lichen lanatus. *Linn.* T. II. 1623. no. 75.
Lichen floridus. *Linn.* T. II. 1624. no. 81.
Lichen pubescens. *Linn.* T. II. 1623. no. 76.
Lichen jubatus. *Linn.* T. II. 1622. no. 74.
Lichen barbatus. *Linn.* T. II. 1622. no. 73.
Lichen chalybeiformis. *Linn.* T. II. 1623. no. 77.
Lichen pustulatus. T. II. 1617. no. 53.
Lichen polyphyllus. T. II. 1618. no. 56.
Lichen cocciferus. *Linn.* T. II. 1618. no. 58.
Lichen cornucopioides. *Linn.* T. II. 1619. no. 59.
Lichen deformis. *Linn.* T. II. 1620. no. 65.
Lichen digitatus. *Linn.* T. II. 1620. no. 63.
Lichen gracilis. *Linn.* T. II. 1619. no. 62.
Lichen fimbriatus. *Linn.* T. II. 1619. no. 61.

Lichen

Lichen pyxidatus. *Linn.* T.II. 1619. no. 60.
Lichen ciliaris. *Linn.* T.II. 1611. no. 28.
Lichen islandicus. *Linn.* T.II. 1611. no. 29.
Lichen glaucus. *Linn.* T.II. 1615. no. 42.
Lichen juniperinus. *Linn.* T.II. 1614. no. 40.
Lichen prunastri. *Linn.* T.II. 1614. no. 39.
Lichen pulmonarius. *Linn.* T.II. 1612. no. 31.
Lichen farinaceus. *Linn.* T.II. 1613. no. 35.
Lichen furfuraceus. *Linn.* T.II. 1612. no. 32.
Lichen caninus. *Linn.* T.II. 1646. no. 48.
Lichen aphtosus. *Linn.* T.II. 1616. no. 46.
Lichen saxatilis. *Linn.* T.II. 1609. no. 19.
Lichen olivaceus. *Linn.* T.II. 1610. no. 21.
Lichen subfuscus. *Linn.* T.II. 1609. no. 16.
Lichen tartareus. *Linn.* T.II. 1608. no. 14.
Lichen candelaris. *Linn.* T.II. 1608. no. 13.
Lichen pallescens. *Linn.* T.II. 1608. no. 15.
Lichen cricetorum. *Linn.* T.II. 1608. no. 12.
Lichen scriptus. *Linn.* T.II. 1606. no. 1.
Lichen calcareus. *Linn.* T.II. 1607. no. 6.
Lichen sanguinarius. *Linn.* T.II. 1607. no. 4.
Lichen fagineus. *Linn.* T.II. 1608. no. 10.
Lichen carpineus. *Linn.* T.II. 1608. no. 11.
Lichen rangiferinus. *Linn.* T.II. 1610. no. 66.
Lichen uncialis. *Linn.* T.II. 1621. no. 67.
Lichen paschalis. *Linn.* T.II. 1621. no. 69.
Lichen subulatus. T.II. 1621. no. 68.
Lichen parietinus. T.II. 1610. no. 25.

Lichen

Lichen physſotes. *Linn.* T. II. 1610. no. 26.
Lilium Martagon. *Linn.* T. I. 415. no. 6.
Lolium perenne. *Linn.* T. I. 122. no. 1.
Lonicera xyloſteum. *Linn.* T. I. 248. no. 6.
Lotus corniculatus. *Linn.* T. II. 1092. no. 15.
Lunaria rediviva. *Linn.* T. II. 911. no. 1.
Lychnis Flos cuculi. *Lin.* T. I. 625. no. 2.
Lychnis Viſcaria. *Linn.* T. I. 625. no. 3.
Lychnis dioica. *Linn.* T. I. 626. no. 6.
Lycopodium clavatum. *Linn.* T. II. 1564. no. 4.
Lycopodium annotinum. *Linn.* T. II. 1566. no. 11.
Lycopodium Selago. *Linn.* T. II. 1165. no. 9.
Lycopodium complanatum. *Linn.* T. II. 1567. no. 16.
Lycopodium alpinum. *Linn.* T. II. 1567. no. 15.
Lycopſis arvenſis. *Linn.* T. I. 199. no. 5.
Lycopus europaeus. *Linn* T. I. 30. no. 1.
Lyſimachia nemorum. *Linn.* T. I. 211. no. 9.
Lyſimachia nummularia. *Linn.* T. I. 211. no. 10.
Lyſimachia vulgaris. *Linn.* T. I. 209. n. 1.
Lythrum ſalicaria. *Linn.* T. I. 640. no. 2.
Malva rotundifolia. *Linn.* T. II. 969. no. 11.
Malva ſilveſtris. *Linn.* T. II. 969. no. 13.
Medicago falcata. *Linn.* T. II. 1096. n. 6.
Melampyrum nemoroſum. *Linn.* T. II. 843. no. 3.
Melampyrum ſylvaticum. *Linn.* T. II. 838. no. 8.

Melam-

Melampyrum pratense. *Linn.* T. II. 843. no. 4.
Melica nutans. *Linn.* T. I. 98. no. 3.
Melica ciliata. *Linn.* T. I. 97. no. 1.
Mentha aquatica. *Linn.* T. II. 805. no. 5.
Mentha arvensis. *Linn.* T. II. 806. no. 9.
Mercurialis perennis. *Linn.* T. II. 1469. no. 1.
Milium effusum. *Linn.* T. I. 90. n. 1.
Mnium fissum. *Linn.* T. II. 1579. no. 17.
Mnium triquetrum. *Linn.* T. II. 1579. no. 15.
Mnium pellucidum. *Linn.* T. II. 1574. no. 1.
Mnium fontanum. *Linn.* T. II. 1574. no. 2.
Mnium hygrometricum. *Linn.* T. II. 1575. no. 5.
Mnium palustre. *Linn.* T. II. 1574. no. 3.
Mnium serpillifolium. *Linn.* T. II. 1577. n. 14. cum variet. 4.
Mnium Polytrichoides. *Linn.* T. II. 1576. no. 13.
Mnium pyriforme. *Linn.* T. II. 1576. no. 12.
Mnium crudum. *Linn.* T. II. 1576. no. 11.
Mnium purpureum. *Linn.* T. II. 1575. no. 6.
Mnium setaceum. *Linn.* T. II 1575. no. 7.
Mnium hornum. *Linn.* T. II. 1576. no. 10.
Mnium annotium. *Linn.* T. II. 1576. no. 9.
Mnium cirratum. *Linn.* T. II. 1576. no. 8.
Monotropa Hypopithys. *Linn.* T. I. 555. no. 1.
Mucor fursuraceus. *Linn.* T. II. 1655. no. 5.
Myagrum paniculatum. *Linn.* T. II. 899. no. 7.
Myosotis scorpioides. *Linn.* T. I. 188. no. 1.
Myosotis Lappula. *Linn.* T. I. 189. no. 2.

Nardus

Nardus stricta. *Linn.* T.I. 77. no. 1.
Ononis spinosa. *Linn.* T. II. 1006. no. 2.
Onopordon Acanthium. *Linn.* T. II. 1158. n. 1.
Ophioglossum vulgatum. *Linn.* T. II. 1518. n. 1.
Ophrys ovata. *Linn.* T. II. 1340. no. 5.
Ophrys cordata. *Linn.* T. II. 1340. no. 6.
Ophrys Nidus avis. *Linn.* T. II. 1339. no. 1.
Ophrys Corallorhiza. *Linn.* T. II. 1339. no. 2.
Ophrys Monorchis. *Linn.* T. II. 1342. no. 11.
Ophrys insectifera. *Linn.* T. II. 1343. no. 15. varietat.
Orchis Morio. *Linn.* T. II. 1333. no. 16.
Orchis bifolia. *Linn.* T. II. 1331. no. 8.
Orchis mascula. *Linn.* T. II. 1333. no. 17.
Orchis militaris. *Linn.* T. II. 1333. no. 19.
Orchis coriophora. *Linn.* T. II. 1332. no. 14.
Orchis pyramidalis. *Linn.* T. II. 1332. no. 12.
Orchis conopsea. *Linn.* T. II. 1335. no. 26.
Orchis odoratissima. *Linn.* T. II. 1335. no. 27.
Orchis latifolia. *Linn.* T. II. 1334. no. 21.
Orchis maculata. *Linn.* T. II. 1335. no. 26.
Origanum vulgare. *Linn.* T. II. 824. no. 7.
Ornithogalum luteum. *Linn.* T. I. 439. no. 1.
Orobus vernus. *Linn.* T. II. 1028. no. 4.
Orobus tuberosus. *Linn.* T. II. 1028. no. 5.
Orobus niger. *Linn.* T. II. 1028. no. 6.
Osmunda Lunaria. *Linn.* T. II. 1519. no. 2.
Oxalis Acetosella. *Linn.* T. I. 620. no. 1.

Paris quadrifolia. *Linn.* T. I. 527. no. 1.
Parnassia palustris. *Linn.* T. I. 391. no. 1.
Pedicularis palustris. *Linn.* T. II. 845. no. 1.
Pedicularis sylvatica. *Linn.* T. II. 845. no. 2.
Peplis Portella. *Linn.* T. I. 474. no. 1.
Peziza lentifera. *Linn.* T. II. 1649. no. 1.
Peziza cyathoides. *Linn.* T. II. 1651. no. 5.
Peziza scutellata. *Linn.* T. II. 1651. no. 7.
Peziza punctata. *Linn.* T. II. 1650. no. 2. Poronia.
Phallaris arundinacea. *Linn.* T. I. 80. no. 6.
Phallaris phleoides. *Linn.* T. I. 80. no. 5.
Phallus impudicus. *Linn.* T. II. 1638. no. 2.
Phallus esculentus. *Linn.* T. II. 1638. no. 1.
Phleum arenarium. *Linn.* T. I. 88. no. 4.
Phleum pratense. *Linn.* T. I. 87. no. 1.
Phytevma spicata. *Linn.* T. I. 242. no. 4.
Phytevma orbicularis. *Linn.* T. I. 242. no. 3.
Pimpinella saxitraga. *Linn.* T. I. 378. no. 11. c. var. miner.
Pimpinella saxifraga hircina. e. *Linn.* T. I. 378. variet. praec.
Pinus sylvestris. *Linn.* T. II. 1418. no. 1.
Pinus Picea. *Linn.* T. II. 1420. no. 8. est Abies alba.
Pinus Abies. *Linn.* T. II. 1421. no. 12. est Abies rubra.
Plantago lanceolata. *Linn.* T. I. 164. no. 6.
Plantago major. *Linn.* T. I. 163. no. 1.

Plan-

Plantago media. Linn. T. I. 163. no. 2.
Poa bulbosa. *Linn.* T. I. 102. no. 19.
Poa nemoralis. *Linn.* T. I. 102. no. 18.
Poa aquatica. *Linn.* T. I. 98. no. 1.
Poa compressa. *Linn.* T. I. 101. no. 17.
Poa annua. *Linn.* T. I. 99. no. 7.
Poa trivialis. *Linn.* T. I. 99. no. 4.
Poa pratensis. *Linn.* T. I. 99. no. 6.
Poa angustifolia. *Linn.* T. I. 99. no. 5.
Polygula vulgaris. *Linn.* T. II. 996. no. 2.
Polygala amara. T. II. 987. no. 3.
Polygonum dumetorum. *Linn.* T. I. 522. no. 26.
Polygonum aviculare. *Linn.* T. I. 519. no. 15.
Polygonum Persicaria. *Linn.* T. I. 518. no. 10.
Polygonum Hydropiper. *Linn.* T. I. 517. no. 9.
Polygonum Convolvulus. *Linn.* T. I. 522. no. 25.
Polygonum Bistorta. *Linn.* T. II. 516. no. 2.
Polygonum viviparum. *Linn.* T. I. 516. no. 3.
Polypodium vulgare. *Linn.* T. II. 1544. no. 13.
Polypodium Lonchitis. *Linn.* T. II. 1558. no. 27.
Polypodium Phaegopteris. *Linn.* T. II. 1550. no. 36.
Polypodium cristatum. *Linn.* T. I. 1551. no. 42.
Polypodium Dryopteris. *Linn.* T. II. 1554. no. 63.
Polypodium fragile. *Linn.* T. II. 1553. no. 51.
Polypodium Filix mas. *Linn.* T. II. 1551. no. 43.

Polypodium Filix foemina. *Linn.* T. II. 1551. no. 44.
Polypodium aculeatum. *Linn.* T. II. 1552. no. 45.
Polytrichum commune. *Linn.* T. II. 1573. no. 1.
Populus tremula. *Linn.* T. II. 1462. no. 3.
Potamogeton pusillum. *Linn.* T. I. 184. no. 12.
Potamogeton natans. *Linn.* T. I. 182. no. 1.
Potagometon crispum. *Linn.* T. I. 183. n. 5.
Potagometon setacem. *Linn.* T. I. 184. no. 9.
Potagometon graminem. *Linn.* T. I. 184. n. 10.
Potentilla reptans. *Linn.* T. I. 714. n. 22.
Potentilla opaca. *Linn.* T. I. 713. no. 16.
Potentilla verna. *Linn.* T. I. 712. no. 15.
Potentilla argentea. *Linn.* T. I. 712. no. 11.
Potentilla recta. *Linn.* T. I. 711. no. 10.
Potentilla Anserina. *Linn.* T. I. 710. no. 2.
Potentilla rupestris. *Linn.* T. I. 711. no. 6.
Potentilla supina. *Linn.* T. I. 711. no. 9.
Potentilla alba. *Linn.* T. I. 718. no. 18.
Poterium sanguiforba. *Linn.* T. II. 1411. no. 1.
Prenanthes muralis. *Linn.* T. II. 1121. no. 4.
Prenanthes purpurea. *Linn.* T. II. 1121. no. 3.
Primula veris. *Linn.* T. I. 204. no. 1. officinalis.
Prunella vulgaris et grandiflore. *Linn.* T. II. 837. no. 2.
Prunus C. Bauh. pin. 680. no. 11.
Prunus spinosa. *Linn.* T. I. 681. no. 13.

Pteris

Pteris aquilina. *Linn.* T. II. 1513. no. 23.
Pulmonaria officinalis. *Linn.* T. I. 194. no. 2.
Pulmonaria angustifolia. *Linn.* T. I. 194. no. 1.
Pyrola rotundifolia. *Linn.* T. I. 567. no. 1.
Pyrola minor. *Linn.* T. I. 567. no. 2.
Pyrola uniflora. *Linn.* T. I. 568. no. 6.
Pyrola umbellata. *Linn.* T. I. 767. no. 4.
Pyrola secunda. *Linn.* T. I. 567. no. 3.
Pyrus communis. *Linn.* T. I. 686. no. 1. *Pyraster.*
Pyrus Malus. *Linn.* T. I. 666. no. 2. sylvestris C. Bauh. pin. 433.
Quercus Robur. *Linn.* T. II. 1414. no. 12. cum varietate altera.
Ranunculus aquatilis. *Linn.* T. I. 781. no. 38. cum variet.
Ranunculus sceleratus. *Linn.* T. I. 776. no. 15.
Ranunculus arvensis. *Linn.* T. I. 780. no. 31.
Ranunculus lanuginosus. *Linn.* T. I. 779. no. 29.
Ranunculus acris. *Linn.* T. I. 779. no. 28.
Ranunculus polyanthemus. *Linn.* T. I. 779. no. 27.
Ranunculus repens. *Linn.* T. I. 779. no. 26.
Ranunculus Flammula. *Linn.* T. I. 772. no. 1.
Ranunculus Ficaria. *Linn.* T. I. 774. no. 9.
Ranunculus auricomus. *Linn.* T. I. 775. n. 12.
Ranunculus bulbosus. *Linn.* T. I. 778. no. 25.
Ranunculus aconitifolius. *Linn.* T. I. 776. no. 16.

Rhamnus catharticus. *Linn.* T. I. 279. no. 1.
Rhamnus Frangula. *Linn.* T. I. 280. no. 5.
Rhinanthus Crista galli. *Linn.* T. II. 840. no. 3. cum variet.
Ribes uva cripsa. *Linn.* T. I. 292. n. 7.
Ribes nigrum. *Linn.* T. I. 291. no. 3.
Ribes rubrum. *Linn.* T. I. 290. no. 1.
Ribes alpinum. *Linn.* T. I. 291. no. 2.
Riëcia minima. *Linn.* T. II. 1605. no. 2.
Rosa canina. *Linn.* T. I. 704. no. 10.
Rosa alba. *Linn.* T. I. 705. no. 13.
Rosa villosa. *Linn.* T. I. 704. no. 6.
Rosa eglanteria. *Linn.* T. I. 703. no. 3.
Rubus saxatilis. *Linn.* T. I. 708. no. 10.
Rubus fruticosus. *Linn.* T. I. 707. no. 5.
Rubus caesius. *Linn.* T. I. 706. no. 4.
Rubus idaeus. *Linn.* T. I. 706. no. 1.
Rumex crispus. *Linn.* T. I. 477. no. 3.
Rumex acutus. *Linn.* T. I. 478. no. 11.
Rumex Acetosa. *Linn.* T. I. 481. no. 24.
Rumex Acetosa montana maxima. *Linn.* T. I. 481. var. 4.
Rumex Acetosella. *Linn.* T. II. 481. no. 25.
Sagina procumbens. *Linn.* T. I. 185. no. 1.
Salix pentandra. *Linn.* T. II. 1444. no. 3.
Salix triandra. *Linn.* T. II. 1444 no. 2.
Salix aurita. *Linn.* T. II. 1446. no. 20.
Salix incubacea. *Linn.* T. II. 1447. no. 24.

Salix

Salix repens. *Linn.* T.II. 1447. no. 25.
Salix caprea. *Linn.* T.II. 1448. no. 28.
Salix alba. *Linn.* T.II. 1449. no. 31.
Sambucus nigra. *Linn.* T.I. 385. no. 3.
Sambucus racemosa. *Linn.* T.I. 386. no. 4.
Sanguisorba officinalis. *Linn.* T.I. 169. no. 1.
Sanicula europea. *Linn.* T.I. 339. no. 1.
Satyrium viride. *Linn.* T.II. 1337. no. 2.
Satyrium albidum. *Linn.* T.II. 1338. n. 4.
Satyrium repens. *Linn.* T.II. 1339. no. 7.
Saxifraga granulata. *Linn.* T.I. 576. no. 24.
Saxifraga tridactylites. *Linn.* T.I. 578. no. 32.
Scabiosa arvensis. *Linn.* T.I. 143. no. 10.
Scabiosa succisa. *Linn.* T.I. 142. n. 6.
Scabiosa columbaria. *Linn.* T.I. 143. no. 12.
Scadix Anthriscus. *Linn.* T.I. 368. no. 4.
Scirpus palustris. *Linn.* T.I. 70. no. 2.
Scirpus cespitosa. *Linn.* T.I. 71. no. 6.
Scirpus sylvaticus. *Linn.* T.I. 75. n. 14.
Scleranthus annus. *Linn.* T.I. 580. no. 1.
Scorzonera humilis. *Linn.* T.II. 1112. no. 1.
Scrophularia nodosa. *Linn.* T.II. 863. no. 2.
Scutellaria galericulata. *Linn.* T.II. 835. no. 5.
Sedum Telephium. *Linn.* T.I. 616. no. 2.
Sedum reflexum. *Linn.* T.I. 618. no. 10.
Sedum acre. *Linn.* T.I. 616. no. 15.
Sedum hexangulare. *Linn.* T.I. 620. no. 16.
Sedum villosum. *Linn.* T.I. 620. no. 16.

Selinum sylvestre. *Linn.* T. I. 350. no. 1.
Selinum Carvifolia. *Linn.* T. I. 350. no. 3.
Senecio vulgaris. *Linn.* T. II. 1216. no. 7.
Senecio viscosus. *Linn.* T. II. 1217. no. 12.
Senecio sylvaticus. *Linn.* T. II. 1217. no. 12.
Senecio erucaefolius. *Linn.* T. II. 1716. no. 21.
Senecio Iacobaea. *Linn.* T. II. 1219. n. 25.
Senecio nemorensis. *Linn.* T. II. 1221. no. 30.
Serapias longifolia. *Linn.* T. II. 1345. no. 3.
Serapias Helleborine latifolia. *Linn.* T. II. 1344. no. 1. cum varietat.
Serapias Damasonium montanum latifolium. C. Bauh. pin. 187.
Serapias Helleborine montaua angustifnlia purpurasceur. C. Bauh. pin. 187.
Serratula tinctoria. *Linn.* T. II. 1144. no. 1.
Serratula arvensis. *Linn.* T. II. 1149. no. 16.
Sherardia arvensis. *Linn.* T. I. 146. no. 1
Sium latifolium. *Linn.* T. I. 361. n. 1.
Sium nodiflorum. *Linn.* T. I. 361. no. 2.
Sium falcaria. *Linn.* T. I. 362. no. 6.
Solanum Dulcamara. *Linn.* T. I. 264. no. 5.
Solanum nigrum. *Linn.* T. I. 266. no. 14.
Solidago Virga aurea. *Linn.* T. II. 1235. no. 9. c. variet.
Sonchus palustris. *Linn.* T. II. 1116. no. 2.
Sonchus alpinus. *Linn.* T. II. 1117. no. 7.
Sonchus arvensis. *Linn.* T. II. 1116. no. 3.

Sor-

Sorbus aucuparia. *Linn.* T. I. 683. no. 1.
Sparganium erectum. *Linn.* T. II. 1378. no. 1.
Spergula arvensis. *Linn.* T. I. 630. no. 1.
Spergula pentandra. *Linn.* T. I. 630. no. 2.
Spergula nodosa. *Linn.* T. I. 630. no. 3.
Sphagnum palustre. *Linn.* T. II. 1569. no. 1.
Sphagnum arboreum. *Linn.* T. II. 1570. no. 3.
Splachnum vasculosum. *Linn.* T. II. 1572. no. 4.
Spiraea Aruncus. *Linn.* T. I. 702. no. 8.
Spiraea Ulmaria. *Linn.* T. I. 702. no. 10.
Spiraea Filipendula. *Linn.* T. I. 702. no. 9.
Stachys sylvatica *Linn.* T. II. 811. no. 1.
Stachys palustris. *Linn.* T. II. 811. no. 2.
Stachys germanica. *Linn.* T. II. 812. no. 4.
Stachys arvensis. *Linn.* T. II. 814. no. 11.
Statice Armeria. *Linn.* T. II. 394. no. 1.
Stellaria nemorum. *Linn.* T. I. 603. no. 1.
Stellaria holostea. *Linn.* T. I. 603. n. 4.
Stellaria graminea. *Linn.* T. I. 604. no. 5. cum variet. duplic.
Symphytum officinale. *Linn.* T. I. 195. no. 1.
Tanacetum vulgare. *Linn.* T. II. 1185. no. 7.
Taxus baccata. *Linn.* T. II. 1473. no. 1.
Thalictrum minus. *Linn.* T. I. 769. no. 6.
Thalictrum angustifolium. *Linn.* T. I. 769. no. 9.
Thalictrum flavum. *Linn.* T. I. 770. no. 10.
Thesium Linophyllum. T. I. 301. no. 1.

Thlaspi arvense. *Linn.* T. II. 901. no. 2.

Thlaspi campestre. *Linn.* T. II. 902. no. 6.

Thlaspi Bursa pastoris. *Linn.* T. II. 903. no. 10.

Thymus Serpillum. *Linn.* T. II. 825. no. 1. cum varietat.

Thymus Acinos. *Linn.* T. II. 826. no. 4.

Tilia europea. *Linn.* T. I. 733. no. 1.

Tormentilla erecta. *Linn.* T. I. 716. no. 1.

Tragopogon pratense. *Linn.* T. II. 1109. no. 1.

Trientalis europea. *Linn.* T. I. 488. no. 1.

Trifolium procumbens. *Linn.* T. II. 1088. no. 41.

Trifolium fragiferum. *Linn.* T. II. 1086. no. 37.

Trifolium repens. *Linn.* T. II. 1080. no. 12.

Trifolium montanum. *Linn.* T. II. 1087. no. 38.

Trifolium agrarium. *Linn.* T. II. 1087. no. 39.

Trifolium spadiceum. *Linn.* T. II. 1087. no. 40.

Trifolium arvense. *Linn.* T. II. 1083. no. 25.

Trifolium Melilotus officinalis. *Linn.* T. II. 1078. no. 4.

Trifolium alpestre. *Lian.* T. II. 1082. no. 21.

Trifolium pratense. *Linn.* T. II. 1082. no. 19.

Triticum repens. *Linn.* T. I. 128. no. 9.

Trollius europeus. *Linn.* T. I. 721. no. 1.

Turritis glabra. *Linn.* T. II. 930. no 1.

Turritis hirsuta. *Linn.* T. II. 930. no. 2.

Tussilago Petasites. *Linn.* T. II. 1215, no. 9.

Tussilago hybrida. *Linn.* T. II. 1214. no. 8.

Tussi-

Tussilago Farfara. Linn. T. II. 1214. no. 5.
Typha latifolia. Linn. T. II. 1577. no. 1.
Typha angustifolia. Linn. T. II. 1577. no. 2.
Ulmus campestris. Linn. T. I. 327. no. 1.
Ulva granulata. Linn. T. II. 1633. no. 10.
Vaccinum Oxycoccus. Linn. T. I. 500. no. 11.
Vaccinium Vitis idea. Linn. T. I. 500. no. 10.
Vaccinium uliginosum. *Linn.* T. I. 499. no. 3.
Vaccinium Myrtillus. Linn. T. I. 498. no. 1.
Valantia Cruciata. Linn. T. I. 149. no. 5.
Valeriana officinalis. *Linn.* T. I. 45. no. 5.
Valeriana dioica. *Linn.* T. I. 44. no. 4.
Verbascum Thapsus. *Linn.* T. I. 252. no. 1.
Verbascum Lychnitis. *Linn.* T. I. 253. no. 2.
Verbena officinalis. *Linn.* T. 29. no. 15.
Veronica serpillifolia. *Linn.* T. I. 15. no. 12.
Veronica scutellata. *Linn.* T. I. 16. no. 17.
Veronica verna. *Linn.* T. I. 19. no. 30.
Veronica triphyllos. *Linn.* T. I. 19. no. 29.
Veronica hederifolia. *Linn.* T. I. 19. no. 28.
Veronica arvensis. *Linn.* T. I. 18. no. 27.
Veronica agrestis. *Linn.* T. I. 18. no. 26.
Veronica longifolia. *Linn.* T. I. 13. no. 5.
Veronica spuria. *Linn.* T. I. 13. no. 3.
Veronica spicata. *Linn.* T. I. 14. no. 7.
Veronica hybrida. *Linn.* T. I. 14. no. 8.
Veronica officinalis. *Linn.* T. I. 14. no. 9.
Veronica latifolia. *Linn.* T. I. 18. no. 24.

Vero-

Veronica Anagallis. *Linn.* T. I. 16. no. 16.
Veronica Chamaedrys. *Linn.* T. I. 17. no. 23.
Veronica Beccabunga. *Linn.* T. I. 16. no. 15.
Veronica prostrata. *Linn.* T. I. 17. no. 22.
Veronica Teucrium. *Linn.* T. I. 16 no. 18
Vicia pisiformis. *Linn.* T. II. 1014. no. 1.
Vicia sylvatica. *Linn.* T. II. 1015. no. 3.
Vicia dumetorum. *Linn.* T. II. 1035. no. 2.
Vicia Cracca. *Linn.* T. II. 1035. no. 5.
Vicia sepium. *Linn.* T. II. 1035. no. 15.
Vinca minor. *Linn.* T. I. 304. no. 1.
Viseum album. *Linn.* T. II. 1451. no. 1.
Viola odorata. *Linn.* T. II. 1324 no. 8.
Viola palustris. *Linn.* T. II. 1324. no. 7.
Viola canina. *Linn.* T. II. 1324. no. 9.
Viola tricolor. *Linn.* T. II. 1326. no. 15.
Viola mirabilis. *Linn.* T. II. 1326. no. 17.

Es sind in diesem Pflanzen-Verzeichnisse noch verschiedene Geschlechter und Arten mit Vorbedacht übersehen worden, welche die an und im Harze selbst lebende Pflanzenkenner nicht nur bequem hinzuthun, sondern auch mit andern noch beträchtlich vermehren können. Wollte man nur die Gewächse des eigentlichen Brockenberges, nach dessen beträchtlichen Höhe, nach welcher er ein auf andere schon an und vor sich sehr hohe Gebirgskette aufgesetzter Berg ist, vor sich allein betrachtet wissen,

wissen, so würde sich zwar das Verzeichniß auf viel wenigere und besondere einschränken lassen, Nutzen und Vergnügen aber müßten alsdann auch weit geringer seyn. Nimmt man dagegen das ansteigende und sehr weit ausstreichende Gebirge mit dazu, wie es seyn muß, welches durch ordentliche Rücken mit ihm auf allen Seiten verbunden wird, so wird man die Menge der Gewächse, die aus den reichen Thüringischen Kräutergegenden dahin übergehen, alsdann überaus beträchtlich und für den Forschenden weit unterrichtender finden, als sie von mir kaum angegeben werden können. Ein dergleichen Verzeichniß macht alsdann eine bequeme Grundlage zu einer künftigen Flora Hercyniae für einen zweeten arbeitsamen Thalius.

Das Vergnügen ein so nützliches Werk zu sehen, wünsche und hoffe ich vor vielen andern, nebst den dazu erforderlichen genauern Bestimmungen und angestellten Beobachtungen, die ich nur von Kennern erwarten kann, denen es insbesondere verbleiben muß. Diese werden uns dadurch in den Stand setzen können, daß wir uns allmählig mehr zu einer botanischen Erdbeschreibung von Deutschland vorbereiten, und deren Arbeiten weit schätzbarer seyn müssen, als wenn sie eine nach der beliebten Art ab- und ausgeschriebene Floram mundi verfertiget hätten. Meine Jahre und übrigen gehäuften Berufsarbeiten benehmen mir die Gelegenheit, einen dazu schicklichen Mitarbeiter abzugeben, und muß ich eine dergleichen nützliche

nützliche Arbeit andern überlassen, da ich in den verschiedenen Gegenden nicht so oft und abwechselnd selbst seyn kann, als es die Sachen erfordern, um diejenigen Veränderungen gehörig wahrzunehmen, die zu meiner Bewunderung in vielen nur seit vierzig Jahren geschehen sind, und die Gewächse an ihren Standorten richtig zu bestimmen, in denen ich sie ehedem zu bestimmen Gelegenheit hatte, und in welchen ich sie zu wiederholten Mahlen gesammlet habe.

Der **Vorder-Harz** und **hohe Harz** nebst dem **Brocken** sind in gedachter Zwischenzeit von großen Pflanzen-Kennern und Liebhabern zuweilen auf eine sehr kurze Zeit besucht, aber nicht durchgesucht worden. Noch mehr haben ihn andere zur Lust durchreiset und den Brocken bestiegen, aber mit einem so flüchtigen Blicke, den man nur auf Pflanzen werfen kann, daß sie der Naturkunde und Geschichte weder in diesen noch andern Hauptheilen einigen Vortheil verschaft.

Wegen der fremden Gewächse, welche die Zufälle aus fruchtbaren und unfruchtbaren Tiefen und Ebenen, in ziemlicher Menge, bis in diese hohen Gebirge gebracht haben, und die dazwischen einheimisch geworden sind, würde noch manche Beobachtung zu machen seyn. Um endlich zu der vorgeschlagenen Bearbeitung die Hände zu bieten, sind die Linneischen Benennungen beybehalten, die nöthigen Abänderungen und Verbesserungen aber, so, wie die weitere Anwendung der künftigen Zeit, Erfahrung und

und Einsicht als den besten Lehrmeistern überlassen worden.

Im übrigen hat der Brocken mit andern hohen Bergen dieses gemein, daß die in den Thälern prächtig stehenden Gewächse und Bäume gegen den Gipfel zu kleiner werden, nach und nach abnehmen, sich verlieren, und den Scheitel mit Gewächsen aus der kalten Zone bekleiden.

Es behaupten einige, daß oben weder Vögel noch Insekten angetroffen würden, auch habe ich selbst im October bey meiner ersten Reise nichts lebendiges gesehen: aber bey meiner zwoten, im August unternommen, begleiteten mich beständig einige Bachstelzen, auch flatterten einige weiße Zwiesalter, wiewohl sehr sparsam, um mich herum. In den Thälern aber sind alle Gattungen von Harzvögeln und Insekten anzutreffen.

Einige ziemlich große Schlangen, sowohl Ottern als Nattern, begegneten mir unterwegens, nicht minder auch eine Art von grünlich-fahlen Eydexen eines Fußes lang, die sich aber sehr schnell verbargen.

Auch habe einen Salamander angetroffen, der die Figur eines Chamäleons hatte, und nicht über 8 Zoll, den Schwanz mit gerechnet, lang war. Dieser Schwanz war aber von dem, den der Chamäleon führet, der Dünne und Länge nach verschieden, und

dem,

dem, welcher der Eydexe zukommt, ähnlich. Das Thier war dunkelbraun und mit orangegelben Flecken und Streifen geziert.

Man erzählt, was die Mineralien betrift, viele Begebenheiten von Italiänern, welche den Brocken bereiseten, um Metalle zu suchen, die sie nachmals in ihrem Vaterlande in Gold verwandelten, und ist irgend ein Berg an Metallen unfruchtbar, so ist es der Brocken. Zwar habe aus dem Cabinette des Herrn geheimen Finanzrath Müllers, unsers gewesenen würdigen Mitgliedes, dessen Asche wir in Ansehung seiner großen Verdienste verehren, einige Stücke erhalten, deren eins wie eine gelbe Kugel aussah, so groß als eine Haselnuß, in welcher sich etwas Goldglimmer befand: die andere war weiß und kleiner mit untermischten Silberglimmer, aber meine Microscopia haben nicht die geringste Spur von wahrem Golde oder Silber entdecken lassen. Es werden diese Kugeln in der Gegend des Mönnchs gefunden. Und wie kann man sich vorstellen, daß so scharfsichtige und erfahrne Bergverständige, welche die Grafschaft Wernigerode aufzuweisen hat, Metalladern, wenn dergleichen daselbst vorhanden wären, nicht längst entdecket haben sollten. Jedoch besitzt Herr Hofrath Gleditsch ein Stück von einem grauen glimmrichen Gestein mit Zinnober, welches derselbe auf dem Wege von Schierke gefunden hat. Mir kommt es wahrscheinlicher vor, daß die in der Gegend dieses Berges angetroffenen

Ita-

Italiäner aus ganz andern Absichten dieses Gebirge bereiset haben, als ihren Tornister mit Goldminern anzufüllen, die, wenn sie auch noch so reichhaltig wären, nicht die Reisekosten bezahlen dürften.

Es finden sich auf dem Wege von dem Dorfe Schiercke nach dem Brocken hin und wieder einige im Stein grob ausgehauene Mönche, z. B. einer auf dem Sommerberge, ein anderer im feuchten Thale, desgleichen im Schuppenthale zween Mönche, davon der eine ein Berghäckel in der Hand hat: und noch einer mit ausgestreckten Fingern. Ein Zirkel-Creyß in demselben Thale. An dem Bache Nawe soll sich ein Creuz in Stein gehauen befinden. Vielleicht sind dieses Ueberbleibsel aus dem Pabstthume.

Wahrscheinlicher Weise hat hier ehemals ein Closter gestanden. Nun weis man, daß dergleichen Oerter von römisch-catholischen abgeschickten Leuten zuweilen besuchet, und von deren Beschaffenheit Nachrichten eingezogen werden. Vielleicht haben diese Italiäner dergleichen Austrag gehabt; vielleicht haben sie Denkmähler vom Brocken für Naturalien-Cabinetter ihrer Landesleute gesammlet; vielleicht sammlen sie Edelsteine, die sie in ihrem Vaterlande schleifen lassen, zumal da sich neben dem Sommerberge Schmaragde, Carneole und andere Steine von dieser Art finden lassen. Mir wenigstens ist dieses letzte am glaubwürdigsten. Vielleicht braucht der

Aberglaube Theile vom Brocken, um zaubern zu können.

Eben dieses führet mich gleichsam bey der Hand zur Brockenfabel hin, die ich aber als bekannt voraussetzen will, wenigstens ist sie in allen Arten der ehemaligen Hexenprocesse, mit allen nur möglichen Zusätzen bereichert, anzutreffen. Oben auf dem Gipfel des Brocken ist ein von Steinen aufgeräumter Kreiß, welcher der Hexen Tanzplatz genennet wird. Besser herab ist der Hexen-Altar, die Teufels-Canzel, und wer weis, was sonst noch hin und wieder versteckt seyn mag. Hexen sind in nahmhafter Zahl verbrandt worden, durchgehends hat sich das Gerücht erhalten, ihre Zusammenkunft sey in der Walpurgis-Nacht geschehen. Die Richterstühle haben um dieser Fabel willen unschuldiges Blut verbrannt. Die Sache scheint zu ernsthaft zu seyn, so albern sie auch übrigens immer seyn mag, als daß darunter nicht eine wahre Geschichte verborgen liegen dürfte. Ich stelle mir die Sache folgender Gestalt vor: beweisen kann ich aus Mangel der Urkunden nichts, ich sage nur meine Muthmaßung. Wie von den Zeiten Carls des großen an, um das Heydenthum in diesen Gegenden auszurotten, das Evangelium mit eisernen Zungen geprediget wurde, und Soldaten den armen Härzern das apostolische Glaubensbekänntniß, und dieses noch dazu lateinisch, auswendig lehrten, um zwischen zwoen Reihen von entblößten Schwertern ihre Catechumenen taufen zu lassen; wer kann da glauben, daß diese Leute

Christen

Christen aus Ueberzeugung geworden. Man ließ sich taufen, aber den Zorn der vormaligen Gottheiten abzuwenden, schlich man sich wieder auf dem Brocken, um den Göttern desto ungestöhrter die gewohnten Opfer zu bringen, je leichter es war den Verfolger abzuweisen. Die Flamme des Hexenaltars leuchtete indessen weit und breit ins Land hinein, man sahe von fern die Opferer mit Bränden in der Hand ihren feyerlichen Tanz verrichten. Es war geopfert und man schlich sich wieder in seine Hütte: oben ein Heyde, unten ein Christ. Und nun frug man nur nach, wer der Opferer gewesen? Entdeckte man ihn; so wurde er als Ketzer verbrannt. In den folgenden Zeiten wurden alle gebohrne Christen, und um das Heydenthum auch im Andenken zu verleiden, machte man ihnen weiß, Satan wohne auf den Brocken und lasse sich daselbst in der Walpurgis-Nacht von Hexen bedienen. Es gab in den Dörfern einige abgelebte Leute, die um leben zu können, ohne zu verhungern, allerhand Künste vorgaben, blaue Milch und dergleichen zu verbannen, und dem Viehe Fruchtbarkeit zu benehmen und zu verschaffen. Dort vereckte das Vieh, hier hörte es auf Milch zu geben, da starben die Küchlein, hier versagte die Henne die Eyer, dort mißlung Butter und Käse. Man verfiel auf die Hexen, diese wurden für das Blutgericht geführt. Sie läugneten, man behandelte sie mit der Tortur; hatten sie diese erst gekostet; so sahen sie sich auf der Stelle überzeuget, diejenigen gewesen zu seyn, die sie bey einem ungemarterten Leibe nicht glauben konnten jemals werden zu

 können.

können. Sie bekannten auf sich ihre Spinnrocken-Mährchen, weil sie sich auf weiter nichts mehr zu besinnen wußten. Sie hatten sich unter einander bey dem Flachse übereinstimmig belogen, also bekannten sie auch übereinstimmig. In diesem Elende wurde ihnen der Scheiterhaufen zum einzigen noch übrigen Mittel vorgeschlagen seelig zu werden. Sie, die längst aus der Welt herausgemartert waren, baten um die Flamme, um nichts mehr mit der Welt und mit sich weiter zu thun zu haben. Nicht der Brocken, sondern die Richter erschufen diese Hexen.

Ritter liefert uns indessen ein ganzes Verzeichniß von Brockenmetallen, welches ich wenigstens hersetzen will, ohnerachtet ich glaube, daß er Blende mit den Merkmalen wahren Metalle verwechselt habe.

Minera solaris, an der kalten Bode im Morgenbrods- oder Schuppenthale. Auch in der so genannten venetianer Goldgrube bey der steilen Wand; und im Wasser, das faule Leimloch zubenahmet.

Granula solaria, im Morgenbrods-Thale, in der schwarzen Schluft, am großen Brocken, am Königsberge, auf dem Brockenbette, in der Ecker, in der Nawe, im Brunnen Wolfswarte.

Terra solaris, im Schuppenthale, im Moraste des kahlen Königsberges, am Bährenberge.

In

In der Grube auf dem weißen Kler.
Im Brunnen auf dem Wurmberge.

Minera lunaris. Im Morgenbrods-Thale, an der kalten Bode, bey der steilen Wand.

Granula lunaria. Im Schuppenthale, am Schieferberge.

Terra lunaris, am Bärenberge, in dem Sumpfe des Salzberges.

So freygebig auch dieser Bericht mit Gold und Silber ist; so schlimm ist es, daß der Probierofen diese Aussage nicht bestätiget. Viehzucht, Torff und Holz sind vor der Hand noch die einzigen Schätze des Brocken.

Die Nachbaren bedienen sich des Brocken als eines Wetterzeigers, und haben sich mit seinen Losungen so bekannt gemacht, daß ihre Vermuthung selten fehlschläget. Decket den Gipfel eine Wolke, (eine solche Wolke war diejenige, die ich besuchet habe) so folget bald darauf Sturm, dieser erfolgte damals des folgenden Tages wirklich. Steigen von seiner Oberfläche dicke Nebel auf, so sagt man, der Brocken braue, so wie man jenes Phänomen also ausdrücket: der Brocken setzet den Huth auf, und alsdenn entstehet Regenwetter. Erscheinet er ungewöhnlich helle; alsdenn genießet man einer trocknen und heiteren Luft. Ein zweydeutiges Kennzeichen ist der Heidrauch, ein dünner Nebel, verschwindet er, so wird gut Wetter, verwandelt er sich in Wolken, so folget trüber Himmel.

Es fället nicht schwer, diese Vorbedeutungszeichen aus richtigen physicalischen Gründen abzuleiten. Der Brocken setzet den Huth auf, und bey dem Tafelberge des Vorgebirges der guten Hoffnung sagt man: die Tafel ist gedeckt und der Schiffer rüstet sich zum Sturme. Der Sturm entstehet aus einer jähen und starken Veränderung des Gleichgewichts der Luft: irgendwo muß die Luft plötzlich verdünnet werden, es rühre diese Verdünnung nun her, woher sie immer wolle. Fängt die obere Luft an ihre Spannkraft durch die Verdünnung zu verlieren, so erreichet die Verdünnung zuerst die Gipfel der Berge, ihre Dünste fallen, wie man bey dem Recipienten der Luftpumpe wahrnimmt, so bald man den Anfang macht die Luft heraus zu ziehen, jähling zusammen, umrunden die Lufttheilchen, die Luft wird trübe und so entsteht auf dem Gipfel eine ihn bedeckende Wolke. Eine Zeitlang quillt die in den Thälern befindliche Luft nach, und es wüthet der Sturm nicht eher, als bis auch diese ihre Spannkraft verlohren hat. Selbst die Zuströhmung der entfernteren dichteren Luft erfordert Zeit, kein Wunder also, wenn der befürchtete Sturm erst einige Stunden nach diesem Vorbedeutungszeichen eintrifft.

Der Brocken brauet, und so nennet man die dicken Nebel, die von der ganzen Oberfläche aufsteigen und viele Aehnlichkeit mit dem Qualme einer siedenden Braupfanne haben. Der Kälte ist dieses Phänomen nicht ganz zuzuschreiben, ob wohl auch diese vieles zur Verminderung der Spannkraft beträget. Denn er brauet auch im Sommer. Sondern wenn er brauet; so fället das Barometer und verkündigt die nahe bevorstehende Ankunft des Westwindes. Wer weis nicht, daß dieser Wind, weil er dem Laufe der Erdkugel nachfolget, die Luft verdünne, durch diese Verdünnung Wolken erschaffe, und daß diese in einer verdünneten Luft ihre Dünste regnend fallen lassen. Folglich kann auf dieses Wetterzeichen nichts anders erfolgen, als Regen, der desto anhaltender ist, je stärker der Brocken brauet, das ist, je größer und ausgebreiteter die Verdünnung der untern Luft war.

In Wäldern und Heiden duftet fast beständig ein dünner Nebel, nämlich so oft die Bäume und ihre Ausdünstungen wärmer sind, als die in ihrer Mitte befindliche Luft. Der Brocken ist mit solchen Heidrauche bedecket, wenn die ihm umgebende Luft einige Grade des Reaumurischen Thermometers kälter ist, als der Berg selbst. Ist nun zugleich die Luft schwer, so ist auch ihre Spannkraft stärker, in ihren Zwischenräumen können sich mehr Dämpfe verbergen, ohne die Lufttheilchen zu umrinden. Die obere dichtere Luft ziehet diesen Nebel in sich: man saget, er fällt, weil zuletzt nur die duftende Oberfläche des Berges dünnen Nebel duftet, und der Himmel heitert sich auf, weil er die ausgetretenen Dünste wieder in sich ziehet und die vorhandenen Wolken gleichsam verschlinget.

Erscheinet der Brocken ungewöhnlich helle; so ist solches ein Zeichen, daß die Luft sehr schwer und eben daher auch sehr elastisch sey, überdem auch die obere Luft in einem verhältmäßigen Gleichgewichte gegen die untere stehe. Ich will damit so viel sagen: die Schwere der Luft nimmt nach der Höhe regelmäßig ab. Dieses ist nun eigentlich diejenige Zeit, in welcher sich die Höhen mit dem Barometer richtig messen lassen. Aber dieses ist auch die Zeit, wo die Luft stille und heiter ist, wo so wohl ihre Kälte als auch ihre Verdünnung der Höhe nach so allmählig abnehmen, daß sich keine Wolken erzeugen können, als welche nur da entstehen, wo die Luft dünner ist, als sie ihrer Lage nach in der Atmosphäre seyn sollte.

Auf solche Art ist der Brocken als ein Barometer zu betrachten, das auf einer Höhe von mehr denn 3000 Fuß alle Veränderungen der obern so wol, als unteren Luft, auf das angemessenste andeutet, da unsre Barometer nur den Druck derjenigen Luft anmelden, in welcher sie sich jedes Mal befinden. Die Witterung vorher zu wissen, hat also diese Gegend keiner Wettergläser nöthig, der Brocken ist ihr treuer Wetterwahrsager.

Es ist aber auch dieser Berg, vielleicht ihnen selbst unwissend, ihr Ableiter, ihr starker und möglichst größester Ableiter. Gewitter, so bald sie den

Brocken

Brocken berühren, hören auf zu donnern, oder donnern doch nur in der Ferne: vom Bliß einschlagen, weis man nahe um diesem Berge wenig oder vielmehr gar nichts, desto mehr aber in der Nachbarschaft. Denn ist er negativ electrisch und die Wolken positiv, so entziehet er ihnen die Donnermaterie: sind aber die Wolken negativ und der Brocken positiv; so schwängert er sie mit Donner, daher so viele Donner und Beschädigungen im Halberstädtischen und Magdeburgischen. Unsere gekünstelten Strahlleiter sind den Nachbarn nicht so gefährlich, denn sie sind zu klein, als daß sie ganze Gewölke electrisch machen könnten. Ich habe mich hin und wieder bey denen erkundiget, die zur Zeit eines Gewitters auf dem Brocken sich aufgehalten haben, ob man die Blitze auch oberhalb der Wolke ausbrechen sehe, und sie haben mich versichert, daß solches wie wol selten sich zutrage: gewöhnlicher Weise erblicke man nur einen blitzenden Glanz. Vermuthlich schlagen die Blitze nur aldenn in die Höhe, wenn die obere Luft mehr negativ elektrisch ist, als die untere. Schlagen zuweilen die Blitze in die Höhe, so donnert es oberwärts, und schlagen sie nieder, so donnert es unterwärts dem Standpuncte des Zuschauers. Ein gleiches ist mir auch durch dem Herrn Liedemann aus Ungarn berichtet worden: wo eine Donnerwolke nicht eher zu blitzen angefangen, als bis sie sich von der Carpathe, auf welcher der Zuschauer stand, entfernet hatte, und zuweilen wie eine Feuerfontäne ihre Blitze in die Höhe schleuderte. Villeicht sammlet

 man

man ins künftige von diesem Phänomen mehrere Beobachtungen.

Es gehöret hieher noch ein anderer Versuch, den ich besonders das letzte Mahl meiner Reise angestellet habe und der das Geschütz betrifft. Man weis, daß eine Geschützkugel das Fallgesetz der Schwere nicht beobachte. Einen ganzen Tag habe ich mich auf dem Exercirplatze der Artillerie allhier aufgehalten, und bemerkte unter andern, daß eine mit Zwölfpfündern besetzte Batterie ihre Kugeln in Zeit von 2 ½ Secunden auf 1200 Schritte zum Ziele schickte. Die mehresten Kugeln trafen das Ziel, ohnerachtet das Geschütz nur 7 bis 9 Fuß über dasselbe hinzielete. Man kann mit nichts beweisen, daß der Stoß des Pulvers der Kugel ihre Schwere benehme. Nun hätte jede Kugel in Zeit von 2 ½ Stunde sich auf 90 Fuß senken müssen und alsdenn würde sie eine Parabel beschrieben haben. Warum geschahe denn dieses nicht? Ich hielt dafür, daß der Wiederstand der Luft, der sich bey einem Zwölfpfünder auf 12 Centner beläufet, den Fall der Kugel hindere und sie nicht eher sinken lasse, als bis er ihrer Schwere seitwärts gleich ist, ja die Kugel, weil die untere Luft am untern Kugelrand dichter ist, als die am obern Rande, anfangs hebe. Folglich müssen Kugeln in einer dünnen Luft eher zu fallen anfangen. Unter andern hatte der jetzt regierende Herr Graf von Wernigerode, Christian Friedrich, dessen gnädiger Beyhülfe und Aufnahme ich diese Anmerkungen zu verdanken habe, wofür ich

noch=

nochmals öffentlich Dank abzustatten mich verpflichtet sehe, dieser würdige Herr und Vater seines Landes, hatte einen geschickten Jäger Namens Baumann mitgenommen, sein Rohr war auf 115 Schritt eingeschossen und man konnte sich auf seinen Schuß verlassen. Ich steckte ihm auf so viel Schritte ein Ziel aus mit einem schwarzen Flecke eines Gulden groß, und ließ ihn viermal gerade auf den Fleck mit aufgelegten Rohre schießen. Aber alle Kugeln trafen 2 bis 3 Zoll unter dem Ziele.

Noch nicht genug, eben derselbe mußte auf dem so genannten Waldhofe in Ilsenburg, mit eben dieser Büchse, in gleicher Entfernung schießen, und die Kugeln kamen zwey Zoll höher zu stecken. Ich sahe dieses als eine Bestätigung des vorigen Satzes an. Obgleich der Knall der Büchse auf der Heinrichshöhe so schwach war, daß die kaum 200 Schritt davon im Hause sich aufhaltende Gesellschaft kein Schießen gehöret hatte, und ohnerachtet die Kugeln tiefer als gewöhnlich gesunken waren; so konnte man doch an den Splittern des Bretts keine Schwächung ihrer Kraft wahrnehmen. Dieses schließet zugleich das Räthsel auf, warum man in einer dünnen und duftigen Luft die Ladung vermehren muß, wenn die Bombe den erzielten Ort erreichen soll. Ich schreite nun fort zu den angestelleten trigonometrischen Vermessungen.

Endlich habe mir auch Mühe gegeben, die wahre Höhe des Brocken zu messen. Die Bestimmung der Höhe eines Berges, aus einer am Fuße zu messenden

den Grundlinie, ist vielen Schwürigkeiten unterworfen, und wofern der Berg nicht ein ebenes Thal irgendwo zur Seite hat, ist sie beynahe unmöglich. Der Mangel einer Ebene zu Ziehung einer bequemen Grundlinie hat uns zuerst Gelegenheit gegeben, die Barometer zu Hülfe zu nehmen und man schloß so: die Schwere der Luft nimmt ab, je höher man in der Atmosphäre steiget. Wüßte man nun genau genug, wie sich die Höhe zum Fall des Merkurs im Barometer verhielt; so wäre dieses Instrument zur Höhenmessung brauchbar. Die geschicktesten Meßkünstler gaben sich Mühe, die Grade des Fallens des Barometers gegen die Höhe, unter eine allgemeine Regel zu bringen. Mariotte, Halley, Maraldi, Scheuchzer, Jacob Cassini, Daniel Bernoulli, Horrebow, Bouger, Arbuthenot, Lambert, wer kennet diese Namen nicht? haben alle nur mögliche Wege versuchet, diese Regel zu finden: gleichwol wird nicht leicht ein Versuch von Wichtigkeit gemacht, der nicht bald hier bald dort eine Ausnahme zeiget: nicht zu gedenken, daß selbst ihre Regeln sehr merklich von einander abweichen. Endlich fiel der Verdacht auf die Barometer, und Herr de Luc entdeckte eine wichtige Ursache ihrer Abweichung, die ihn veranlassete, an die Verbesserung dieser Instrumente zu gedenken, und weil ein durch die Wärme ausgedehntes Queckfilber von seiner eigenthümlichen Schwere gegen ein durch die Kälte zusammen gezogenes verlieret; so nahm er zu seinen Höhenmessungen das Thermometer zu Hülfe, und verschaffte dadurch dieser Operation mehrere Genauigkeit.

Wäre durch dieses Mittel den übrigen Mängeln abgeholfen; so würde man nicht nur im Stande seyn, den Unterschied verschiedener Höhen durch das Barometer zu messen, sondern überdem auch zu wissen, wie hoch sich jeder Ort des vesten Landes über die Oberfläche des Weltmeeres erhebe. Ein großer Gewinn! der die Mühseeligkeit, Barometer auf das behutsamste auf Berge zu tragen, reichlich belohnet. Dem ohngeachtet sind, mir wenigstens, verschiedene Fälle begegnet, wo auch de Lucs Barometer, so richtig sie auch bey verschiedenen Versuchen mit den geometrischen Vermessungen zutrafen, meine Vermuthung getauschet, wenigstens die gewünschte Genauigkeit nicht beobachtet haben. Dieses führte mich zu dem Gedanken hin, daß in der Atmosphäre selbst Ursachen vorhanden seyn müßten, so diesen Irrthum veranlasseten. Einige rühren von der Elasticität der Luft her. Verändert sich ihre Schwere auf den Gipfeln der Berge, so erfordert es bey einem flüßig-elastischen Körper Zeit, ehe der veränderte Druck bis in die Tiefe fortgesetzt wird. Daher steigen und fallen die Barometer auf den Bergen viel zeitiger als in den Thälern. Eine Anmerkung, die schon Scheuchzer gemacht hat. Eine andere Ungleichheit entstehet von der Streichlinie der Luft. Ströhmet die Luft gegen den Gipfel eines Berges: und das kann geschehen, ohne daß im Thale der geringste Wind verspüret

spüret wird: so verdichtet sich daselbst die Luft, und wieder umgekehrt, verdünnet sie sich auf der vom Winde abstehenden Gegenseite. In beyden Fällen aber geräth das Barometer in eine Gegend, wo die Luft entweder dicker oder dünner ist, als sie nach den Gesetzen des Drucks seyn sollte. Ferner frage ich: ist nicht in dem Luftkreise Ebbe und Fluth? Ganz gewiß, und vielleicht noch regelmäßiger als im Ocean. So wenig indessen dieser Umstand zur Veränderung des Barometerstandes beytragen würde, so große Unordnungen werden die Winde anrichten. Wir sehen vor Augen, daß die Seewinde bald die Ebbe, bald die Fluth im Meere in Unordnung bringen, was mag desfalls in der Atmosphäre selbst nicht geschehen. Demohngeachtet konnten wir bey völlig stiller Luft mit einiger Wahrscheinlichkeit von dem Barometer die Anzeige der wahren Höhe der Erd-Atmosphäre erwarten, wenn nur nicht die Schwere der Körper abnähme, je weiter sie von der Erde entfernt sind und diese nicht einen neuen Verlust durch den Schwung der Erdkugel um ihre Axe erlitten. Ob nun gleich beydes nach Neutons Grundsätzen sich bestimmen ließe; so siehet man doch, woher es komme, daß die Nordlichter und übrigen feurigen Erscheinungen uns eine viel höhere Atmosphäre verkündigen, als die Barometer: Man schließe, nach welcher Regel man immer wolle. Aus dieser Betrachtung erhellet nun überhaupt theils so viel, daß die Barometer kein Mittel sind, die Höhe der Berge ganz genau zu messen: theils, daß in den meisten Fällen

len der Berg höher, in wenigen niedriger sey, als der richtigste Barometer angiebet.

Im Jahre 1751 gegen das Ende des Octobers fand ich den Unterschied des Barometerstandes, zwischen dem grünen Hofe zu Ilsenburg und dem Gipfel des Brocken, beynahe zween pariser Zoll und 9 Linien. Welche Differenz mit der, von dem Herrn Prof. Zimmermann in seiner Harzreise mit so vieler Genauigkeit angemerkten, völlig übereinkommt, wenigstens ist die kleine Verschiedenheit nicht zu rechnen. Damals schloß ich, ohne das Thermometer zu Rathe zu ziehen, weil De Luc diesen Umstand noch nicht bekannt gemacht hatte, es sey nach Arbuthenots Regel der Gipfel des Brocken 2665 pariser, oder 2761 rheinl. Fuß über Ilsenburg erhöhet. Es nimmt aber Arbuthenot an, daß ein Fall von 3 Zoll eine Höhe von 2844 londener Fuß anzeige.

Nun fand Herr Zimmermann aus acht Observationen, nach De Luc Manier, die mittlere Höhe des Brocken über Ilsenburg sey 3013′ 7″ $1\frac{7}{8}$‴ braunschweiger Fuß. Verhält sich der braunschweiger Fuß zum pariser wie 7 : 8. so gehen 2637 pariser Fuß hervor. Demnach hätte ich es, bey Verabsäumung der Berichtigung des Barometers durch das Thermometer, nur um 28 pariser Fuß versehen. Ein Fehler, der in Ansehung der Höhe zu den erträglichen gehöret. Man könnte wenigstens damit zufrieden seyn.

Allein

Allein im August des Jahres 1778 unternahm eine trigonometrische Vermessung des Brocken, die folgender Gestalt verrichtet wurde:

Auf dem Gipfel des Brocken ward eine Linie von 55 rheinländischen Ruthen a b. abgemessen.

Hierauf visirte von a nach dem grünen Hofe in
Tab. VIII. Ilsenburg I. und fand den Winkel I a b.
Fig. 3. $= 94^\circ\ 45'$ und also seinen Nebenwinkel $= 85^\circ\ 15'$ der Winkel I b a $= 83^\circ\ 59'$. Also blieb für a I b als den Winkel, welchen meine Grundlinie mit Ilsenburg in I machte, nur noch $1^\circ\ 16'$ übrig.

Schließet: wie sich der Sinus von $1^\circ\ 16'$ zur Grundlinie a b $= 55$ rheinl. Ruthen verhält; so der Sinus des Winkels I b a. zur Länge der Seite a I. als der Entfernung des Brockengipfels von I. in Ilsenburg $= 2479$ rheinländische Ruthen.

Man wird ohne mein Erinnern einsehen, daß die schiefe Lage der Grundlinie nicht das geringste zum Nachtheile der Vermessung beytrage, wenn nur B allemal den Gipfel trifft. Mithin kann man eine solche Grundlinie auf allen Bergen ziehen, und sollte man sie auch bey gar zu höckerigen Gebirgen durch das Problem von Messung der Entfernung zweener Oerter, zu denen man von dem einem zum andern nicht füglich gelangen kann, ausmitteln. Also lieget der Gipfel des Berges vom grünen Hofe in Ilsenburg 2479 rheinl. Ruthen, das ist, beynahe $1\frac{1}{4}$ teutsche Meilen entfernt.

Nun=

Nunmehr ist nichts weiter übrig, als den Winkel zu messen, welchen die Neigung der Linie a c mit der Perpendickellinie ad Fig. 4. machet, dieser betrug 84° 33′ und also der Winkel des Cosinus = 5° 27′. Schließet: wie Sinus totus zu a c. so der Sinus des Winkels a c d zu der verlangten Höhe ad = 235 rheinl. Ruthen, oder 2820 rheinl. Duodecimal-Fuß, oder 2722′ 1″ pariser. TAB. VIII.

Um mich von der Richtigkeit dieser Vermessung zu überzeugen, maß ich nochmals denselben Inclinations- oder Höhenwinkel von Ilsenburg aus, und fand bey gleich heiterer Luft 5° 27′.

Folglich ist der Brocken von Ilsenburg aus gemessen, um 85 Fuß höher, als ihn des Herrn Zimmermanns Barometer, und 57 höher, als ihn meine Barometer-Observation im Jahre 1751 angegeben. Bestätiget dieses nicht die Unsicherheit der Höhenmessung durch Barometer?

Welches also eins war.

Zweytens sahe mich um, den niedrigsten Ort am Fuße des Gebirges zu finden, und traf ihn bey dem gegen Westen sehenden Thore von Wernigerode an, da wo die Holzdemme vorbey verfließet, es sey mir erlaubet, diesen Punkt y zu nennen. Tab. VIII. Fig. III.

Da zeigt sich nun der Triangel a b y. Die Grundlinie AB ist wie vorhin = 55 rheinländische Ruthen. Der Winkel a b y = 53° 15′ und

 bay

bay und befunden 126° 7′ folglich war der Winkel ayb = 38′.

Schliesset man nun: wie der Sinus des Winkels ayb = 38′ zu ay = 55 rheinl. Ruthen; so der Sinus des Winkels aby = 53° 15′ zu ay als der Entfernung des Brockengipfels von gedachten Puncte y. so erscheinen 3987 Ruthen für ay. welches denn eine Linie von 2 deutsche Meilen ausmachet.

Es fehlet noch der Inclinations-Winkel, welcher die Brockenhöhe mit dem Wasserthore oder Westerthore machet: dieser betrug = 3° 48′ und nachmals bestätigte eine Gegenmessung von besagter Stelle aus, bey gleich heiterer Luft, diese Größe des Winkels. Hierauf schloß ich, wie Sin. tot. zu ay, so Sin. des Höhenwinkels zu der Höhe des Brockens von dem Punkte y aus, und fand sie 3168 rheinländische Duodecimalfuß. Allein der Spiegel der Holzdemme lag noch 12 Fuß niedriger, also ist sie von diesem Spiegel an gerechnet 3180 rheinländische Fuß, oder wenn sich der rheinländische zum pariser verhält, wie 139 : 144. so misset diese Höhe 3069 Fuß 7 Zoll pariser Fuß. Welches das zweyte war.

Wer wünschet nicht die Höhe dieses Gebirges über den Spiegel des Oceans zu wissen? Nimmt man an, der mittlere Barometerstand am Seestrande bey gleichern Thermometergrade

sey

sey $= 28'' \ 6'''$ Log. 25340
der mittlere Stand
bey Ilsenburg $= 27'' \ 8'''$ Log. 25211
war so ist 129 Toises

$= 774$ pariser Fuß, der Unterschied der Höhe von Ilsenburg über dem Weltmeere, nach de Luc Manier. Man setze hinzu, die von Ilsenburg ausgemessene Höhe des Brockens $= 2722$, so erhöhet sich sein Gipfel 3496 pariser Fuß, oder $582\frac{2}{3}$ Toises, über den Spiegel des Oceans. Welches das dritte war.

Also ist die Höhe des Gipfels über dem Meere gefunden, und eben hieraus lässet sich der Radius desjenigen Segments der Erdkugel entdecken, welches vom Brocken übersehen werden könnte, wenn er mit dem Weltmeere umringet wäre, wenn wir nur zuvor noch den Radium der Erdkugel auf die Polhöhe des Brockens $= 51^\circ, 50'$ reduciret haben. Nach den neuesten Geodäetischen Vermessungen ist der Durchmesser des Aequatoris $= 6562336$ Toises
und der Pole $= 6533784$
Folglich die Differenz $=$ 28552 Toises.

Schließet $90^\circ : 28552 = 51^\circ \ 50' : x =$ 16442 Toises.

Diese zum Polar Durchmesser hinzugethan, geben 6550220. dessen Hälfte $= 3275113$, den Radium der Polhöhe $51^\circ \ 50'$ anzeigen. Eine genauere Bestimmung dieses Radii ist zu unserm Vorhaben sehr überflüßig.

Wird endlich zu diesem Radio der Höhe des Berges über dem Meere = $582\frac{2}{3}$ Toises addiret; so gehen hervor: $3275695\frac{2}{3}$ Toises, für die Linie aus dem Mittelpunkte der Erde bis zum Gipfel des Brockens.

Aus diesen Angaben läßt sich der Center Winkel des Radii unsers Segments bestimmen. Denn da die Visual-Linie mit dem Radio der Erdkugel in Berührungspunkte des Horizonts einen rechten Winkel machet; so schließet: wie die Höhe des Berggipfels von dem Mittelpunkte der Erde an gerechnet, zum Sinui toti; so der Radius der Erdkugel zum Berggipfel, $= x = 88^\circ 50'$. Das Complement dieses Winkels $= 1^\circ 10'$ ist der Centerwinkel des Segments. Rechnet man auf 1 Grad 15 teutsche Meilen, so ist nichts gewisser, als daß man von dem Brocken auf $17\frac{1}{2}$ teutsche Meilen rings herum die Erde zu übersehen im Stande sey, und daß der ganze Durchmesser des zu übersehenden Segments der Erdkugel 35 teutsche Meilen begreife. Ein prächtiger Schauplatz der Natur!

Man erblicket bey der ersten Besteigung des Brockens einen Horizont, den man noch nie gesehen: es wäre denn, daß man zuvor höhere Berge bestiegen hätte, und der recht majestätische Begriffe von der Größe der Erdkugel eingiebet. Kaum entdecket man die nächsten Städte und Dörfer alles übrige verlieret sich in Nebel: blos große Seen, Wälder und Berge lassen sich unterscheiden. Der ganze Harz schei-

scheinet eine blaue Wiese voll Maulwurfshügel zu seyn. Zwischen den unteren und oberen Wolken schauet man wie zwischen verschiedenen Etagen der Welt hindurch. Umschlossen mit einer feyerlichen Stille, hat man das ganze Geräusch der unsichtbar gewordenen Menschenwelt tief unter seinen Füßen, und denket nur Gott, die Welt und sich.

Es liefert die IX. Tab. diesen prächtigen Anblick der Erdkugel, bey welchen man es sich nicht wird befremden lassen, wenn Berge in den Gesichtskreyß eintreten, die viel weiter entfernt sind, als 17 [1] Meilen, indem die hervorragende Höhe ihren Gipfel noch sichtbar machet, obgleich ihr Grund längst verschwunden ist.

Eine Charte präsentirt sich auf dem Brocken von erstaunender Größe, auf welcher man die Grafschaft Wernigerode, das Fürstenthum Halberstadt, das Fürstenthum Anhalt, das Herzogthum Magdeburg, die Grafschaft Mannsfeld, die Grafschaft Stollberg, einen Theil von Schwarzburg, einen Theil von Hessen, das ganze Herzogthum Braunschweig, bis zur Lüneburger Heyde hin, mit jeden Blicke überschauet. Wie viel Menschen sterben in diesem Augenblicke zu unsern Füßen! wie viele Seufzer und wie viele Thränen der Nothleidenden und Unterdrückten! wie viel vergebliche Hoffnungen flattern in diesen Nebeln herum! Wie viel tolle Freuden! wie viel Sünder und ihre Sünden! wie viel Werke der Gerechten! wie viel Gebet! wie viel Flüche steigen von dieser Oberfläche und schwingen sich durch jene Wolken zum Himmel! Das alles siehet das Auge desjenigen, vor welchem auch die Tiefe des Abgrundes sich enthüllt. Das alles höret das Ohr des Richters, mitten unter dem Jubel festlicher Feyer des Himmels. Vielleicht, dachte ich, ist dieses der Anblick der Erde, wenn deine erlösete Seele sie verlässet. Wie bald wird die Erde in diesem Nebel völlig verschwinden! wie bald wird dieser duftige Aufenthalt, mit allen seinen Ungewittern, gegen den immer heiteren Himmel vergessen werden. Was verliere ich denn für ein Leben, für ein Glück, für eine Wonne? nichts anders, als Nebel im Nebel.

Ich wende mich wieder zu meinem nähern Vorhaben. Hier kann man recht deutlich sehen, wie fehlerhaft die Charten vom Fürstenthume Halberstadt und vom Herzogthume Magdeburg sind. Oerter, die sich vom Gipfel des Brocken herab decken sollten, liegen seitwärts von einander entfernt, und was sich auf der Charte entfernen sollte, decket sich. Sollte man sich nicht der Gebirge und Anhöhen besser bedienen, die Hauptlinien geodätisch zu berichtigen, ehe man sich an die Zusammentragung der Special-Vermessungsplane waget? Man bringe nun noch so richtige Special-Charten zusammen; so würden sich zwar ihre Grenzen schließen, wenn man sie verkleinert auf ein ihnen zukommendes Kugelsegment klebte, nimmermehr aber wenn man sie auf eine horizontale Fläche zusammensetzen will.

Wenn

Wenn werden doch die Feldmesser glauben, daß die Geodäsie den zweeten wesentlichen Theil der Geometrie ausmache und sie derselben eben so geläufig seyn sollten, als ihrer Feldmeßkunst? Zuletzt will ich noch die Frage beantworten: warum ein so großer Berg von dem weisen Schöpfer allhier hingepflanzt sey? Es ist bekannt, daß die Grafschaft Wernigerode und der angränzende Theil des Herzogthums Braunschweig reichlich mit Eisenminern gesegnet sind, diese würden unbearbeitet bleiben müssen, läge hier nicht ein so hohes und in so viel Nebenbergen ausgedehntes Gebirge, aus dessen Eingeweide, mit Zufluß von Schnee und Regenwasser, so ergiebige Quellen entspringen, als erfodert werden, die Hüttenwerke zu bedienen, da sonst von anderen benachbarten Ströhmen keiner, ohne Berg an zu laufen, zu diesen Gegenden gelangen kann. Wie aber die Quellen in den Bergen selbst erzeuget werden, gedenke bey der Beschreibung der Baumannshöhe deutlich zu machen. Genug der Brocken ist auch ein Zeuge der Weisheit seines Schöpfers, der keinen Hügel ohne Endzweck erschaffen hat. Er mußte da seyn, er mußte so und nicht anders seyn; sollte die Absicht seiner Güte erreichet werden. Hiermit lege ich für dieses Mal meine Feder nieder.

Nachricht.

Zu der XV. Abhandlung gehört die VII. Tafel, und zu dieser die Tafeln VII b. VIII. IX. wovon die erste im Texte aus Versehen mit Tab. I. bezeichnet ist.

XVIII.

Von der Erzeugung der regulären Vertiefungen in verschiedenen glasartigen Steinen.

von

Dr. M. E. Bloch.

Siehe Taf. X.

Wenn wir die glasartigen Steine a) genau betrachten, so finden wir in einigen Arten, als: im Quarz, Chalcedon, Agat und Jaspis, unterweilen welche, die mit bestimmten Vertiefungen versehen sind. Diese Vertiefungen haben entweder eine runde oder eckige Gestalt. Letztere sind entweder würflicht oder pyramidalisch. Diese erscheinen wiederum unter einer drey- vier- fünf- sechs- und siebeneckigten Figur. In Absicht der Größe sind sie ebenfalls verschieden, einige sind kaum eine Linie, andere einen Zoll und drüber breit. Bald stehen sie beysammen in ordentlichen Reihen, bald sind sie von einander entfernt. Die letztern sind dem Chalcedon, Agath, erstere

a) Lapides vitrescentes *Wallerii*, Petrae arenatae *Linn.*

erstere aber dem Quarz eigen. Zu dem letztern gehört der Bienenzellenförmige Echinit. Von diesem werde ich zuerst handeln und ob sie schon alle auf einerley Art entstehen; so will ich doch dessen Entstehung zuerst zeigen, weil ich die überführendsten Beweise davon in Händen habe, und die übrigen hernach desto leichter erklärt werden können.

Erster Abschnitt.

Von der Entstehung des Bienenzellichten Echiniten.

Der Bienenzellenförmige Echinit b) hat schon lange, wegen seiner regelmäßigen Vertiefungen, die Reihenweise geordnet sind, die Aufmerksamkeit der Lithologen auf sich gezogen. Encelius c) war der erste, der ihn bekannt gemacht hat: er hielt ihn für einen Adlerstein und wunderte sich sehr über seinen sonderbaren Bau. Worm d) hatte eine bessere Kennt-

b) Bey den Schriftstellern kömmt er unter dem Namen: Echinites favogineus, Brontias favogineus, Bienenzellichter Echinit, vor.

c) de re metallica, pag. 232. er erwähnt eines durchsichtigen Feuersteins mit Bienenzellen, und hat wahrscheinlicher Weise unsern Echiniten vor sich gehabt.

d) Museum Wormianum.

niß von ihm. Seine Beschreibung hat er mit einer Zeichnung begleitet, die aber schlecht gerathen ist; besser hingegen ist diejenige, die nach ihm Olearius e) geliefert hat. Sonst findet man eine Nachricht davon beym Jacobäus f) und beym Klein g). Die besten Nachrichten davon hat uns der für die Naturgeschichte viel zu frühzeitig verewigte Walch h) und noch neulich unser berühmte Leske i) gegeben. Mit der von dem Herrn Hofrath Walch gegebenen Erklärung, von der Entstehungsart dieses Echiniten und ihrer Widerlegung, will ich meine Leser verschonen, weil alle Hypothesen von selbst wegfallen, sobald sie von der wahren Ursache überführt seyn werden. Es wird nöthig seyn, daß ich die Echiniten, die ich zur Erklärung gebrauche, genau beschreibe, um mich dadurch desto verständlicher zu machen. Eine genaue Zeichnung würde zwar mehr dazu beytragen, als viele Worte, allein da ich auf keine recht feine Kupfer Rechnung machen kann, und da überdem dieser Band durch die Menge der Kupfer zu sehr vertheuert werden möchte, so muß dieses, nebst der Beziehung auf andere Werke, die Stelle vertreten.

Ich

e) Gottorfische Kunstkammer, p. 33. tab. 22. A.

f) Museum Regium. p. 35.

g) Disposit Echinodermat. §. 28. tab. 8. lit. G. H.

h) Naturg. der Versteiner. 2ter Th. 1 Abschn. S. 177. tab. F. 1. a. f. 1. 3. Suppl. tab. IX. d. f. 2. und im Naturf. IX St. p. 270.

i) Addidamenta ad Disposit. Echinod. Kleinii, p. 143. tab. 52. fig. 2.

Ich habe verschiedene Echiniten vor mir liegen, zween zellichte, eben so viel die mit Spathkristallen, und noch andere, die mit regelmäßigen Linien besetzt sind; auch einige natürliche Seeäpfel muß ich zergliedern, wenn ich anders meinen Endzweck erreichen will.

Diejenigen, die mit quarzigten Zellen versehen sind, gehören zu den länglichtrunden und erhabenen Echiniten, deren beyde Oefnungen in der Grundfläche liegen, und vom Klein k) wegen der Aehnlichkeit, die sie mit der Sturmhaube des Alexandri magni haben, den Namen Cassides erhalten haben. Die eine Seite dieser Echiniten ist rund, die andere endiget sich in einer stumpfen Spitze. In dieser liegt die Abführungs-Oefnung, und in jener ohnweit dem Rande, der Mund. Einer dieser Echiniten gehöret mir, und der andere einem meiner hiesigen Freunde. Da ein jeder derselben sich durch eine eigenthümliche Bauart auszeichnet, die ich in der Folge erklären werde; so finde ich nöthig, sie auch besonders zu beschreiben:

Der

k) Dispos. Echinod. p. 21. tab. XVI. fig. A. B. und in Addit. Tab. 52. fig. 2. 3. Herr Professor Leske scheint allerdings Recht zu haben, wenn er Klein tadelt, daß er die zellichten Echiniten tab. VIII. fig. G. H. in die erste Klasse, welche die Hinteröffnung oben hat (Anocysti) gebracht hat, da sie doch zu denen, die beyde Oefnungen in der Grundfläche haben, (Cacocystis) gehören, s. add. p. 145. und 179.

Der letztere bestehet aus lauter dreyeckigen Zellen, die Reihenweise neben einander geordnet sind: nahe an der Grundfläche sind sie größer, und gegen die Spitze zu werden sie kleiner. Ohngefähr die Hälfte der Zellen sind zu sehen, die übrigen sind von einer feuersteinartigen Rinde bedecket, auf welcher man die Spuren der Gänge noch wahrnimmt. Die Anzahl der Reihen läßt sich, weil sie zum Theil versteckt sind, nicht genau angeben. Viele von diesen Zellen sind mit einem dreyeckigen Kalkspath angefüllt l). Der meinige ist oben rund herum auf einen Zoll entblößt. Man kann daher zwanzig Reihen von Zellen zählen. Die Reihen sind dergestalt geordnet, daß allezeit zwo breite mit zwo schmalen mit einander abwechseln. Ungefähr zwanzig von diesen Zellen sind gleichfalls mit Kalkspath angefüllt m). Von den breiten Zellen sind einige, nach der Grundfläche, zu siebeneckig, andere haben sechs, die meisten aber fünf Ecken. Die in den schmalen Reihen stellen größtentheils länglichte Vierecke vor, mit deren größten Fläche sie nach der Breite des Echiniten geordnet sind. Einige von den Zellen sind fünfeckigt, und bey nur wenigen läßt sich eine sechseckige Figur wahrnehmen.

l) Pyramidal Wasserstein. Gerhardts Beytr. 1 Th. S. 221 n. 12. Spathum calcareum crystallisat. crystallis trigonis. Born Ind. Foss. P. I. p. 5. t. 1. f. 1.

m) Das blätterige Geschübe, das Abschaben mit dem Messer und das Aufbrausen mit dem Scheidewasser sind überführende Beweise, daß diese Ausfüllungen kalkspatartig sind.

men. Die Anzahl der Zellen in einer schmahlen Reihe ist weit größer als die in der breiten Reihe. An dem größten Theil dieses Echiniten ist die spathartige Schale erhalten worden; an der Grundfläche sind auch kleine Wärzchen in der Größe des Mohnsaamen zu sehen; betrachtet man diese mit einem bewafneten Auge; so ist ein jedes dieser Wärzchen von einem Ring mit noch weit kleineren Wärzchen umgeben. Inwendig bestehet der Steinkern aus einem grauen Feuerstein, in dessen Mitte ein krystallinischer Anflug zu sehen ist.

Von den kalkartigen Echiniten besitze ich zwey Stück; sie unterscheiden sich blos darinn, daß der eine in einem weißen Kalkstein sitzt, der andere aber frey ist; s. von letzterm Tab. X. fig. 1. Die Schalen sind bey beyden kalkspathartig, die daran sitzenden Kalkspathkrystallen sind pyramidalisch. An ihrer Grundfläche sind sie fünf- bis siebeneckigt, laufen viereckig zu und endigen sich in einer dreyeckigen stumpfen Pyramide. Nach der Grundfläche zu sind sie viel grösser, als in der Spitze des Echiniten. Meines Wissens ist Linné der erste, der dieses Echiniten erwähnt. Er beschreibt denselben genau, und bewundert seinen sonderbaren Bau n): doch ist die Zeichnung, die er davon

n) *Linn.* Muf. Teffin. p. 94. n. II. Tab. II. fig. 9. 9. 9. Er sagt von ihm: Ambulacra ex cryftallis maioribus aequalibus fere imbricatis ferie gemina tamque regulari ac pori in ambulacris. Areae vero minoribus cryftallis undique veftitae et aequalibus.

davon giebt, sehr unzulänglich und undeutlich. Auch Walch und Leske gedenken desselben o).

Hier wechseln ebenfalls zwo schmale Reihen mit zwo breiten mit einander ab. Die Krystallen in den schmalen Reihen verhalten sich zu den breiten in Ansehung der Figur und der Anzahl, so wie sich die eben beschriebenen schmalen Zellen zu den breiten verhielten. Aus der Uebereinstimmung, die die Erhabenheiten mit jenen Vertiefungen haben, läßt sich leicht vermuthen, daß erstere den Modellstein zu letztern abgegeben haben: wie es aber damit zugehe, ist leicht zu begreifen, wenn ich etwas weniges von der Krystallisation überhaupt werde beygebracht haben.

Zur Erzeugung der Steinkrystallen, oder der parasitischen Steine, wie sie Linné nennet p), ist weiter nichts vonnöthen, als Wasser, Luft und Erde, nebst einem bequemen Ort, an den sich die Krystalle ansetzen können. Ein Wasser, welches die Kalkerde durch fixe Luft aufgelößt, enthält, ist eben so geschickt, Kalkkrystallen hervor zu bringen, als ein anderes,

o) Ersterer im Naturf. IX. St. S. 270. und letzterer in Addit. ad. Klein, Disp.

p) Seine Worte sind diese: Omne quarzum et spatum esse petram parasiticam, docet Autopsia. Wie soll man aber die Entstehungsart derejenigen Crystalle erklären, die sich auf beyden Seiten in eine piramidalische Spitze endigen, und welche so wohl im Spath, als im Quarz, nicht selten sind?

deres, welches statt der Kalkerde, Alaunerde mit sich führet, Quarzkrystallen erzeugen kann. Ob aber, wenn Kalkspath entstehen soll, ein animalisches Wesen sich mit einmischen muß, wie Walch behauptet, das ist hier der Ort nicht zu untersuchen; mir kann es um so viel mehr gleichgültig seyn, da es mir bey dieser Gelegenheit an diesem Stof gewiß nicht fehlet. Wird die Kalkerde durch die Vitriolsäure gesättiget, so ist auch der Stof zu den Selenitkrystallen fertig. Daß aber auch weiter nichts zur Erzeugung der Steinkrystallen nöthig sey, als erwähnte Materialien, dieses hat mein Freund Achard, durch eine sinnreiche Maschine, zur Genüge dargethan q). Dieser scharfsinnige Gelehrte bringt, vermittelst dieses Werkzeuges, durch fixe Luft und Kalkspatherde innerhalb zween Monathen Kalkspathkrystallen hervor: nimmt er aber statt der alkalischen, Alaunerde, so erscheint in vier Monathen ein Quarzkrystall r). An diesen

q) Abhandlung über die Edelsteine.

r) Hieraus wird dargethan, daß zur Entstehung der Steinkrystallen nichts weniger als Salz vonnöthen sey, welches, nach der Meynung des Ritters von Linné, die Ursache der Bildung der Steinkrystalle enthalten soll, und welches nach ihm auch Kähler und Delisle behauptet haben. In wiefern aber der Schluß des letztern: „weil die Krystalle keinen Keim haben, so müßte die Ursache ihrer Krystallisation in den eingemischten Salzen liegen" gültig sey, wird ein jeder leicht beurtheilen können. *Linn.* Muf. Tessin. p. 94. n. 11. Kähler in seiner Abhandlung von der Erzeugung der Krystalle aus des Linn. amoenit. übersetzt, §. 39. Delisle Kryst. S. 121.

diesen Materialien findet sich allenthalben ein großer Ueberfluß. Durch die Fäulung und Verwitterung der Körper wird unaufhörlich fixe Luft erzeugt; ein Wasser, das über solchen Körpern stehet oder fließet, nimmt diese Luft auf, welches Priestley's bekannte Versuche hinlänglich beweisen, und ist es erst hiermit hinlänglich versehen, so kann es ihm auch ohnmöglich lange an den erforderlichen Erdarten fehlen. Weil aber die Kalkerde weit häufiger auf unserm Erdboden ausgestreuet ist, als die Alaunerde, so siehet man daraus, warum die Kalkspathe und Kalkkrystalle häufiger zum Vorschein kommen, als die Quarze und Quarzkrystallen. Wären die Kalkspathe eben so hart, und könnten sie den Säuren eben so widerstehen, als die Quarze; so bin ich überzeugt, daß sie noch weit häufiger vorhanden seyn würden.

Wenn nun eine Seeapfelschale in eine solche Lage geräth, daß ein krystallinisches Wasser, das über ihm stehet oder herfließet, seine unaufgelößte Kalkspaththeilchen fallen läßt, so wird sie mit Kalkspathkrystallen belegt. Fügt es sich nun nachhero, daß ein Wasser, welches statt der Kalkerde, mit Alaunerde gesättiget ist, seine Erde auf die Spathkrystallen fallen läßt, so bekommen diese einen quarzigen Ueberzug. Gehet nun in der Folge der Zeit, die echinitische Schale sammt den Krystallen verloren, welches sich um so viel leichter zutragen kann, weil diese Steinart der Verwitterung sehr unterworfen ist; so bleibt der Ueberzug allein übrig und verschaft uns

den

den schönen Anblick der bienenzellichten Echiniten. Daß sich die Sache aber auch wirklich so verhalte, davon geben die erwähnten Echiniten, in denen die Kalkspathkrystallen noch zum Theil vorhanden sind, die überführendsten Beweise ab. Hiewieder wird niemand mit Grunde etwas einwenden können, allein, wird man sagen, wenn die Zellen nichts anders, als die Modelle von Spathkrystallen, und dieselben doch an einem und eben denselben Echiniten so verschieden sind; so folgte ja, daß diese Krystallen eben so verschieden seyn müßten; woher rührt nun diese verschiedene Krystallisation? Wenn es mir weniger um Wahrheit zu thun wäre, könnte ich die Mühe, einige Seiten zu schreiben, ersparen; ich dürfte mit einigen unserer Mineralogen sagen, die geringste Einmischung eines fremden Körpers, obschon kein Chymikus im Stande ist ihn zu entdecken, kann den Krystallen eine andere Form geben; allein da ich hoffe, in der Folge wahrscheinlich zu machen, daß die vielen Abänderungen ganz von etwas anders, als von eingebildeten Ursachen herkommen, so müssen sichs meine Leser gefallen lassen, einige Seeäpfelschaalen mit mir zu zergliedern. Die Geduld, die meine Leser haben müssen, sich mit mir auf Kleinigkeiten einzulassen, wird ihnen dadurch belohnt, daß sie sich selbst verschiedene andere Schwierigkeiten, die ihnen bey der gegebenen Erklärung aufstoßen werden, allein heben können.

Erstens: Woher entstehen die zwanzig Reihen von Krystallen und Zellen, die man bey dieser Echinitenart wahrnimmt? Warum wechseln allezeit zwey breite mit zwey schmalen Reihen ab? Warum sind sie mehr breit als hoch? Warum sind in den schmalen ungleich mehr Zellen, als in den breiten befindlich?

Wenn wir die Seeäpfelschalen genau betrachten, so finden wir, daß sie durchgängig mit fünf Reihen doppelter Gänge (ambulacra), die mit kleinen Löchern besetzt sind, die von der Spitze nach der Grundfläche zu laufen, versehen sind. Bey einigen laufen sie in einer geraden, bey andern in einer geschlängelten Linie, und bey den kuchenförmigen, auch bey einigen herzförmigen s), laufen sie in einander und bilden eine fünfblätterige Figur. Der Raum, der zwischen den Gängen befindlich ist, wird ein Feld (Area) genannt. Da nun ein jeder Seeapfel mit fünf Paar Gängen versehen ist t), so muß er auch fünf Felder haben. Diese Gänge laufen bey verschiedenen,

s) Spatangi Scuta ovata. Ova anguina. *Klein.* tab. XX. fig. a. b. c. d. tab. XXIII — XXVIII. und Müll. L. S. 6. Th. tab. 8. fig. 6.

t) Unter den Versteinerungen hat man auch Steinkerne mit vier und mit sechs Gängen gefunden. (S. die Danziger Versuche, 2ter Theil. S. 292. und Walch Suppl. p. 215. tab. IX. d. fig. 1. et tab. IX. g. f. 4. 5.) allein da diese so höchst selten vorkommen, so können sie nur als Anomala betrachtet werden.

denen, wie bey den Hut- u) und Warzenförmigen v) dicht neben einander, bey andern aber, wie bey dem Frieselbund w) und allen denen, die erhaben rund sind x), sind sie von einander entfernt. Bey diesen entstehet daher zwischen den Löchern ein neuer Raum oder Feld, folglich haben diese zehen Felder, da bey jenen nur fünfe befindlich sind. Die kuchenförmigen y) werde ich nicht weiter verfolgen, weil ich sie, wegen ihres engen Raums zur angeführten Krystallisation unfähig halte.

Ein jedes von diesen Feldern bestehet aus zwo Reihen von Schilden (Scutulae, Assulae, Scutellae hexagonae), welche durch eine sägenförmige Nath (Sutura Serrata) z) an einander gefügt werden; es hat also eine jede Schale zwanzig Reihen von Schildern. Weil aber die Felder zwischen den Gängen viel breiter sind als diejenigen, welche sich innerhalb den Gängen finden, oder in denen die

u) Bey den Lithologen heißen die versteinerten Echinitae globulares, Echinitae fibulares.

v) Cidares mamillares. *Klein.* tab. VII. Müll. L. S. t. 8. f. 2.

w) Cidares miliares.

x) *Klein.* Disp. Echin. tab. I. II. E. tab. IV. A. F. V. a. b. c. XI. G. D..

y) Cidares discoides, placentae. *Klein.* Tab. XIX. XXI. XXII. Müll. L. S. 6. Th. tab. 8. f. 7. 8.

z) Klein, p. 18. Sie sind deutlich abgezeichnet, Tab. IX. fig. A. B. Tab. X. fig. A. C.

Pori vorhanden sind, so entstehet daher eine Abwechselung der zwey breiten Schilder mit zwey schmalen a). Betrachten wir nun diese Schilder oder Täfelchen, so sind es lauter länglichte Vierecke (oblongum), die dergestalt an einander gefügt sind, daß sie mit ihren breiten Seiten von unten nach oben, mit ihren schmalen aber nach der Breite der Schale gekehret sind; durch einen Leim oder zarte Haut werden sie mit einander verbunden. Weil aber bey dieser Verbindung die Schale vom geringsten Druck aus einander gehen würde, so sind die Schilder auf den schmalen Seiten mit Spitzen versehen, die sich zwischen zwey daran stoßenden Schildern einfügen, und da sie überdem oben, wo die Felder zusammen stoßen, durch einen fünfeckigen Stern, und in der Grundfläche inwendig durch fünf knöcherne Bogen zusammen gehalten werden, so kann kein Schild aus seiner Lage kommen, oder das ganze Gebäude müßte Schaden nehmen. Auch hier wird ein Naturkündiger die Weisheit eines höhern Wesens nicht verkennen.

Bey der Grundlage sind die Schilder breit, und nach der Spitze werden sie nach und nach schmäler. Die Schilder, in denen die Pori befindlich sind, oder, der schmalen Felder, sind viel kleiner, als die in den großen Feldern; es stoßen daher zwey bis drey von den kleinen gegen einen großen an (S. Tab. XI.

a) Sie sind gut vorgestellt beym Klein, Tab. XI. fig. G. und in Leske Add. Tab. 53. fig. 3.

XI. fig. 2.); da nun allemal, wo zwey Felder gegen ein drittes stoßen, dieses mit einer Spitze zwischen ihnen einfügt, so müssen auch die untersten breiten Schilder bald sechseckigt und bald siebeneckigt erscheinen; von den schmalen hingegen, da nur ohngefähr das dritte Stück auf zwey breite stößt, können nur wenige sechseckigt, aber niemals siebeneckigt seyn.

Setzt nun ein Wasser seine kalkspathartige Theilchen in eine solche getäfelte Schale ab, so nehmen die Kalkspathkrystalle eben die Figuren, die die Schilder haben, an, und da diese nachhero die Modellsteine zu den Zellen werden, so müssen sie der Figur und dem übrigen Verhältniß der Krystallen und der Schilder genau entsprechen, und hieraus lassen sich die oben angeführte Schwierigkeiten aufs deutlichste heben; allein noch einem andern Einwurf, den man mir machen könnte, muß ich zu begegnen suchen. Man würde fragen: Wenn die Figur der Krystallen und der Zellen von der Figur der Schilder herrührte, warum hat denn der Echinit meines Freundes lauter dreyeckige Zellen und eben solche Krystallen? Warum wechseln nicht auch breite mit schmalen Reihen mit einander ab? Soll es etwa Seeapfelschalen geben, die aus lauter Reihen dreyeckigter Schilder bestehen?

Nein, ich habe nicht nöthig, meine Zuflucht zu unbekannten Echinitenarten zu nehmen, sondern ein einziger Umstand, der bey der Krystallisation vorge-

 gangen

gangen, bringt diese Verschiedenheit zu wege. Es können nämlich die Kalkspathkrystalle an der Echinitenschale anschießen, entweder ehe sie noch selbst in Kalkspath ist verwandelt, oder nachdem sie bereits dem Mineralreich ist einverleibet worden. Im ersteren Fall richtet sich die Figur der Krystalle nach der Figur der Schilder, und nach diesem Modell müssen sich die Quarzzellen bilden. Im zweyten Fall ist der kalkspathartige Echinit glatt und die Kalkspathkrystallen nehmen die ihnen eigene dreyeckigte Figur mit dergleichen Seiten an. Island liefert uns verschiedene Versteinerungen, deren Höhlen mit dergleichen dreyeckigten Krystallen bekleidet sind. Ich besitze einen dergleichen Chamit eben daher, welcher uns hier zur Erläuterung dienen kann; diese Krystallen stellen allezeit eine dreyeckigte Pyramide vor, weil die Schale inwendig glatt ist. Hieraus läßt sich die Erzeugung des zweyten Echiniten, auf eine faßliche Art erklären.

Die warzigen Seeäpfel bestehen nur, weil ihre Gänge dichte bey einander stehen, aus fünf Feldern, darinn ein jedes wiederum zwey Reihen von Schildern enthält. Eine jede Reihe hat sechs fünfeckigte Schilder. Es sind ebenfalls länglichte Vierecke, davon die eine schmale Seite eine hervorragende Spitze hat, die zwischen zween andern einfügt; die andere schmale Seite ist rund, weil sie mit derselben an dem geschlängelten Gang anschließet. Da diese Schalen eben so gut als die knotigten, mit Spath-

krystal-

krystallen können belegt werden; so müssen sowohl diese, als die Zellen, wenn sie anders in eine solche Lage kommen, eben eine solche fünfeckige Figur, bey den herzförmigen aber, weil ihre Schilder fünf- sechs- und siebeneckigt sind, eben so verschiedene Krystalle erzeugen. Ich zweifle nicht daran, daß nicht die Steinsammler, wenn sie ihre Kabinette durchsuchen werden, hier und da dergleichen Echiniten finden sollten b). Linne beschreibt einen eyformigen im Tessi-

b) Ich kann nicht umhin, bey dieser Gelegenheit einen Gedanken zu äußern, den ich unterdrückt haben würde, wenn mir nicht die Liebe zur Wahrheit und zur Erleichterung des Studiums der Naturgeschichte so sehr am Herzen läge. Die Steinkrystallen haben ihrer bestimmten Figuren wegen, längst die Aufmerksamkeit der Naturforscher auf sich gezogen und sie zu verschiedenen Betrachtungen veranlasset Hierunter gehören vorzüglich Scheuchzer, Welsch, Kapeller, Gesner, Lange und Oettinger, welche uns über diesen Gegenstand zum Theil viel unerhebliches gesagt haben. Auch Hebenstreit verdient hier bemerkt zu werden, welcher die im Richterschen Kabinet auf 23 Folioseiten beschriebene Steinkrystallen in 14 Kapitel eingetheilt hat. In den neuern Zeiten haben sich verschiedene von unsern großen Mineralogen bemühet, uns mit den Steinkrystallen noch näher bekannt zu machen; sie haben mühsam alle Figuren, die ihnen vorgekommen sind, beschrieben und abgebildet, sie haben die Anzahl der Krystallisationen dadurch so sehr vervielfältiget, daß nur in einem einzigen Reich beynahe 500 Arten herausgekommen sind, die auch bereits von systematischen Köpfen in gewisse Ordnungen gebracht worden, als Storr, welcher die Quarzkrystallen,

nianischen Musäum. S. 94. tab. II. f. 9. Leske beym Klein S 145. tab. 44. f. 7. und Abilgaard in seiner Beschreibung von Stevens Klint. S. 23 und 25. tab. II. fig. 1. b. und fig. 5. letzterer erhielt einen spath-

len, und Hill, der die Spathkrystallen unter gewissen Klassen aufgeführt hat. So löblich auch an und für sich diese Bemühungen sind, eben so nachtheilig sind sie dem Studio der Naturgeschichte: denn es wird nicht nur dadurch sehr erschwert, sondern da das Zufällige von dem Wesentlichen bey der Krystallisation nicht gehörig unterschieden wird, so wird unsere Kenntniß eher verwirrt als aufgeklärt, und mancher dadurch von selbigem abgeschreckt. Daß aber bey der verschiedenen Bildung der Krystallen wirklich ein bloßes Ohngefähr vieles beytrage, erhellet nicht nur aus dem, was bishero ist gesagt worden, sondern es werden auch im zweyten Abschnitt mehrere Fälle vorkommen. Waren die länglichten vier- fünf- sechs- und siebeneckigten Schilder nicht Schuld daran, daß ungleichseitige vier- bis sieben eckigte Krystallen und eben solche Zellen entstehen müssen? Waren diese Schilder aber in Absicht auf die Krystallisation etwas anders als zufällig? Nähme man mehr Rücksicht bey den Krystallisationen auf die Körper, freylich sind diese nicht allemahl mehr vorhanden, wenn wir sie ansichtig werden, an denen sie sich ansetzen; so würden wir sie bald auf eine geringe Anzahl zurückführen können. Warum läßt man es bey den Salzarten, bey denen einer jeden Art eigenthümlichen Figuren bewenden, ohngeachtet man sehr vielerley Abänderung bey ihnen wahrnimmt, so oft man die nöthige Vorsicht dabey außer Acht läßt? Ueberhaupt scheinet der Geschmack an Vervielfältigung der Eintheilungen mehr und mehr überhand zu nehmen. Wie werden nicht bey

spathartigen Echiniten aus einem zerschlagenen Kreidestein; weil er ihm so schwer vorkam, so schlug er ein Stück ab, und fand, daß ein Theil der Echinitenschale mit einem schwarzen Feuerstein ausgefüllt, der andere aber hohl und mit Kalkspathkrystallen besetzt war.

In dem Schwarzburg-Rudolstädtischen Kabinet*), auch bey meinem Freunde Ebel finden sich dergleichen herzförmige Echiniten mit Kalkspathkrystallen. Meines Erachtens sind die Spathklumpen des Wallerii c) nichts anders als krystallisirte Echiniten, denn schlägt man einen solchen Klumpen entzwey, so findet man ihn inwendig mit sechs- auch wohl siebenseitigen kegelförmigen abgestumpften

bey den Versteinerungen und Seeäpfeln, den Konchylien, den Korallenarten, alle Abänderungen sorgfältig zu besondern Geschlechtern und Species gemacht? Was gewinnt die Naturkunde dadurch, daß man ganze Seiten mit Herzählung der verschiedenen gefärbten Flecke, Streifen, Linien u. s. w. die man in dem Marmor, Agath und Jaspis wahrnimmt, anfüllt? Der Kaufmann mag immer zu seinem Vortheil dem Liebhaber eine und eben dieselbe Sache unter allerhand Namen aufdringen, aber der Naturkündiger sollte nur auf das Wesentliche sehen. Recht ist es, daß man auch die Spielarten kennen lernt, aber man muß sie auch nur dafür ausgeben, so lange sie nicht in ihrem innern Bau, Bestandtheilen, Lebensart, Sitten und andern merkwürdigen Eigenschaften verschieden sind.

*) Naturf. IX. St. S. 270.

c) Wall. Miner. S. 83. n. 5.

Spathkrystallen besetzt. Eben diese Beschaffenheit hat es auch mit den Spathklößen des Kronstädts d), ferner mit den Kalkäpfeln des Ritters von Linné e), und denenjenigen, welche der Baron von Tilas f) erwähnt. Weil aber diese Naturkündiger die Steine nur in Rücksicht auf die Krystallen betrachtet haben, so ist von ihnen entweder auf ihre Matrix gar nicht gesehen worden, oder sie haben für unnöthig gefunden, ihrer zu erwähnen. Zu dieser Echinitenart gehören auch diejenigen feuersteinartigen Steinkerne, auf denen man eben solche regelmäßige Züge oder Linien gewahr wird, die mit den Figuren der erwähnten Schilder überein kommen. S. Tab. XI. fig. 3. Diese Linien sind entweder erhaben oder mit dem Stein gleich; beyde haben zwar ihre Figur den Schildern zu verdanken, allein ihre Entstehungsart ist sehr verschieden. Erst will ich erklären: wie es mit denenjenigen zugegangen sey, die keine erhabene Linien zeigen; und nachhero, was es mit der andern Art für eine Bewandniß habe.

Von ersterer Art besitze ich verschiedene in meiner Sammlung, einige gehören zu den halbkugelförmigen, andere aber zu den herzförmigen. Von denen mit erhabenen Linien enthält meine Sammlung einen Feuer-

d) Kronst Vers S. 19.

e) Aetites marmoreus, embryonibus fixis crystallinis natri hyodontis. Syst. nat. Tom. III. p. 179. Pomum crystallinum. Oeland Reis. S. 136.

f) Schwed. Abh. 1. B. S. 238. S. auch Gyllenhahl, ebendas. 34. B. S. 231. t. 8. f. 3.

Feuerstein und einen chalcedonartigen Steinkern; beym Knorr g), Klein h) und Abilgaard i) aber ist ein halbkugelförmiger mit erhabenen Linien abgezeichnet.

Diejenigen Linien, die nicht erhaben sind, kommen am deutlichsten zum Vorschein, wenn der Stein angeschliffen und polirt wird. Sie entstehen auf folgende Art: Wenn die Zellen des Echini favoginei von einem glasartigen Fluido ausgefüllt werden, so bilden die zwischen diesen Ausfüllungen gebliebene Scheidewände der Zellen diese regulären Linien; hat aber ein solches Fluidum einen Seeapfel ausgefüllt, dessen Schilder noch ganz waren, so dringet es zwischen die Schilder, weil der Gallert, der die Schilder verbindet, eher der Verwesung unterworfen als die harte Schale, und hieraus entstehen die Linien. Wenn nachhero die Schilder verwittern, oder sonst verlohren gehen, so bleiben diese Linien erhaben zurück. Daß es aber in der Natur sich wirklich so zutrage, erweise ich durch das Abschleifen dieser Steinkerne. Im ersten Fall bleiben diese Züge so longe sichtbar, als die Zellen tief waren; im letzten Fall aber verschwinden sie so fort, als nur der Steinkern glatt geschliffen wird.

Hieraus ersiehet man, wie viel Veränderungen mancher mineralischer Körper erlitten hat, bevor er das

g) Tab. E. I. fig. 2. Tab. E. I. fig. 3. 4.
h) tab. XI. fig. G. tab. XVI. fig. A. B.
i) Beschreib. von Stevens-Klint. tab. 3. fig. 8.

das geworden ist, wie er sich uns darbietet, und wie behutsam ein Mineraloge zu Werke gehen müsse, wenn er die Entstehung des Körpers erklären will. Nimmt er nicht Rücksicht auf seinen vorhergegangenen Zustand, so verfehlt er oft den rechten Weg. Es folgt ferner hieraus, daß sowohl die zellichten, als die durch sie entstehenden linigten Steinkerne, wenn ich sie anders so nennen darf, nicht mehr zu den Echiniten gehören, es wäre denn, daß sie noch etwas von der Schale an sich hätten; sie bleiben indessen in Absicht auf die Krystallisation immer ein merkwürdiges Stück.

Aus dem, was bisher gesagt worden, glaube ich noch einige Erscheinungen, die wir bey den Echiniten wahrnehmen, erklären zu können.

Wenn wir die Gänge auf den feuersteinartigen Steinkernen der Echiniten betrachten, so finden wir, daß diese Gänge mehrentheils mit Löchern besetzt sind, nicht selten aber sind sie statt der Löcher, mit hervorstehenden Knötchen versehen; unterweilen findet man auf der einen Seite Löcher und auf der gegen über stehenden Erhabenheiten; bey noch andern trift man oben Löcher, und in der Grundfläche Wärzchen, oder auch umgekehrt, an, uud es giebt noch welche, deren Gänge ganz glatt sind. Alle diese Veränderungen finde ich in meiner Sammlung, und ich glaube, daß ein jeder, der seine Echiniten genau betrachtet, eben dasselbe bemerken wird. Woher rühren alle diese Verschiedenheiten an einer und eben derselben Echinitenart, da doch die Seeäpfelschalen in ihren Gängen mit Paarweise besetzten Löchern versehen sind? Da ich mich bey diesem Gegenstande beynahe schon zu lange verweilet habe, so will ich mich hierüber so kurz als möglich fassen: Wasser, welches Erde mit sich führet, findet sich allenthalben; geräth nun eine Seeapfelschale an einen Ort, wo ein Wasser über ihr herfließet, so werden die Löcher von der herabsinkenden Erde angefüllt, und da gleichartige Theilchen sich einander anziehen, so entstehen hieraus Erhabenheiten k), und nicht selten auch Spathkrystalle, wenn anders das Wasser mit den nöthigen Ingredienzien versehen ist. Die Schale selbst mag indessen im Kalkspath oder von einer simpeln Kalkerde durchdrungen, oder auf eine andere Weise so lange erhalten werden, bis sie von einem feuersteinartigen Wasser angefüllt wird, so müssen, wenn in der Folge die Schale sammt denen in den Poris entstandenen Hervorragungen verloren gehet,

k) Dieses wird auch durch die Beobachtung des Tournefort bestätiget. Er erzählt in seiner morgenländischen Reise, S. 47. bey Gelegenheit eines merkwürdigen Labyrinths: „Diejenigen, welche ihre Namen in diese Steinwände, „welche aus einem lebendigen Felsen bestehen, eingehauen, „haben wohl nicht geglaubt, daß die Züge von ihrem Meis„sel sich nach und nach ausfüllen, und mit der Zeit erhaben „werden würden; indem diese Buchstaben nunmehr an ei„nigen Orten um eine, an andern aber fast um drey Linien „hervorragen, so daß diese anfänglich ausgehölte Buchsta„ben nunmehr halb erhaben sind. Ihre Masse ist weiß, „der Stein selbst aber, in welchem sie sich befinden, grau.

gehet, nothwendiger Weise im übrig gebliebenen Steinkerne, da Vertiefungen erscheinen, wo vor seinem Steinwerden Erhabenheiten in seinem Fluido steckten. Diejenigen, denen daran gelegen ist, diese Erklärung wahr zu finden, belieben nur ihre Echiniten mit einem bewafneten Auge zu betrachten, so werden sie bald nicht nur Spuren von Kreide, oder einer andern Kalkerde entdecken, sondern nicht selten eine regelmäßige Höhle, zum Beweise, daß dieser Raum vormals mit Erde, oder mit einem Kalkspathkrystall angefüllt war. Ist aber die Schale gleich anfänglich mit einem feuersteinartigen Fluido angefüllt worden, so hat dieses Fluidum die Poros angefüllt, und es bleiben daher, nach dem die Schale verloren gehet, kleine Wärzchen auf den Gängen zurück. Die Lage dererjenigen Schalen aber, deren Steinkerne auf einem Theile der Löcher, und auf der andern Erhöhungen zeigen, darf man sich nur so denken, daß zur Zeit, da das Wasser seine Kalkerde hineingespült, sie mit dem einen Theil in einer weichen Thon- oder andern Erde fest gelegen haben, hierdurch sind die Pori auf der einen Seite unausgefüllt geblieben, als aber in der Folge bey einer veränderten Lage des Seeapfels die feuersteinartige Masse eindrang, füllte sie die ofnen Poros aus; und daraus entstanden, nach dem die kalkartige Schale verschwunden war, auf der einen Seite vertiefte, und auf der andern erhöhete Punkte. Daß aber eine solche Veränderung in der Lage bey einer so leichten Schale öfters möglich sey, ist sehr begreiflich, da auch schwerere Körper der Gewalt

walt der Wasserfluthen nicht wiederstehen können. Der oben angeführte Abilgaardsche Echinit, der auf der einen Seite mit Feuersteinen, und auf der andern mit Kalkspathkrystallen angefüllt war, ist ohnstreitig auf eben diese Art entstanden. Mir scheint die Erklärung um so viel wahrscheinlicher, weil ich noch keinen Steinkern angetroffen habe, der auf einem und eben demselben Gange Vertiefungen und Erhöhungen zugleich gezeigt hätte; vielmehr finde ich sie auf entgegen gesetzten Seiten. Was endlich die letzte Art betrift, deren Gänge eben so glatt als die Steinkerne sind; so sind bey diesen die Pori anfänglich mit einer groben Erdart angefüllt, und die ganze See-Eigelschale gleichfalls überzogen worden; weil nachhero die Schale von einer kalkigten oder Feuersteinmasse ausgefüllet, so können diese Materien in die Poros nicht eindringen; gehet darauf die Schale verlohren, so bleiben nichts als glatte Flächen zurück. Ich besitze einige kalkartige Echiniten, davon verschiedene Schilder fehlen, und die nichts als einen glatten Steinkern zurück gelassen haben, welche mir zu diesen Betrachtungen Anlaß gegeben haben.

Ich kann unmöglich diesen Abschnitt schließen, ohne meine Dankbarkeit gegen den Herrn Baron von Brockenburg öffentlich zu bezeigen. Dieser scharfsinnige Naturforscher besahe mit dem seligen Hrn Hofrath Walch das berühmte Kabinet des Hochfürstl. Durchl. des Herrn Erbprinzen von Schwarzburg-Rudolstadt, und als er einen krystallinischen Echiniten betrachtete, äußerte er die Vermuthung, daß diese Krystallen Gelegenheit zur Bildung des Echini favoginei abgeben können l). Als ich nachher dergleichen erhielt, und meine übrigen Echiniten genau betrachtete, fand ich, daß nicht nur diese Vermuthung gegründet sey, sondern sie gab mir auch Gelegenheit zu den übrigen Betrachtungen dieser Abhandlung. Die Spathkrystallen dererjenigen Echiniten, von denen die Rede ist, sind nach Walchs Beschreibung viereckigt, und diese sollten zu den viereckigten Zellen die Modelle abgeben. Nun wollte unser berühmte Walch auch die fünf- und sechseckigten Zellen erklären; er sagt daher m): „So gut sich in manchen Echiniten von dem ersten dahin gedrungenen Wasser vermittelst beygemischter höchst zarter Kalk- und Gypstheilchen ein Spath erzeuget, eben so gut hat auch ein quarziger Anflug an die innere Fläche der holen Schale erfolgen können, wenn die reine Kiesel- oder Glaserde des eingedrungenen Wassers nicht mit heterogenen Theilchen vermischt gewesen. Ist nun nachher ein quarziger Steinkern entstanden, und hat sich von solchem die Schale des Echiniten mit ihrem ersten quarzigen Anflug losgegeben, so muß ein solcher Steinkern sechseckigte von innen zu spitzig zu laufende Löcher oder Vertiefungen haben. Sie sind auf solche Art Eindrücke der ehemaligen sechsseitigen Quarzspitzen, die sich an der innern Schalenfläche gesetzt.“

Daß

l) S. den Naturforscher, l. c.

m) l. c. S. 272.

Daß diese Erklärung wider die Natur der Sache laufe, wird ein jeder einsehen, der einen solchen Echiniten genau betrachtet, denn er wird nicht nur sechseckigte, sondern auch vier- fünf- und siebeneckigte Zellen daran bemerken, und wie wollte man die wechselsweise Reihen von schmalen und breiten Zellen erklären? Warum sollten die Quarzspitzen von den Quarzzellen, mit denen sie homogen sind, losgelassen, und an der kalkartigen Echinitenschale, mit der sie heterogen sind, sitzen bleiben? Eben so unwahrscheinlich ist die an einem andern Orte n) geäußerte Muthmaßung dieses sonst so großen Steinkenners, dessen Werke bis in die späteste Zeiten ein unvergängliches Denkmal bleiben werden, über diese Materie.

Zweeter Abschnitt.

Von den regulären Vertiefungen in Quarz, Chalzedon, Agath und Jaspis.

Der Quarz wird entweder in unförmlichen Massen, oder in figurirter Gestalt gefunden; in beyden Arten finden wir gewisse bestimmte Vertiefungen, deren Ursprung ich zeigen werde. Wir müssen aber diese

n) S. dessen Naturgeschichte der Versteinerungen. 2 Th. 1. Abschn. S. 177.

diese Aushölungen sowohl, als auch die Körper, welche dazu Anlaß geben, kennen lernen. Zuförderst wollen wir die ansehen, die sich im ungeformten, hernach aber diejenigen, die sich im geformten oder krystallinischen Quarz finden; wir treffen diese Steine auf mancherley Art gelöchert an, sie haben daher von den Schriftstellern verschiedene Benennungen erhalten. Wenn die Vertiefungen mit den Bienenzellen eine Aehnlichkeit haben, so heißt er zelligter Quarz o). Stehen diese Zellen in ordentlichen Reihen neben einander, so erhält er den Namen geometrischer Quarz p). Diese Zellen sind sowohl in Ansehung ihrer Größe, als ihrer Figur nach verschieden q). Es giebt dreyeckigte, viereckigte und sechseckigte; sie sind größtentheils gleichseitig und stellen eine umgekehrte Pyramide vor r). Im Bornischen Verzeichniß finden wir auch Quarz mit würflichten, mit dreyeckigten und länglicht viereckigten Eindrücken s). In dem figurirten Quarz treffen wir ebenfalls allerhand bestimmte Hölungen an. Die Schriftsteller haben den figurirten Quarz, wegen seiner mancherley Gestalt, in der er erscheint, mit verschiedenen Namen belegt; ich werde

o) Gmelins Linn. Nat. Syst. des Mineralr. 1 Th. S. 523. n 9. Richt. Mus. S. 159. Delisle Crystallog. S. 212.
p) Gmelin S. 526 tab. III. fig. 17. 18.
q) *A Born* Index fossilium pars I. pag. 25. *Richt.* l. c.
r) *Born* p. 26. tab. III. fig. 5. *Scopol.* Cryſtallogr. n. 461. tab. 17. fig. 7.
s) pars II. p. 92. *Scopol.* n. 448. tab. 17. f. 1.

werde nur diejenigen erwähnen, deren Entstehungsart ich zu erklären gedenke. Der Kugelquarz t) hat lauter runde Höhlungen; der ausgehöhlte Krystall u) hat entweder eckigte oder zylindrische Höhlen v); die eckigten bilden entweder einen dreyeckigten w), oder würflichten x), oder sechseckigten y) leeren Raum. Eben dieser genaue Beobachter erwähnt auch kammförmigen hohlen, und dem gestrickten Kobold ähnlichen Quarz z). Auf dem Chalcedon findet man gleichfalls, jedoch etwas seltener, regelmäßige Vertiefungen. Herr Streithof, ein Naturalienhändler, brachte einen dergleichen Stein aus Schlesien hierher. Er war etwas flach, die eine Oberfläche hatte viel dreyeckigte, gleichseitige, spitzig zu laufende

 Ver-

t) Gmel. l. c. S. 525. n. 16. Quarzum globosum globis inanibus. *à Born*. P. I. p. 25. II. p. 92.

u Nitrum inane. *Linn*. S. N. XIII. t. 3. p. 85. n. 4. *Scopol*. n. 371. tab. 12. fig. 10. n. 400. tab. 14. fig. 3. 5. et 8. Delisle Krystall. S. 207. *Richt*. Mus. p. 156. Crystallus sinuosa.

v) Brückm. Beytr. S. 99. *Linn*. Amoen. T. I. p. 478. tab. XVI. fig. XII.

w) *a Born* P. II. p. 88. Quarz. Crystal. trigonis pyramidatis inanibus. *Scopol*. n. 456. tab. 17. fig. 3.

x) Gerh. Beytr. 1 Th. S. 118. *Born*. P. I. p. 21. *Scopol*. n. 448. tab. 17. fig. 1.

y) Wall. Min. S. 145. Crystallus montana cavitate hexangulari. Gerh. p. 119. Quarzum paralelepiped. *Born*. p. 21. tab. 1. fig. 13. P. II. p. 89. 90.

z) l. c. P. I. p. 26. P. II. p. 91.

Vertiefungen, sie waren ohngefähr einen Drittel Zoll lang und eben so tief. Mein verehrungswürdiger Freund, der Herr Leibarzt Brückmann, meldete mir, wie er ein etliche Pfund schweres Stück Chalzedon aus den farröeischen Inseln besitze, das auf beyden Seiten viele tiefe dreyseitige pyramidalische über einen Viertelzoll große Vertiefungen habe. Ich besitze einen tropfförmigen Chalzedon mit daran hangenden zylindrischen Zapfen, davon einige hohl sind. Die Zapfen bestehen nicht, wie der Tropfstein, aus zylindrischen Zirkeln, sondern aus lauter kleinen Tröpfchen a). Eben erwähnter Gelehrte besitzt auch in seiner vortreflichen Steinsammlung eine große Agathniere aus der Pfalz, mit einer glatten Höhle, die oben weit ist und sich unten in einer umgekehrten dreyseitigen Pyramide endiget. Herr Kollini b) erwähnt einer zerschlagenen Agathkugel, davon das eine Stück runde Vertiefungen, das andere aber Erhöhungen zeigte; eines zellichten Jaspis gedenket eben dieser Naturforscher c). Ich zweifle nicht daran, daß man nicht mehr dergleichen Steine mit solchen Vertiefungen finden sollte, wenn anders ein Naturkündiger Gelegenheit fände, diese Steinarten an dem Ort, wo sie gefunden oder verarbeitet werden, zu betrachten.

Ueber

a) Ich habe auch einen kropfförmigen Agath aus Island, an dem man die cirkelförmigen Anlagen, weil sie von verschiedener Farbe sind, wahrnimmt.

b) Mineralogische Reise. S. 259.

c) l. c. p. 64.

Ueber die Entstehung dieser Vertiefungen und Eindrücke finde ich bey den Schriftstellern wenig Nachrichten. Vom zelligten Quarz, sagt Herr Professor Gmelin: (im angeführten Buche, S. 523.) Vielleicht ist er eine Spielart des Blätterquarzes? ihm ist es also wahrscheinlich, daß der zelligte Quarz durch eine Krystallisation entstehe: allein da dieser Schriftsteller selbst bemerkt, daß man allerhand fremde Körper, als Zinnober, schwarzen Koboldmulm und Bleyspath, darinn antreffe, so ist es wahrscheinlicher, daß der Quarz sich über diese oder ähnliche Körper gebildet habe. Wir finden beynahe keinen einzigen mineralischen Körper, den der Quarz nicht überziehen sollte. Werden nun diese Körper von einer unbestimmten Figur vom Quarz getrennt, so erscheint er in unbestimmten Zellen. Von den ausgehölten Krystallen sagt Kähler d): „es giebt inwendig ausgehölte Krystalle, welche daher kommen, weil das Salz mit seiner gewissen und bestimmten Figur zuerst kristallisirt, und hernach mit einer steinern Rinde umgeben worden, worauf das Salz nachmals aufgelöset worden, und nur die steinerne Rinde zurück geblieben.“ Delisle vermuthet gleichfalls, daß ein salziger oder kieselichter Kern zu diesen Höhlungen Anlaß gegeben habe. Diese Erklärung ist nicht nur sehr unwahrscheinlich, sondern auch unzulänglich alle angeführte verschiedene Höhlungen daraus herzuleiten. Meines Erachtens kann sich

d) In der angeführten Diss. §. 34.

e) Krystall. S. 207.

über Salz gar kein Krystall bilden, denn das Wasser, welches die krystallinische Theilchen absetzt, löset es, indem es über ihm herfließet oder stehet, auf; und wollte man eine durch unterirrdisches Feuer bewirkte Krystallisation annehmen, so würde das Salz durch die Hitze dieser fließenden Masse eher zerstöret werden, ehe sich der Ueberzug bildet; eben so unmöglich ist es, daß der kieseligte Kern, der überhaupt, wie alle glasartigen Steine der Verwitterung sehr wiederstehet, gänzlich vernichtet und der dünnere Ueberzug ohne alle Zeichen der Zerstöhrung erhalten werden sollte. Der Herr Professor Weigel f) setzt hinzu: „Die bestimmten sechseckigten Höhlungen rühren aber vielleicht von einem Krystallkerne her, dergleichen Quarzum crystallisatum hexagonum includens crystallum quarzosum hexagonum minorem, *a Born* Ind. foss. p. 29. tab. II. fig. 1. geben könnte. S. auch *Scop.* Cryst. Hung. 1. n. 367." Wider diese Muthmaßung läßt sich nicht nur einwenden, was ich vorhero wieder den Kiesel zu erinnern hatte, sondern da der Ueberzug mit dem Kern aus homogenen Theilchen bestehet, so läßt sich eine genaue Vereinigung beyder Körper um so viel eher behaupten. Die angeführten Krystallo beweisen die genaue Verbindung beyder Krystalle, weil die eingeschlossenen unbeweglich sind. Ich besitze selbst zwey Krystalle, in denen ein kleiner festsitzet; der eine ragt mit der Pyramide, und der andere mit einem

Theil

f) Delisle Krystall. l. c.

Theil von der Säule hervor g), beyde sind mit dem großen aufs genaueste vereiniget. Herr Brück-

mann

g) Ein Mann, der lange in ungarischen Bergwerken gedient hat, versicherte mir, daß die Krystallen, wenn man tief in der Erde auf eine solche Kluft käme, unterweilen noch ziemlich weich wären, und daß man sich daher beym Herausnehmen in Acht nehmen müsse, wenn man sie unbeschädiget erhalten wollte. Es giebt verschiedene Steinarten, die in der Tiefe noch ziemlich weich sind, und an der Luft erst erhärten, wie der Serpentinstein, die Steinkorallen, der Kalkstein und Sandstein; auch die Steine, die in Flandern zu Fußböden gebraucht werden, haben eben diese Eigenschaft. (Kähler Diss §. 16.) Ob es sich aber bey den Krystallen unterweilen auch so verhalte, davon haben wir noch keine hinlängliche Nachricht. Sollten indessen die Krystallen bey ihrer Bildung nicht gleich erhärten, wie es mir sehr wahrscheinlich ist, so könnte ich mir dadurch eine Erscheinung auflösen, die mir sonst räthselhaft bleiben würde: Einer der erwähnten eingeschlossenen Krystalle sitzt dergestalt in dem großen, daß seine Säule in der Säule des großen eingesenkt ist, mit der Pyramide aber ragt er heraus; wären nun diese Steine, nach dem sie sich krystallisirt haben, noch eine Zeit lang weich, so wäre es leicht möglich, daß der kleine durch einen Fall in den großen hätte können eingesenkt werden; sind sie aber gleich von Anfang an hart, so kann ich nicht begreifen, wie er mit seiner Säule senkrecht hineingekommen ist. Der andere kleine Krystall, der mit seiner Basis aus dem großen hervorragt, scheinet ebenfalls zu beweisen, daß die Krystalle noch eine Zeit lang weich bleiben können: allein hier läßt sich doch der Fall als möglich denken: der kleine sey erst alsdann von seiner Mutter abgerissen worden, nach dem der

große

mann h), dem gleichfalls wahrscheinlich vorkömmt, daß einige dieser ausgehöhlten Krystalle durch einen gebildeten Pyramidalkrystall entstanden sind, nimmt an, um die Zusammenwachsung zu verhindern, daß der Krystall mit einer kieseligten oder andern Erde, auch mit einem losen feinen Glimmer bedeckt sey, welcher das Festwachsen zwar abhält, aber den Eindruck in den Quarz doch nicht verhindere. So sinnreich diese Erklärung ist, so unwahrscheinlich kömmt sie mir vor, denn warum sollten die Quarztheilchen, die nach und nach aus dem krystallinischen Wasser auf den überzogenen Krystall fallen, sich mit Ueberzug nicht vereinigen? Wir finden ja sehr oft Quarzdrusen, auf denen Körper von gar mancherley Art genau befestiget sind, und da überdem die Höhlungen und Eindrücke von so verschiedener Figur sind, so kann ja die sechseckigte Höhle auf eben der Art, wie die

große sich über ihm gebildet hatte. Delisle scheinet gleichfalls der Meynung zu seyn, daß die Krystalle eine Zeit lang weich seyn können, denn er sagt in seiner Krystall. S. 122. „Wenn ein Krystall zum Theil in einem andern, oder Spath im Spath, ein Kieswürfel im andern u. s. w. zum Theil eingeschlossen ist, so ist der eingeschlossene Körper schon fest gewesen, als die ihn einschließenden noch zum Theil flüßig waren." Auch Herr Brückmann meldet mir in einem seiner letzten Schreiben, je mehr er seine Krystallen betrachte, desto wahrscheinlicher käme ihm meine Meynung vor. Auch Gassendus will Kiesel- und Flintensteine noch weich gefunden haben. S. Wall. Min. S. 123. n. 4.

h) Beyträg. S. 100.

die übrigen, entstehen. Herr Brückmann kommt bald darauf der Wahrheit näher. Er sagt sehr bescheiden: er muthmaße, daß die fünf- und sechseckigen pyramidalisch in die Tiefe gehende Zellen, die in einigen seiner Quarzdrusen befindlich sind, vom Spath herrühren. Es ist dieser Gedanke keine bloße Vermuthung, sondern eine ausgemachte Wahrheit, wie wir bald sehen werden.

Ueber die Zellen des angeführten Jaspis erklärt sich Herr Rollini auf folgende Art: „Zu diesem Bau haben ohne Zweifel erdigte oder eisenhaltige Theile Gelegenheit gegeben, welche sich in eine jaspisartige Substanz eingehüllet haben, zu der Zeit, da sie noch flüßig war.“ Wie wenig genugthuend diese Erklärung für den regelmäßigen zelligten Bau sey, das hat sein Uebersetzer und Kommentator, Herr Diakonus Schröter wohl gemerkt, und glaubt durch einen kürzern Weg damit fertig zu werden. Er setzt in einer Anmerkung hinzu: ich halte den zellenförmigen Bau, den wir bey verschiedenen Mineralien gewahr werden, für eine Gattung der Krystallisation, die ich aber so wenig erklären kann, so wenig es noch überhaupt ein Mensch gewagt hat, die eigentliche Bildung der Krystalle zu erklären. Allein wir haben nicht nöthig, zu einer so geheimnißvollen Erklärung unsere Zuflucht zu nehmen.

Ich habe im ersten Abschnitt erwiesen, daß die drey- bis siebeneckigte Vertiefungen der zellichten Echiniten von eben solchen gebildeten Kalkspathkry-

stallen

stallen herrühren. Nun finden wir aber auch würflichte i), sechseckigte, mit k) und ohne Pyramide versehene Kalkspathkrystallen, die das Modell zu den angeführten regulären Höhlungen und Eindrücken sowohl des Quarzes, als auch der übrigen glasartigen Steine abgeben können, so bald ein mit diesen Materialien versehenes Wasser seine Steintheilchen auf sie fallen läßt, von denen sie übersintert werden. Gehet nun der Spath durch die Verwitterung verlohren, so lassen sie solche Eindrücke und Höhlungen zurück, die ihrem Modellstein vollkommen entsprechen.

Der Beweis davon ist nicht schwer zu führen, denn außerdem, daß die Anzahl der Flächen und Winkel genau überein stimmen, so kann ich aus meiner Sammlung solche Steine vorzeigen, in deren Zellen noch zum Theil die Kalkspathe vorhanden sind. Der Herr von Born hat ebenfalls welche angeführt, in denen die Kalkspathkrystallen zum Theil ganz l), zum Theil aber nur noch zur Hälfte damit angefüllet sind. Herr Brückmann besitzt gleichfalls verschiedene Arten, in denen die Spathe noch vollständig vor-

i) Gmel. S. 434 n. 12. 13. *Wall.* spec. 56. Spatum Rhomboid. Born. P. I p. 5. Gerh. Beytr. S. 216.

k) Gerh. S. 218. n. 8. *Born* p. 7. *Linn.* Nitr. octoaedrum. Collini Reis. S. 321. Weigel führt 22 Arten, die Abänderungen ungerechnet, von dieser Steinart auf.

l) Mit einem kubischen und einem andern faserigten l. c. p. 23. Richt. Mus. p. 178. Gen. XII.

vorhanden sind, in einem aber ist die Hälfte des Spaths bereits verwittert m). Auch der genaue Beobachter Scopoli hat diese Steinart nicht unbemerkt gelassen n), und Richter (Mus. p. 178. Gen. XII.) hat eine Druse in deren Klüften einige sechseckigte rechtwinklichte Spathkrystalle befindlich sind. Der kugelförmige hohle Quarz entstehet, indem er den halbkugelförmigen Kalkstein, den knotigen Kalkstein, wie ihn Scopoli nennet, und wovon er nicht mehr als ein und achtzig Arten beschreibt, überziehet o). Eine dergleichen Kugel, die im Quarz noch befindlich ist, finden wir in eben dieser Schrift und Herr Scopoli erwähnet einen höckerigten Kalkstein, der inwendig hohl ist und kleine Höcker von anderer Farbe in sich schließet p), auch die Pisolithen sind hierzu geschickt. Der gestrickte Quarz, den der Herr von Born anführt q), rührt wahrscheinlicher Weise vom verwitterten Kobald oder vom fibrösen Kalkspath her r), und sein Quarz mit Irrgängen ähnlichen Ver-

m) Brükm. Beytr. S. 101.

n) Scop. n. 459. tab. 17. fig. 5. *Born.* p. 24.

o) Ich besitze einen sehr großen Adlerstein von Wrietzen an der Oder, der mit gelblichen Kugeln besetzt ist, die aus lauter kalkartigen concentrischen Fibern bestehen.

p) p. 8. n. 20. tab. 1. fig. 3. 4. p. 11. n. 35. tab. 1. f. 7.

q) p. 25. Quarz. lamellosum cobalto reticulato simillimum.

r) Scopoli beschreibt S. 35—47. sechzig Arten dieser Steinart.

Vertiefungen s) vom wellenförmigen Blätterspath t) oder vom labyrinthischen Spath u).

Aus der genauen Uebereinstimmung der dreyeckigten spitz zu laufenden Vertiefungen, welche sich im erwähnten Chalzedon und Agath befinden, mit dem dreyeckigten pyramidenförmigen Kalkspath kann man schlüßen, daß die Figur der erstern aus letzterm entstanden ist. Das sich aber der Agath wirklich über dem Kalkspath bilde, daran läßt sich um so weniger zweifeln, da ich verschiedene Beweise darüber anführen kann. Zufolge eines Schreibens des Herrn Leibarzts Brückmann, besitzt er Agathe aus der Pfalz, in denen sich Kalkspath befindet. Aus meiner Sammlung kann ich gleichfalls ein dergleichen Stück vorzeigen, und Herr Kollini v) hat an mehr als einem Orte dergleichen bemerkt. Eine gleiche Bewandtniß hat es ohnstreitig auch mit dem zellichten Jaspis des Kollini; auch in einer Jaspiskugel hat dieser aufmerksame Naturforscher ein Stück grauen Kalkspath gefunden w), und von dessen Agath mit runden Vertiefungen liegt der Beweis in dem andern Stück, über welchem sie sich gebildet haben. Eine genaue Verbindung dieser Agathstücke hat eine dazwischen

s) *Born.* p. 25. Quarz. lamellosum maeandriform.

t) Spatum undatum L. Gmel. S. 430.

u) Delisle S. 148. n 21. *Born.* P. II. p. 81.

v) S. dessen Miner. Reise. S. 319 und 323.

w) l. c. S. 345.

schen befindliche Eisenerde verhindert x). Bey meinem zylindrischen Chalzedon erblickt man noch in der Tiefe ein Stückchen von dem fremden Körper, den ich aber, weil die ganze Höhle nur einer Stecknadel stark ist, nicht bestimmen kann.

Zu den übrigen regelmäßigen Erhöhungen und Vertiefungen am Quarz, deren der Herr von Born und Scopoli, erwähnen, und auch für die, welche man noch mit der Zeit entdecken möchte, lassen sich leicht Modellsteine unter den Kalk- und Gipssteinen ausfündig machen, denn da der Gips auf eine sehr mannigfaltige Art gebildet angetroffen wird y), und auch der Verwitterung unterworfen ist, so ist er eben so geschickt als der Kalkspath, allerhand Figuren dem Quarz und übrigen glasartigen Steinen mitzutheilen. Auch verschiedene Minern können zu verschiedenen Figuren Gelegenheit geben, wie z. B. der würflichte Bleyglanz, der auf mancherley Art gebildete Schwefelkies und Markasit, das Spiesglaserz z). So können auch die Steinkrystallen zur Hervorbringung der

x) Rollini S. 259.

y) Von den Gipskrystallen hat Weigel 15 Arten ohne die häufigen Abänderungen angeführt, und Hill dieselben unter sieben Ordnungen gebracht.

z) Richter l. c. p. 181. hat derben Kies in Krystallen, und Rollini S. 328. sahe in der Substanz eines Agath-Stückchen gelben Kies.

der zelligten und strahlförmigen Minern Anlaß geben; da aber diese nicht eigentlich zu meinem Vorwurf gehören, so werde ich davon vielleicht bey einer andern Gelegenheit reden.

Die Konchilien sind nicht weniger geschickt, allerhand regelmäßige Vertiefungen in glasartigen Steinen zu veranlassen. Welchem Liebhaber der Versteinerungskunde ist es wohl unbekannt, daß man in Feuersteinen oft Konchilien antrifft? besonders sind sie auf Stevensklint sehr gemein, wie Abilgaard versichert. Im pirnaischen und regensteinischen Sandstein sind die Versteinerungen eben keine große Seltenheit. Auch im Agath hat sie Rollini öfters gefunden. Ich besitze einen Agath und einen Haaramethyst aus Schlesien, in denen Fungiten befindlich sind. Im Jaspis hat auch Herr Pagenhofmeister Fuchs Versteinerungen angetroffen. Sind nun diese Versteinerungen mit einer Ocher- oder andern Erdart umgeben, bevor sie von der krystallinischen Masse sind eingehüllt worden, so wird eine genaue Verbindung beyder Seinarten verhindert; es können die Versteinerungen also leicht von ihren Müttern getrennt werden, und lassen alsdenn ihre regelmäßigen Abdrücke im Steine zurück, die eben so mannigfaltig seyn können, als der Bau der Konchilien verschieden ist. Ich habe verschiedene Steine dieser Art, worunter besonders ein egyptischer Kiesel vorzüglich merkwürdig ist.

Mit den unbestimmten Vertiefungen hat es unstreitig eine gleiche Bewandniß; übersintert zum Beyspiel der Quarz Reiser, Metalle, oder eine Spath- oder Gypsart, die nach allerhand Richtungen angeschossen ist, und diese gehen nachhero davon verloren, so müssen sie auch allerhand unbestimmte Löcher zurücklassen, und so ist derjenige Quarz beschaffen, der bey den Schriftstellern unter dem Namen: wurmstichiger Quarz a) vorkommt.

Der Zeolith, der Strahlgyps, das sternförmige Marienglas, der strahligte Eisenstein, kann den kammförmigen b), blättrigten c) und strahligten d) Quarz veranlassen. Es darf nur der Quarz die Zwischenräume jener Stahlen und Blätter ausfüllen, so werden Stralen gebildet seyn, so bald jener Stof davon getrennt ist. Die wurmförmigen Löcher in den Feuersteinen, die unser großer Naturkündiger, Pallas, auf den Feldern um den Mostua gefunden hat, schreibt er dem sogenanten Haftwurm, (Ephemera horaria) zu; dieser, sagt er, durchbohrt den Thon, und wenn dieser Thon zu Feuerstein erhärtet, so

a) Quarzum erosum. *Born.* P. I. p. 26. Gmel S. 523. *Scrop.* p. 135. Schwammförmiger Krystall. *Wall.* sq. 106. Quarz. foraminibus inordin. distinct.

b) Quarzum cristatum. *Born.* p. 25. Gmel. p. 524.

c) Quarzum lamellosum. *Scop.* p. 131. tab. 16. fig. 13. *Born.* p. 25.

d) Quarzum radiatum. Gerh. Gmel. S. 325.

so erscheint der Feuerstein wie wurmstichig e). Auch Abilgaard (S. 43.) gedenkt eines wurmstichigen Feuersteins. Die übrigen unförmlichen Löcher und Vertiefungen, die wir nicht selten in den Feuersteinen sehen, rühren freylich von allerhand andern Körpern her, die zu Zeiten durch einige Ueberbleibsel noch kennbar sind. Herr Kollini f) „hat durchlöcherte Agathkugeln bey Oberstein wahrgenommen, imgleichen andere (S. 269.), die mit Höckern oder Löchern besetzt, oder mit Runzeln, oder auch mit runden Vertiefungen versehen waren, oder mit kleinen Löchern besprengt, als ob sie wurmstichig wären.“ Dieser würdige Gelehrte setzt mit Recht hinzu: „Wirkungen, die man für nichts anders erklären kann, als für eine Wirkung der ersten Flüßigkeit der Substanz der Achate, und ihrer Berührung mit dem Steine, in dessen Innern sie sich gebildet haben.“

Ich kann diese Abhandlung nicht schlüßen, ohne vorher einige Betrachtungen anzustellen, die aus obigen Bemerkungen fließen. Es ist als eine allgemeine anerkannte Wahrheit anzusehen, daß die Steinkrystallen sich eben so wie die Salze, in der ihnen eigent-

e) S. Pall. Reisen durch versch. Prov. des ruß. Reichs. I Th. S. 15. die Petersb. Edition.

f) S. 279. Ich besitze eine feuersteinartige hohle Kugel mit Quarzkrystallen, die sogenannte versteinerte Melone vom Berge Karmel, die gleichfalls durchlöchert ist.

eigenthümlichen Figur bilden, so bald die Massen in die dazu erforderliche Umstände versetzt werden, und daß bey allen Krystallisationen ein geringer Umstand eine Veränderung in der Gleichförmigkeit der Flächen, Winkel und der Pyramide hervorbringen kann. Es sind daher alle diese Abänderungen eben so was zufälliges, als alle oben angeführte Quarzkrystallisationen. Denn was waren die Kalkspathe anders, als zufällige Körper, an denen sich der Bergkrystall bildete? Brückmann hat bereits angemerkt, daß die hohlen Krystallen aus lauter kleinen Krystallen bestünden g); die genaue Beschreibung dieser Krystalle eines Borns h), Scopoli i) und Hebenstreits k) stimmen vollkommen damit überein. Aus diesem aber folgt, daß, da die hohlen Krystalle nur Aggregata kleiner Krystalle sind, sie, für sich betrachtet, nur für Spursteine angesehen werden können. Von den Spathkrystallen hat Herr Bergmann l) aus geometrischen Gründen die Möglichkeit gezeigt, wie aus der Verbindung ganzer und getheilter schräger Würfel, die dem Spathe eigen sind, die übrigen Kalk-

g) S. dessen Beyträge S. 101.

h) l. c. P. I. p. 26. tab. 3. fig. 5.

i) *Scop.* n. 404. 408. 456. tab. 17. fig. 3. n. 461. tab. 17. fig. 7.

k) Richt. Mus. p. 163.

l) In seiner Abh. von den Spathgestalten, welcher der Delislischen Kryst. angehängt ist.

Kalkspathgestalten entstehen, und nur auf wenige Arten reduciret werden können.

Die zweyte Betrachtung soll die Möglichkeit zeigen, wie fremde Körper in die Quarzkrystalle gerathen können. Luft, Wasser m), Kies, Bleyglanz, Schörl, Eisenspath, Glimmer, Spiesglas, Asbest, Amiant, Eisen, Kupferocher, Gold und Silber findet man in den Quarzkrystallen eingeschlossen. Man stelle sich die Krystallisation vor, wie man will, so könnte doch ein solcher Körper nicht von allen Seiten von der krystallinischen Materie umgeben werden, weil er mit seinem Schwerpunkt irgendwo aufliegen muß, der das Anlegen der krystallinischen Masse verhindert. Hätte man Beweise genug, daß die Krystalle noch eine Zeitlang weich blieben n); so könnten diese Körper durch einen Fall innerhalb der Substanz hinein gerathen; allein da dieses noch lange nicht ausgemacht ist, so können wir unsere Zuflucht zu den erwähnten Aushöhlungen nehmen. Wenn wir anneh-

m) In unserm gesellschaftlichen Kabinet ist eine Druse befindlich, die wir unter andern Seltenheiten dem Herrn von Meidinger zu verdanken haben, darinn in zween Zapfen ein Wassertropfen befindlich ist. Ich besitze gleichfalls einen Chalzedonkiesel mit einem großen Wassertropfen.

n) Einige glaubwürdige Mineralogen wollen den Feuerstein in einem noch weichen Zustand beobachtet haben. S. die Abh. einer Priv. Gesellsch. in Böhmen. I B. S. 255.

nehmen, daß diese fremde Körper in den leeren Raum, den die verwitterten Spathe eingenommen hatten, gerathen sind; so können sie durch einen neuen Absatz von quarzigter Materie, der die Oefnung bedeckt, eingeschlossen werden.

Es läßt sich drittens aus dem, was bisher ist gesagt worden, eine Erscheinung erklären, die räthselhaft zu seyn scheint. Auf welche Art nämlich die Kalkspathkrystallen in die Höhlung der Agathkugeln kommen? Herr Rollini erzählt (im angeführten Buche, S. 323.) er habe im Innern der Agathkugeln in der Gegend von Oberstein und Freysen bisweilen druschte prismatische Spathkrystallen gefunden. Ihre Pyramiden, welche abgestumpft waren, hatten drey Seiten, daran die Grundfläche gemeiniglich fünfeckigt war. In der Zusammenfügung und im Gedränge dieser Krystallen unter einander, war die Zahl und Figur dieser Seiten mehr oder weniger verändert und undeutlich. Er hat auch einige gesehen, welche von außen mit einer braunen Spathrinde bedeckt, und rauh beym Anfühlen waren. Vergleichet man diese Beschreibung mit derjenigen, die ich im ersten Abschnitt von den krystallinischen Echiniten gemacht habe; so wird man die genaue Uebereinstimmung, so wohl der Krystallen, als auch der Rinde, denn auch die meinige ist rauh und braun, nicht verkennen. Denkt man sich nun statt der Kreideartigen Masse, in der der eine Echinit steckt, eine agathartige,

artige, welche sich um einen solchen Echiniten anlegt, so ist das Räthsel, wie die Spathkrystalle in die Agathkugel gerathen sind, leicht aufgelößt. Es ist indessen der Agath nicht der einzige glasartige Stein, in dessen Höhlen man kalkartige Versteinerungen wahrnimmt; denn in Stevens-Klint findet man sogar die Echiniten Nesterweise in großen Feuersteinen; schlägt man diese Steine vorsichtig entzwey; so kann man vollständige Echiniten erhalten o).

Zugabe

zur vorhergehenden Abhandlung.

Als diese Abhandlung beynahe abgedruckt war, besahe ich von ohngefähr aufs neue die vortrefliche Mineraliensammlung des Herrn Oberbergraths Gerhard. In dieser fand ich unter andern merkwürdigen Stücken auch solche, welche meine Behauptung, daß so wohl die regelmäßigen Zellen und Eindrücke, als auch die unregelmäßigen Vertiefungen und Löcher, die wir in den glasartigen Steinen antreffen, von andern Körpern herrührten, vollkommen rechtfertigten.

Ich

o) Abilgaards Besch. S. 37.

Ich sahe erstlich ein großes Stück ungeformten Quarz, das aber nicht dick war, mit lauter viereckigten rechtwinklichten Eindrücken, die vom Flußspath herrühren. Dieses Stück ist von Gersdorf bey Freyberg, allwo, nach der Versicherung des Herrn Besitzers, dieser Quarz mit daran sitzenden Flußspathkrystallen gemein sey. Zweytens, gelben Flußspath, welcher anstatt Quarz mit einem Gypsstein überzogen ist. Wird nun der Flußspath von seinem Ueberzug getrennt, welches um so viel eher angehet, da er aus einem blätterigten Geschiebe, die nicht sehr veste mit einander verbunden sind, bestehet, so läßt er die erwähnten Eindrücke zurück; folglich ist auch der Flußspath zu den angeführten Modelsteinen zu zählen. Drittens sahe ich ein großes Stück vom blätterigten und eingeschnittenen Quarz, (Quarzum lamellosum et incisum a *Bornii*), zwischen welchem blätterigter Kalkspath befindlich ist. Dies beweiset also dasjenige, was ich oben nur als eine Muthmaßung vorgetragen habe. Viertens, wurmstichigen Quarz (Quarzum erosum), auf einer weißen Bleyspathdruse; die Löcher in dem Quarz entsprechen vollkommen der Stärke der Bündeln des noch vorhandenen fibrösen Bleyspaths; folglich wird die Anzahl der Modelsteine durch den Bleyspath um einen vermehrt. Fünftens, einen großen klaren Quarzkrystall mit sechseckigen, dünnen, hohlen Röhren, die nach allerhand Richtungen den Krystall durchbohren; der Besitzer glaubt, daß es Schörl gewesen. Da indessen

Herr Charpentier in seinem lehrreichen Werke von der mineralogischen Geographie Sachsens, seine sechseckigte Spathkrystalle erwähnt, so können auch diese die erwähnten Höhlungen veranlaßt haben. Sechstens: Ich habe einen Krystall erwähnt, in welchem ein kleiner Krystall mit dem Prisma eingesenkt, mit der Pyramide aber aus demselben hervorragt; auch hier finden sich verschiedene dergleichen Stücke, sie sind aus Kompostel in Spanien, allwo sie nicht selten seyn sollen. Der Herr Oberbergrath ist gleichfalls der Meynung, daß die Krystalle noch eine Zeit lang weich bleiben, und daß auch diese Erscheinung zum Beweise dienen könne.

Indem ich dieses schreibe, erhalte ich von meinem würdigen Freund, dem Herrn Leibarzt Brückmann, einen Brief nebst einer Zeichnung, welche die Vermuthung, daß die Krystalle eine Zeit lang weich bleiben, zu einem starken Grad der Wahrscheinlichkeit erhöhet. Es besitzet dieser berühmte Naturkündiger einen Krystall, der auf $\frac{2}{3}$ der Länge nach getheilt ist. In dieser Spalte lieget ein anderer kleinerer Krystall in der Quere. S. Tab. XI. fig. 4. Dieser ist wahrscheinlicher Weise durch einen Fall auf die Pyramide des größern, als er noch weich war, gerathen; da er ihm nun nicht widerstehen konnte, so wurde er getrennt. Daß aber die zwo Säulen nicht zwey ganze, sondern nur zwey halbe Krystalle sind, ersiehet man daraus, weil eine jede Säule nur vier Flächen hat, die sich in einer dreyseitigen Pyramide endigen, unten hingegen, wo der Krystall ungetheilt geblieben ist, hat er seine ihm eigenthümliche sechs Seiten, und eben so viel Flächen haben auch die beyden obern Säulen zusammen, denn die zwo innern Flächen rühren nur von der Trennung her.

XIX.

Beschreibung der Münchs = Robbe.

Siehe Tafel XII. u. XIII.

Wie unvollständig bisher noch die Geschichte der Robben sey, und wie wenig bestimmt ihre zahlreichen Gattungen, ist eine den Naturforschern bekannte Sache. Da ich Gelegenheit gehabt habe, eine Gattung derselben lange genug zu untersuchen, und ihre Lebensart zu studieren, so habe ich hiermit die Ehre, unsrer werthesten Gesellschaft, eine, so viel mir möglich war, genaue Beschreibung und Ausmessung, nebst einer Abbildung zu übersenden, von der

der ich hoffe, daß sie desto gütiger wird aufgenommen werden, da sie eine sehr schöne, und so viel ich glaube, noch nicht, wenigstens nicht genau, beschriebene Gattung betrifft. Ich kann zwar von ihrer Lebensart nichts weiter sagen, als was ich davon in der Gefangenschaft des Thiers bemerkt habe, und in seiner Freyheit mag wohl noch verschiedenes anderes merkwürdiges vorkommen, oder einiges sich auf eine andere Weise verhalten: aber wann wir immer auf solche Gelegenheiten warten wollten, wo wir nichts als die reinste ungezwungenste Natur bemerken könnten, so würden wir in unsrer Kenntniß nicht gar weit gekommen seyn. Auch gehört das Verhalten der Thiere in ihrer Gefangenschaft, und wenn sie abgerichtet sind, allerdings mit zu ihrer Geschichte. Nicht alle haben Gelegenheit — auch zeigt sie sich nicht oft, — Thiere in ihrem natürlichen Zustand so beobachten zu können, wie Steller mit der Bären-Robbe*) gethan hat; und zeigt sie sich einmal einem

*) Warum doch See-Bär? Wie lange wollen wir noch die zweydeutigen Namen beybehalten, und wie lange soll es noch dauern, bis wir in die Naturgeschichte, auch im Deutschen eine philosophische Sprache einführen, dergleichen uns der unsterbliche Linné in der lateinischen gelehrt hat? Wie lange wollen wir einen Statius Müller, und andere unschickliche Liebhaber-Namen (Noms de guerre), wo öfters der nämliche Name in allen Klassen wieder erscheint, schmieden lassen? Wollen wir noch immer mit unsern schlechten Benennungen zu solchen albernen Vorstellungen Gelegenheit geben,

Naturforscher, so wünschen wir ihm, daß sie glücklicher sey, als Stellers seine war.

Eine Zeitlang war ich auch unschlüßig, ob ich meine Beobachtungen ins reine bringen und bekannt machen sollte. Schon ein Jahr lang, dachte ich, wird dieses Thier in Deutschland herumgeführt, und in den berühmtesten Städten seines mittäglichen Theils gewiesen. Sollte ich da nicht viel zu späte erscheinen, und sollten mir nicht andre zuvor gekommen seyn? Oder, dachte ich, sollte es nicht besser seyn, die Beschrei-

ben, dergleichen der ungeschickte Künstler, der die Holzschnitte zu des *Cuba* Hortus Sanitatis geschnitzt hat — und vielleicht wohl auch sein Herr Schriftsteller selbsten — muß gehabt haben? Ist es nicht natürlich, und der Analogie unsrer Sprache gemäß, daß wer einen Seebären nennen höret, sich dabey einen Bären gedenkt? Ist es sich deutlich ausgedrückt, ohne etwas hinzuzusetzen, einen See-Bären zu nennen, wann von einer Robbe die Frage ist? oder ist es bequem, um deutlich zu seyn, zu sagen: der große nordische weiße Seebär: die Robbe, die man Seebär heißt: der Krebs, den man den Seebär nennt? Vielleicht giebt es auch wohl noch einen Vogel oder Fisch, der diesen Namen führt. Ist es nicht deutlicher zu sagen, der Seebär, die Bärenrobbe, der Bärenkrebs? Studiert die Philosophiam botanicam des Linné, ihr lieben deutschen Naturforscher, Schriftsteller und Uebersetzer, wendet sie auf andere Theile der Naturgeschichte und auf eure Muttersprache an, und — ihr Wenige, die ihr könnt — verbessert sie!

schreibung dieses Thiers der beredten Feder eines Buffons, und die Abbildung desselben dem vortreflichen Pinsel eines de Seve zu überlassen? Aber öfters dachte ich schon so, und wartete vergebens, oder fand die Sache von jemand unternommen, der, wie ich mir schmeichelte, die Sache nicht so gut gemacht, als ich sie vielleicht hätte machen können. Herr von Buffons Beschreibung erwarten wir freylich mit Ungedult, aber wer weiß, wann sie kömmt, da es mit seinen Supplementen der Thiere so langsam gehet, und wie wir wissen, daß manche Thiere ihm bekannt worden sind, die in seinem Supplement-Bande noch nicht stehen. Uebrigens wird es auch nicht schaden, wenn von einem so schönen und seltenen Thiere mehrere Beschreibungen und Abbildungen erscheinen; indem jeder seine besondere Art zu sehen hat, und einer oft etwas bemerket, was dem andern entgehet.

Ich setze in meiner Beschreibung der Münchs-Robbe zum voraus, daß die Bildung überhaupt und die Kennzeichen des Geschlechts der Robbe meinen Lesern bekannt seyn werden. Auch wird mir die gemeine, oder die Kalbs-Robbe (Phoca vitulina *Linn.*) als die bekannteste zum Vergleichungspunkt dienen. Ich habe diese letztere zwar nur zweymahl gesehen, aber ich habe ihr Bild noch immer sehr gegenwärtig. In dieser Vergleichung ist unsre Münchs-Robbe von einer Größe, welche jene bey weitem niemals erreichet, von feinern und in die Höhe stehenden Haaren, (wann sie trocken ist), einige Flecken ausgenommen, ganz schwarz, und in der Gestalt des Kopfes und Halses, was das äußerliche Ansehen betrifft, insonderheit verschieden. Die Scheitel ist sehr flach, die Stirne wenig erhaben, der Kopf in Verhältniß mit dem ganzen eher klein, und das Thier mag entweder mit ausgerecktem Halse sich in die Höhe dehnen, oder den Hals zusammen ziehen und ruhig liegen, so ist der Umfang des Kopfes doch immer kleiner als der des Halses. Der Hinterkopf ist nicht sehr gewölbt, und bildet eine stumpfe Ecke, oder macht mit dem flach sich herabsenkenden Nacken beynahe einen rechten Winkel. Ueberhaupt hat der Kopf keine andere Aehnlichkeit mit einem Kalbskopf, als etwan in Ansehung der großen und weiten Nasellöcher, die, wann sie sich öfnen, ebenfalls denen des Kalbs gleichen möchten. Sonsten mag er so überhaupt genommen, einem Hundskopf, oder vielmehr, wie Herr von Buffon sagt, wegen der Breite der Schnauze, dem Kopf eines Fischotters gleichen. Der Oberkiefer ist wohl viermahl dicker als der untere, den man kaum bemerkt, wann das Thier nicht den Rachen öfnet, oder sich sehr aufrichtet, daß man es wohl von der Seite betrachten kann. Die Lippe ist zwar sehr dick, aber daß sie sich, wie Albin von der von ihm beschriebenen Gattung, (Annot. Acad. L. III. Cap. XV. p. 66.) sagt, auf jeder Seite in eine hervorragende Kugel wölben sollte, wie es auch die d'Aubentonsche Figur von der Kalbs-Robbe einigermaßen auszudrücken scheint, und wie ich mich auch zu besinnen glaube, an dergleichen Thieren gesehen zu haben, könnte ich nicht

nicht behaupten, dann die Lippe ist viel zu flach. Der untere Kiefer ist auch zu gleicher Zeit sehr kurz, und misset bis in die Falte der Kehle kaum vier Zoll, von wo an der Hals fast gerade herab geht. Wenn das Thier den Hals mit aller Gewalt ausstrecket und sich aufwärts bäumet, so macht auch der untere Kiefer mit dem Halse kaum einen Winkel. Die Nase ist gedrückt, flach, kurz und breit, oder eigentlich ist vielmehr keine besondere Nase da, dergleichen in der Buffonischen und Ansonischen Abbildung vorgestellt ist. Das äußerste Ende davon ist etwas ausgekerbt. Die Nasenlöcher liegen in der obern Fläche der Schnauze, und das Thier zieht sie im Wasser und auch meistentheils außer dem Wasser zusammen und verschließt sie ganz genau, so daß von außen nur zwo lange schmale Rinnen übrig bleiben, die etwas mondförmig gekrümmt, so gegen einander stehen, daß der Bauch der Krümmung sich der entgegengesetzten mehr nähert als das hintere Horn des halben Mondes, noch mehr aber nähern sich die beyden vordern Enden. Wann die Robbe Athem holt, so öfnen sich diese Nasenlöcher, wo sie dann eine eyförmige Gestalt bekommen, und man tief hinein sehen kann, wie in einen Trichter, denn von innen verengern sie sich. Und dieses Oefnen der Nasenlöcher fällt vorzüglich an dem Thiere auf. Zugleich dehnt sich auch eine länglichte schmale und nicht tiefe Furche in dem Zwischenraume der Nasenlöcher etwas mehr aus. Das Oefnen der Nasenlöcher geschiehet öfters mit einem Ausathmen, Schnauben und Niesen, wo zugleich meistentheils ein

ein weißer schaumichter Roz, der sich um die Nasenlöcher gesammlet hat, herum gesprüzt wird. Beynahe hat es das Ansehen, als ob es den Zuschauern zum Possen geschähe, immer aber erschrickt man etwas darüber, wann man es nicht gewohnt ist.

Die Augen sind verhältnißmäßig groß und lebhaft, etwas länglicht und liegen schief gegen einander. Der Regenbogen im Auge ist groß und von braungelber Farbe *), und von dem Weißen im Auge sieht man nicht viel. Die Pupille stellt ein umgekehrtes gleichschenklichtes Dreyeck vor, dessen Grundlinie etwan eine Linie und die Schenkel drey Linien betragen mögen. Die Augen gehen mit der Fläche des Angesichts in einem fort, ohne weder hervor zu stehen, noch vertieft zu liegen. Augenwimpern sind weder an dem obern noch unterm Augenlied zu sehen. Wann die Augen ganz geöfnet sind, so nehme ich keinen merklichen Unterschied zwischen dem innern und dem äußern Augenwinkel wahr. Wann sie sich aber zur Hälfte schließen, so bildet die von den Augenliedern fortgesetzte Haut, die sich in drey Falten zusammenzieht, in dem innern Augenwinkel eine Vertiefung oder Sinus. Eine eigentliche Blinzhaut (membrana nictitans) habe ich nicht bemerken können, wohl aber eine andere aus dem äußern Augenwinkel nicht hoch herauf steigende etwas dicke und runz-

*) Das Vielfarbigte, dessen Plinius und andere Erwähnung thun, habe ich nicht bemerken können.

runzlichte Haut, welche, so oft ich das Thier sahe, immer mit Blut unterlaufen war. Der Wärter versicherte, daß sie immer so wäre, einer der Besitzer aber gab es für eine von der Reise entstandene Entzündung aus.

Die Ohren stehen eben so weit von den Augen nach hinten zu entfernt, als die Nasenlöcher nach vornen von den Augen abstehen. Sie zeigen sich nur durch eine sehr kleine Oefnung, die kaum Erbsen groß erscheint, und deren Größe sich mir nicht merklich zu verändern geschienen hat. Man sieht sie deutlicher, wann das Thier trocken, als wenn es naß ist. In der d'Aubentonschen Figur ist diese Ohrenöfnung gar ungleich viel größer ausgedrückt, und sitzt nur halb so weit von den Augen weg, als an der unsrigen. An der kleinen schwarzen Robbe desselben sitzet sie gar viel tiefer unten. Ueber dem innern Augenwinkel stehen zwo Borsten, die etwa zween Zolle lang seyn können, nebst zwo andern kleinern. Die Bartborsten stehen in fünf Reihen, in deren obersten und untersten sie kleiner und in geringerer Anzahl sind. Der beträchtlichern zählte ich in allem ungefähr zwey und zwanzig. Die mittleren insonderheit sind sehr stark, steif wie die vom Tieger, sechs bis sieben Zolle lang*), meistens

*) Sie sind also verhältnißmäßig nicht so groß, als an der Kalbs-Robbe, weil die von Herrn d'Aubenton beschriebene, die nur 26 Pfunde wog, doch viertehalb Zollange Bartbörsten hatte.

meistens schön weiß, einige auch schwärzlicht. Sie sind ganz glatt und nicht wellenförmig, wie von andern Gattungen gesagt wird. Die Oefnung des Rachens ist nicht sehr groß, und der Mund spaltet sich nicht weiter, als bis unter den vordern Augenwinkel.

In der obern Kinnlade finde ich nicht mehr als vier*) Schneidezähne, die klein und von einander abstehend

*) Man siehet also, daß eben so wenig als an dem Schwein und der Fledermauß, die Anzahl der Schneidezähne das Geschlecht bestimmen kann. Die Gestalt des Körpers und der Füße, verbunden mit den Zähnen eines reißenden Thiers überhaupt (ohne Bestimmung der Anzahl der Schneidezähne), macht das Kennzeichen des Robben=Geschlechs aus.

Bey dieser Gelegenheit kann ich meine Verwunderung nicht bergen, über das neue Geschlecht, das Herr Scopoli in seiner Introduct. ad hist. natur. Prag. 1777. unter dem Namen Pusa, auf der 490ten Seite, Gen. 433. als zuerst von ihm bestimmt vorgetragen hat. Es wird daselbst also bezeichnet:

Pedes antici unguiculati: *Postici connati in pinnam sexlobam*, &c.

Dentes incisores quatuor.

canini supra sex, infra quatuor.

Auriculae nullae; pili breves.

Es wird hinzu gesetzt, daß Müller in seinem Natursystem das Thier auf der XIten Tafel des ersten Theils Fig. 6. abgebildet und beschrieben habe. Nun schlage ich diesen auf, und finde nichts weiter, als die Beschreibung der Robbe, die Albinus in seinen Annot. Acad. gegeben hat, und die nämliche

abstehend sind. In der untern sind ihrer auch viere, davon die zween innern kleiner und weiter nach hinten zu eingesenkt sind, als die äußern, so daß sie nicht gerade

nämliche Abbildung. Diese (von Herr Schreber und Erxleben bey keiner Gattung angeführte Figur) stellt nun freylich die Phoca vitulina nicht vor, wenn, wie Albin versichert, die Abbildung getreu ist; aber es ist auch nicht der geringste Grund vorhanden, warum man das Thier vom Geschlecht der Phoca trennen sollte. Von allem dem sonderbaren, was Herr Scopoli sagt, findet sich daselbst nicht ein Wort. Wann ich auch vermuthen wollte, daß durch einen Druckfehler die Zähne versetzt worden wären, und es heißen sollte: Dentes incisores supra sex, infra quatuor, so daß das *canini quatuor* am unrechten Ort eingeschoben wäre, (denn sechs Hundszähne auf jeder Seite einer jeden Kinnlade hat kein Thier) so begreife ich nicht, was die in eine sechslappichte Finne zusammengewachsene Füße heißen sollen. Wäre dieses, so müßte das Thier mit dem Manati und der Robbe in ein Geschlecht verbunden werden. Sollte es möglich seyn, daß die von Müllern copirte Figur, (wo die hinter dem rechten Fuß hervorragende obere Spitze des linken Fußes, die doch durch die Schattirung deutlich unterschieden ist, zu einer pinna sexloba, und der deutliche Schwanz zu einer pinna lanceolata, einem Schüler allenfalls hätte Gelegenheit geben können) einen so groben Fehler verursacht hätte? Das billigste, was ich hier vermuthen kann, ist, daß vielleicht statt Müllers ein andrer mir unbekannter Schriftsteller, der dieses Thier beschrieben hat, sollte angeführt werden; dann daß ein Mann, wie Herr Scopoli, so leichtsinnig ein neues Geschlecht bestimmen sollte, ist mir unbegreiflich.

gerade in einer Linie stehen. Auf jeder Seite, in jeder Kinnlade, steht ein ziemlich starker Eck- oder Hundszahn, der zwar nur ungefähr von der Länge eines Zolles ist, und also verhältnißmäßig nicht so groß, wie bey vielen andern Raubthieren. Bey geschlossenem Rachen legen sich, wie gewöhnlich, die untern Eckzähne in den zwischen den obern Schneid- und Seitenzähnen befindlichen Raum. Die Backenzähne sind zackigt, fünf oben und fünf unten, die vordern kleiner als die hintern. Sie sind nicht von einer schönen weißen, sondern von schmutziger Farbe. Der Rachen ist ganz glatt und ohne Runzeln. Die Zunge wird nach vornen hin schnell durch einen kleinen Absatz schmäler, und nicht viel breiter als ein Zoll. Die Spitze ist etwas eingekerbt. Sie sieht vollkommen so aus, wie sie in Herrn d'Aubentons Figur vorgestellt ist. Sie ist glatt und ohne scharfe Warzen, wie mir der Wärter sagte, und wie sie mir auch anzusehen schien, denn das Befühlen durfte ich nicht selbst wagen, wie es wohl ein herzhafterer hätte thun können. Auf die Frage, ob das Thier die Zunge auch zu Zeiten herausstreckte, antwortete mir der Wärter, daß er zu Zeiten, wann es nach einem Fisch begierig sey, solche Bewegung machte, wobey er seine Zunge sehr wenig herausstreckte und hohl zusammenlegte.

Der Hals ist dick, und wie gesagt, dicker als der Kopf, und wann es ihn auch noch so sehr ausstreckt, so wird er doch nie um vieles länger, da hingegen

gegen die gemeine Kalbs-Robbe durch ihr schnelles Ausstrecken ihres eingezogenen Halses jedem, der es nicht gewohnt ist, einiges Schrecken verursacht.

Der Rücken geht flach fort, und erhebt sich nur etwas in der Gegend der Schultern, von da der Körper sich allmählich gegen den Schwanz zuspitzt. Der Körper ist wie an dem ganzen Geschlecht durchaus eben, zugerundet, gedrungen ausgestopft und glatt; kein Wirbelbein des Rückens, keine Ribbe läßt sich unterscheiden, auch das Schulterblatt nicht. Einige Falten sieht man nur, wann es sich krümmet, aber vielleicht zu anderer Zeit auch weniger als jetzt, da es, wie man sagte, magerer geworden war.

Das Haar ist sehr kurz, vier Linien lang, und liegt rückwärts ganz satt und glatt an dem Leibe an, so lange das Thier im Wasser ist, und im Strich nach vornen hin fühlt man es nicht. Man muß mit Fleiß mit den Nägeln die Haare aufkratzen und zu ergreifen suchen, sonsten würde man sie nicht bemerken. Ist aber das Thier trocken, so stehen sie gerade in die Höhe, doch so, daß sie einen sanften Strich nach hinten zu haben, nach vornen hin aber etwas wiederstehen. Sie sehen alsdann wie ein schwarzer Plüsch, und wenn das Thier noch nicht gänzlich trocken ist, so daß an einigen Stellen die trocknen Haare sich aufgerichtet haben, an andern aber die nassen Haare noch darnieder liegen und mehrern Glanz haben, so hat die Haut ein Ansehen, wie ein gewässerter Zeug*). Unter dem Halse sind die Haare etwas steifer und rauher, welches dem Thiere wohl zu statten zu kommen scheint, wenn es sich an Felsen hinan windet. Auch scheinen ihm die an dem hintern Rand der flachgedrückten Vorderfüße stehende, etwas längere, ungefähr acht Linien lange, braune Haare dazu behülflich zu seyn. Das Vegrößerungsglas zeigt mir die Haare ganz einförmig, nicht geriegelt noch wellenförmig, noch von einer andern besondern Bildung. Ich erinnere mich nicht, daß ihre Richtung irgend einen Wirbel oder eine Nath gebildet hätte; das würde mir aufgefallen und von mir bemerkt worden seyn: denn erst jetzt, da das Thier nicht mehr hier ist, fällt mir ein, daß ich auch darnach genau hätte sehen sollen.

Die Hauptfarbe des Thiers ist zwar die schwarze, es hat aber doch verschiedene Flecken. Insonderheit ist an dem Bauch in der Gegend des Nabels ein großer schmutzigweißer Fleck, der beynahe die grauglänzende Farbe des gemeinen Seekalbs hat. Er

*) Dahin würden vielleicht einige, die den Robbenhaaren von den Alten zugeschriebene Eigenschaft, die wellenförmige Bewegung des Meeres vorzustellen, erklären wollen; aber die Stelle beym Plinius läßt sich nicht so verstehen. Vielleicht hat eine ähnliche Wahrnehmung zu der Sage Gelegenheit gegeben, die, wie es zu geschehen pflegt, nach und nach bis zu demjenigen wunderbaren vergrößert worden ist, welches Plinius nach gesagt hat.

Er mag etwan zwey Schuh in der Länge, und anderthalb Schuh in der Breite haben. Im Ganzen genommen ist er viereckigt, doch so, daß seine Seiten verschiedentlich ausgezackt und eingekerbt sind. Man sollte ihn anfänglich für regelmäßig halten, und dieses machte mich auch glauben, daß er beständig bey dieser Art sich finden möchte. Lange hatte ich schon betrachtet, und versucht seine Gestalt genau zu bestimmen, als ich erst bemerkte, daß er an der rechten Seite durch eine eingebogene, auf der linken Seite aber durch eine ausgebogene Linie sich endigte. Es ist also nicht der Mühe werth, mich dabey aufzuhalten, nur dieses will ich noch bemerken, daß wann die Robbe ganz dichte auf dem Bauch aufliegt, man gar nichts davon, oder kaum die äußerste Seitenspitze sieht, und daß in demselben einige schwärzlichte Flecken zerstreut sind. Eine Menge von kleinen rundlichten und ins graue schießenden Flecken sind auf der Scheitel des Kopfs zu finden. Die Kehle und der vordere Theil des Halses sind noch schäckigter, und die Flecken fallen daselbst ins gelblichte. Auf dem Rücken kreuzen sich eine Menge von weißlichten Striemen, die das Ansehen haben, als wann Schläge von einer Spießgerte die Haare daselbst in Unordnung gebracht hätten. Die hintern Füße sind an einigen Stellen gegen das Ende glatt, an andern Stellen stehet ein kurzes, rauches, steifes, meistens graues Haar nach hinten zu, und liegt immer an, auch wann das Thier ganz trocken ist. Die zween äußern Finger waren mehr gefleckt als die drey innern.

Nun sind noch Hauptttheile zu betrachten, die an den meisten Abbildungen schlecht vorgestellt, und gewöhnlicher Weise falsch und unvollständig beschrieben sind, nämlich die Füße.

Vom Schulterblatt ist, wie schon gesagt worden, niemals nichts zu sehen. Der **Arm** ist kurz, unter der Haut verborgen und zeigt sich durch eine leichte Schwellung nur in gewissen Stellungen. Aus den Ausmessungen wird man sehen, daß er nach der vordern Seite viel weiter nach obenzu zu bemerken ist, als an der hintern Seite. Der **Vorderarm** nebst dem **Handgelenk** (carpus) und den **Fingern** ist ebenfalls sehr kurz, flach gedrückt und mit einer gemeinschaftlichen Haut umgeben. Die Gelenke bekommt man nur alsdann in etwas zu sehen, wenn man diese Vorderpfoten mit Fleiß bieget, oder das Thier sich auf dieselbige stemmt. Die Finger unterscheidet man nicht anders, als durch die Nägel und durch kaum merkliche Vertiefungen in der Haut, welche in der innern Handfläche deutlicher zu bemerken sind, als auf dem Handrücken, und dann zeigen sich die Gelenke derselben auch bey dem biegen. Zwischen dem vierten und fünften Finger ist eine deutlichere Rinne, die etwan anderthalb Zolle lang, und so viele Linien breit seyn mag. Wenn man sich jeden der Finger der Breite nach in drey Theile getheilt denkt, so sitzet ungefähr an dem ersten Drittheil, der Nagel, der schwarz von Farbe, nicht mehr als etwan zwo Linien breit, ein Zoll lang, nicht stark gekrümmt ist und nicht viel über das Ende des Fußes hervorraget. Diese Nägel sind an ihrer innern Fläche gefurcht, nicht spitzig, und an einigen war auch die vordere Hälfte abgebrochen. Die beyden letztern stehen etwas näher beysammen, als die übrigen. Die d'Aubentonsche Abbildung der gemeinen Kalbs-Robbe kommt in Ansehung der Nägel und Vorderfüße unserer Art am nächsten. Sie gehören zu derjenigen Struktur, die Parsons an seiner langhalsigten Robbe palmas latas non digitatas nennt, dergleichen auch die Bärenrobbe hat. Die Albinische Figur hat die Finger gar viel runder, deutlicher von einander unterschieden, und mit gar viel größern Nägeln versehen als unser Thier*). Die Ansonsche scheint ohnehin schlecht gemacht

*) Und so finde ich sie auch in einer vor mir liegenden ausgestopften Haut einer Phoca vitulina, mit deutlichen und haarichten Fingergelenken, so daß ich in diesem Betracht die Zeichnung des Herrn de Seve nicht loben kann. Oder sollte dieses vor mir liegende Thier von einer andern Gattung seyn, als dasjenige, das Herr d'Aubenton beschrieben? Wenigstens hat das meinige, das doch einen halben Schuh länger ist, als das von ihm beschriebene, die Hundszähne kaum zwo Linien aus dem Kinnbacken hervorragen, alldieweil das seinige sie schon halbzöllig hatte, und kaum fangen die Schneidezähne an dem meinigen an ein wenig hervorzusprossen. Es scheint also noch jung und von einer größern Art zu seyn, und vielleicht das nämliche, wovon Herr d'Aubenton gleich nach der Ausmessung der Knochen Nachricht giebt, und von dem er sagt, daß die Nägel über die Haut hervor ragen. An dem

macht zu seyn, und dicke Finger an allzulang gegliederte Vorderfüße zu setzen. Pernetty hat sie nicht übel mit einer Hand verglichen, über welche ein Handschuh ohne Finger gezogen ist. Nur ist der Umstand verschieden, daß der vordere Rand sehr dünne wird. In seiner Abbildung des Weibchens der gehaubten Robbe, die aus der Ansonschen Reisebeschreibung mit einigen Verbesserungen genommen zu seyn scheint, wären diese Vorderfüße nicht übel vorgestellt, wenn nur die Nägel angezeigt wären. Immer stellen sie die Füße unsrer Robbe gar viel besser vor, als beynahe alle andre Abbildungen. Der vordere Rand, an dem die fünf Nägel der Länge nach sitzen, ist wie schon gesagt, ziemlich scharf und gleichsam schneidend, und gehet ungetheilt in einer geraden Linie fort.

Diese Füße legt das Thier, wann es ruht, nach hinten zu, hart an den Leib an: wann es sich aber fort-

dem ausgestopften Balg, von dem ich rede, ist nicht der erste, sondern der zweyte Finger der längste; nnd an den hintern Füßen liegt der Nagel auf einem verlängerten Läppchen der Haut auf. Die Haut, welche den mittelsten Finger mit dem nächsten an jeder Seite verbindet, ist, wann sie aufgespannt ist, wohl dreymahl breiter, als die, welche den ersten und letzten Finger mit dem nächsten verbindet, wovon Herr d'Aubenton nichts gesagt hat. Wie vieles ist nicht in der Geschichte der Robben noch zweifelhaft? Mein Freund, Herr Prof. Lepechin, schrieb mir, es gebe der Gattungen mehrere, als man glaubt.

fortschleppt, so stehet der Vorderarm beynahe senkrecht, und die Hand gerade von dem Körper ab, in einer auf ihm senkrecht stehenden Linie. Der Winkel des Gelenks wird alsdann deutlich, wie an einer Hand, auf deren innere Fläche man sich stemmt, denn in diesem Gebrauch der vordern Pfoten besteht der Hauptvortheil, dessen das Thier sich bedienet, indem es sich auf dem Trocknen fortbewegt, daß es sich auf dieselbe stützt, und alsdann den Körper, so viel es kann, nach sich zieht. Verschiedene Mahle habe ich auch gesehen, daß es sich in einer völlig entgegengesetzten Beugung auf den Rücken der Hand stemmte, bald nur auf der einen Seite, bald auf beyden, wovon man sich an der in einigen Stücken verbesserten Pernettischen Figur des Ansonschen See-Löwen-Weibchens Tab. VIII.* f. 1. eine Vorstellung machen kann. Es kann die Vorderpfote auch nach vornen bringen, und einmal sahe ich, wie es damit über die Nase fuhr, und sich rieb und putzte. Steller sagt in Nov. Comm. Petrop. T. II. p. 337. daß es die Bären-Robbe mit den hintern Füßen thue, und so auch die Löwen-Robbe p. 365. welches zu thun keine leichte Sache für unsre Art seyn sollte.

Der Hinterleib wird, wie bey allen Robbenarten schmäler, und verliert sich in die hintern Füße, ohne eine Hüfte oder Schenkel zu zeigen. Nur in einigen Stellungen und Wendungen des Thiers kann man unter der Haut etwas von dem Schenkelgelenk bemerken. Wenn die Abbildung der Stellerschen Bärenrobbe, wie ich doch kaum glaube, gut und getreu gemacht ist, so hat dieselbige in Ansehung ihrer Schenkel etwas vor andern Robben zum voraus, auch nimmt die Art, die ich beschreibe, niemals die sitzende Stellung an, in welcher jene abgebildet ist, und kann sie auch nicht annehmen. Eben so wenig habe ich sie jemals den Hinterleib so stark nach oben zu krümmen sehen, wie in der Ansonschen Figur; sondern sie hält ihn immer gerade ausgestreckt, und schleppt ihn nach. Doch kann sie den Hinterleib etwas in die Höhe heben, wenn sie mit dem vordern Theil tief liegt, und auch wohl wann sie ihn aufgerichtet hat. Insonderheit krümmt sie den Leib stark in die Höhe, wenn ihr jemand, es mag seyn wer es wolle, ihr Wärter oder jemand anders, mit einer Spießgerte der Länge nach auf dem Rücken schlägt, welches sie gerne leiden zu mögen scheint. Und dieses so wohl innerhalb als außerhalb des Wassers. Die Hinterfüße aber habe ich sie niemalen so unter den Leib schlagen sehen, wie in der Pernettyschen Figur des Ansonschen See-Löwen-Weibchens angedeutet ist.

Es sind diese hintern Füße gar viel größer und breiter, als die vordern, und von ganz andrer Bildung. Albin sagt in gewissem Betracht nicht uneben, daß es läßt, als wenn zwo Hände aus dem Leib heraus kämen und nach hinten zu stünden. Nur muß man sich keine ordentliche Hände denken, welches vielleicht bey Albins Art eher angieng, da die Hinterfüße gar viel kleiner zu seyn scheinen, als

bey

bey der meinigen. Was mich aber insonderheit wundert, ist, daß weder ein Zergliederer, wie Albin war, noch Herr d' Aubenton den motum pronatorium und supinatorium angemerkt haben, der an diesen Füßen so deutlich in die Augen fällt. Wenn man nämlich die Vergleichung mit einer Hand beybehalten will, so liegen diese beyden Füße im Stand der Ruhe, so wie eine Hand auf ihrer innern Fläche aufliegt, als an welcher ebenfalls der situs pronus der natürlichere ist. Und so kreuzen sich die beyden Füße, indem sich der rechte zur Hälfte über den linken schlägt. Will man sie ausdehnen, und ihnen die Gestalt eines breiten Fischschwanzes geben, so geht es in dieser Lage nicht wohl an, sondern man muß einen Fuß nach dem andern zurücke und nach außen zu schlagen, oder ihn in den situm supinum legen, aus welchem sie aber bald, weil diese Lage gezwungen ist, gleichsam von selbst sich wieder herum und nach innen zu schlagen. Weil nun die nämliche Seite bald nach oben, bald nach unten zu kann zu liegen kommen, so will ich, um deutlich zu seyn, mich lieber der Namen der äussern und der innern Seite bedienen, welche Benennung ihnen nur in dem Fall zukommen kann, wenn sie in einer senkrechten Richtung sind; und alsdann wird derjenige Finger der oberste seyn, der im situ prono der innere, und im situ supino der äußere ist. Dieser obere Finger ist also etwas dicker und breiter als der untere, beyde aber sind sehr flach gedrückt und gar viel breiter als die drey übrigen, die wie Finger sonsten gewöhnlich zu seyn pflegen, rund sind,

und

und unter welchen der mittelste der allerdünneste ist. Nun sind diese Finger durch eine, wiewohl ziemlich dicke, doch sehr biegsame Haut so unter einander verbunden, daß sie sich sehr weit von einander entfernen und ausdehnen lassen. Wenn sie sich aber zusammen falten, so haben sie auch das besondere, was ich sonst nirgends bemerkt finde, daß man zwar an der äußern Seite fünf, an der innern aber nur vier Finger zählt. folglich an jener vier Zwischenräume oder Rinnen, an dieser aber nur drey sind. Das kommt daher, daß die Finger nicht alle in einer Fläche, sondern der zweyte und vierte beynahe an einander liegen, und auf der innern Seite durch die mittelste der drey daselbst befindlichen Furchen getrennt werden, auf der äußern Seite aber der mittelste Finger, der der dünneste ist, auf dem Zwischenraum des zweyten und dritten Fingers außerhalb der Fläche, in welcher die übrigen Finger liegen, aufliegt, wie aus dem Durchschnitt Fig. 6. *) zu ersehen ist. Da übrigens auch die drey innern Finger kürzer sind, so giebt dieses dem hintern Rand des Fußes eine halb mondförmige Gestalt. Die Haut ist auch an diesem nämlichen hintern Rand, in einige Läppchen unregelmäßig zerfetzt, welches wohl zufällig seyn, und davon herkommen mag, daß bey starken Bewegungen das Thier diese Haut an den scharfen Felsenspitzen schlitzet. Doch sind sie bey weitem nicht so tief, so unordentlich und viel-

*) Wo die Buchstaben die Finger, und die Zahlen die Rinnen dazwischen vorstellen.

vielfältig gespalten und zerlappt, wie in der Ansonschen und Pernettyschen Figur: auch sind beyde Hintersüße deutlich von einander getrennt, und fließen nicht, wie in den beyden eben gemeldeten Abbildungen, in einander. Noch fällt es mir jetzund ein, da ich andre Beschreibungen und Figuren genauer vergleiche, daß der erste und letzte Finger bey ihrer Dicke, auch einen sehr breiten und abgerundeten Rand und Spitze hatten, und nicht mit der verbindenden Haut umgeben, sondern nur an ihrer innern Seite damit verbunden und sonsten ganz stumpf waren. Pernetty hingegen vergleicht die Hintersüße der gehaubten Robbe ausdrücklich mit den Füßen der Taucher (pedes lobati Colymborum) und sagt S. 39., daß die Haut weit über jeden Finger hinaus gehet, welches also nicht vom Aufschlitzen kommen kann, sondern der Bildung dieser Füße eigen seyn muß. Von Nägeln, dergleichen die d'Aubentonschen, die Schreberschen (an der Phoca hispida), die Albinschen und die Parsonsschen Figuren ausdrücken, und deren auch Pernetty I. p. 39. an der gehaubten Robbe ausdrücklich Meldung thut, an der angeführten Figur aber nur einen vorstellt, ist nichts zu sehen: nur findet sich in der Mitte der Finger an der äußern Fläche, eine kurze Rinne, an deren Ende nach vornen zu ein abgerundeter kleiner Knorpel, gleich einer Spur oder einem Anfang eines Nagels sitzt, denn für ein Ueberbleibsel kann ich es nicht halten, da ich mir nicht vorstellen kann, daß alle Nägel sollten verlohren gegangen seyn. Es ist auch dieser Knorpel so mit dem übrigen verwachsen,

wachsen, daß man ihn nicht leicht bemerkt. Auch habe ich ihn nicht an allen Fingern gesehen. Die Hinterfüße, wann sie mit Fleiß ausgedehnt werden, sind an dem hintern Rand mehr denn noch halb so breit, als wenn sie zusammen gefaltet sind. In diesem letzten Zustande sind die Finger nur durch eine schmale Rinne, die etwan zwo Linien breit seyn kann, von einander abgeschieden, und die Haut, welche sie verbindet, liegt in Falten gewickelt an der innern Seite verborgen. Die zwo Furchen, welche auf der äussern Seite den mittelsten Finger von dem zweyten und vierten absondern, steigen über einen halben Zoll lang weiter hinauf, als die beyden äußersten Rinnen.

Ungeachtet man, wie ich gesagt habe, die beyden hintern Füße so herumschlagen und auf die Rückseite legen kann, daß sie dadurch, beyde zusammen genommen, einen breiten Fischschwanz, wie ungefähr bey den Wallfischartigen Thieren vorstellen, so scheint doch unsre Robbe, wenn sie schwimmt, dieselben nicht in dieser wasserpaßen Richtung zu tragen, sondern mehr aufrecht oder schief, so daß sie an dem untern Rand an einander stoßen. Wenigstens ist dieses ungefähr die Lage derselben, wenn das Thier sich in seinem Behälter, wo das Wasser nicht leicht über anderthalb Schuhe hoch steht, herumbewegt, da es freylich nicht mit aller Freyheit und Leichtigkeit schwimmen kann, sondern zum Theil noch kriecht, und mit seinen vordern Pfoten sich fortschleppt.

An

An der innern Fläche des hintern Fußes gehen zwo erhabene Falten oder Wülste schief gegen die Mitte dieser Fläche, wo sie sich auskeilen oder nach und nach in eine Spitze zu gehen; der eine dieser Wülste geht von dem Rand des Fußes schief herab, bis etwas über die Basis der äußersten Falte hinaus, die andere ist gegen dieser convergirend, und erstreckt sich bis gegen den mittlern Zwischenraum der Falten.

Zwischen den Füßen zeigt sich der kurze, keinen halben Schuh lang, aber ziemlich breite, unbewegliche, stumpfe Schwanz, an dessen Basis zwo Falten auf jeder Seite schief nach hinten zu und auswärts gehen. Er ist nicht so deutlich und stark von den Füßen abgesondert, wie in Albin's Figur. Von unten her ist gerade am Grund desselben der After. Von diesem ist in einer Entfernung von sechszehnthalb Zollen nach vornen hin, eine andre runde Oefnung, welche auch Parsons (Phil. Transact. Vol. XLVII. p. 110.) bemerkt hat, aus welcher die männliche Ruthe hervortritt. Der Wärter sagte mir, daß man sie zu Zeiten eine Spanne lang hervorkommen sehe, welches mir aber, ungeachtet meines fleißigen Besuchs bey dem Thiere, zu allen Stunden des Tages, da ich sehr gern die Gestalt der Eichel*) gesehen hätte, doch nie zu sehen gelingen wollte. Nur

*) Da ich in diesem Stück nicht von der Meynung des Linné bin, der im Syst. Nat. p. 23. gesagt hatte, genitalium curio-

Nur konnte ich die Ruthe unter der Haut, der Länge des Bauchs nach fühlen, und mich dünkt, daß ich die Härte eines Knochens gefühlt habe. Nach dem Bericht des Wärters soll man sie zwo Spannen lang fühlen können, mithin nähme sie gleich am After ihren Anfang. Hoden und Hodenbeutel zeigen sich von außen nicht, man kann sie aber doch nach Aussage des Wärters unter der Haut fühlen, und einmal glaube ich sie selbst gefühlt zu haben. Es war nicht leicht möglich die Theile des Bauchs mit Genauigkeit zu messen und lange zu betasten, weil man sich nur den kurzen Augenblick zu Nutze machen konnte, da das Thier sich herumwälzte.

Etwas mehr vorwärts von der Ruthe weg, finden sich zwo Brustwarzen, in der Größe einer Haselnuß,

curiosior indagatio abominabilis displicet — er, der die ungeziemendsten Namen um die Theile der Muscheln zu bezeichnen, gewählt hatte — so sey es mir bey dieser Gelegenheit erlaubt, etwas über das Zeugungsglied des Dasypus sexcinctus anzumerken. Der Plan, den sich Herr Prof. Schreber bey seinem Werk vorgesetzt, hatte ihm nicht erlaubt, dergleichen Umstände anzuführen. Herr v. Buffon der das nämliche Thier gesehen hat, davon ich die Beschreibung ehedem Herrn Prof. Schreber mitgetheilt, hat zwar die sonderbare in einem Schnirkel gewundene Ruthe ganz richtig angemerkt, aber die Gestalt der Eichel, die ganz flach gedrückt ist, und einen scharf hervorstehenden Rand oder Krone hat, und fast wie ein Nagelkopf gebildet ist, hat er übergangen.

nuß, die von einander sieben Zoll, eine jede aber von der gemeldeten Oefnung, aus der die Ruthe heraus tritt, fünf Zoll weit abstehen. Etwas weiter hinaufwärts findet sich der Nabel. Noch mehr vorwärts sollen sich noch zwo Vertiefungen finden, die der Wärter auch für Brustwarzen hält, deren Gegenwart ich theils aus schon gemeldeter Ursache, theils wegen der vielen Narben des Thiers, nicht mit Gewißheit versichern kann. Wann sie wirklich vorhanden sind, so stehen sie ungefähr mit den zwo hintern Warzen in einem Viereck, und der Nabel mitten inne*). Nabel und Oefnung der Ruthe aber stehen in einer gleichen Entfernung von den zwo Warzen, jener nach vornen, diese nach hinten. Unter den Narben, wovon ich eben geredet habe, waren verschiedene sehr große, und unter andern trug das Thier noch eine Kugel in dem Kopf oberhalb des rechten Auges, die man deutlich fühlen konnte. Die Wunden soll es nicht da es gefangen wurde, sondern lange zuvor, da verschiedentlich nach ihm geschossen worden ist, empfangen haben **).

Diese

*) Ich habe desto weniger Ursach daran zu zweifeln, als Parsons auch von seiner großen Robbe sagt, daß die vier Brüste, die sich alle nur als Vertiefungen zeigten, auch in ein Viereck um den Nabel herum geordnet waren. *Philos. Transact. n. 469.* Der sonst so genaue d'Aubenton hat vergessen, der Brüste und der Warzen in seiner Beschreibung Erwähnung zu thun.

**) Vielleicht aber pflegen sie sich auch unter einander zu schlagen, und kommen diese Narben von ihren Kazbalgereyen her,

Diese Robbe ließ man allhier im Monath October und November des Jahrs 1778 in einem hölzernen viereckigten Behälter sehen, den man gegen zehen oder eilf Uhr, einen bis anderthalb Schuh hoch mit Wasser anfüllte, und eine gute Schaale voll Salz darinn zergehen ließ. Des Nachts ließ man das Wasser ablaufen, und legte Schilfmatzen in den Behälter, auf welchen das Thier auf der Seite liegend schlief. Sein Schlaf war sehr leise*), und der geringste Pfiff seines Wärters, oder eine Fliege, die sich auf dasselbe setzte, war im Stand es aufzuwecken. Es schlief ungefähr fünf Stunden lang in einem fort, und schnarchte sehr stark. Beym Erwachen gähnte es. Alles dieses, was ich von seinem Schlaf sage, berichte ich nur auf die Antwort hin, die mir der Wärter auf meine Frage gegeben hat.

Man nährte es blos allein mit Fischen, deren es des Tages bis vierzehen Pfund verzehren sollte, welches mir nicht zu viel zu seyn dünkt. Man sagte zwar den Zuschauern, daß es nur Aale, Forellen und andre

her, so wie man auch keine Bären-Robbe ohne Narben finden wird.

*) In Stellers Beschreibung von Kamtschatka, wird gesagt, daß die Robben sehr hart schlafen, S. 107. auch Bellon sagt es aquatil. p. 20. und schon Plinius L. IX. Cap. XIII. auch Herr Schreber sagt es S. 287. von allen Robben überhaupt. Aber S. 292. heißt es, daß die Bärenrobbe bey dem geringsten Geräusch aufwache: nach Stellern l. c. p. 357.

andre gute Fische fräße, um einen desto höhern Begriff von der Kostbarkeit des Thiers zu geben. Es bekam auch wirklich des Tags über, wenn es die Zuschauer besonders bezahlten, einige Aale, oder lebendige Karpfen von mittelmäßiger Größe, aber des Morgens gab man ihm auch, wie ich gesehen habe, Weißfische, und zwar meistens todte, die er sich und auch wohl ganz kleine und nur vier Zoll lange wohl schmecken ließ. Es nahm sie entweder aus den Händen seines Wärters, oder der Zuschauer, oder aus einem Zuber mit Wasser, oder fieng sie sehr behende aus dem Wasser seines Behälters. Es haschte sie immer beym Kopf, drückte und schüttelte sie einige Mal im Wasser hin und her, und verschluckte sie dann auf einmal. Sehr oft fand man die Galle und die Eingeweide im Wasser, die der Wärter alsdann nicht ermangelte herauszuholen und vorzuweisen, um von seinem Thiere anzurühmen, daß es die Galle nicht mitfresse. Es dünkt mich aber, daß dieselbe mit dem Eingeweide blos heraus gedrückt wird, indem durch das Quetschen zwischen den Zähnen, der Bauch als der am wenigsten wiederstehende Theil aufspringt. Dann mehrere Male habe ich gesehen, daß der Fisch ganz ist verschlungen worden. Außer dem Wasser kann es nicht fressen*), daher man es

 auch

*) So sagt auch Pernetty von der gehaubten Robbe, Voy. aux Isles Malouines. II. p. 38. und 41. daß sie mit den erhaschten Fettgänsen nach dem Meere eile, um sie zu verschlingen.

auch anfänglich, ehe man ihm die Fische in einem mit Wasser angefüllten Zuber darzubieten lernte, weil man es immer trocken in einem besonders dazu eingerichteten Wagen führte, oft viele Tage fasten ließ. Wann ich den Leuten glauben darf, die es zeigten, so hat es auch schon aus Mangel der Fische, einmal fünf Tage, und einmal acht Tage nichts zu fressen bekommen, und es soll im Anfang, da es gefangen worden, aus Verdruß gar vierzehn Tage lang nichts zu sich genommen haben. Es ist sonst bekannt, daß die Raubthiere lange fasten können, aber doch soll es den Robben in ihrer Freyheit an Speise nie fehlen. Fleisch gab man ihm nicht, weil ein ähnliches Thier, dessen Besitzer an ihm sparen wollte, von dem Genuß des Fleisches, zu Montpellier, wie mir der Wärter erzählte, gestorben ist. Herr von Buffon sagt, nach den die meisten von den Robben geschrieben haben, und auch noch neuerlich Pernetty, daß die Robben auch Kräuter fressen; und Bellon erzählt, daß sie auch wohl gar in Obstgärten und Weinbergen an den Früchten Schaden thun sollen, welches kaum zu glauben ist, da wenigstens unseres außer dem Wasser nicht fressen kann: woher es aber der Wärter haben mag, daß diese in ihrer Freyheit, auch ein Seegewächs, welches Blätter haben soll wie Nelken, und das er mir auf italiänisch Garofalo nennte, (vermuthlich wird es eine Art von Tang, Fucus, seyn) kann ich nicht sagen. So viel habe ich gesehen; daß es Lattich und Endivien, die man ihm vorgeworfen hatte, nicht berührte, sondern auf dem Wasser schwimmen

ließ.

ließ. Es säuft diese Robbe nach dem Bericht des Wärters nicht anders, als daß sie zugleich mit dem Fisch, den sie verschlingt, eine kleine Menge Wassers schlucken muß. Es soll das Thier auf der Reise funfzig Pfund am Gewicht verloren haben, da es sonsten, wie in dem ausgegebenen Zedel gesagt wurde, neun Centner deutsches Gewicht soll gewogen haben. Das ist nun auch so ziemlich unbestimmt, da auch in Deutschland das Gewicht so verschieden ist. Ich konnte nicht in Erfahrung bringen, wo es gewogen worden ist, aber nach dem Ansehen zu schließen, möchten 900 venetianische Pfunde, das ist beyläufig 540 nach dem Medicinal-Gewicht wohl genug seyn. Seit dem es gefangen worden, das ist in Jahres Frist, soll es um einen Schuh gewachsen seyn.

So oft ich, da es im Trockenen war, seinen Unrath von ihm gehen sahe, so war er flüßig, braungelblicht, wenig auf einmal, und mir kam er nicht sehr übelriechend vor. Der Wärter sagte, daß er wohl auch zuweilen dicker und dem menschlichen ähnlich sey. Der Harn, den er häufig ließ, schien mir einen stärkern Geruch zu haben. Sonsten habe ich nicht bemerkt, daß das Thier stinkt. Auch wurde es sehr reinlich gehalten.

Seine Stimme ist kurz, und wie die Stimme eines heisern Hundes, die ungefähr auf wa, wa, herauskommt: hintennach zu Zeiten etwas heulend, doch gar nicht stark. Einmal gab es unter dem Wasser, als es eben einen Fisch gefressen, einen kollernden

Ton von sich, und es stiegen Blasen aus dem Wasser herauf. Der Mann sagte, daß ihm der Fisch überquer in den Hals gekommen wäre. Niemand konnte ihm seine Stimme ablocken, als sein Wärter, und nach seiner Meynung konnte das Thier reden, und wiederholte die Wörter Papa und Mama, die er ihm vorsagte; oder er gab seine Stimme für ein Ja aus, wann er es frug, ob es Hunger — oder ob ihm der Fisch geschmeckt hätte*). Sonsten war es seinem Wärter sehr ergeben, suchte ihn, und gieng ihm nach, wo er sich nur von weitem in einer Ecke blicken ließ. Vielleicht trug sein rothes Kleid etwas dazu bey. Aber auch gegen einen andern grau gekleideten Wärter, der es zu Zeiten commandirte, war es sehr gehorsam, und überhaupt sehr zahm, ließ sich von jedermann betasten und streichlen, und die meisten Ausmessungen konnte ich ohne viele Mühe mit einem Bindfaden oder einem Riemchen von Pergament machen, indem ich des Morgens in seinem trocknen Behälter um selbiges herum spatzierte. Nur bey einigen Ausmessungen am Kopf war es zu Zeiten mürrisch, und fuhr mit einigem Grunzen auf. Andre Male aber litte es ganz geduldig, daß ich von hinten her mit einem Riemchen von steifem Papier ihm zwischen beyde Augen fuhr, wobey es dieselben halb zuschloß, oder daß ich einen Faden von einem Theil des Kopfes zum andern spannte. Freylich mußte die Stimme

und

*) incondito fremitu Phocae nomine vocatae respondent. *Plin.* H. N. L. IX. C. XIII.

und die Hülfe des Wärters auch etwas dabey thun. Am wenigsten konnte es leiden, daß man ihm unten am Bauch oder an den hintern Füßen, wo es nicht sehen konnte, was mit ihm vorgieng, etwas machte, und da nahm es bald eine andere Stellung an, oder machte wenigstens eine Bewegung. Auf Befehl des Wärters wälzte es sich herum, so wohl im Trocknen als im Wasser, und das auch zu wiederholten Malen, reichte ihm, auch wohl auf dem Rücken liegend, die eine und dann auch die andre Vorderpfote, nahm ihm mit seinem Rachen die Spießgerte aus dem Mund, ließ sich Haare ausraufen, den Rachen öffnen, und die Faust hinein legen, wobey der Mann doch behutsam war, und sie eigentlich nur unter die dicke Oberlippe legte. Auch hatte er manche Narben von anfangs empfangenen Wunden an der Hand. Die Kälte soll, wie der Wärter sagt, ihm empfindlich seyn. Herr von Buffon läugnet es, und mich dünkt würklich, daß der viele Speck die Robben genug dagegen vertheydigen soll. Gern hätte ich dem Thier den Puls gefühlt, um seine Schnelle zu bemerken; ich konnte aber keine dazu dienliche Stelle ausfindig machen. Die Hunde kann es nicht leiden, sondern schreyt und schnaubt nach ihnen, wenn man ihm welche vorhält, auch suchte es einmal einen Hund durch Zähnklappen zu entfernen. Das nämliche Klappen bemerkte ich ein andres Mal, welches, wie mir der Wärter sagte, ein Zeichen war, daß es Hunger hatte.

Seine gewöhnliche Art zu ruhen war mit dem gerade ausgestreckten Kopf aufzuliegen, wann noch kein Wasser im Behälter war, oder nicht so viel, daß es ihm bis über die Nasenlöcher gieng. In dieser Lage, in welcher es seine Augen in die Höhe richten muß, wenn es sehen will, was über ihm vorgehet, siehet es böser aus als es wirklich ist, insonderheit wann es die Nasenlöcher öfnet *). Ich wäre neugierig, zu wissen, was Herr Lavater, der so gar auch die Physiognomie von Schlangen-Gesichtern und von Handschriften zu entziffern verstehet, wenn er dieses Thier nicht gesehen, sondern man ihm nur eine gute Abbildung des Kopfes vorgelegt hätte, aus den Augen, der Nase und den Nasenlöchern desselben für ein Urtheil gefällt haben würde; os er es für ein falsches, heimtückisches und boshaftes, oder für ein träges, gleichgültiges und apathisches Thier würde erkennt, oder was er sonsten in seiner reichen Sprache ihm für Eigenschaften beygelegt, oder auch, ob er es wohl für einerley gehalten haben würde, wenn man ihm zweyerley Zeichnungen des Kopfes, die eine nach dem Stand der Ruhe, die andre in aufrechter und herumschauender Stellung genommen, oder auch nur die eine von oben her oder von vornen, die andre von der Seite, oder auch die eine mit geschlossenen, die andre mit geöfneten Nasenlöchern vorgelegt hätte. Ich für mein Theil, wenn ich auch die tiefsten Geheim-

nisse

*) Dieses stellt der Kopf der zweyten Figur vor.

nisse der Physiogonmie verstünde, würde kein reines Urtheil von seinem Ansehen fällen können, indem sich zu viel von seinem Betragen und seinen Handlungen mit unter seine, Züge hineinmischen würde. Wenn ich aber beydes, Züge und Betragen zusammen nehmen darf, so glaube ich an ihm ein gutmüthiges Thier, von Ansehen nicht wild, doch auch nicht ausnehmend freundschaftlich zu finden, das in seiner gewöhnlichen Lage ohne Argwohn mit unbesorgtem Blick auf das schauet, was um ihm herum vorgehet, und dessen Stand der Ruhe, worinn ihm seine große Fettigkeit, und sein Unvermögen sich starke Bewegungen zu geben, ein noch fauleres Ansehen geben, mit derjenigen Stellung einen starken Contrast macht, worinn es den Vorderleib aufrichtet, und ein schönes breites Bruststück, und auf selbigem einen nicht übel gemachten Kopf mit lebhaften Augen darbietet*). Diese Stellung nimmt es insonderheit an, wenn man ihm einen Fisch weiset, da es sich, auf seinen Vorderpfoten stehend, so viel es kann in die Höhe streckt, und die Augen nicht von dem Fisch abwendet. In dieser Lage kann man es gewiß ein schönes Thier nennen. Die Gelehrigkeit und Neugierde der Robben ist schon von andern bemerkt worden. Von der erstern habe ich schon Beyspiele angeführt, welche zeigen, daß es auch dieser Gattung nicht daran fehlt, aber auch an der letztern mangelt es ihr nicht. Es mochte noch

*) Auch der gar viel größern gehaubten Robbe schreibt Pernetty p. 46. schöne Augen, und gar kein wildes Ansehen zu.

des Morgens trocken liegen, oder schon Wasser bekommen haben, so schleppte es sich des Tages mehrmal, indem es sich mit dem Hals und den Vorderpfoten half, über den Rand seines Behälters, und lag mit seinem Vorderleib heraus, legte seine Vorderfüße ganz breit ausgestreckt über das Seitenbrett, begaffte die Zuschauer, und ließ sich hinwieder ohne einige Furcht zu zeigen, besehen und betasten. In dieser Stellung sah es von hinten einem schwarzen Mönch nicht unähnlich, indem sein glatter runder Kopf einen in eine Capuze gehüllten Menschenkopf, und seine Schultern mit den kurzen ausgestreckten Füßen zween unter einem Skapulier hervorragende Ellenbogen vorstellen, von dem sich eine lange, ungefaltete, schwarze Kutte herabsenkt. Auch versicherten mich etliche Personen, die eine Zeitlang sich zu Marseille aufgehalten, daß sie dergleichen Thiere daselbst gesehen, daß man zu Zeiten welche in den Madragues oder Thunnfisch-Netzen fange, und daß man ihnen den Namen Mönch (le moine) gebe. Auf mein Einwenden, daß sie vielleicht das Meerschwein*), oder den Requin oder eine andre Art von Hayen

*) Denn nach dem Wörterbuch des *Valmont de Bomare*, der es aus des *de Bois* seinem ausgeschrieben, wird der Marsouin auch zu Zeiten Moine genennt. Bey dieser Gelegenheit habe ich mich, so wie schon öfters, über die Dreistigkeit gewisser Leute verwundert, womit sie von Sachen urtheilen, die sie nicht verstehen. Bald sagte einer der Zuschauer mit der größten Zuversicht, es wäre ein Meerschwein, bald wollte ein

Hayen meynen könnten, antworteten sie, daß sie beyde wohl kennten, und daß sie dieses wirkliche Thier außer jenen gesehen hätten. Ist dem wirklich also, so wundert es mich desto mehr, daß diese Art noch nicht genau beschrieben ist. Die von **Bellon** beschriebene kann es nicht wohl seyn, da weder der harte Schlaf, den er seiner Robbe zuschreibt, noch die Stimme mit gegenwärtiger übereinkommt. Seine übrige Beschreibung ist zu kurz und unvollständig, um etwas daraus schließen zu können. **Rondelet** hat unter dem Namen von Vitulus maris mediterranei gewiß weder die Phoca vitulina L. verstanden, indem er den Vitulus maris oceani ausdrücklich davon unterscheidet, noch **Buffons** indische Robbe oder die Phoca pusilla *Schreb.* weil er sagt, daß keine Ohren da sind. Ob er gegenwärtig beschriebene gemeynt habe, darüber bin ich zweifelhaft. Doch sollte ich es fast vermuthen. Er sagt zwar gar nichts von der Größe, und seine übrige Beschreibung ist auch ziemlich unvollständig. Aber es kommt doch mit unsrer Art überein, wenn er seinem Seekalb einen nicht weit

ein andrer, es sey ein Thon, bald wollte einer oft davon gegessen haben, und es schmeckte wie Salm, man fienge ihn auch oft in Flüssen: vermuthlich meynte er den Stör. Aber was mich am meisten wunderte, und auch wohl ärgerte, weil ich daraus sahe, wie so viele Leute, die Augen im Kopf zu haben glauben, unrichtige Begriffe haben, ist dieses, daß ich meistentheils von allen Seiten von einem Fisch reden hörte.

weit gespaltenen Rachen zuschreibt, wenn er die Farbe schwarz und grau, mit zu Zeiten eingemischten Flecken angiebt, und insonderheit wenn er S. 454. auf der vierten Linie von unten, ausdrücklich sagt, daß an den hintern Füßen keine Nägel vorhanden sind. Es kommen zwar auch einige Umstände beym Rondelet vor, die meiner Meynung nicht günstig zu seyn scheinen. Er läugnet erstlich wieder den Aristoteles, daß die hintern Füße in fünf Finger getheilt wären, und daß sie hingegen gerade so seyen, wie in seiner Figur. Darinn hat er nun offenbar unrecht. Seine Figur ist schlecht, und so wie er sie abbildet, sind die Hinterfüße an keiner Robbe gestaltet, und man darf nur die d'Aubentonsche Figur des Robben-Skelets betrachten, um den Aristoteles recht zu geben. Uebrigens sind freylich die Hinterfüße an der Art, die Aristoteles beschreibt, in gewissen Stücken von der Rondeletschen, und von andern verschieden. Rondelet sagt ferner, wie Bellon, daß seine Robbe einen sehr harten Schlaf habe, allein vielleicht sagt er dieses nur nach Plinius, (sagt er doch auch, zugleich mit Bellon, daß sie knorplichte Knochen hat, welches gewiß nicht wahr ist,) und vielleicht hatte es Plinius auch nur vom Hörensagen, und vielleicht von Fischern, die das laute Schnarchen, das sie aus unzugänglichen Hölen und Klippen hörten, für ein untrügliches Zeichen eines harten Schlafs mögen gehalten haben, oder weil man geglaubt, daß weil andre Robben einen harten Schlaf haben, es von allen könne gesagt werden, (man sehe die Anmerkung oben

S. 482.

S. 482.) Uebrigens habe ich schon erinnert, daß ich das, was ich von dem leisen Schlaf gesagt habe, nur auf die Versicherung des Wärters hin bemerkt habe, und es wäre auch nicht unmöglich, daß das Thier in seiner Freyheit, wann es sich sicher glaubt, oder wenn es das Stürmen und Rauschen der Wellen im Schlafe zu hören gewohnt ist, einen stärkern Schlaf hätte, als in seiner Gefangenschaft, wo gewöhnlich alles um dasselbe herum stille ist, und es von einem geringern Geräusch erweckt werden kann, oder daß es während seiner Gefangenschaft nicht völlig gesund wäre, und einen unruhigern Schlaf hätte. Daß an unserm Thier die Zähne nicht schneeweiß sind, wie Rondelet sagt, thut nichts zur Sache, es ist vielleicht Alter, vielleicht Krankheit, vielleicht Mangel an Nahrung aus dem Pflanzenreich, Schuld an ihrer braungelben Farbe. Was endlich den Namen anbelangt, mit dem das Thier zu Marseille belegt werden soll, da Rondelet hingegen von seinem sagt, daß man es daselbst den Seeochsen nennt, so hindert auch dieses nicht, beyde für einerley zu halten. Wir wissen aus Brünnichen, daß viele Namen der Fische, die Rondelet als solche, die zu Marseille gewöhnlich sind, angegeben hatte, gar nicht mehr daselbst im Gebrauch sind: und vielleicht ist der Name Münch*) nur bey gewissen Leuten gebräuch-

*) Ich erinnere mich wie im Traum, irgendwo einmal in einer französischen Schrift etwas von einem Thier gelesen zu haben, das man den Münch nennte, und wo ich aus der ganzen

bräuchlich, oder vielleicht nur einmal im Scherz aufgebracht worden. Der von **Rondelet** angegebene Name des Seeochsen ist auch meiner Meynung mehr günstig, als zuwieder, indem man darunter ein Thier von einer ansehnlichen Größe muß verstanden haben. Was Aldrovanden betrifft, so ist bey ihm nichts, was zur eigentlichen Kenntniß der Robbe gehöret, zu finden, das er nicht aus andern ausgeschrieben hätte, ungeachtet er selbst ein dergleichen wohl abgerichtetes Thier in Bologna gesehen hat. Jonston sagt, wie gewöhnlich, nichts neues, als daß er den harten Schlaf der Robben bestätigt, den er selbst zu St. Andrews bemerkt hat. Wo er die Abbildung auf der rechten Seite der 44sten Tafel her habe, dieses weiß ich nicht, aber gewiß ist sie unter allen alten, und

ganzen Beschreibung schloß, daß es eine Art von Robben seyn müßte. Ich habe vergessen diese Stelle aufzuschreiben, oder kann sie wenigstens unter meinen Papieren nicht finden. Indessen finde ich beym Nachschlagen, außer dem bekannten fabelhaften Münch des Bellons, ein anderes Seethier unter diesem Namen, in den Mem. de l'Acad. 1759. p. 40. der Histoire, kurz und unvollständig beschrieben, und auf der ersten Tafel daselbst abgebildet. Wann ich die Wahrheit sagen soll, so kommt mir die Beschreibung sehr wiedersinnisch, und die Abbildung verzeichnet, und vielleicht gar aus dem Kopf gemacht vor. Ich würde auf den Squalus Squatina gerathen haben, als den die Engländer auch den Münch (the Monk) nennen. Allein die viel geringere Größe der Squatina, die nach Rondelet nur selten zur Länge eines Mannes steigt, da dieser zwey und zwanzig Schuhe

und vielen neuen Abbildungen die beste, und drückt insonderheit unsre Gattung aus. Es wäre zwar an den vordern Füßen etwas auszusetzen, aber doch sind sie, der sieben Finger ungeachtet, gar viel natürlicher als bey den meisten andern. Insonderheit sind die Beugungen des linken Hinterfußes gut ausgedrückt. Den rechten Fuß und den fehlenden Schwanz muß man so genau nicht nehmen. Alles zusammengenommen, so dünkt mich unsre Robbe die nämliche zu seyn, die **Rondelet**, und vielleicht auch **Bellon**, und vermuthlich auch **Plinius** und **Aristoteles** (eher wenigstens als, wie Herr von **Buffon** glaubt, die Phoca pusilla) gemeynt haben. Denn sie ist wirklich ein Bewohner des mittelländischen Meers, und soll im Herbst des 77sten Jahrs im dalmati-

he hatte: die bey der Squatina fehlende Steißflosse, und der ganz vornen, wieder die Gewohnheit der andern Hayen sitzende Mund, da diesem im Gegentheil ausdrücklich auf jeder Seite drey Floßfedern zugeschrieben werden, und der Mund mehr als einen Schuh weit hinter der Spitze des Kopfes sitzet, erlauben mir diese Vermuthung nicht. Aber kein eigentlicher Fisch kann es seyn, sondern ein knorplichter Fisch, oder Amphibium nans. Dieses erhellet aus der Größe des Thiers, aus der rauhen Haut, (die in der Beschreibung steht, denn die Abbildung zeigt ordentliche Schuppen) dem mondförmigen Mund, der zugleich mit den Naselöchern rückwärts und unterhalb an dem Kopf liegt, den feilähnlichen Zähnen, und insonderheit aus den fünf Oefnungen, wodurch das Thier Athem holt. Aber die fünf großen Häute zwischen denselben sind allerdings sonderbar.

matischen Meer, auf der Insel Osero mit noch einer von der nämlichen Art seyn gefangen worden. Daß ihr Vaterland wirklich wärmere Gegenden sind, erhellet theils aus dem, was oben gesagt worden, daß man sie zu Marseille kennt, theils aus der Beschaffenheit des Haars, welches, wie Herr von Buffon sagt, bey den mittäglichen Gattungen immer weicher und feiner ist, als an den nördlichen.

Das Thier gehörte einer Gesellschaft von Venetianern, die es zur Schau herumführten, und auf ihrer Reise nach Paris, wo sie es dem König anzubieten gedenken, zu Ende Octobers und im Anfang des Novembers allhier in Straßburg sehen ließen. Sie sollen ungeachtet ihrer vielen Unkosten doch schon in Jahresfrist über zehentausend Livres damit gewonnen haben. Eine andre Gesellschaft, die mit dieser verbunden ist, führt das andre in einem großen mit Reifen beschlagenen Zuber auf einem andern Weg herum. Ich habe es, da es den zweyten November auf seiner Reise nach der Schweiz durch Straßburg fuhr, ohne sich aufzuhalten, zu sehen verfehlet, welches mir anfänglich desto mehr leyd that, da mir der Wärter, dessen so ich beschreibe, immer gesagt hatte, daß jenes ein Weibchen seyn sollte. Allein der eine von den Eigenthümern versicherte mich, daß dasselbe auch ein Männchen sey. Es soll etwan einen Schuh kürzer, und beynahe nur halb so dick von Leibe seyn, auch den weißen Fleck am Bauch, nicht haben. Dieses bemerke ich darum, damit wer dasselbige gesehen,

und

und meine Beschreibung nicht vollkommen auf dasselbige passend finden sollte, wissen möge, woher dieser Unterschied kommt. Das größere Thier mit dem Fleck soll ein alter Fischer schon seit vielen Jahren her an dem Ufer *) bemerkt, und als es gefangen worden, eben an diesem Fleck wieder erkannt haben. Daher schließen die Besitzer, daß es schon alt seyn müsse. Die schwärzlichten Zähne, die abgenutzt zu seyn scheinen, möchten vielleicht das nämliche wahrscheinlich machen. Aber wie soll ich das mit seinem starken Wachsthum von einem Schuh im Jahr reimen? Das eine oder das andre scheint falsch zu seyn.

Die Zergliederung des Thiers dürften wir vielleicht einmal von Montpellier zu erwarten haben. Denn der Wärter erzählte mir, daß dasjenige Thier, welches daselbst gestorben, weil sein Besitzer ihm Fleisch zu fressen gegeben hat, und welches wirklich ein Weibchen gewesen, zergliedert worden sey, und man

*) Denn nach Aussage des einen der Besitzer, soll man sie an steilen unzugänglichen Klippen sehen, wo sie auch an freyer Luft im Sommer schlafen. Im Winter sollen sie aber in Hölen schlafen, deren Eingang unter dem Wasser ist. So sagt auch nach Aldrovands Anführung S. 725. Plinius, dessen Stelle ich nicht finden kann, vitulos maritimas cavernas subire. Insonderheit aber Debes, den Pontoppidan anführt, (natürl. Gesch. von Norwegen II. p. 241) sagt, daß die Robben sich gern in dergleichen unzugänglichen Hölen aufhalten, deren Eingang unter dem Wasser ist, und die auf Färöe, Kaufve-Later genennt werden.

man seine zusammengefügte Knochen aufgehoben habe. Es soll sechzehn Ribben auf jeder Seite, und dreyßig Gelenke des Rückgrads gehabt haben. Ungemein viele Würmer sollen in ihm gefunden worden seyn.

Dieses ist es, was ich von meiner Robbe, theils aus eigener Bemerkung, theils nach Nachrichten, die ich immer in meinem Ausdruck von meinen eigenen Beobachtungen sorgfältig zu unterscheiden mir Mühe gegeben habe, vorzubringen hatte. Nun frägt es sich noch, zu was für einer Gattung der neuern Schriftsteller sie zu rechnen, und wie sie zu bestimmen sey.

Linné und Herr von Buffon können uns hier nicht leiten. Beyde haben zu wenige Gattungen beschrieben, und es ist auch hier zum Verwundern, wie der letztere aus so deutlich verschiedenen Gattungen gern nur Abänderungen machen möchte. Die Namen der Phoca foetida, groenlandica, barbata, in Herrn Müllers prodrom. Zoolog. Danic. p. VIII. der Vorrede, können uns nichts nützen, weil sie noch mit keinen Beschreibungen begleitet sind. Auch können wir unsre Robbe zu keiner der in dem prächtigen Schreberschen Werk beschriebenen Gattungen bringen. In Erxlebens Systema Regn. Animal. scheinen die Robben am deutlichsten auseinander gesetzt zu seyn. Doch auch da scheint unsere zu fehlen. Die Phoca ursina und pusilla kann sie nicht seyn, weil sie keine Ohrläppchen hat. Phoca Leonina und crista-

ta

ta ist sie nicht, weil ihr, da sie doch ein Männchen ist, die runzlichte Stirnhaut fehlet. Phoca jubata, nicht, weil sie am Halse kein krauses Haar hat. Phoca vitulina*) nicht, weil es die Beschaffenheit des Haares, und der einer geringeren Ausdehnung fähige Hals, die mehrere Größe, die verschiedene Farbe, und die an den hintern Füßen mangelnde Nägel nicht zulassen. Nicht die Phoca hispida, auch wieder, weil Farbe und Haare, und Mangel der Nägel, und Länge des Halses, wann anders die langhalsigte Robbe des Parsons dahin gehöret, nicht übereinstimmen. So blieben noch übrig Phoca groenlandica und Phoca barbata. Die erstere kann es, ungeachtet der ähnlichen Größe, nicht wohl seyn, da dieselbe auf dem grauen Körper einen schwarzen mondförmigen Fleck an jeder Seite hat, der beständig und nicht zufällig zu seyn scheint, da diese Art davon den Namen der schwarzseitigen Robbe erhalten hat. Doch wenn man auch die Farbe und die Flecken durchgängig nur für zufällig halten wollte, so kann man doch von unsrer Art nicht sagen, daß sie einen spitzigern Kopf als die Kalbsrobbe hat, und wenn Herr von Buffons Bemerkung**) Stich hält, und

 als

*) Sie war als diese, in dem ausgegebenen Zedel angekündigt, der sonst nicht übel aufgesetzt war. Auch wenn man bloß beym Linné bleiben will, kann sie keine andre seyn. Und in diesem Betracht hat Herr von Buffon nicht Unrecht, wenn er den Systemen vorwirft, daß sie schädlich sind.

**) Das glaube ich nun zwar nicht. Denn auch die Bären-Robbe

als allgemein angenommen werden kann, so muß sich an der grönländischen Robbe das Haar anders verhalten als an unserer. Aus den Abbildungen des Egede und Ellis, die äußerst schlecht sind, und die bey dieser angeführt werden, ist übrigens kein Trost zu holen. Was nun endlich die Phoca barbata anbelangt, wozu man unser Thier rechnen müßte, wann man annehmen wollte, daß Erxleben alle Gattungen gekannt und richtig bestimmt habe, welches ich aber zu glauben weit entfernt bin, so meyne ich sie auch dahin nicht bringen zu können, aus folgenden Ursachen. Erstlich sehe ich nicht ein, warum meine Gattung vorzüglich vor andern den Beynamen barbata, die bärtige verdienen soll, da ihre Bartborsten, wie wir gesehen haben, verhältnißmäßig kleiner als an der gemeinen Kalbs-Robbe sind. Zweytens ist es mir nicht wahrscheinlich, daß dieses Thier der mittelländischen See, sich auch im äußersten Norden aufhalten sollte. Drittens finde ich nicht, daß meine Art der gemeinen Kalbs-Robbe mehr gleicht als andere Arten, wie Erxleben sagt. Viertens kommt sie nicht mit der Parsonsschen großen Robbe überein, welche Erxleben bey seiner Phoca barbata anführt: dann meine hat palmas latas natatorias, die nicht in deutliche Finger getheilt sind, welche Bildung Parsons nur seiner langhalsichten Robbe zuschreibt;

Robbe hat weiches, mit Wolle untermengtes in die Höhe stehendes Haar. Schreber S. 290. nach Stellern nov. Comm. Petrop. T. II. p. 339.

schreibt; auch gleicht mein Thier seiner Zeichnung nicht, die er mit Sorgfalt und Genauigkeit selbst gemacht zu haben vorgiebt. Nun weiß ich zwar nicht, was für ein geschickter Zeichner Herr Parsons ist, aber wann seine Abbildung gut ist, so ist das ganze Aussehen seines Thieres von dem meinigen verschieden, der Leib ist an selbigem länger, und die Füße sitzen weiter nach vornen.

Ich halte es also, bis ich eines bessern belehrt werde, für das sicherste, meine Robbe für eine bey den neuern Schriftstellern noch unbestimmte Gattung zu halten, und wage es einstweilen, sie als einen kleinen Beytrag zur Geschichte der Säugthiere den Naturforschern anzubieten. Die Kennzeichen muß man hernehmen, wo man sie findet, und mit der Zeit wird man bey diesem Geschlechte wohl bequeme Unterabtheilungen von den Ohren und dem Haar hergenommen, anbringen können. Auch muß ich mir, um das Thier deutlicher zu bestimmen, die Freyheit nehmen, die Anzahl der von Linné beliebten zwölf Worte, die ohnehin kein Gesetz, und schon von andern mit Recht nicht beobachtet worden ist, zu überschreiten. Ich würde sie also nennen:

PHOCA (*Monachus*) capite inauriculato, dentibus inciſoribus utriusque maxillae quatuor; palmis indiviſis, plantis exunguiculatis; pilis nigricantibus ſiccitate ſurrectis molliusculis.

Die Münchs-Robbe, ohne Ohrläppchen, mit vier Schneide-Zähnen in jedem Kinnbacken, mit ungetheilten Vorderpfoten, ohne Nägel an den hintern, mit schwarzen weichlichten Haaren, die, wann sie trocken sind, in die Höhe stehen.

Sollte jemanden der von einem München hergenommene Beynamen anstößig seyn, oder unschicklich scheinen, wiewohl er mir als ein schon angenommener der schicklichste zu seyn dünkt, so setze er statt dessen, den schon von Homer den Robben als ein Beywort zugesetzten Namen Nepus — welchen aber ein anderer auf deutsch übersetzen mag, denn Schwimmfuß-Robbe würde mir nicht gefallen — oder nenne sie lieber mediterranea, oder veterum: die Robbe aus dem mittelländischen Meer, oder die Robbe der Alten, wenn er nichts dagegen hat, daß ich sie wieder des Herrn Grafen von Buffons Meynung dafür halte.

Aus-

Ausmessungen *)

der

Münchs-Robbe.

	P.	p.	l.
Völlige Länge des Thiers, von der äußersten Spitze der Schnauze an, bis an die Spitze des Schwanzes	8	—	—
Länge desjenigen Theils der hintern Füße, das über die Spitze des Schwanzes hervorraget	—	8	—
Abstand der Spitze der Schnauze bis auf die Mitte des Scheitels	1	1	6
Abstand der Spitze der Schnauze, bis an den hintern Winkel der Einlenkung der vordern Füße	2	7	—
Abstand der Einlenkung des vordern Fußes bis an den hintern Winkel des großen Bauchflecks	1	9	—
Abstand des Winkels des großen Bauchflecks bis an die Einlenkung der hintern Füße	1	8	—

(Hierbey habe ich zweyerley zu bemerken. Der Abstand der Theile bis an den Fleck nützt uns nichts.

 Ich

*) Das Maaß ist nach dem pariser Königs-Schuh angegeben, und wo ich es nicht ausdrücklich erinnere, mit Bindfaden oder mit Pergament-Riemchen so genau und sorgfältig als es die Bewegung des Thiers immer zuließ, von mir genommen worden. Manche auch zu wiederholten malen.

	P.	p.	l.
Ich hatte aber anfänglich nicht geglaubt, daß er nur zufällig wäre. Von beyden vorhergehenden Längen die folgende abgezogen, kämen 17 Zoll für die Länge der vordern Füße heraus, welches mich fast zu viel dünkt. Wenigstens muß ich das Maaß von dem vordern Winkel der Einlenkung genommen haben. Man kann in dergleichen Sachen nicht zu sorgfältig seyn, alles genau aufzuschreiben, und auch zu wiederholten malen zu berichtigen.)			
Abstand der äußersten Spitze der an den Leib angelegten Vorderfüße von der Einlenkung der hintern Füße, wo man den unter der Haut versteckten Schenkel zu unterscheiden anfängt	2	—	—
Abstand des großen Seiten-Winkels des Bauchflecks bis auf die Mitte des Rückens	1	2	6
Umfang des Körpers, wo er am dicksten ist, das ist hinter den Schultern	5	2	—
Umfang des Kopfes über beyden Ohren gemessen	2	6	—
Umfang des zusammen gezogenen Halses	3	—	—
Umfang des ausgedehnten Halses.			
So oft ich das Maaß nehmen wollte, zog das Thier ihn zusammen, und auf die letzt vergaß ich, daß mir dieses Maaß noch fehlte.			

Umfang

	P.	p.	l.
Umfang des Körpers beym Anfang des Schwanzes : :	2	1	—
Umfang des vordern Fußes an der Einlenkung genommen : :	1	2	6
Umfang des hintern Fußes an der Einlenkung genommen : :	1	1	—
Abstand der Einlenkung der einen Vorderpfote bis zur andern, vom hintern Winkel der Einlenkung über den Rücken gemessen : :	2	—	—
Abstand des Winkels des Mundes, vom vordern Augenwinkel. Nur nach dem Augenmaß von mir und dem Maler beurtheilt : :	—	4	—
Breite der Schnauze hinter den Naselöchern genommen : :	—	7	—
Breite der geöfneten Naselöcher	—	1	—
Länge derselben : :	—	2	—
Zwischenraum der beyden Naselöcher	—	—	10
Abstand des innern Augenwinkels vom andern : :	—	4	—
Abstand des äußern : :	—	7	6
Abstand des einen Ohrs vom andern :	—	11	—
Abstand des hintern Augenwinkels vom Ohr : : :	—	3	—
Länge der Augenöfnung vom vordern zum hintern Winkel, beyläufig :	—	2	4
Abstand der Naselöcher vom vordern Augenwinkel : :	—	2	6
Abstand der Spitze der Schnauze vom vordern Augnewinkel : :	—	6	6

	P.	p.	l.
Abstand des Sitzes der Borsten über den Augen, von der einen Seite zur andern	—	3	—
Abstand der Spitze der Schnauze von der Falte des Halses : :	—	4	—
Durchschnitt des Thiers von oben nach unten, an dem dicksten Theil, hinter den Schultern, während daß es liegt, mit einem darneben gestellten Stock gemessen : : :	1	3	—
(Dieses ist um ein gutes weniger, als nach dem oben angegebenen stärksten Umfang seyn sollte. Man muß aber bedenken, daß im Liegen der Leib flach gedrückt wird.)			
Länge des Vorderfußes, an der vordern Seite, und von der obersten Einlenkung an genommen : :	1	5	—
— — — an der hintern Seite, und von dem hintern Winkel der Einlenkung genommen : :	—	7	8
Abstand des Handgelenks von der Spitze des vordern Fingers an der vordern Pfote : : :	—	7	9
— — — von der Spitze des hintern Fingers der vordern Pfote (zu messen vergessen. Welches mir um desto mehr leyd thut, weil damit die schiefe Richtung der vordern Seite des Fußes unbestimmt bleibt.)			
Abstand des ersten Nagels vom fünften	—	5	9
Länge der dritten Fingergelenke :	—	2	—

	P.	p.	l.
Breite des Rückens an der Einlenkung des Schwanzes : :	—	11	6
Länge des Schenkel-Gelenkes :	—	9	—
Abstand des Schenkel-Gelenks, von dem Anfang der ersten Rinne des Hinterfußes : : :	—	6	9
Länge des hintern Fußes an der vordern Seite gemessen : :	—	11	6
— — — — an der hintern Seite gemessen : :	1	—	6
Wann der Hinterfuß mit Fleiß ausgebreitet wird, so ist der			
Abstand der äußersten Spitze des ersten Fingers von der Spitze (oder vielmehr dem stumpfen Ende) des letzten Fingers : : :	1	4	6
Größeste Breite des ersten Fingers	—	4	4
Breite des zweyten : :	—	3	3
Breite des mittlern Fingers, die Haut, die ihn mit dem zweyten und vierten verbindet, mit dazu gerechnet :	—	4	3
Breite des vierten Fingers :	—	3	3
Breite des fünften Fingers :	—	4	—
Länge desselben : : :	—	5	3
(Diese fünf breiten zusammen genommen, machen freylich etwas mehreres als die ganze Breite des Fußes beträgt: aber bey der Bewegung des Thiers ließ sich das Maaß nicht so genau nehmen, und die Finger ließen sich nicht so messen, daß nicht etwas von der Zwischenhaut			

wieder

	P.	p.	l.
der sollte dazu genommen worden seyn.)			
Wann die Finger des hintern Fußes zusammmengelegt sind, so ist die			
Breite des ersten Fingers an seiner Basis : : :	—	3	—
Breite desselben an dem äußersten Ende	—	4	—
Von dem Ende der ersten Rinne, die den ersten Finger vom zweyten trennt, schief nach vornen zu an das Ende der zwoten Rinne, welche höher hinaufgeht als die erste : : :	—	3	9
Vom Ende der zwoten bis ans Ende des dritten eben so hoch hinauf steigenden Rinne gerade hinüber über den mittlern Finger gemessen : :	—	1	6
Von der dritten zur vierten Rinne, die wiederum nicht so weit von vornen geht, folglich wieder schief nach hinten zu gemessen : : :	—	3	—
(Bey so zusammengelegten Fingern der Hinterfüße, sind die Rinnen oder Falten zwischen den Fingern kaum zwo bis drey Linien breit.)			
Abstand des Endes der ersten Rinne vom Ende der vierten Rinne, in gerader Linie über die drey mittlern Finger hin gemessen : : :	—	5	2
Gemeinschaftliche Breite des zweyten und vierten Fingers, gemessen an der innern Seite des Fußes, da sie mit Ausschlies-			

sung

	P.	p.	l.
sung des mittlern Fingers an einander liegen , , ,	—	2	5
Länge des Schwanzes , ,	—	5	6
Breite desselben , ,	—	4	3
Abstand des Afters von der Oefnung, durch welche die Ruthe heraus tritt ,	1	3	6
Abstand dieser Oefnung vom Nabel, nach dem Augenmaaß , ,	1	—	—
Abstand dieser Oefnung von der Brustwarze , , ,	—	5	—
Abstand der einen Brustwarze von der andern , , ,	—	7	—

XX.

Etwas von den Ammonshörnern

von

J. F. Bolten.

Siehe Taf. XII. Fig. II.

Es ist nicht zu läugnen der Fleis, den die Naturforscher dieses Jahrhunderts auf die Betrachtung, und auf die nähere Untersuchung der Geschöpfe unsers Erdbodens, und die Natur überhaupt gewendet haben, ist ihnen reichlich belohnet worden. Wie viele Erdarten, Steine, Pflanzen und Thiere haben sie nicht entdeckt, von denen unsere Vorfahren nichts wußten, wie viele verborgene Kräfte der natürlichen Dinge haben sie nicht ausgeforschet, und wie bekannt haben sie sich nicht mit dem Thierreiche und mit der Lebensart der Thiere gemacht, die so gar nicht ausgenommen, welche in den tiefsten Abgründen, in den schaudervollsten Klüften, auf den steilsten Bergen, auf den unzugänglichsten Felsen, in den undurchdringlichsten

lichsten Wäldern, in den einsamsten Wüsten und in den unbegränzesten Meeren wohnen und versteckt sind? Man kann dahero mit allem Recht behaupten, daß die heutigen Naturforscher unermüdet sind, der Natur auf ihren verborgensten Wegen nachzuspüren, um sie bey ihren geheimsten Arbeiten zu überraschen, welches ihnen bisweilen auch mit einem Erfolge geglückt ist, der unsern Zeiten Vorzüge vor den vorigen giebt, und die noch größer seyn würden, wenn es möglich wäre, daß die Freunde der Natur dieselbe, und das, was sie hervorgebracht hat, ohne alle vorgefaßte Meynungen und Lehrgebäude betrachten und untersuchen könnten. Zwar wird uns unsere Unwissenheit fühlbarer, wenn wir uns nach der Natur richten, als wenn wir uns erdreisten, diese nach willkührlich angenommenen Formen zu formen, allein wir entfernen uns in dem letztern Falle allezeit von der Wahrheit, welche zu suchen doch unser einzigster Zweck seyn muß, und sie zu finden ist gewiß keine Kleinigkeit, denn unsere Einsichten in dem Werke des Schöpfers sind und bleiben, der vielen gemachten Entdeckungen ungeachtet, dennoch so eingeschränkt, daß dasjenige, was wir heute für eine fast unläugbare Wahrheit halten, morgen vielleicht kaum das Gepräge der Wahrscheinlichkeit mehr hat. Der Naturforscher erfähret dieses leider gar zu oft, und ich kann davon ein neues Beyspiel anführen, welches beweiset, wie ungewiß unsere Lehrsätze noch sind, wenn wir gleich meynen, daß wir solche auf dem besten Grunde gegründet haben.

Unter

Unter den Versteinerungen, mit welchen die Naturforscher sich darum gerne beschäftigen, weil sie unsere Kenntnisse nicht nur zu erweitern, sondern auch manches in der größesten Dunkelheit vergrabenes aufzuklären dienen, finden sich viele, die wir in ihrem natürlichen Zustande schon längst kennen. Von andern, z. E. von den Bohrmuscheln ist es nur erst seit kurzer Zeit ausgemacht, daß sie Seethiere sind, obgleich man sie weit von den Ufern des Meeres entfernt anzutreffen pfleget, andere hingegen lassen uns noch in der völligen Ungewißheit so wohl in Ansehung ihres ehemaligen Zustandes, als auch ihres Wohnplatzes. Zu dieser letztern Gattung gehören die so genannten Ammonshörner und die Bischofsstäbe, die geraden und die gewundene von denen, ihrer vielen Arten, und ihrer ungeheuren Menge ungeachtet, man doch weiter nichts bestimmtes behaupten kann, als daß sie aus dem Thierreiche sind. Man hält sie für Seethiere, und wie ich denke mit Recht, weil sie insgemein in der Gesellschaft mit andern bekannten versteinerten Seethieren angetroffen werden, allein ob sie ehedem Schlangen, oder Würmer, oder Schnecken gewesen sind, ist so gewiß noch nicht erwiesen, daß nicht manche wichtige Zweifel dagegen zu machen seyn sollten. Man war sonst wohl der Meynung, daß sie Schlangen, oder Würmer könnten gewesen seyn, diese Vermuthung aber hat itzt allen Beyfall verloren, nachdem man Stücke ausgegraben hat, welche offenbar mit einer glänzenden perlenmutterartigen

Schale

Schale bedeckt sind, und obgleich solche keine wahre Ammonshörner, sondern nur ein Mittelding zwischen diesen und den Nautiliten sind, so hat doch ihre Erscheinung, und die Aehnlichkeit der eigentlichen Ammonshörner, nämlich derer, die zwar ihre ordentlichen Windungen, aber keine gehörig geformte und ausgebildete Mündung haben, mit den Posthörnern unter den Schnecken, die Naturforscher bewogen zuversichtlich zu glauben, die versteinerten Ammonshörner gehörten in die Klasse der Schnecken, und zu hoffen, man werde dereinst eine Meerschnecke finden, welche ein natürliches Ammonshorn ist, zumal da sich in dem Sande von Rimini kleine, den versteinerten Ammonshörnern ähnliche Arten, zeigen. Allein diese Behauptung ist noch nicht so gewiß, daß man sie, als eine erwiesene Wahrheit könnte gelten lassen, sondern die mit ihrer Haut, oder Schale noch überzogene Ammonshörner verdienen eine nähere Aufmerksamkeit und Untersuchung. Unter diesen sind verschiedene, deren Haut in der That schalenartig ist, sie hat aber so viele regelmäßige, auf den beyden Seiten der Oberfläche sich völlig gleichende und mit einander auf das genaueste übereinstimmende Furchen und gezähnelte Einschnitte, daß man solche unmöglich für blos zufällige Zierrathen eines durch und durch festen Schalengehäuses, oder für die entblößten Zwischenwände desselben halten kann, sondern sie kommen mir wie die Fugen ordentlicher Gelenke zu seyn vor, welche durch die geschehene Versteinerung alle ihre Beweglichkeit verlohren haben. Wäre dieses gegrün-

gegründet, so bleiben die Ammonshörner dieser Art zwar würkliche Schalenthiere oder doch wenigstens Theile derselben, sie würden aber keinesweges für Schnecken zu halten seyn, und von den andern Ammonshörnern könnte man alsdenn, ohne sich eines Vorurtheils verdächtig zu machen, annehmen, daß sie entweder Schlangen, oder Würmer, oder noch ganz unbekannte Thiere gewesen sind. Ich kann es nicht verlangen, daß man mir diese Behauptung auf mein bloßes Wort glauben solle, ich will dahero einen mir begegneten Vorfall erzählen, der mich bewogen hat, diesen Gedanken für etwas mehr, als für eine leere Einbildung zu halten.

Zwischen den Windungen vieler, wo nicht aller Ammonshörner, die, welche nur Steinkerne sind, ausgenommen, findet man einen mehr, oder weniger verhärteten steinartigen Thon geleget, durch den sie gleichsam wie an einander geküttet sind, und der in dem Mittelpunkte des Horns insgemein einen merklichen runden Flecken, oder einen Kern macht, in dem der Anfang der Windungen verborgen ist. Zufälligerweise wollte ich vor etlichen Jahren das auf der XII. Kupfertafel Fig. 2. befindliche kleine Ammonshorn *), welches kurze stachlichte Knoten, einen breiten gerundeten Rücken und eine etwas kiesartig geworː

*) Die Zeichnung dieses Ammonshorn ist von dem Herrn Hofrath Ehrenreich gemacht, welcher es gewohnt ist, die Natur auf das natürlichste und genauste abzubilden.

wordene mit weiten Einschnitten gezierte Haut hat, von allem was ihm nicht eigenthümlich war, reinigen. Ich nahm mir dahero die Mühe, die auf demselben vorhandene Unreinigkeiten mit einem feinen Messer nicht nur wegzunehmen, sondern auch den Mittelpunkt selbst sorgfältig rein zu machen. Es entstand dahero in demselben durch die allmählige Wegräumung des steinartigen Thons ein Loch, in dem der unbeschädigte Anfang der Windungen ganz deutlich zum Vorschein kam. Blos in der Absicht mein Ammonshorn so rein zu machen, als es möglich seyn würde, fuhr ich fort, den zwischen den Windungen selbst noch zurück gebliebenen Kütt wegzuräumen, und unvermuthet lösete sich das ganze Ammonshorn zwischen meinen Fingern so schnell, wie es eine aufgewundene und plötzlich wieder losgelassene kleine Uhrfeder thut, dahero ich anfänglich glaubte dasselbe sey, aller angewandten Vorsichtigkeit ungeachtet, zerbrochen worden. Es war aber zu meinem großen Vergnügen gänzlich unverletzt geblieben, nur seine Gelenke, oder seine Glieder hatten sich insgesammt gelöset, und ob es gleich seine völlige Rundung behalten, so hat sich doch sein Mittelpunkt ungemein vergrößert, es selbst ist von seinem Anfange an, bis an sein Ende so beweglich geworden, wie die Schwanzspitze einer Klapperschlange ist, und seine Gelenke sind, der zwischen ihnen entstandenen Beweglichkeit ungeachtet, ganz feste mit einander vereiniget geblieben.

Nach diesem Vorfalle, und nach dem es mir gelungen ist, noch etliche Gelenke eines großen knotigten Ammonshorns nahe bey seinem von mir durchlöcherten Mittelpunkt zu lösen, ist es mir wie natürlich geworden, daß ich diese Art der Ammonshörner nicht mehr für Schnecken, sondern für Theile eines aus vielen Gelenken bestehenden, und mit einer harten Schale gleichsam gepanzerten Thieres ansahe, das seinen Körper, oder doch dieses sein Schwanzstück ausstrecken und gerade machen kann, und das sich bey gewissen Umständen in die Form windet, in der wir es insgemein versteinert antreffen. Ja mein Auge glaubet nunmehro in den Ammonshörnern mit wenigen Windungen das Schwanzstück eines uns noch völlig unbekannten Schalthieres, in denen mit mehrern Windungen aber, und in einigen Bischofsstäben, den, in sich selbst halb, oder ganz aufgewundenen Wurm zu sehen, dem der Kopf fehlet. Vielleicht siehet mein Auge noch nicht recht, so viel muß ich jedoch gestehen, ich kann mich itzt nicht mehr überreden, daß die Ammonshörner schneckenartig seyn sollten, weil die Windungen einer jeden Schnecke, ihrer Natur nach, ganz unbeweglich seyn müssen, welches sie doch bey den Ammonshörnern in ihrem natürlichen Zustande nicht sind, wie solches auch die so genannten Katzenspuhren, und ein zweytes in meiner Sammlung befindliches Ammonshorn, das verschiedene gelösete Gelenke hat, welches ich für verwittert und für etwas beschädiget gehalten hatte, bestätiget. Daß es aber wirkliche Schalthiere giebt, die Gelenke haben,

haben, und also versteinert werden können, daß ihren Gelenken keine Spuhr der Beweglichkeit übrig geblieben, ist unläugbar genug durch die versteinerten Krebse bewiesen, deren aus mehrern Gliedern bestehender Schwanz mir Anlaß zu der Vorstellung giebt, es könnte selbst das Mittelding zwischen den Ammonshörnern und Nautiliten ein Schalthier seyn, an dessen Hauptstück sich eine Menge immer kleiner werdender Gelenke, die gleichfalls mit einer harten Schale bedeckt sind, anreihet, und diese könnte das Thier seinen Bedürfnissen gemäß, mehr oder weniger ausstrecken, und wieder in sich aufrollen.

XXI.

Beytrag zur Geschichte merkwürdiger Versteinerungen,

von

J. Chr. Fuchs.

Ohne alle Nebenabsichten, und ohne schriftstellerischen Ruhm zu suchen, erfülle ich hiermit blos die mir aufgelegte Pflicht, mit den gesellschaftlichen Beschäftigungen meine Bemerkungen im Potsdamschen Steinreiche zu vereinigen. Ich zeige diesmal nur einige der merkwürdigsten hieher gehörigen Entdeckungen an, und schildere die Körper, an denen ich solche zu machen Gelegenheit gehabt habe, so, wie sie der Gesellschaft von mir hierbey insgesammt wirklich vor Augen gelegt werden. Eine vollständige Nachricht von allen bey Potsdam von mir gefundenen merkwürdigen Steinarten und Versteinerungen bleibe ich schuldig, bis ich im Frieden zu meiner Steinsammlung zurückkehren kann. Ich halte es aber bey diesem Unternehmen so wenig jetzt als künftig, weder für nöthig, noch für nützlich, die Anzahl der in unserm bilderreichen Jahrhunderte in diesem Fache ohnedem schon so sehr gehäuften Bilderbücher zu vermehren. Jeder Kenner oder Liebhaber dieser Gegenstände hat gewiß mehr,

als

als eins derselben, auf dessen Abbildungen ich, wenns nöthig seyn mögte, verweisen kann, ohne meine Beschreibungen mit neuen Kupferstichen bunt und kostbar zu machen. Es müßte denn sich zutragen, daß ich ganz neue noch nirgends abgezeichnete Merkwürdigkeiten fände, die sich richtig und deutlich zeichnen ließen. Meine Absicht geht bloß dahin, die Aufklärung, Berichtigung oder Ergänzung der Naturgeschichte der Versteinerungen, nach den mir dazu vorgefallenen Gelegenheiten, befördern zu helfen.

Daß die Versteinerungen im Jaspis nicht so unmöglich oder so selten sind, als man bisher geglaubet hat, kann ich aus unläugbaren Erfahrungen zuverläßig versichern: und meine werthesten Herrn Collegen in Berlin können, außer mir, die Proben davon jedem Kenner in ihren Sammlungen vorzeigen, welche sie werth gehalten haben, von mir anzunehmen. Ich habe in der Potsdamschen Gegend an mehr als einem Orte, zu unterschiedenen Zeiten, besonders aber in drey auf einander folgenden Jahren, an einem und demselben Orte, drey vorzüglich augenscheinliche Beweisthümer dieser Behauptung gefunden. Der erste war ein ziemlich großes, über einen halben Fuß langes und eben so breites, aber nicht völlig so dickes Stück Jaspachat, von rother, an der einen Seite ins gelbe übergehenden Farbe, mit durchsichtigen achatartigen Schattirungen. Der andere zeigte sich sogleich als einen rothbraunen, gelb, grün und blau gefleckten Jaspis, von nicht minderer Größe.

 Der

Der dritte bestand in einem etwas kleinern Stück hin und wieder ins Gelbe spielenden rothen Jaspis. In allen diesen drey erwähnten Steinen, die wirklich, bis auf einige chalcedonartige Flecken, Jaspis waren, lagen, als in einer Mutter, viele zusammengehäufte Trochiten und Entrochiten in allen möglichen Richtungen, von unterschiedener Gestalt und Größe. Am häufigsten fanden sich diese Versteinerungen in dem ersten und zweyten der eben angezeigten Steine. Alle diese Trochiten und Entrochiten hatten ihre, ihnen sonst gewöhnlich eigene, kalkspathartige Natur, auch hier in ihrer harten Mutter behalten, brauseten sämmtlich mit Scheidewasser, und wurden davon wirklich sehr angegriffen, ohne daß der sie umgebende Jaspis die geringste Veränderung zeigte. Unser Freund, der Herr Doktor Brückmann hat in den Beyträgen zu seiner Abhandlung von Edelsteinen S. 202. diesen ihm aus Nachrichten bekannt gewordenen Umstand als merkwürdig angeführet. Ich glaube aber sehr, an diesen Steinen deutliche Spuren wahrzunehmen, daß die jaspisartige Mutter um die Trochiten und Entrochiten derselben nicht erst nach ihrer Versteinerung, wie der Herr Doktor als gewiß annehmen will, sich angelegt habe; sondern vor ihrer Verwandlung sich innigst mit denselben vereinigt haben müsse.

Unser nunmehr verewigter Freund, der im vorigen Jahre für die Naturgeschichte, besonders der Versteinerungen, zu früh verstorbene Herr Hofrath Walch,

Walch, hatte im Jahre 1776 durch den Herrn Hoffaktor Danz von einigen bey Potsdam von mir gefundenen merkwürdigen Versteinerungen Nachricht erhalten. Bald darauf bezeugte dieser unermüdete Naturforscher mir schriftlich, die freundschaftlichste Theilnehmung an meinen gefundenen Seltenheiten. Außer andern Sachen, die ich jetzt nicht anführen will, schickte ich dem Herrn Hofrath Walch von den obgedachten beyden ersten Jaspissteinen mit Entrochiten zween Abschnitte. Die Antwort auf diesen Punkt wird jedem Kenner und Liebhaber, ohne Zweifel, um so viel angenehmer hier zu lesen seyn, je weniger die Folgen, welche daraus herfließen, gleichgültig seyn können. Hier ist sie also:

„Ew ꝛc. erstatte ich für die geneigte Aufnahme „meines vor einiger Zeit an dieselben abgelassenen „Schreibens, und für die mir übersendeten Potsdamschen Versteinerungen, meine höchst verbindliche Danksagung. Die Entrochiten und Trochiten-Steine sind in aller Rücksicht, besonders wegen „ihrer Matrix, merkwürdig. Der eine ist wirklich „ein Jaspis, und verdient um desto mehr Attention, „da jederzeit der Jaspis als eine Steinart angesehen „worden, die keine Versteinerungen in sich halte. „Herr Ferber war gewissermaßen mit der erste, der „den Ungrund dieser Meynung, auf seiner italiänischen Reise, durch Autopsie wahrnahm. Das andre Stück ist mehr als Jaspis. Das ist schon „hornartig, und daher an den scharfen Kanten, gegen das Licht gehalten, halb durchsichtig. Mir

„wäre es lieb gewesen, wenn mir Ew ꝛc. gemeldet „hätten: ob diese beyde Steinarten in der Potsdam„schen Gegend gebrochen, oder nur als lose da lie„gende Feldstücke und Ackersteine aufgelesen wor„den. Das letzte vermuthe ich aus verschiedenen „Umständen.“

Diese Vermuthung war in so weit gegründet, daß ich alle drey obgedachte jaspisartige Steine aus dem Abraum einer Thongrube hervorgesucht hatte. Ich zweifle aber sehr, daß diese Jaspis-Trümmern sich hier an dem Orte ihrer Geburt befunden haben sollten. An den beyden ersten Stücken schien es wenigstens ins Auge zu fallen, daß sie von einem größern Jaspisfelsen gewaltsam abgerissen, und auf irgend einem nassen oder trocknem Wege, wer weis, aus welcher Entfernung, oder Tiefe, dahin gekommen waren, wo man sie für mich zu Tage gebracht hatte. Wie vieles muß überhaupt noch von dem, bey weitem noch lange nicht völlig entdeckten Steinreiche unter der Oberfläche unsers Erdbodens verborgen liegen, der einstmals überall Meeresgrund, nach den kenntlichsten und häufigsten Spuren gewesen ist, da unserer Aufmerksamkeit auf der Oberfläche selbst noch so vieles zu bemerken und zu erforschen übrig bleibt. Aus Herrn Ferbers Briefen S. 90. wissen wir erst, daß ein rother blutfarbner Jaspis zu Barga in den Appenninen in Toskana ganze Berge ausmache.

Nun zu den Folgerungen aus der Antwort des Herrn Walchs. Die erste ist für mich. Der Ausspruch und Beyfall eines so großen Steinkenners wird die

die Ueberzeugung vollenden, daß ich recht gesehen und oben richtig beschrieben habe. Das Hornsteinartige ist in dem einem Stücke dem Jaspisartigen dergestalt beygemischet, daß ich diesen Stein deswegen für einen Jaspachat habe erklären müssen. Die andere Folgerung kann denen zur Warnung, zur Lehre, zur Strafe und zur Züchtigung dienen, welche dem Walchischen System jenen Satz: „in Jaspis können keine Versteinerungen, als in einer Mutter, liegen," noch immer nachsprechen oder wohl gar nachschreiben. Vor hinlänglich erlangten Erfahrungen, die man freylich nicht eher haben konnte, als bis man anfieng diesen Gegenstand mehr und fleißiger zu beobachten und aufzusuchen, war dieser Satz allerdings in der Naturgeschichte der Versteinerungen Th. 2. Abschn. 1. S. 10. als ein Gesetz, das die Natur beobachten sollte, niedergeschrieben, und durch eine sehr sinnreich ausgesonnene Theorie bestätigt. Allein der Gang der Natur in ihren unterirdischen Werkstätten entfernt sich sehr oft weit von den sinnreichsten Gedanken und Erfindungen der aufmerksamsten und fleißigsten Naturforscher. Kaum wurde dieses Herr **Walch** gewahr; so machte er im 4ten Stück des Naturforschers S. 202. und f. mit der einem Weltweisen anständigsten Wahrheitsliebe und Unpartheylichkeit, die gegenseitigen Wahrnehmungen durch Autopsie vom Herrn Ferber in unterschiedenen italiänischen Steinsammlungen als eine große Einschränkung jenes, bis dahin für allgemein gehaltenen Naturgesetzes bekannt. Und durch das oben

oben angeführte schriftliche Geständniß, das ich meinen werthesten Herrn Collegen hierbey urkundlich vorlege, wird nicht nur der Ungrund jener Meynung eingeräumt, sondern es werden auch die von mir selbst gefundenen neuen Einschränkungen und reellen Wiederlegungen jener Meynung mit Attention aufgenommen. Ein sichrer Beweis, daß man nun nicht mehr wie noch zuweilen, so gar in Schriften, geschiehet, sich auf den Herrn Walch berufen darf, um sagen zu können, daß der Jaspis keine Mutter der Versteinerungen seyn könne. Denn was wirklich ist, das muß doch auch wohl seyn können. Und je öfter eine Sache wirklich gefunden wird, desto mehr hört dieselbe auf, selten zu seyn. Man würde in der That den Jaspis öfter, und an mehr Orten, als Mutter der Versteinernngen antreffen, wenn man selbst fleißiger und aufmerksamer Versteinerungen suchen wollte oder könnte. Wenigstens muß ich so denken, da mirs gelungen ist, außer oben gedachten drey Stücken, noch folgende an so viel andern unterschiedenen Stellen bey Potsdam zu finden.

Ich besitze einen blaß bräunlichen ins Gelbe spielenden Jaspis als eine Mutter corallinischer versteinerter Röhren, (Siehe Fig. XXII. in Diss. de Coralliis Balticis in Linnaei amoenit. acad.) welche ebenfalls mit Scheidewasser brausen, ohne daß solches den übrigen Stein angreift. Einsmahls fand ein Officier, der mein Freund, und beym Spatzierengehen auf alles aufmerksam ist, auf einen Potsdamischen ziemlich sandigen Weinberge einen, obschon nicht

nicht großen, dennoch sehr deutlichen roth und gelb gefärbten Kettenstein, der durch und durch feiner Jaspis war und nirgends mit Scheidewasser brausete. Ich freute mich sehr, denselben meiner Sammlung beygesellet zu sehen. Ein anderer größerer jaspisartiger Kettenstein von thonartiger Farbe, mit klaren Merkmalen seines Ursprungs, ward unter einer Menge andrer Steine aus einer Leimgrube für mich ausgegraben. Vor etwa zwey Jahren fiel mir auf einem Felde bey Potsdam eine ausgepflügte so genannte versteinerte Herzmuschel in die Augen. Als ich solche näher betrachtete, hatte sie zwar am Schlosse einen ziemlichen Verlust gelitten. Das übrige aber war desto merkwürdiger. Die Schaale war roth und weiß bunter Jaspis, und der inwendige veste Kern thonartiger Stein. Eine Erscheinung, die der bisher angenommenen Theorie ganz verkehrt entgegen stand. Nicht lange nachher fand ich in eben dieser Gegend ein Stück schwarz-braunen Jaspis, in welchem eine mittelmäßige Kammmuschel, mit der hohlen Seite nach oben gekehrt, nicht blos eingedrückt, sondern körperlich in eben dieselbe Steinart verwandelt, nebst einem Fragment von einem Fungiten, zu sehen ist. Im abgewichenen Sommer war ich so glücklich, daß mir, bey meinem jetzigen Aufenthalte in Berlin, an einer Sandgrube nicht ferne von der Stadt, beym Spatziergehen ein gelber roth bunter Jaspachat in die Hände fiel, in welchem eine nicht geringe Menge Trochiten und Entrochiten, große und kleine, alle aber schraubenförmig, in eben dieselbe

selbe verwandelt, wahrzunehmen sind. Vor etwa vier Jahren hatte ich schon auf den so genannten Rollbergen bey Berlin in einem Stück grauen Jaspis die Entrochiten auch kalkspathartig versteinert gefunden.

Bey dieser Gelegenheit muß ich noch einmahl des zuerst gedachten Stücks des bey Potsdam gefundenen Jaspachats erwähnen. In demselben sind alle Trochiten und Entrochiten kalkspathartig. Und an denen, welche in einer solchen Lage gewesen sind, daß der Schnitt sie der Länge nach hat treffen können, siehet man sehr deutlich die Art des Ursprungs der so genannten Schraubensteine. In die Höhlen der Entrochiten muß die noch weiche jaspisartige Masse eingedrungen seyn, ehe noch eine andere Masse ihren Platz hat einnehmen können, und sie muß sich innigst in den kleinsten Zwischenräumen und innern Vertiefungen zwischen dem Abschnitte oder Gliedern, derselben vestgesetzt haben, und auf diese Art schraubenähnlich, als in Formen gebildet, verhärtet seyn. Ueber und um den mehresten schraubenförmigen Steinkerne ist die kalkspathartige Hülse oder Schale der Entrochiten unversehrt geblieben. Wo aber diese äußere Hülse oder Schale entweder durch die Verwitterung verlohren gegangen, oder durch eine Säure, wie ich mit Scheidewasser den Versuch gemacht habe, aufgelöset ist, da zeigt sich der nackte jaspisartige, sehr genau und fein schraubenähnlich gebildete Steinkern derselben dem Auge des Beobachters.

Sonst

Sonst getraue ich mir auch ein Stück von diesem Stein, welches ich, wegen dieses merkwürdigen Umstandes, vorzüglich für mich behalten habe, als eine augenscheinliche Bestätigung der Theorie des Herrn Walch vom Ursprunge des Jaspis, jedem, der solches beurtheilen kann, vorzulegen. Man siehet nämlich mitten in dem rothen und harten Jaspis, auf der einen Seite dieses Stücks, einen beynahe anderthalb Zoll langen und einen halben Zoll breiten Streifen, wo sich die noch zum Theil nicht völlig verhärtete, zum Theil noch ungefärbte Thonerde, mit vielen durch sie und den übrigen vollendeten Jaspis durchsetzenden Seeigelstacheln deutlich zeiget: welches letztere sonderlich, sammt dem allmähligen Uebergange dieses Streifen in den härtern Jaspis und desselben Farbe, sicher beweiset, daß hier kein fremdartiger Zusatz zu dem Grundstoffe des Steins vorhanden sey. Man sieht auch noch in den andern beyden angezeigten Jaspissteinen mit Entrochiten einige Stellen, die mit Scheidewasser brausen, und also noch nicht Jaspis, aber dennoch von einerley Grundstoff mit ihm sind. Ich habe überdem da, wo aller dieser Entrochiten-Jaspis gefunden worden, die kalkspathartig versteinerten Entrochiten sehr oft und zahlreich in vielen weichen, mit Scheidewasser brausenden, aber ebn so, wie jener rothe Jaspis, gefärbten Steinen angetroffen. Das merkwürdigste Stück unter denselben war beynahe anderthalb Fuß lang, einen Fuß dick, und eben so breit. Unter einer großen Menge der Trochiten und Entrochiten befindet

findet sich hier eine vier Zoll lange Röhre derselben, die beynahe einen Zoll im Durchmesser hat. Der Steinschneider wunderte sich gar nicht, da er, nach vollendeten Schnitt, eine große Menge jaspisartige harte Stellen in dem übrigen weichern Steine fand, weil seine Hand dieselben schon vorher gefühlt hatte. Aber mir war diese Bemerkung eben so wenig gleichgültig, als zween meiner berlinschen Freunde, welchen ich ziemlich starke Platten von diesem Stein mittheilen könnte.

Ich bediene mich dieser Gelegenheit, noch einige andre, der Bekanntmachung, mir nicht unwürdig scheinende harte Versteinerungen der Potsdamschen Gegend anzuzeigen. Ohne mich jetzt an eine systematische Ordnung zu binden, halte ich unter denselben, ohne Streit, für das merkwürdigste Stück einen in sehr schönen blau, gelb und roth gestreiften Achat verwandelten Hippuriten. Er hat genau die Gestalt, welche in Walchs Steinreiche Th. 1. die 24ste Tafel No. 3. a. abbildet, ist über 2 Zoll lang, und oben, wo er kelchförmig geöfnet ist, 1 ½ Zoll breit. Aeußerlich hat er seine natürliche feine chagrinartige erdgraue Schale behalten: und man siehet nur, daß er achatisirt ist, an dem untersten angeschliffenen Ende, wo ein Stück abgeschlagen war, als ich ihn fand, vermuthlich von einer Hand, die ihn des Mitnehmens nicht werth achtete. Ein in gelben Achat, von unterschiedenen Schattirungen, verwandelter Fungit, mit horizontal über einander liegen-

den

den Lamellen, die sich auf der Oberfläche in einer Menge von Schnirkeln endigen, scheint mir den zweeten Platz zu verdienen. Aus corallinischen versteinerten Röhren, wie solche Jougt am angeführten Orte Fig. 21. abgebildet hat, besteht ein achatisirter Hornstein. Drey schöne Stücke von eben diesen corallinischen Röhren, deren Original die Ostsee liefert, sind bis auf einige Stellen, die noch mit Scheidewasser brausen, in Chalcedon verwandelt. Ein nicht vollkommen ganzer Ostracit ist größentheils achatisirt; das übrige besteht aus Chalcedon, und die innere Vertiefung ist zum Theil mit verhärteter Kreide, zum Theil mit Hornstein ausgefüllet. Hornstein- und Chalcedonartige Ostraciten ohne Deckel besitze ich aus der Potsdamschen Gegend nicht wenige, worunter ziemlich große sich befinden. Zween derselben habe ich mit ihren Deckeln gefunden. Der eine ist theils Hornstein, theils Chalcedon. Der andre, welcher noch kenntliche Spuren des Wurmfraßes, und auch eine ebenfalls versteinerte Wurmröhre auf seinem Deckel zeiget, besteht größtentheils aus Chalcedon und Hornstein, hat aber auf der einen Seite noch eine ziemliche kalkspathartige Stelle, die mit Scheidewasser brauset. Sein Deckel ist in die innere Höhlung der obern Schale niedergedrückt. Das Schloß von beyden aber ist sehr gut erhalten. Unter vielen jaspisartigen Bohrmuscheln habe ich eine gefunden, welche über die Hälfte, nach hinten zu, weiß cristallisirt und inwendig hohl ist. In dieser Höhlung zeigen sich an der einen ein wenig geöfneten Seite viele kleine Quarz-

Crystallen. Es giebt auch bey Potsdam chalcedonartige Bohrmuscheln. Auf der Oberfläche eines Feuersteins, der außerdem noch mit Reteporiten durchflochten ist, zeiget sich ein Abdruck von derjenigen Muschel, die Rumph auf der 43sten Kupfertafel unter dem Buchstaben H abgebildet hat, und die beym Ritter von Linné als Venus reticulata, testa subcordata, ano cordato, margine integra beschrieben ist. S. Chemniz Zusätze zum Rumph. Auf einem andern schwarzen Feuerstein sitzt ein erhabener Steinkern einer Kamm-Muschel mit kenntlichen Reifen und Ecken von derselbigen Steinart etwa einen Zoll lang und hinten $\frac{2}{3}$ Zoll breit. Unter mehrern chalcedonartigen Fragmenten von Orthoceratiten sind mir vorzüglich zwey derselben auffallend. Das eine, so etwas über einen starken Zoll lang und von der Dicke des fünften Fingers, ist Chalcedonachat, mit kenntlicher Nervenröhre. Das andre ist ebenfalls Chalcedonachat, über zwey Zoll lang, und von der Dicke eines starken Fingers. Die Nervenröhre ist an der einen Seite offen, und die Kammern sind, so weit man solche angeschliffen sehen kann, durch einen rothen Streif unterschieden. Hierbey muß ich noch eines Fragments einer Chalcedon-achatartigen Nervenröhre eines Orthoceratiten gedenken, die über zwey Zoll lang ist.

Von jaspisartigen Hölzern, davon ich unterschiedene recht schöne Stücke bey Potsdam gefunden habe, will ich nur eins besonders anführen, welches ganz kenntlich Eichenholz ist, und alle Poros und Wüchse dieser Holzart deutlich sehen läßt. Aber ein kleines sehr niedliches Stück jaspathartiges Holz ist mir noch merkwürdiger. Ein Plätchen davon gegen das Licht gehalten, hat das Ansehen eines durchsichtigen Bandsteines, weil die Jahrwüchse dieses versteinerten Holzes immer, einer um den andern, achatisirt, oder jaspisartig sind. Jene sind gelb und bräunlich, diese aber weiß gefärbet, wie die natürliche Farbe weicher Hölzer, von deren Art es dem Ansehen nach abstammen muß, zu seyn pflegt.

Ein poröser Fungit kommt mir wegen der ganz besondern Mischung seiner Steinart vorzüglich merkwürdig vor. Der obere mit einer kleinen Vertiefung abgerundete Theil desselben, in welchem man eine Menge runder Löcher erblicket, ist an den meisten Stellen, über einen halben Zoll dick, gelber Jaspis mit untermischten Chalcedon-Flecken, wie die angeschliffene Seite zeiget. Der untere noch dickere Theil ist ein gelber Achat mit ebenfalls abwechselnden chalcedonartigen Stellen. Neben einer der letztern ist ein dergleichen mit Schwefelkies durchwebter ziemlich großer Fleck. In einigen untern Höhlen dieses Steins hat sich Ochererde vestgesetzt. Ein ziemlich großer kreideartiger Stein ist mit Madreporiten-Röhren, so wie solche Fougt am mehr erwähnten Orte, unter den Corallen der Ostsee Fig. 13. schildert, überall durchwebet, und auf der Oberfläche desselben sind sie in allerhand labyrinthischen Lagen erhaben, theils

 voll,

voll, theils ziemlich tief ausgehölet, mit ihren Sternfiguren an den Enden zu sehen. Ich führe diesen Stein aber hier nur deswegen an, weil die Madreporitenzweige auf der einen Seite desselben in einen schmutzig gelben Achat verwandelt sind, und am Stahl Funken geben. Ein Astroit von der Art, wie auf der 24sten Kupfertafel Nro. 1. des Walchischen Steinreichs die mittelste der obersten Figuren vorstellet, ist mir deswegen beträchtlich, weil er überall, wo er nicht chalcedonartig ist, quarzartig crystallisirt gefunden wird, und dabey den ganzen innern Bau seiner Art deutlich vor Augen legt. Ein andrer schöner Astroit, mit etwas kleinern Sternröhren, ist größtentheils chalcedonartig. Einen noch feinern, sehr seltnen Astroiten, besitze ich im Hornstein: unten sind die kleinen Zwischenräume dieser Sternröhren mit rothen Streifchen unterschieden. Einer von meinen berlinischen Freunden hat auf dem dasigen Felde einen schönen jaspisartigen Astroiten gefunden. Denjenigen röhrenförmigen Fungiten, der aus dem Mittelpunkt nach der Oberfläche fein gestrahlt, unten mit concentrischen Ringen platt, oben aber kugelförmig ist, und den Fougt unter den baltischen Corallen Fig. 5. a. b. abgebildet hat, kann ich ein halb Dutzend mahl bey Potsdam chalcedonartig gefunden vorzeigen. Die kleinen runden, strahligten, am Rande zackigten Fungiten, ohne Stiel, welche Herr von Bromel in Mineralogia suecana S. 70. schildert, sind bey Potsdam nicht selten chalcedonartig. Allerley, zum Theil knotige, zum Theil die Dicke eines Strohhalms übertreffende

treffende corallinische Röhren finden sich häufig in den Potsdamschen Feuersteinen. Außer dem obgedachten achatisirten Hippuriten habe ich noch einen dergleichen in Jaspachat, und einen im Chalcedon; beyde sind ohngefähr von der Gestalt und Größe, wie die 7te Figur beym Jougt schildert. Einen ganz kleinen Hippuriten führe ich deswegen noch als merkwürdig an, weil er in einem Potsdamschen Puddingstein liegt, und in blutroth und weißen Jaspis verwandelt ist. Von einem chalcedonartigen Seeigel schlug ich ein Stückchen ab und fand ihn inwendig zum Theil hohl und cristallisirt. Von den im Hornstein einige mahl gefundenen Belemniten kann ich verschiedene merkwürdige Stücke zeigen.

Ich muß es den Kennern der angezeigten und beschriebenen Gegenstände überlassen, was für einen Werth sie meinen Nachrichten beylegen, wie sie dieselben nützen, und welche Folgen sie für die Steinkunde überhaupt, besonders aber zur Aufklärung der Geschichte und Theorie der Versteinerungen daraus herleiten wollen.

XXII.

Beytrag zur Naturgeschichte der Würmer, welche in andern Thieren leben.

von

D. M. E. Bloch.

S. Taf. XII. Fig. 3-5. imgl. Taf. XIV. u. XV.

Von allen denen Gegenständen, welche zu dem weiten Umfange der Naturgeschichte gehören, sind ohnsteitig solche einer vorzüglichen Aufmerksamkeit werth, deren genaue Kenntniß einen Einfluß auf die Gesundheit der Menschen haben kann. Ich glaube daher meine Erholungsstunden nicht besser nutzen zu können, als wenn ich sie auf die Untersuchung dergleichen Gegenstände verwende. Unter diese sind auch diejenigen Würmer zu zählen; die sich in den Eingeweiden der Menschen und Thiere aufhalten; sie sind diesen nicht selten eine große Plage, und einige davon sind dafür bereits so lange bekannt, als die Arzneywissenschaft selbst. Man hat sich zu allen Zeiten

ten Mühe gegeben, Mittel ausfündig zu machen, um die ungebetenen Gäste zu verbannen. Allein man ist bisher noch nicht so glücklich gewesen, ein zuverlässiges zu finden, so groß auch immer die Anzahl derjenigen seyn mag, die für unfehlbar sind ausgeschrien worden. Woher kommt das? Mir deucht, daher, weil man die Sache nicht beym rechten Ende angefangen hat. Anstatt Specifica aufzusuchen, hätte man sich es sollen angelegen seyn lassen, diese Geschöpfe genauer kennen zu lernen, denn je mehr wir von ihrer Oekonomie, von ihrer Art sich fortzupflanzen, von ihren Werkzeugen, womit sie sich in den Eingeweiden anklammern, ob ihnen von dem Schöpfer diese Theile zu ihrem Aufenthalte sind angewiesen, oder ob sie nur zufällig von außen hinein kommen? unterrichtet sind, desto mehr sind wir im Stande, Herr über sie zu werden. Nun hat zwar hier und da ein Gelehrter einige von diesen Würmern betrachtet, und Abzeichnungen davon geliefert; allein wir sind in ihrer Naturgeschichte noch sehr weit zurück. Hinter die Eigenschaften der Würmer im Menschen zu kommen, hält es in der That schwer: weil wir die meisten nur in zerstümmelten Stücken zu sehen bekommen. Nach dem Tode wird die Oefnung selten verstattet, und noch seltener wird bey der Besichtigung der Leichen Rücksicht auf die Würmer genommen; die einzigen Zergliederer könnten uns, wenn sie es sich ließen angelegen seyn, etwas vollständiges hierinn liefern, und es würde sich ein solcher Anatomiker dadurch weit verdienter ums menschliche Geschlecht machen, als wenn er irgend einen unbeträchtlichen Gang (Ductus) oder einen kleinen Nerven entdeckt. Leichter läßt sich die Naturgeschichte dieser Würmer in den Eingeweiden der Thiere, Vögel und Fische ausspüren, und in der That haben uns Pallas, Bonnet, O. F. Müller und Göze schätzbare Beyträge geliefert, und noch mehr haben wir von ihnen zu erwarten, besonders aber vom letztern, der ein sehr wichtiges Werk über die Intestinal-Würmer heraus geben wird. Damit ich aber auch mein Scherflein dazu beytragen möge, so will ich hier das Resultat der Untersuchung einiger vierfüßigen Thiere, vieler Vögel und Fische, erzählen. In erstern, deren ich bisher nur einige geöffnet habe, fand ich nur sehr wenige. Von Vögeln habe ich ohngefähr zweyhundert zergliedert, und nur etwan in zwanzig derselben einige davon angetroffen; desto häufiger aber sind die Fische damit versehen.

Es ist aber nicht genug, daß wir diese Thierchen von außen kennen lernen, sondern wir müssen uns auch mit ihrem innern Bau so viel als möglich bekannt machen; es ist daher nöthig, sie bald mit dem Glase in der Hand, bald mit dem Composito zu betrachten, und nicht selten muß man auch seine Zuflucht zum Preßschieber nehmen. Da nun meine Freunde, der Herr Rendant Ebel mit einem Hofmannischen Mikroscop, und der Herr Doktor Pelisson mit einem schönen Vorrath von optischen Instrumenten versehen sind, so habe ich bald mit dem einen, bald mit dem andern diese Würmer betrachtet. Es haben daher

diese

diese vortreflichen Beobachter an den gemachten Entdeckungen wo nicht mehr, zum wenigsten eben so viel Antheil als ich. Da man bey mikroscopischen Untersuchungen nicht vorsichtig genug seyn kann, um allem Augenbetruge auszuweichen, so habe ich nicht nur dasjenige, was ich mit einem der erwähnten Freunde wahrgenommen habe, öfters wiederholt, sondern ich habe auch mit dem andern eben dieselben Gegenstände aufs neue untersucht, und nur das, was sich wiederholentlich bestätigte, für recht gesehen geachtet.

Der Hecht, dieser grausame Raubfisch, dessen Gefräßigkeit so weit gehet, daß er so gar seine eigene Art nicht schont, ernähret fünferley Arten Würmer in seinen Eingeweiden; es scheint als wenn die Natur sich hierdurch an ihm rächen wollte; vier davon haben ein jeder sich einen besondern Platz zu seinem Aufenthalt gewählet, und niemals wird einer des andern Gränzen betreten; die fünfte Art ist schon gewissenloser, sie läßt sichs gut schmecken, wo sie sich einquartiren kann. Die erste Art ist das Doppelloch, die zwote der Bandwurm, die dritte der Kratzer, die vierte der Nadelwurm, und die fünfte der Blasenwurm.

1.

Das Doppelloch (Fasciola lucii Mulleri) S. Tab. XIV. fig. 1 -- 4. hat seinen Aufenthalt in der Speiseröhre (Oesophagus) und im Magen. Auf der 14ten Tafel ist er unter Fig. 1. in seiner natürlichen Größe, von der Seite, in einer geraden, unter Fig. 2. aber in einer gekrümmten Lage vorgestellet. Er hat eine braunrothe Farbe, welche von der Nahrung herzurühren scheint, denn wenn er einige Tage in reinem Wasser gelegen hat, so verliert er seine Farbe. Er liegt zwischen den Falten. Beym Hechte ist der Speisekanal eben so gut als der Magen mit Falten versehen, und beyde Theile haben auch einerley Weite, sie sind nur darinn unterschieden, daß im erstern die Falten weiß, im letztern aber röthlich und mehr kraus sind. Im Speisekanal verräth sich dieser Wurm gar bald durch seine Farbe, im Magen aber muß man ihn erst aufsuchen. Betrachtet man ihn, wenn er auf dem Rücken liegt, so nimmt man zwey Theile an ihm wahr, einen runden und einen breiten. S. Fig. 3. Er ist gleichfalls mit einem doppelten Maul versehen, das eine sitzt am Anfange des runden, und das andere am Anfange des breiten Theils. Er saugt sich geschwind mit der andern Oefnung vest, wenn man ihm die eine frey macht; unterweilen ist er mit beyden zugleich befestiget. Er saugt sich so vest an, daß er sich manchmal lieber von einander reißen läßt, ehe er nachgiebt. Mit einem stumpfen Messer kann man ihn am besten losmachen. Beyde Oefnungen sind mit strahligten Fasern (Fimbriae) versehen, die an zwo runden Muskeln befestiget sind (S. Fig. 4. a. a.), die ihnen zu zwey festen Punkten dienen. Durch diesen Mechanismus geschiehet

das

das Festsaugen und Loslassen. Wird der weitere Zirkel zum festen Punkt, so wird die Oefnung erweitert, und er läßt alsdann los; will er sich aber festsaugen, so wird der kleine Zirkel zum festen Punkt, und dadurch wird die Oefnung verengert. Zugleich dienen auch diese Oefnungen zur Bewegung dieses Wurms, denn indem er sich durch eine dieser Oefnungen fest hält, ziehet er den Körper nach sich. Unterweilen zieht er auch die Warze an der Brust einwärts, und alsdann siehet man statt der Erhöhung eine trichterförmige Vertiefung. Den Theil zwischen den beyden Oefnungen kann er sehr lang ausdehnen, und der kann daher mit Recht der Hals genennet werden. Unter dem Composito, wenn er durch den Preßschieber etwas aus einander gedruckt und zum Stilleliegen gebracht wird, gewährt er dem Auge einen gar herrlichen Anblick. Hier entfaltet sich mit einem male sein ganzer innerer Bau. Beym Lichte erscheinen die beyden Oefnungen wie Sonnen mit ihren Strahlen. Gleich unter dem Munde wird man eine durchsichtige Blase gewahr (lit. b.), die ohne Zweifel der Magen dieses Thierchens ist. Von diesem geht die Nahrung in den Darmkanal, der längst dem Körper in einer geschlängelten Form liegt, und sich an der obern Oefnung (lit. c.) endiget. Auf beyden Seiten des Darmkanals liegen die Eyer (f. f. f. f.), welche durch die untere Oefnung e ihren Ausgang finden. Einige dieser Körperchen waren etwas größer als die andern, vermuthlich waren es die bereits am meisten entwickelten Eyerchen. Zu welchem

welchem Endzweck aber die mittelste Oefnung bestimmt sey, das kann ich nicht errathen, daß sie aber auch ein wesentlicher Theil sey, beweiset ihr beständiges Daseyn, denn so oft wir einen solchen Wurm besahen, und dieses ist mehr als zwanzigmahl geschehen, fanden wir allezeit diese drey Oefnungen. Sollten sie etwa zum Athemholen, so wie man dieses bey den Raupen gewahr wird, oder den Urin durchzulassen, bestimmt seyn? Ein sehr angenehmer Anblick war auch für mich, den Umlauf der Säfte bey einem so kleinen Geschöpfe zu sehen. Ueber der Saugeöfnung an der Brust bemerkte ich einen kleinen Beutel, der das Herz vorstellt lit. g. und der mit kleinen durchsichtigen Kanälen hh. die auf beyden Seiten der Eyer hinliesen, zusammenhieng. Aus den letztern strömten kleine Kügelchen nach dem Beutel oder Herzen (g) zu, und nachdem dieses eine Zeitlang gedauert hatte, verkürzte sich dieser und nun strömten diese Kügelchen in ihre Kanäle zurück. Hierauf blieb das Herz so lange ruhig, bis die Kügelchen wieder zurück kamen und es gehörig angefüllet hatten. Es haben diese Thierchen ein sehr zähes Leben, denn nach dem eines eine Zeitlang unter dem Preßschieber die Tortur ausgestanden hatte, lebte es dem ohngeachtet noch einige Tage, sonst sind sie auch acht Tage lang im Wasser lebendig geblieben. Ich habe zuweilen in einem Hechte nur einen einzigen, zuweilen aber auch zwanzig Stück angetroffen. Gewöhnlich sitzen sie in der Speiseröhre, vermuthlich werden sie von den harten Ueberbleibseln der kleinen Fische, welche der Hecht ver-

verzehret, gestoßen, und begeben sich daher in die Höhe. Linné hat diese Thierchen nicht gekannt, denn von den dreyen Arten Fasciolen, die er aufführet*), passet keine von seinen Beschreibungen für die unsrige; meines Wissens hat Herr Zoega zuerst diese Wurmart bemerkt, und dem Herrn Etatsrath Müller bekannt gemacht**).

2. Der Bandwurm. S. Tab. XV. mit dreyspitzigen Haken, (Taenia tricuspidata).

Dieser Bandwurm, der sich im Hechte so häufig einfindet, daß ich oft über dreyßig ganze aus einem einzigen habe sammeln können, ist bey Fig. 1. in seiner ganzen Länge abgezeichnet, indessen habe ich sie auch öfters noch einmal so breit und viel länger gefunden. An seinem breiten Ende hat er (bey lit. b.) einen Einschnitt, und am schmalen Ende ist der Kopf befindlich. (lit. a.) Betrachtet man diesen unter der stärksten Vergrößerung, so wird man zwey dreyspitzige Haken wahrnehmen; Fig. 2. erwartet man aber den Augenblick, da der Wurm das Maul aufsperrt, so wird man vier solche Haken entdecken. S. Fig. 3. zwey und zwey stehen gegen einander über, und hierdurch kann er sich so fest beißen, daß man eher den Rumpf vom Kopfe abreißet, ehe man die Haken aus dem

*) S. N. ed. XII. T. 2. p. 1077. Müll. L. S. 6 Th. S. 42.

**) Prodrom. Zool. Danic. n. 2713. und Zoolog. Danic. tab. 30. f. 7.

dem Fleische ziehen kann. Er ist indessen leicht ganz zu erhalten, wenn man mit einem stumpfen Messer den Schleim, nebst einen Theil vom Darm, darinn der Kopf steckt, abschabt. Legt man ihn alsdann ins Wasser, so lösen sich diese Theile bald davon ab. Auf diese Art habe ich mir einige hundert Stück mit Köpfen gesammlet. Ein jeder Haken bestehet aus zwey langen und einer kurzen Spitze. Mit bloßen Augen siehet man der Länge nach eine Linie, die aus lauter weißen Knötchens bestehet. Wird der Wurm verwundet, so kommen eine große Menge Eyer zum Vorschein, welche durch die stärkste Vergrößerung nicht stärker erscheinen, als sie Fig. 4. vorgestellet sind. In jedem Gliede findet man einen traubenförmigen Körper, der aus lauter kleinen Kügelchen bestehet, S. Fig. 5. c. c. c. Diese halte ich für Eyerstöcke, deren Eyer noch nicht entwickelt sind. Ich habe indessen auch zu Zeiten Bandwürmer gesehen, aus denen man weder Eyer auspressen, noch diese Trauben entdecken konnte. Ob dieses vielleicht die Männchen sind, oder ob diese alle ihre Eyer bereits von sich gelassen haben, kann ich nicht entscheiden. Zwischen dem letzten 10ten bis 12ten Gliede, wenn anders der Wurm ganz ist, welches man an dem Einschnitt b., der nur dem letzten Gliede eigen ist, erkennet, findet man kleine runde Blasen, auf denen ein Wärzchen befindlich ist (d. d. d. d.). Der Gebrauch dieser kleinen Brüste ist mir ein Räthsel.

Der

Der Aufenthalt dieses Bandwurms ist im weiten Theil des Darmkanals; wenn ihrer aber so viel sind, daß sie in dem Darm nicht Raum genug haben, so liegen sie mit ihrem Körper zum Theil in dem Magen, niemals aber mit dem Kopfe. Ein einziges mal habe ich einige nahe am After im Unrath gefunden, sie waren aber mit nadelförmigen Würmern, die ich sogleich beschreiben werde, verwickelt, vermuhlich haben diese lebhaften Gäste sie zu sehr beunruhiget und sie dadurch abgetrieben. Sollte nicht bey den Intestinalwürmern der Schöpfer eben die wunderbare Einrichtung, die wir bey den übrigen Geschöpfen mit Recht bewundern, getroffen haben, daß eine Art die gar zu große Vermehrung einer andern, die durch ihre allzustarke Vervielfältigung einen Nachtheil nach sich zöge, verhindert? Dieses kömmt mir um so wahrscheinlicher vor, da verschiedene von den Bandwürmern durchlöchert waren.

3.

Der untere und dünne Theil des Darmkanals ist die Wohnung des Kratzers (Echynoryngus). Ein kleiner runder weißer Wurm, der mit einem Rüssel versehen ist, an dem ohngefähr 30 bis 40 Widerhaken befindlich sind, mit denen er sich festhalten kann, da ihn bereits Linné unter dem Namen fasciola barbata*), Pallas**) aber unter Taenia haeruca bekannt

*) S. N. p. 1078. n. 3.
**) Elench. Zooph. p. 415. n. 7.

bekannt gemacht, und der Etatsrath Müller, im 12ten Stück des Naturforschers, von Seite 178 bis 196, vollständig beschrieben, auch auf der fünften Kupfertafel eine genaue Zeichnung gegeben hat, so wäre es überflüßig, mehreres davon zu sagen.

4. Der Nadelwurm. Ascaris acus

Im Darmkanal des Hechtes fand ich verschiedentlich auf zwanzig Stück, weiße, runde Würmer, in der Größe und Stärke einer gewöhnlichen Nähnadel. Da mir nicht bekannt ist, daß diese Wurmart von andern Schriftstellern bereits ist beschrieben worden, so habe ich ihr wegen der verschiedenen Eigenschaften, die sie mit den Spulwürmern gemein hat, und wegen der Aehnlichkeit mit einer Nähnadel, den Namen Nadelwurm (Ascaris acus) beygelegt; sollte sichs indessen zeigen, daß dieser Wurm bereits unter einem andern Namen bekannt wäre, so nehme ich zwar den Namen gern wieder zurück, hoffe aber, daß die kurze Nachricht, die ich davon geben werde, nicht ganz überflüßig seyn wird, wenigstens gehört sie doch zur Vollständigkeit der Naturgeschichte des Hechtes.

Die meisten waren auf zwey Zoll lang, einige davon waren kleiner und dünner; sie sind so hart wie Spulwürmer, und ihr Körper läuft eben so wie diese, auf beyden Enden spitz zu, das eine davon ist stumpf rund, das andere aber ist so dünn als ein Kopfhaar, ersteres ist unstreitig der Kopf, weil die Thierchen mit diesem Ende die mehresten Bewegungen machten.

Ich

Ich konnte aber nichts organisches daran bemerken, auch durch die stärkste Vergrößerung unter dem Composito war nichts zu entdecken. Sie waren größtentheils in dem weitsten Theil des Darmkanals unter den darinn befindlichen Bandwürmern versteckt; verschiedene davon hielten sich im untern Theil dieses Kanals, wo der Kratzer (Echynoryngus) zu sitzen pflegt, auf. Sie hatten zum Theil eine gekrümmte Lage; sie sind gleichfalls der Uebergang von den Fadenwürmern zu den Spulwürmern des Linné *). Ich that sie in kaltes Wasser, sie bewegten sich darinn sehr lebhaft, als wären sie in ihrem rechten Elemente; den Tag darauf wurden sie etwas ruhiger, und als ich sie am dritten Tage in Weingeist legte, waren sie noch lebendig. Mit einem Handglase betrachtet, konnte ich unter der Haut geschlängelte Kanäle wahrnehmen, und unter dem Composito sahen wir auf den beyden Seiten zwo Reihen von Eyern. Wir brachten einen unter den Preßschieber, als dieser den Wurm drückte, platzte er, und es kamen eine Menge wurmförmige Gefäße zum Vorschein, die nicht stärker als ein feines Haar waren; als wir diese mit einer starken Vergrößerung besahen, fanden wir, daß sie mit Eyern angefüllet waren. Wir zerschnitten einen solchen Kanal, und die Eyer kamen aus der Wunde heraus; sie waren zirkelrund, und als wir sie mit der stärksten Linse betrachteten, so fan-

*) S. N. Ed. XII. Gen. 275. 276. Müll. L. S. 6 Th. S. 30. 35.

fanden wir, daß jedes in einer zarten und durchsichtigen Haut eingeschlossen war, der mittlere Theil war schwarz und bestand aus lauter kurzen, sehr dünnen, krummen Körperchen, von denen sich nichts genaues bestimmen ließ; der Körper dieses Thierchens bestehet aus höchst zarten Ringen. Mehreres konnten wir nicht entdecken, ohngeachtet wir mehrere auf eben diese Art betrachtet haben. Wie zart müssen nicht die Eingeweide dieser Thierchen seyn, daß sie sogar den Lichtstrahlen den Durchgang verstatten, und daher unsichtbar bleiben! Mit wie vielen Muskeln mußte es nicht versehen seyn, daß es sich so schnell und auf mancherley Art bewegen konnte! Schon aus dem Bau eines einzigen solchen Würmchens läßt sich auf ein höheres Wesen, dem es seine kunstvolle Einrichtung zu danken hat, schlüßen. Einen Umstand muß ich noch erwähnen, der das zähe Leben dieser Geschöpfe beweiset. Ich that eins von den gepreßten und verwundeten Thierchen wieder ins Wasser, es lebte den folgenden Tag, gleich den übrigen, nach wie vor. Uebrigens scheint der Gordius marinus, den Müller im angeführten Theil des Naturforschers S. 183. beschreibt, an den unsrigen nahe zu gränzen, vielleicht auch an den, welchen die Frau Houttouin in der Leber eines Schelfisches gefunden hat, S. Müll. L. S. 6 Th. S. 33. tab. I. fig. 3. Die gegebene Beschreibung ist viel zu kurz, als daß sich etwas gewisses daraus bestimmen ließe. Auch mein Kollege, der Herr Rendant Ebel, hat im 3ten Bande der Beschäft. S. 420. ähnliche Würmer

mer in den Blutgefäßen eines Frischlings gefunden, nur mit dem Unterschiede, daß jene weich, und die meinigen hart sind. Eben da ich dieses schreibe, bringt man mir den Darm eines großen Hechtes, in dem ich die erwähnten vier Arten zusammen antraf.

5. Der Blasenbandwurm. Taenia hydatidis.

In der Leber einiger Hechte fand ich vor einiger Zeit klare durchsichtige Bläschen von der Größe eines Hanfkorns bis zur Größe einer kleinen Bohne; als ich diese öfnete, lief ein klares Wasser heraus, worinn ein Bandwurm schwamm, der von dem, der sich in dem Darm aufhält, in nichts unterschieden war. Die in kleinen Blasen waren klein und die in den großen waren verhältnißmäßig größer. An der Leber der Hasen bemerken dies die Jäger öfters; ein dergleichen Stück Leber habe ich meinem sehr verehrungswürdigen Goeze zu verdanken, auch bey dem Mäusegeschlecht hat es eben dieser genaue Beobachter öfters gefunden. Pallas beschreibt diese Art mit dem Namen Hydatigena, sie ist aber seiner Beschreibung nach*) von der im Hechte sehr verschieden, denn bey dieser ist die Blase nur die Wohnung des Wurms, bey jener aber das Thier selbst. Die Frage: wie kömmt der Bandwurm an die Leber? läßt sich meines Erachtens auf folgende Art beantworten: Nach der Ausmessung eines genauen Dezimalmaaßes haben

*) Elenchus Zoophyt. p. 412.

wir gefunden, daß über 3000 Eyer in dem Raum einer Quadratlinie Platz haben. Da sie so klein sind, so können sie auch mit dem Nahrungssaft zugleich eingesogen und im Umlauf mit den übrigen Säften gebracht werden; bleibt nun ein solches Eychen in einem zarten Gefäße der Leber sitzen, und wird durch die Ruhe und Wärme entwickelt, so wird das Gefäßchen allmählig erweitert, und es entstehet dasjenige an der Leber, was in der Gebährmutter bey der Entwickelung der Frucht zu entstehen pflegt. Da aber in unsern Schriften mehr auf Thatsachen als auf Theorien gesehen wird, so will ich diesen Gedanken nicht weiter verfolgen, sondern ich will noch einiger Würmer erwähnen, die ich in den Fischen und Vögeln gefunden habe.

6. Der dicke Bandwurm. Taenia crassa.
S. Tab. XIV. fig. 8. et 9.

In der Madui-Maräne habe ich zuerst diese Art wahrgenommen, hernach aber habe ich sie auch zweymal im Rheinlachs, und, wie mir der Herr Graf von Bork meldet, so hat er sie auch in der Meerquappe (Gadus Mustella L.) und im Aal (Muraena anguilla L.) gefunden. Sie ist dick, undurchsichtig, und gewissermaßen lederartig, wir konnten daher von ihrem innern Bau nichts sehen. Das Maul ist länglicht, fig. 8. lit. m., und auf jeder Seite hat sie eine Saugeblase, erwähnter Herr Graf aber hat vier Saugeblasen wahrgenommen fig. 9. lit. n.

Mit

Mit dem Kopfe sitzt sie beym Lachs in den Anhange Gedärmen, und der Körper hängt in dem Darm, der zunächst am Magen befindlich ist, dieses hat auch Pallas bereits bemerkt *). Es bestehet übrigens dieser Bandwurm aus schmälern und breitern Gliedern, die mit einander abwechseln.

7. Der Fischwurm oder Fiek der Fischer **) Fasciola intestinalis L. ***).

Im Unterleibe des Weißfisches (Cyprinus leuciscus L.), Gründlingen (Cyprinus gobio L.) und besonders im Brassen (Cyprinus Brama L.) habe ich oft diesen Wurm gesehen. Da er nicht innerhalb der Gedärme, sondern außerhalb derselben sitzt, so ist die Linneische Benennung unschicklich, weil sie einen zweydeutigen Begrif veranlaßt, und des Uebersetzers seine (der Fischwurm) ist zu allgemein. Auch die Kennzeichen, die der Ritter von diesem Geschlecht angiebt, daß es mit zwo Oefnungen, eine am Ende, und die andere am Bauche, (poro duplici terminali ventralique) versehen seyn soll, habe ich bey dieser Gelegenheit nicht wahrnehmen können. Die ich gesehen habe, sind platt, weiß, drey Linien breit, auf $\frac{1}{4}$ bis eine halbe Elle lang, für das Composi-

*) l. c. p. 414.

**) Müll. L. S. 6 Th. S. 33. Tab. 1. fig. 6. Abhandl. der Schwed. Akad. 9ter Band. tab. V. fig. a.

***) S. N. Gen. 278. n. 3. p. 1078.

positum zu groß, und mit dem Handglase habe ich nichts organisches entdecken können. Daß aber der Fiek, wie Linné meynt, im Wasser zu Hause seyn sollte, und darinn nur die Größe der Kürbiskerne habe, im Brassen aber zu einer Ellen langen Größe anwachsen könne, nicht wahrscheinlich sey; solches hat bereits der dänische Etatsrath Herr **Müller** mit Grund erinnert *). Dieses sind nun die Wurmarten, die ich bey den Fischen gefunden habe. Der Ritter Linné erzählt, daß Rosenstein einen gekochten Braßen auf den Tisch gebracht habe, in welchem dieser Wurm noch lebendig gewesen wäre, so unglaublich es auch ist, daß ein Geschöpf, das in einem kalten Fische lebt, die Hitze des kochenden Wassers, ohne Nachtheil sollte vertragen können, so glaubt doch der Herr Etatsrath **Müller** die Möglichkeit dieser Erscheinung dadurch zu zeigen, wenn er sagt, daß die Schweden ihre Fische nur halb gar kochten; um der Sache gewiß zu seyn, ließ ich einen Klumpen Fett, worinn diese Würmer stecken, ein wenig aufkochen; allein sie waren zusammen geschrumpft, und gaben nicht das geringste Zeichen des Lebens von sich. Ich will indessen diesen großen Männern durch diesen einzigen Versuch nicht geradezu wiedersprechen, ich werde diesen Sommer, zu welcher Zeit dieser Fisch denn leicht zu haben ist, den Versuch wiederholen. Ich habe oben gesagt, daß das **Doppelloch** ein zähes Leben habe, ich nahm daher einen Magen sammt den darinn befind-

*) S. den Naturforscher. 12 St. S. 184.

findlichen Würmern, setzte ihn mit kaltem Wasser bey, und ließ es nur so lange beym Feuer, bis das Wasser anfieng zu kochen. Der Magen hatte sich von der Hitze umgelegt, die innere Haut trennte sich von der äußern und meine Würmer waren maustod.

Dieses wären die Arten, die ich in den Fischen betrachtet habe, nun auch etwas von den Würmern in den Vögeln. In diesen flüchtigen Bewohnern der Luft habe ich bishero nur selten Würmer und überdem nur fünferley Arten bemerken können.

8. Engerlinge. Larva oestri.

Ich erhielt im Jenner dieses Jahrs durch die geneigte Veranstaltung des Herrn Grafen von Solms von Ihren Gütern aus Sachsen einen Steinadler; bey der Zergliederung fand ich in seinem Magen ohngefähr dreyßig lebendige Puppen von der Viehbremse, in der Größe von $\frac{1}{4}$ bis $\frac{1}{2}$ Zoll. Sie saßen mit ihren Spitzen ziemlich fest an der innern Haut des Magens, sie haben zehen mit Stacheln besetzte Ringe, und eine rothe Farbe. Ohne Zweifel hat der Adler sich diese Gäste durch den Leckerbissen eines Rehzimmers zugezogen. Es ist bekannt, daß die Bremsen ihre Eyer auch in das Fleisch dieser Thiere legen, der Vogel hat sie mit verschluckt, und hier fanden sie zwischen den Falten des Magens einen bequemen Ort um ausgebrütet zu werden, denn dem Adler ist es nicht möglich, die Puppen selbst zu verschlucken, weil er sogar, nach der Beobachtung unsers Herrn Ober-

Consistorial-Raths Silberschlags, der eine lange Zeit einen solchen Vogel unterhielt, bey vorgeschnittenen Stücken Fleisch verhungern muß; was er nicht mit seinen Krallen greifen, und mit dem Haken seines Schnabels losreissen kann, das kann er auch nicht genüßen. Ueberdem würden sie sich, wenn er sie verschluckt hätte, nicht in der Haut festgefressen haben. Man findet sie auch im Halse des Rothwildes. Wie aber die Bremse aus dem Magen des Adlers heraus komme, da dieser Vogel weder die Federn, noch die Haut der Thiere verschluckt, folglich sich auch nicht bricht; ob sie durch den After herauskriechen, oder ob sie dem Vogel den Tod zuziehen? dieses läßt sich erst durch fernere Beobachtungen bestimmen.

9. Der Spulwurm. Ascaris lumbricoides L.

In der grauen Wassermeve (Larus cinereus L.) fand ich außerhalb den Gedärmen einen weißen Spulwurm, und in der Merzente (Anas boschas L.) achtzehn Stück, welche die Gedärme an vier Stellen durchlöchert hatten, und zum Theil noch in den Gedärmen, zum Theil aber im Unterleibe hiengen. Die Ente war ungeachtet der vielen ungebetenen Gäste und der durchlöcherten Gedärme sehr fett. Es muß ihr daher an hinlänglicher Nahrung nicht gefehlt haben, und da die Würmer in den Löchern eingeschnürt waren, so verhinderten sie den Ausfluß des Nahrungssaftes in den Unterleib. Auch diese Würmer waren mehr weiß als roth. Ich habe diese Art

noch

noch einmal bey einem Vogel, ich erinnere mich aber nicht bey welchem, wahrgenommen. Sie sind nach vorn zu rund, nach hinten zu aber breit, sind auch nicht so hart als der gewöhnliche Spulwurm. Unter den heutigen Naturforschern ist es so gut als ausgemacht, daß der Spulwurm und der Regenwurm zwo verschiedene Arten sind, ohngeachtet der Gürtel, da er sich bey letzterm nur zur Begattungszeit deutlich zeigt, sich nicht als ein beständiges Merkmal angeben läßt. Meines Erachtens ist dieser Wurm bey den Vögeln von dem, der bey den Menschen wohnt, gleichfalls verschieden: denn er ist weißer, platter, und weicher anzufühlen, er stehet gleichfalls zwischen den Bindwürmern (Fasciola) und den Spulwürmern (Ascaris) mitten inne, und es würde daher die Benennung Fasciola lumbricoides für ihn nicht unschicklich seyn, wenn anders andre Naturkündiger den Unterschied bestätigen sollten. Diese Wurmart habe ich in der Länge von vier bis sechs Zoll gefunden; als ich ihn mit einem Handglase betrachtete, sahe ich unter der Haut geschlängelte Körperchen, und als ich ihn verwundete, kamen kleine zum Vorschein; er gehört also zu den lebendig gebährenden.

10. Der Gänsebandwurm. Taenia Anseris.

In den magern Gänsen befinden sich, nach der Beobachtung unsers Hrn Goezens sehr oft Bandwürmer, in den fetten aber nur selten. Ich habe sie oft ganz kurz zusammen gezogen, nur im Mastdarm im

Unrath eingehüllt angetroffen, zum Beweise, daß sie in Bereitschaft waren aus dem Körper geschaft zu werden. Die Ursache, warum diese lästige Einwohner die Gedärme der Gänse verlassen, kann unmöglich in dem Fettwerden ihrer Wirthe liegen. Ich glaube vielmehr, es liegt in der veränderten Nahrung der Gänse. Der Bauer treibt sie auf die Weide, und sie fressen Gras, und die Würmer genüßen den daraus bereiteten Saft ganz ruhig; nunmehro wird der Städter ihr Wirth, dieser füttert sie mit Gerste oder Haber; das Mehl aus den Körnern verdauet die Gans, die Hülse aber nicht. Diese stechen die Würmer, sie ziehen sich so lange nach unten zu, bis sie endlich im Unrath verwickelt werden und mit demselben zugleich abgehen. Auf eben diese Art, glaube ich auch, wirkt das englische Zinn auf die Bandwürmer, die Engländer haben es als ein solches Mittel zuerst bekannt gemacht, und man hat es auch in andern Ländern als ein kräftiges Mittel bewährt gefunden. Ich selbst habe in meiner Praxis einigemahl Bandwürmer damit abgetrieben, nur muß man es in starker Dosis mit einem gelinden Abführungsmittel versetzt geben und eine Zeitlang damit fortfahren. Hätte es mit der Art zu wirken, die mir zum wenigsten sehr wahrscheinlich vorkommt, seine Richtigkeit, so würde der Erfolg davon um so viel zuverläßiger seyn, wenn man es nicht, wie gewöhnlich geschiehet, zu einem feinen Pulver machte: denn je gröber das Pulver ist, desto fähiger ist es, die Würmer zu reizen. Die Bandwürmer in den Gänsen sind auf drey

Linien

Linien breit sein, eingekerbt, und haben zwey Saugeblasen am Kopfe.

11. Der Linienbandwurm, taenia lineata. S. Tab. XIV. fig. 5--7.

In der Pfeifente (Anas Penelops L.) fand ich kleine weiße Würmer, die ich anfänglich für Kratzer (Echynoryngus) hielt, als ich sie aber mit dem Handglase betrachtete, merkte ich erst, daß es Bandwürmer waren, nunmehro gab ich mir Mühe, die noch übrigen vollständig zu erhalten. Im Wasser erhielten sie die Größe von Fig. 5. davon bey i das Kopf- und bey k. das Schwanzende zu sehen ist. Dieser Bandwurm gewähret dem Auge, wenn er mit einer starken Vergrößerung betrachtet wird, einen herrlichen Anblick. Er bestehet aus sehr zarten Gliedern; man bemerket drey Linien, welche der Länge nach durch den ganzen Körper laufen. Die beyden Seitenlinien sind schwarz, die mittlere aber ist viel heller. S. Fig. 6. und 7. der Kopf bestehet aus einer runden Blase und einem Rüssel. (Lit. l.)

12. Der trichterförmige Bandwurm. (Taenia infundibulum.) S. Tab. XII. fig. 3 — 5.

Unter den eben beschriebenen Bandwürmern fand sich noch eine andere Art, die noch spitziger als jene zulief, und da der Kopf mit einem Hakenkranz versehen ist, so erhielt ich unter zehn Stück nur zwey mit den Köpfen, von der ersten Art zwölf mit den Köpfen. Er bestehet aus trichter- oder becherförmigen

gen Gliedern, die nach dem Kopfe zu länger und zarter werden. Durch die stärkste Vergrößerung habe ich den Hakenkranz sehr deutlich gesehen, s. Fig. 3. lit. a. Der Herr Graf von Bork aber hat auch die Scheiden für diese Haken entdeckt, s. lit. b. weshalb ich auch die von Ihm mir überschickte Zeichnung von beyden, welche sehr deutlich und richtig ausgefallen ist, in Kupfer habe bringen lassen. Vor einigen Tagen fand ich diese Art auch in der schwarzen Krähe (Corvus corone). Ich finde zwar in meinem Journal über die Zergliederung der Vögel noch einige Wurmarten; weil ich sie aber nicht genau untersucht habe; so will ich sie lieber nicht erwähnen als etwas unbestimmtes davon sagen. Für dieses mal will ich nur noch einige Betrachtungen über die Intestinalwürmer hinzufügen.

Man hat von alten Zeiten her geglaubt, daß die Würmer, die man in andern lebendigen Körpern antrifft, durch das Wasser hinein gebracht würden, indem man ihre Eyer verschluckte. Der Herr Etatsrath Müller hat diese Meynung gründlich bestritten, und der Herr Pastor Goeze hegt eben dieselben Gedanken *). Ich bin gleichfalls der Meynung, daß die Intestinalwürmer eine eigene Klasse von Geschöpfen ausmachen, deren Bau so eingerichtet ist, daß sie nur in diesen, vom Schöpfer ihnen angewiesenen Stellen, fortkommen können. Denn wäre z. E. die Struktur des angeführten Doppellochs, der Bandwürmer, der Engerlinge, nicht so eingerichtet, daß sie der auflösenden Kraft des Magensaftes wiederstünden,

*) S. Neueste Mannigf. 2ter Jahrg. S. 429. und 619.

den, so sehe ich nicht ein, warum letztere nicht in dem Magen des Adlers, der doch das härteste rohe Fleisch so geschwind in einem Brey verwandelt, und erstere im Hechte, der doch alle Arten Fische, die er bezwinget, bald verzehret, nicht mit verdauet werden sollten? Daß die Menschen und die Wasservögel die Bandwürmer sich nicht durch den Genuß der Fische zuziehen, zeiget wohl die verschiedene Bauart der Bandwürmer; ich halte vielmehr dafür, daß eine jede Klasse von Thieren, und vielleicht gar ein jedes Geschlecht seine ihm eigene Wurmarten habe, und daß diese auch nur in derselben fortkommen können. Der Herr Staatsrath Müller hat bemerket, daß die Völker an den Seeküsten, ohngeachtet ihrer Nahrung, die größtentheils aus Fischen bestehet, doch nicht mehr als andere von Würmern geplagt würden. Nun könnte man zwar einwenden, diese Art Leute sind sehr arbeitsam und robust, ihre Verdauungskräfte sind stark, bey ihnen wird nicht der überflüßige Schleim erzeugt, in welchem die Würmer nisten können, allein ich kenne allhier auf 100 bemittelte Familien, die nichts weniger als schwere Arbeiten verrichten, und welche aus gewissen Ursachen jährlich 400 Mahlzeiten von Fischen machen, und demohngeachtet sieht man nicht, daß sie mehr als die übrigen Einwohner dieser großen Stadt sollten davon geplagt werden; auch bey den Wasser- und Strandvögeln, die doch größtentheils von Fischen leben, habe ich nur selten Würmer gefunden; ja ich glaube auch, daß man viele Zufälle der Kinder, die man gewöhnlich

lich den Würmern zuschreibt, von ganz andern Ursachen herrühren. Von den Würmern überhaupt glaube ich, daß sie nur alsdann erst Krankheiten verursachen, wenn ihre Anhäufung zu stark wird. Ich kenne zwey recht fette Mannspersonen, davon der eine ein Kaufmann, und der andere ein Schullehrer ist, die von Jugend auf von Zeit zu Zeit Bandwürmer von sich gegeben haben und dem ohngeachtet sich recht wohl befinden. Ich habe sehr oft hier in der Stadt bey den Kindern Spulwürmer abgehen sehen, und auf dem Lande sieht man solches noch öfter, ohne daß übele Zufälle dabey bemerkt werden. Auch den Vögeln und Fischen müssen sie eben nicht zur Last seyn, weil ich diese oft, ohngeachtet der vielen Gäste, recht fett gefunden habe.

Es werden auch mit Unrecht die Bandwürmer unter die Polypen klassificiret, denn wer hat noch einen jungen an der alten Mutter hangen gesehen? Ihr ganzer Körper ist viel zu organisch, besonders aber ihr Kopf, als daß sie lediglich als Ableger sollten fortgepflanzt werden. Auch an ihre Reproduktionskraft zweifle ich gar sehr. Man hat gesehen, daß zu verschiedenen Zeiten viele Ellen Bandwürmer abgegangen sind, man glaubte es wäre nur ein einziger Wurm im Leibe, und da er doch ohnmöglich viele hundert Ellen lang seyn kann, so hat man geschlossen, er wachse immer wieder: allein warum sollen bey einem Menschen nicht eben so gut, wie bey einem mittelmäßigen Hechte, eine große Anzahl von solchen Würmern vorhanden seyn können? Ich habe schon in einem mittelmäßigen Hechte auf funfzig, und der Herr Graf von Bork 100 ganze gefunden. Ich habe selbst bey einer Kranken, innerhalb drey Jahren, ungefähr 1000 Ellen abgehen sehen *), allein wer weiß auch, wie viele diese phlegmatische Person in ihren Gedärmen mag gehabt haben. Die Bandwürmer sind verhältnißmäßig mit einer weit größern Anzahl von Eyern versehen als die Fische, sie können sich daher auch, wenn sie einen bequemen Ort finden, leicht anhäufen. Ob er aber bey dem Menschen so außerordentlich lang werden sollte, als man gewöhnlich glaubt, daran zweifle ich ebenfalls: denn es fehlet uns noch an zuverläßigen Nachrichten. Man siehet zu Zeiten einen Klumpen abgehen, allein sollte dieser nicht aus vielen Stücken von mehr als einem Wurme bestehen?

Da die Eyer der Intestinalwürmer so klein sind, daß viele tausende nöthig sind, um den Raum einer Quadratlinie auszufüllen, so läßt sichs leicht begreifen, wie diese Thierchen von Menschen auf Menschen, von Vögeln auf Vögel u. s. w. können fortgepflanzt werden. Ihre Eyer können in unsern Säften cirkuliren, dem Kinde sowohl im Mutterleibe, als den Vögeln und Fischen in den Eyern mitgetheilt werden, in denen sie so lange im Kreislauf mit herumrollen, bis sie an verschiedenen Theilen des Körpers abgesetzt werden, und alsdann erst ihre Existenz erhalten, wenn die zu ihrer Entwickelung nöthigen Umstände sich im Körper darbieten.

Erklä-

*) S. meine medic. Bemerk. S. 96.

Erklärung der Kupfertafeln.

Tab. XII.

Fig. 3. der Kopf mit dem letzten Gliede von dem becherförmigen Bandwurm.
a. der Hakenkranz.
b. die Scheiden für die Haken.
Fig. 4. das Kopfende.
Fig. 5. vier mittlere Glieder.

Tab. XIV.

Fig. 1. Das Doppelloch in seiner natürlichen Größe.
Fig. 2. ; ; in seiner gekrümmten Lage.
Fig. 3. ; ; unter dem Preßschieber mit bloßem Auge.
Fig. 4. ; ; unter dem Hofmannischen Composito durch die stärkste Vergrößerung.
lit. a. a. dessen beyde Saugeöfnungen.
b. der Magen.
c. der Hintere.
d. die mittelste Oefnung.
e. Oefnung für die Eyer.
f. f. f. f. die Eyer.
g. das Herz.
h. h. die Circulationsgefäße.
Fig. 5. die Taenia lineata.
i. der Schwanz.
k. der Kopf.
Fig. 6. ein Stück von diesem Bandwurm mit dem Kopfe.

l. der

l. der Kopf in Gestalt einer Blase mit dem daran sitzenden Saugerüssel.

Fig. 7. ein Stück davon durch die stärkste Vergrößerung.

Fig. 8. das Kopfende vom Lachsbandwurm, durch no. 6. mit Tub. A. betrachtet.

lit. m. das länglichte Maul.

Fig. 9. dasselbe Stück mit der Lunge, wobey lit. n. die vier Saugeblasen angezeigt sind.

Tab. XV.

Fig. 1. Ein Bandwurm aus dem Hechte mit drey spitzigen Zacken.

a. der Kopf.

b. das Schwanzende.

Fig. 2. das Kopfende vergrößert, von oben betrachtet.

" 3. dasselbe mit ofnem Munde.

" 4. die Eyer durch die stärkste Vergrößerung.

" Die drey letzten Glieder.

c. c. c. die traubenförmigen Eyerstöcke.

d. d. d. d. die brustförmigen Körper zwischen den Gliedern.

XXIII.

Ueber die Erscheinung und den Lauf des Kometen vom Jahr 1779,

von

J. E. Bode.

Siehe Tafel XIX.

Eine im October, November und December des 1778sten Jahres beständig anhaltende trübe Witterung hatte hieselbst alle Beobachtungen des gestirnten Himmels gänzlich verhindert. Am 6. Januar dieses 1779sten Jahres fiel endlich nach langem Erwarten ein sternheller Abend ein. Gegen 8 Uhr entdeckte ich mit einem Sternaufsucher oder Nachtfernrohr (Lunette de nuit)*) in der Milchstraße zwischen den Delphin und Fuchs niedrig gegen West-Nord-Westen einen kleinen mir nicht bekannten neblichten Fleck, den ich so gleich durch ein gemeines Fernrohr von 7 Fuß als einen Kometen erkannte, indem ich dessen Kern oder Körper ziemlich glänzend in einem Nebel

*) Ist ein kleines Fernrohr, davon die Brennweite des Objectivglases 10 Zoll; des Oculars 1½ Zoll austrägt, welches folglich 8 mal vergrößert, und wodurch ich am Himmel einen Raum von 6 Graden übersehe.

Nebel eingehüllt und mit einem kleinen Schweif von etwa 20 Minuten in der Länge deutlich wahrnahm. Der Komet stand eigentlich westlich bey den Hinterfüßen des Fuchses und hatte zunächst über sich *) zwey kleine Sterne, die in keinem Sternverzeichnisse bemerkt sind, mit denen er ein fast rechtwinklichtes Dreyeck machte. Mit einem Sternausmesser, dergleichen ich im 1sten Bande unserer gesellschaftlichen Beschäftigungen Seite 13. und folg. beschrieben habe, fand ich den Abstand des Kometen vom 29sten Stern im Fuchs (nach Flamsteads Verzeichniß) 3°. 3′. und von α im Delphin 6°. 10′. woraus sich, vermittelst einer Methode, die gleichfalls in der so eben genannten Beschreibung Seite 37. und folg. vorkömmt, die Länge des Kometen 12°. 28′. ♒ und seine Breite 39°. 6′. nordlich ergab. Der Komet gieng am heutigen Tage um 9 Uhr Abends unter, und mußte um 5 $\frac{1}{4}$ Uhr Morgens wieder aufgehen, allein den 7. früh war der Himmel gänzlich bezogen. Den 7ten des Abends sahe ich den Kometen des trüben Himmels wegen nur auf einige Minuten, konnte aber doch so viel bemerken, daß er seinen Ort nordwestwärts um etwa einen Grad verändert und folglich rückläufig war. Den 8ten war es des Abends sternklar; da ich denn den Kometen bis nahe am 22sten Stern des Fuchses vorgerückt fand; um 7 $\frac{1}{4}$ Uhr war sein Abstand von diesem Stern 39 Min. von dem 17ten Stern im Fuchs 2°. 26′. und von γ

*) Hier und im folgenden verstehe ich die Stellung durchaus so wie, selbige aufrecht am Himmel erscheint.

im Pfeil 5°. 38'. und hieraus folgerte ich seine Länge 10°. 44'. ♒ und seine Breite 41°. 29'. nordl. Den 9ten war es trübe. Den 10ten zeigte sich der Komet mitten im Fuchs zwischen den 16. 17. 22. und 24sten Stern dieses Bildes. Vom erstern war um 7 Uhr sein Abstand 1°. 32'. vom zweyten 1°. 1'. vom dritten 1°. 59'. und vom vierten 2°. 4'. woraus seine Länge 8°. 43'. ♒ und die Breite 43°. 32'. sich bestimmen lies. Das Fernrohr zeigte den Kern und Schweif des Kometen wie an den vorigen Abenden. Hierauf fielen verschiedene dunkle Nächte ein. Den 21. Jannuar klärte sich die Luft endlich des Abends um 6 Uhr etwas auf und ich fand den Kometen mit dem 7 füßigen Fernrohr in Nord-West zum Westen zwischen den Stern β (Albireo) am Schnabel des Schwans und γ in der Leyer, er war dem leztern um etwa $\frac{1}{3}$ näher als dem erstern, ein mehrers verhinderten die Dünste zu beobachten. Er hatte sich also seit den 10ten durch den Hals des Schwans rückwärts oder von Morgen gegen Abend mit einer nordlich zunehmenden Breite gegen die Leyer bewegt und seit den 6ten trug sein Weg 20°. im Bogen eines größten Kreises der scheinbaren Himmelskugel aus; er schien auch noch um nichts größer geworden zu seyn. Bis jezt hatte der scheinbare Lauf dieses Kometen einige Aehnlichkeit mit dem Lauf desjenigen, der im Jahr 1707 in eben diesen Monat in dieser Himmelsgegend sichtbar war, allein eine darüber vorgenommene Zeichnung zeigte mir bald, daß der gegenwärtige ein ganz anderer Komet seyn müsse.

Den

Den 22sten Januar wurde es um 7 Uhr Abends etwas sternklar, weil aber der Mond schien, und der Komet, der jetzt bereits um 8 Uhr untergieng, schon nahe am Horizont war, so konnte ich denselben nicht finden. In dieser Nacht fiel starkes Frostwetter ein und es heiterte sich gegen Mitternacht völlig auf. Um 4 Uhr Morgens den 23sten war der Himmel vortreflich gestirnt (die Kälte war 10°. unter 0 nach Reaumur) und ich fand den Kometen an der Ostseite des Himmels nahe östlich unterm Gestirn der Leyer, er schien mir durch das Fernrohr nicht so glänzend als am 10ten, aber nichts kleiner; vom Schweif war nur etwas zu erkennen. Zwischen 4 $\frac{1}{4}$ und 4 $\frac{1}{2}$ Uhr fand ich seinen Abstand von γ in der Leyer 1°. 29'. von β 3°. 27'. von no. 17. 1°. 6'. von λ, welchem Stern er ostwärts am nächsten stand 59'. woraus dessen Länge 20°. 21'. ♑ und die Breite 53°. 50'. folgte. Des Abends fand ich noch den Kometen niedrig am nordwestlichem Himmel durch den Aufsucher, er war näher unter λ hingerückt und stund mit diesem Stern und γ fast in einer Linie. Am 24sten war es trübe. Am 25sten schien zwar der Mond des Abends helle, unterdessen fand ich doch durch mein Fernrohr den Kometen um 6 $\frac{1}{4}$ Uhr in Nord-Westen zum Norden, wie wohl wegen der Dünste nahe am Horizont in einem schwachen Lichte, zunächst unter die beyden kleinen Sterne der Leyer 1 und 2. ν. so, daß er dem letztern etwas näher war, als die Entfernung beyder Sterne von einander austrägt. In eben dieser Nacht beobachtete ich des Morgens früh den 26sten, da der Mond unterm Horizont war, den Kometen, welcher anjetzt bereits gleich nach Mitternacht aufgieng, im südlichen Theil der Leyer westwärts unter dem Stern β. Um 6 Uhr 15 Min. als er mit diesem Gestirn schon hoch in Osten herauf gekommen war, maaß ich unter andern seinen Abstand von den Sternen γ, β und λ der Leyer der erste trug 2°. 29′. der zweyte 1°. 4′. und der dritte 2°. 43′. aus, woraus sich die Länge desselben 14°. 25′. ♑ und die Breite 55°. 17′. nordl. ergab. Den 28sten früh um 5 Uhr 15′. maaß ich folgende Abstände des Kometen. Er war von β in der Leyer 2°. 54′. von ζ 5°. 11′. und von α oder Wega dem hellen Stern erster Größe in diesem Bilde 6°. 0′. entfernt, so daß ich hiernach seine Länge 10°. 41′. ♑ und die Breite 55°. 50′. setzen konnte. Der Komet fuhr demnach fort, sich ziemlich gleichförmig rückwärts und mit einer zunehmenden nordlichen Breite zu bewegen. Er schien heute Morgen eher größer als kleiner geworden zu seyn, zeigte sich durch das 7füßige Fernrohr ziemlich lebhaft in einem starken Nebel eingehüllt, der Schweif war auch etwas kenntlich und ohnfehlbar würde er sich dieser Tagen einem scharfen Gesicht ohne Fernrohr gezeigt haben. Hierauf wurden die weitern Beobachtungen des Kometen durch Mondschein und trüben Himmel verschiedene Tage nach einander unterbrochen. Den 8ten Februar war es freylich früh um 2 ½ Uhr etwas sternklar; allein der noch halb erleuchtete Mond war schon in Südosten aufgegangen, dieses und die nicht völlig heitere Luft machten, daß ich

ich den Kometen vergeblich suchte, wie es sich denn auch schon um 4 Uhr wieder bewölkte. Den 10ten des Abends klärte sich die Luft mit einem Nordlichte auf, welches vornemlich von 10 bis 1 Uhr mit vielen aufsteigenden röthlichen und hellen Lichtsäulen am mitternächtlichen Himmel sehr schön glänzte. Der Komet sollte nach 9 Uhr Abends aufgehen; da aber die Luft am nordöstlichen Horizont nicht recht heiter war und sich auch dort die stärkste Röthe des Nordlichtes zusammenzog, so konnte ich erst eine halbe Stunde nach Mitternacht den Kometen durch die Licht- und Farbenerscheinungen des Nordlichtes mit dem Fernrohr erkennen. Er stand nun im Herkules südwärts unter die drey ziemlich nahe bey einander stehenden Sterne an dessen Schenkel e c und π und östlich in ein fast vollkommen gleichschenklichtes Dreyeck mit den beyden Sternen u und w, woraus ich dessen Länge 11°. 35′. ♐ und die Breite 56°. 21′. nordl. folgerte. Der Komet hatte sich nun seit 14 Tagen um 17°. nach Westen und noch etwas weiter nordwärts bewegt. Er zeigte sich durch das 7 füßige Fernrohr in einem so starken Nebel eingehüllt, daß wenig vom Kern zu erkennen war, seine scheinbare Größe war noch die nämliche wie am 28sten; der Schweif zeigte sich etwas nach oben. Den 13. war ein sternheller Abend; zwischen 7 und 8 Uhr erschien abermal ein schönes Nordlicht, welches sich mit feuerrothen Wolken, Stralen und glänzenden Lichtschattirungen merkwürdig machte. Nach 8 $\frac{1}{4}$ Uhr hörten die Erscheinungen gänzlich auf und es blieb nur noch im

Norden ein Glanz übrig. Um 11 Uhr fand ich den Kometen durch den Aufsucher im Herkules, so daß er über 3°. nach Westen fortgerückt und nun dem Stern d östlich nahe gekommen war. Um 11 $\frac{1}{4}$ Uhr maaß ich folgende Abstände. Der Komet war entfernt, von dem Stern π 4°. 22′. von u 2°. 38′. von ε 2°. 19′. von d. 44′. woraus mir eine Zeichnung, dessen Länge 6°. 6′. ♐ und die Breite 55°. 35′. nordlich gab; folglich fieng nun die Breite an geringer zu werden. Den 18ten Februar war es des Abends vortreflich gestirnt, um 11 $\frac{1}{2}$ Uhr fand ich den Kometen im Herkules nahe nordlich über den Stern ζ und maaß seinen Abstand von diesem Stern, imgleichen von ε im Herkules; ferner von ξ und 2. ν in der Krone (leztern sezt Flamstead mitten im Herkules). Er war sehr gut zu erkennen, so wol durch den Aufsucher als Sternausmesser und würde sich gewiß einem scharfen Auge ohne Fernglaß gezeigt haben. Den 20sten Februar stand der Komet des Abends im Herkules, dem Stern ζ zur rechten und war dem 23sten Stern in diesem Bilde östlich ziemlich nahe. Um 11 $\frac{1}{2}$ Uhr fand ich seinen Abstand von ζ im Herkules 3°. 20′. von ξ der Krone 1°. 19′. von 1. ν 1°. 47′. und von σ daselbst 2°. 47′. (die drey leztern Sterne verzeichnet Flamstead an der Löwenhaut des Herkules). Hieraus läßt sich die Länge des Kometen im 22°. 46′. des ♏ und seine Breite 52°. 46′. nordl. herleiten. Den 23. Februar konnte ich den Kometen des Abends um 10 Uhr durch meinen Aufsucher deutlich erkennen, ohnerachtet der Mond schon ziemlich

lich helle schien, er war weiter gegen die Sterne σ und ε der Krone angerückt. Den 6ten März war es des Abends gestirnt und der Mond nicht mehr über dem Horizont; ich entdeckte den Kometen nunmehr im Gestirn des Bootes nahe nordlich über die Sterne b ψ c ω an dessen östlichen Hand, so daß er dem Stern ψ am nächsten stund. Demnach hatte er seit den 23sten Februar seinen Weg durch die Krone genommen. Um $9\frac{1}{2}$ Uhr maaß ich folgende Abstände; der Komet war entfernt, von ψ im Bootes 0°. 59′. von ε 4°. 47′. von δ 5°. 59′. von α (Gemma) in der Krone, 6°. 26′. von β daselbst 4°. 55′. Hiernach mochte seine Länge 0°. 35′. ♏ und seine Breite 43°. 9′. nordl. gewesen seyn. Durch das 7 füßige Fernrohr zeigte er sich, besonders bey der stärksten Vergrößerung recht deutlich und in einer unordentlichen Figur, vom Schweife waren aber nur schwache Spuren zu bemerken; um $10\frac{1}{2}$ Uhr beobachtete ich den Kometen durch mein 14füßiges Fernrohr; der Kern erschien doch ziemlich lebhaft und es lies als wenn in der Mitte ein Stern durchschien, der demselben umgebende Nebel war dünne und fast noch weniger als durch das kürzere Fernrohr zu bemerken. Den 7ten März um 10 Uhr Abends stand der Komet westwärts neben ψ im Bootes, und ich fand mit dem Ausmesser den Abstand desselben von diesem Stern 0°. 58′. von ω 2°. 28′. von c 3°. 5′. und von ε (Mirac) 3°. 31′. woraus sich die Länge 29°. 9′. ♎ und die Breite 42°. 18′. nordl. setzen ließ. Den 8. 9. und 10ten März waren sternhelle Abende, ich sahe den Kometen jedesmal und bemerkte, wie er gegen Mirac und den 34sten Stern im Bootes anrückte, folglich noch immer rückwärts am Himmel seinen Lauf fortsetzte. Den 11ten März des Abends war die Luft abermal vollkommen heiter, der Komet zeigte sich mit Mirac und dem 34sten Stern im Bootes westwärts fast in einer Linie. Um 10 $\frac{3}{4}$ Uhr war sein Abstand von ε 1°. 52′. von no. 34. 1°. 13′. von s 4°. 5′. von ε 4°. 54′. welches seine Länge 24°. 14′. ♎ und die Breite 38°. 52′. nordl. gab. Heute war der Komet durch meine Fernröhre noch sehr lebhaft zu erkennen und erschien wie ein förmlicher Nebelstern, vom Schweif zeigten sich auch, der reinen Luft wegen, einige Spuren. Den 19ten März beobachtere ich des Abends um 10 Uhr den Kometen, der um diese Zeit schon ziemlich hoch in Osten stand, und fand ihn durch den Aufsucher im Bootes übern Arctur westwärts nahe östlich bey den kleinen Stern e, so daß er seit den 11ten seinen Weg dem Arctur nordwärts vorbey genommen und 10 Grad am Himmel zurückgelegt hatte. Um 11 Uhr war sein Abstand vom Arctur 4°. 37′. von d 3°. 44′. von e 31′. von η 3°. 46. und von den 6sten Stern 2°. 30′. welches seine Länge im 16°. ♎ und die Breite 32°. nordl. giebt. Der Komet zeigte sich durch das Fernrohr wie ein Nebelstern und fast in runder Figur. Den 20. war der Komet den Stern e sehr nahe nordwärts vorbey gerückt und stand westlich bey demselben. Um 11 $\frac{1}{4}$ Uhr war sein Abstand vom Arctur 5°. 12′. von η 3°. 7′. von e 38′. von d

4°. 56′.

4°. 56′. und von den 6sten Stern 1°. 32′. woraus sich seine Länge 15°. 5′. ♎ und die Breite 31°. 7′. nordl. ergab. Der Komet hatte nunmehr seit den 6ten Januar, da ich ihn entdeckte und also in 73 Tagen einen Bogen des größten Kreises von 90°. am Himmel von Morgen gegen Abend durch den Fuchs, Schnabel des Schwans, südlichen Theil der Leyer, mitten durch den Herkules, nordliche Krone und Bootes zurückgelegt. In den übrigen Abenden des März-Monats schien der Mond und der Komet war deswegen nicht zu erkennen. Als aber am 3ten April der Mond nach geendigter Abenddämmerung nicht mehr übern Horizont war, sahe ich wieder durch mein Fernrohr den Kometen, welcher da, wo ich ihn erwarten konnte, nemlich nordwärts über dem Stern Vindemiatrix am nordlichen Flügel der Jungfrau stand. Am 4ten hatte er des Abends eigentlich zwischen Vindemiatrix und den 42sten Stern im Haupthaar der Berenice seinen Stand, so daß ich hiernach beyläufig seine Länge im 6°. ♎ und die Breite 20°. nordl. schätzen konnte; denn durch wirkliche Ausmessungen seines Abstandes von bekannte Fixsterne konnte ich anjetzt nicht mehr seinen Ort genauer bestimmen, weil er wegen seines jetzigen schwachen Lichts sogleich unsichtbar wurde, so bald ich das halbirte Objectivglas des Sternausmessers aus einander zog. Der Komet erschien durch das 7füßige Fernrohr völlig als ein blasser Nebelstern und durch den Aufsucher würde ich ihn nicht mehr gefunden haben, wenn ich mir nicht vorher durch das vorige Fernrohr seinen Ort genau

gemerkt

gemerkt hätte. Eben so habe ich den Kometen am 5. 9. und 15ten April noch gesehen, am 9ten stand er etwa 40'. westlich bey dem 36sten Stern im Bilde der Jungfrau, woraus ich seine Länge etwa in 2° ♎ und die nordliche Breite 18°. folgerte. Am 15ten stand er nahe westlich bey dem Stern ε in der Jungfrau. Das Licht des Kometen wird seiner jetzigen zunehmenden Entfernung so wohl von der Sonne als Erde wegen, immer schwächer, und es hat daher allen Anschein, daß er sich nun bald auch unsern bewafneten Augen völlig entziehen wird, wie wol alle Kenner wissen, daß die Zeit der Verschwindung eines Kometen nicht auf einige Tage im voraus mit Sicherheit zu bestimmen ist, weil hiebey alles auf die Güte des Fernrohrs, womit man denselben verfolgt und auf die Durchsichtigkeit der Luft ankömmt.

Aus den bisher erzählten Beobachtungen dieses Kometen, die ich sämmtlich aus meinem Logis, größtentheils zur Befriedigung eigener Wißbegierde mit dem von mir selbst verfertigten Sternausmesser unternommen, und deswegen, wie auch zur Verhütung unnöthiger Beurtheilungen, nicht für genauer ausgeben will, als sie in der That sind; wozu noch kommt, daß mir bis jetzt noch keine auswärtige genauere Beobachtungen zur Vergleichung mit den meinigen bekannt geworden, habe ich die Lage und Gestalt der wahren Bahn des Kometen, vermittelst einer Zeichnungsmethode, die der seelige Herr Prof. Lambert im 3ten Theil seiner Beyträge zum Gebrauch der Mathematik

beschreibt,

beschreibt, und deren er sich bey ähnlichen Gelegenheiten selbst zu bedienen pflegte, zu bestimmen gesucht. Ich kann hier nicht die deshalb gemachten Rechnungen beybringen und werde daher nur den Erfolg derselben hersetzen und auf dem Kupferblatt eine allgemeine Vorstellung von dem wahren Lauf des Kometen in dem uns zunächst liegenden Theil des Sonnensystems zu geben suchen, woraus sich sein scheinbarer Lauf am Himmel und die Umstände desselben richtig werden beurtheilen lassen. Zur Bestimmung der wahren Bahn eines Kometen werden drey Beobachtungen erfordert. Am Ende des Januar nahm ich zuerst eine Construction vor und legte die Beobachtungen vom 8. 23. und 28sten Januar zum Grunde; weil aber vornemlich die beyden leztern sehr nahe an einander liegen, so lies der Erfolg nicht viel Genauigkeit in Ansehung der Bestimmungsstücke der Bahn erwarten; ob ich gleich beyläufig im voraus die Sternbilder angeben konnte, durch welche der Komet seinen Lauf nehmen würde. Um die Mitte des Februar entwarf ich mir eine zweyte Zeichnung zufolge der Beobachtungen vom 8. 28. Jan. und 13. Febr. Aus der hierdurch gefundenen Lage der wahren Bahn konnte ich mir die scheinbare Bahn, welche der Komet wirklich am Himmel bis in den ersten Tagen des Aprils durchlief, mit ziemlicher Richtigkeit verzeichnen; allein in Ansehung der Neigung der wahren Bahn gegen die Fläche der Erdbahn lies diese Construction vornemlich eine merkliche Unzuverläßigkeit übrig. Ich nahm deswegen im März noch eine

große

große Zeichnung vor, und legte die Beobachtungen vom 8. Jan. 13ten Febr. und 20sten März zum Grunde, und diese gab mir folgende Bestimmungsstücke der wahren Bahn des Kometen: Die Zeit, da der Komet in seiner Sonnennähe gewesen am 6ten Jan. 17 Stunden od. 7 Jan. 5 Uhr Morg. (demnach gerade an dem Tage da ich ihn entdeckte) Der nächste Abstand von der Sonne 709 solcher Theile, deren die Entfernung der Erde von der Sonne 1000 hat. Der Ort der Sonnennähe 26°. 55′. ♊. Der Ort des aufsteigenden Knoten (☊) 16°. 51. ♈. Die Neigung der Kometenbahn gegen die Fläche der Erdbahn 45°. 20′. Der Komet geht, aus der Sonne betrachtet, nach der Ordnung der himmlischen Zeichen oder von Abend gegen Morgen.

Auf dem Kupfer habe ich hiernach einen Theil des Sonnensystems oder die Bahnen des Merkurs, der Venus, der Erde und des Mars im gehörigen Verhältniß im kleinen vorgestellt und zugleich ein Stück der parabolischen Bahn dieses Kometen eingetragen. ☊ P ☋ ist diese Bahn, ☊ ☋ die Knotenlinie desselben, daher muß man sich die Fläche ☊ S ☋ P ☊ an ☊ ☋ um einen Winkel von $45\frac{1}{3}$°. gegen die Fläche der Erdbahn (des Papiers in der Figur) aufwärts geneigt vorstellen. In ☊ steigt der Komet über diese Fläche herauf und bekömmt eine nordliche Breite und in ☋ geht er wieder unter dieselbe, und erhält südliche Breite oder Abstand von der Ecliptik.

In P ist das Perihelium oder die Sonnennähe des Kometen, der hieselbst der Sonne etwa so nahe als Venus gekommen. Dieser Punct, so wie auch ☊ und ☋ erscheinen von der Sonne aus betrachtet in den vorhin angegebenen Graden der Ecliptik, welches sich aus der Figur leicht beurtheilen läßt, da die Oerter bemerkt sind, wo die vier Hauptpuncte derselben ♈ ♋ ♎ und ♑ hinfallen. Der Komet bewegt sich mit den Planeten gemeinschaftlich nach einer Richtung wie die gezeichneten Pfeile zeigen. Die Oerter desselben sind vom 6ten Jan. bis 4ten April für die oben angegebene Tage der Beobachtung angesetzt, und eben so die von der Erde für gleiche Tage. In den ersten Tagen des Januars mußte demnach der Komet zur linken oder ostwärts von der Sonne und unter einer großen nordlichen Breite erscheinen, und daher nach Sonnenuntergang in Nordwesten und vor deren Aufgang in Nordosten zu finden seyn; er erschien rückläufig aus eben den Gründen, wie die untern Planeten, wenn sie zwischen Sonne und Erde hindurchgehen. Etwa den 17. Januar gieng der Komet gerade zwischen uns und der Sonne, doch sehr weit nordwärts hindurch, dieser sein nordlicher Abstand von der Ecliptik nahm auch deswegen zu, weil er sich der Erde näherte.

Die Gesichtslinien zum Kometen fallen nachher sehr merklich immer mehr westwärts von der Sonne, weil uns die Sonne gegen Osten und der Komet gegen Westen fortzurücken scheint, folglich und weil der Komet

weiter

weiter gegen Norden heraufstieg, gieng er des Abends immer früher unter und des Morgens früher auf, und war demnach vornemlich in den Frühstunden in Nordosten sichtbar. Die Annäherung des Kometen gegen die Erde nahm mit dem Anfang des Februar noch zu, doch nicht sehr schnell, weil der Komet nordwärts über die Erdbahn herüber gieng, indem er sich zugleich von der Sonne entfernte. Um die Mitte des Februar stand er bis etwa auf etwas mehr als den halben Abstand der Sonne von uns, der Erde am nächsten. Er lief schneller als die Erde und kam also derselben zuvor, wodurch er sich gleichfalls nachher von derselben wieder entfernte, er mußte folglich noch immer rückwärts zu gehen scheinen und seine nordliche Breite abnehmen, da er bereits in Ansehung der Sonne jenseits der Erdbahn kam. Mit dem Anfang des März gieng der Lauf des Kometen immer mehr von uns abwärts und da derselbe anjetzt bey einer ruhenden Erde angefangen haben würde, vorwärts oder von Abend gegen Morgen, so wie er sich wirklich bewegt, am Himmel fortzurücken, so fielen doch, weil die Erde selbst fortrückt und anfieng sich zwischen den Kometen und der Sonne hin zu bewegen, die Gesichtslinien gegen Abend und er erschien uns deswegen aus eben dem Grunde, wie einer der obern Planeten, fortzufahren sich rückwärts zu bewegen. Da ferner der Komet sich seinen niedersteigenden Knoten (☋) näherte und sich zugleich von der Erde entfernte, so wurde die nordliche Breite desselben immer geringer. Den 30sten März stand der Komet

im

im 9ten Grad der ♎ der Sonne gerade gegen über, wo er folglich um Mitternacht culminirte. Er nahm bey seiner nach Osten vorwärts gehenden Bewegung, wegen der gerade zwischen ihm und der Sonne fortrückenden Erde doch immer gegen Westen am Himmel seinen Lauf, wurde seines zunehmenden Abstandes von Sonne und Erde wegen nach und nach unscheinbarer und war nur noch wie ein schwacher Nebelstern durch Ferngläser zu erkennen. Am 4ten April hatte der Komet bereits die Bahn des Mars passirt. Die Figur zeigt durch den Augenschein, wie sich Komet und Erde nachher merklich von einander entfernen. Am 15ten April habe ich ihn noch durch mein Fernrohr gesehen. Endlich wird er daher gänzlich unsichtbar werden und außer dem Gesichtskreise der Erde in der ihn von der Allmacht vorgezeichneten Laufbahn fortwandeln *). Obgleich dieser Komet den Erdbewohnern in einer unbeträchtlichen scheinbaren Große erschien, so ist er doch nicht unter die kleinsten Kometen zu rechnen, weil er immer weit von uns entfernt blieb. Der Schweif erschien auch daher, und weil er sich uns, wie aus der Figur zu beurtheilen ist, die

*) Was die Figur vorstellt, habe ich meinen Freunden in einem Modell von Pappe vorgezeigt. Ich stellte nemlich die Fläche der Kometenbahn unter ihrem gehörigen Winkel gegen die Fläche der Erdbahn auf und zog Fäden von bemerkten Oertern der Erde nach gleichzeitigen Oertern des Kometen, wodurch die Vorstellung seines wahren Laufs sinnlich und zugleich sehr faßlich wurde.

die mehreste Zeit größtentheils hinter oder vor den Körper desselben darstellte, sehr klein oder gar nicht. Von den 63 bisher berechneten Kometen hat der von 1706 mit dem gegenwärtigen nach den mehresten Bestimmungsstücken der Bahn eine Aehnlichkeit, die Entfernung der Sonnennähe aber weicht merklich ab, denn jener lief in der Nachbarschaft der Bahn des Merkurs zunächst um die Sonne herum, und daher kann es wohl nicht ein und ebenderselbe Komet seyn. Im übrigen bewegte sich auch der Komet von 1706 im März und April wiewol mit einer andern Geschwindigkeit rückwärts durch den Bootes unterm Haupthaar der Berenice weg bis zum Kopf der Jungfrau. Wenn man noch nach obigen Angaben der Länge und Breite des jetzigen Kometen vom 6ten Januar bis 9ten April dessen jedesmaligen Ort auf eine allgemeine Himmelscharte verzeichnet und mit Linien zusammenzieht, so ergiebt sich die scheinbare Bahn des Kometen. Sie weicht von der Lage eines größten Kreises der Sphäre merklich ab und hat eine doppelte Wendung. In der ersten Hälfte des Januars macht sie einen Bogen, der sich von einem größten Circul etwas nordwärts krümmt und nachher geht diese Krümmung nach Süden, so daß diese Abweichung allemal gegen die von der Sonne weggekehrte Seite fällt, woraus nach einer von Herrn Lambert gegebenen Regel folgt, daß der Komet während dieser Zeit beständig der Erde näher war, als diese der Sonne ist, welches auch die Construction der wahren Bahn vollkommen bestätigt.

XXIV.

XXIV.

Ornithologische Rhapsodien.

von

D. M. E. Bloch.

Siehe Taf. XVI—XVIII.

Ich habe verschiedenes bey den Vögeln bemerkt, welches, wie ich hoffe, einer öffentlichen Bekanntmachung werth ist, ich muß mich aber der nahen Messe wegen ganz kurz fassen. Wir haben sehr viele und zum Theil kostbare Werke von den Vögeln, mir kömmt es aber doch vor, als wenn uns in der Naturgeschichte derselben noch sehr vieles fehlte, und dies rührt wohl daher, weil man sich zu sehr an das äußere hält und das innere dabey versäumt. Da nun das Alter, die Jahreszeit, der Himmelsstrich, die Nahrung und das Geschlecht der Vögel auf ihre Farben einen besondern Einfluß haben, so ist es kein Wunder, wenn die Schriftsteller sich so oft einander wiedersprechen. Was der eine für eine besondere Gattung ausgiebt, das ist bey dem andern das Weibchen u. s. w. Nähme man Rücksicht auf die innern Theile, so würde man ohne Zweifel manches Unterscheidungszeichen finden, wenigstens würde in

Absicht des Geschlechts kein Zweifel übrig bleiben. Die Kennzeichen, die der Ritter von Linné von den Schwung- und Ruderfedern hernimmt, sind nicht immer zuverläßig, weil ein und eben derselbe Vogel unterweilen ein oder zwo Federn mehr hat, als der andere; auch nicht hinlänglich, da fast alle Vögel von der Ente an 24 bis 28, die kleinern aber 16 bis 20 Schwungsedern haben; der Unterschied der Rudersedern ist ebenfalls nicht sehr groß, und dahero auch nicht hinlänglich.

Mir ist nicht bekannt, daß in der Zergliederung der Vögel viel geleistet worden sey. Wenn es mir möglich ist, so werde ich in einem der nächsten Bände dieser Schriften die Zergliederung einiger Vögel liefern; für diesmal will ich nur etwas weniges von dem, worinn ihr innerer Bau von andern Athem schöpfenden Thieren abweicht, beybringen.

1. Etwas von der Anatomie der Vögel.

So wie die äußere Lebensart der Vögel von andern Geschöpfen abweicht, so sind sie auch in ihrem innern Bau anders gebildet. Worinn der Schnabel, Kopf, Hals und die Füße von andern Klassen der Thiere abweichen, ist wohl einem jeden Liebhaber der Vögel sattsam bekannt. Die Brust ist bey den Wasservögeln lang, bey den Landvögeln kurz, die Zunge ist bey den Wasservögeln dick, bey den Strandvögeln, und bey denen, die von Insekten leben, spitzig, des türkischen Holzhähers (Corvus caryocatactes) seine Zunge ist

mit

mit zwey Spitzen versehen. Bey verschiedenen ist die Luftröhre der Männchen anders eingerichtet, als die vom Weibchen, wie ich bald zeigen werde.

Die Lungen sind sehr klein und nicht beweglich, sie sind an den Ribben befestiget und liegen hinterwärts dicht am Rückgrad.

Das Herz liegt ganz oben in der Brust, mit dem breiten Theil zwischen den Zweigen der Luftröhre (Bronchiae), mit dem spitzern aber zwischen der Leber. Diese ist gleichfalls in der Brust befindlich, und, im Verhältniß der übrigen Theile, recht groß, die Milz hingegen sehr klein, die Gekrösdrüse hängt am Zwölffingerdarm und ist groß.

Das Zwergfell fehlt ihnen, so wie auch das zellulöse Wesen (Substantia diploetica), und der Mark in den Knochen; bey einigen fehlt auch die Gallenblase. Die Knochen sind dünn und sehr leicht, der ganze Körper ist mit Luftsäcken angefüllet, welche beym Einblasen der Luft durch die Luftröhre aufgetrieben werden, wovon auch der Kropf nicht ausgenommen ist. Die obern Knochen der Flügel werden gleichfalls beym Einblasen mit Luft angefüllt und in die Höhe gehoben. Bey den Raubvögeln ist der Speisekanal (Oesophagus) weit, bey den Hüner- und Taubenarten bildet er außerhalb der Brust einen häutigen Sack oder den Kropf. Der Magen ist bey den Raubvögeln nur häutig, bey denen, die von Insekten leben, dickhäutig, und bey denen, die von Samen, Kräutern und Früchten leben, stark fleischigt. Seine Lage ist verschieden, bey den meisten ragt er kaum unter der Brust hervor, bey andern liegt er in der mittlern Gegend des Unterleibes, und bey verschiedenen ganz tief herunter, allemal aber liegt er vor dem Gedärme. Jene haben gar keine Blinddärme, diese haben zwey, die vom Afterdarm abgehen. Der Darmkanal ist bey den Raubvögeln ohngefähr um ein Drittel kürzer als bey den übrigen; bey den Enten, Wasser- Strandvögeln und einigen andern Arten liegen die Gedärme von oben nach unten zu, bey denen aber, die von Gewürmern leben, in der Runde in einer schneckenförmigen Lage. Unter den Lungen sind beym männlichen Geschlecht die Hoden, die eine nierenförmige Gestalt haben, bey dem weiblichen aber der Eyerstock befindlich. Beyde sind im Winter kaum sichtbar, im Frühjahr am stärksten. Gleich unter diesen ist den Nieren ihre Stelle angewiesen.

2. Der Kuckuk, Müll. S. 205. Cuculus canorus. L. n. 1. S. Tab. XVIII. fig. 1.

Dieser durch sein Rufen so bekannte Vogel hat von je her, weil er nicht brütet, die Aufmerksamkeit der Ornithologen auf sich gezogen. Man hat lange viel Fabeln und Hypothesen vorgebracht, um diese Abweichung von der Natur der Vögel zu erklären, bis endlich Herr Herissant durch die Zergliederung

in

in Frankreich die wahre Ursache entdeckt zu haben glaubte *).

Dieser Gelehrte findet den innern Bau des Kuckuks außerordentlich; „der Magen, sagt er, hat bey diesem Vogel eine ganz andere Lage als bey den übrigen Vögeln; bey diesen befindet er sich ganz nahe am Rücken und wird von den Eingeweiden bedeckt, beym Kuckuk aber ist just das Gegentheil. Daraus kann man schlüßen, daß es dem Kuckuk eben so schwer wird, seine Eyer auszubrüten, als dies den andern Vögeln leicht ist.“ Diese Meynung fand allgemeinen Beyfall, und ich würde ihr beypflichten, wenn mich nicht die Zergliederung das Gegentheil davon belehret hätte, denn ich habe verschiedene Vögel gefunden, deren Magen eben eine solche Lage hat, und die dem ohngeachtet brüten, als: das Räutzlein (Strix ulula), die Mandelkrähe (Coracias garrula), der Tageschläfer (Caprimulgus europaeus) das Wasserhuhn (Fulica atra), der Thurmfalke (Falco Tinnunculus) u. s. w. Ueberhaupt giebt es sehr viele Vögel, deren Magen gleich unter dem Bauchfell (Peritoneum) und folglich vor den Gedärmen

*) In den Abhandl. der Königl. Akad. der Wissensch. vom Jahr 1752. p. 417. Pl 15—17. S. D. Lottingers Nachrichten über die Naturgeschichte dieses wunderbaren Vogels, S. 10. Diese Schrift ist zu Strasburg 1776 ins deutsche übersetzt und mit wichtigen Anmerkungen von Herrn Prof. Herrmann vermehret worden.

men lieget, wie beym Kranich, Storch, Perlhuhn, Birkhuhn, Holzhäher (Corvus glandarius) u. s. w. Fast alle Vögel, die von Insekten leben, haben ihren Magen vor den Gedärmen liegen. Es muß daher Herr Herissant nur einige wenige Vögel, deren Magen just am Rücken lag, geöfnet und daraus einen Schluß auf alle Vögel gemacht haben. Es bleibt daher noch immer ein Räthsel, warum die Natur diesem Vogel das Brüten versagt, und, um dessen Untergang zu verhüten, andern Vögeln so viel Liebe für das Kukuksey eingepflanzt hat, denn zu Folge der angestellten Versuche des Herrn Lottingers, brüten sie nur dieses fremde Ey aus, legt man ihnen aber ein Ey eines andern Vogels, wenn es auch von der nämlichen Größe ist, in ihr Nest, so verlassen sie es. Auch beym Futtern des jungen Kukuks herrscht viel sonderbares. Ein Liebhaber und Kenner der Vögel, der verschiedene Arten unterhielt, um sich mit ihrer Naturgeschichte genauer bekannt zu machen, erzählte mir, wie er einem jungen Kukuk aus einem Neste der blauen Bachstelze (Motacilla coerulea) ausgehoben, und ihn auf den Hof gesetzt habe. Dieser schrie für Hunger aus vollem Halse. Ein junger zahmer Goldammer ward von diesem Nothleidenden gerührt, flog nach dem nahe gelegenen Garten, suchte Spinnen aus dem Buchsbaum und fütterte ihn. Auch klein geschnittne Milz hob er auf und steckte sie seinem Zögling ins Maul, er selbst aber aß nichs von diesen Gerichten, denn er wurde mit Samen gefüttert. Einen merkwürdigen Umstand muß

ich

ich noch erwähnen. Beym ersten Kukuk, den ich untersuchte, fand ich im Magen einen recht dichten Haarballen, der unstreitig durch das zusammengebackene Haar von den verspeisten Raupen entstanden ist; das sonderbarste war dieses, daß die innere Haut des Magens dichte mit Haaren besetzt war, und aussahe wie das Fell einer nassen Maus. Daß die Haare nicht von ohngefähr daran sind hangen geblieben, ersiehet man daraus, weil sie durch den Weingeist, in welchem ich ihn eine Zeitlang aufbehalten habe, nicht abgegangen sind, und noch gegenwärtig, da er trocken ist, daran sitzen. Ich hatte nachhero Gelegenheit, einen jungen Kukuk zu untersuchen, fand aber die Haut nicht haarig, und auch keinen festen Haarballen, sondern nur lose zusammenhangende Brocken. Ballen von dieser Art habe ich in mehrern Vögeln, und zwar recht große bemerkt. Noch gegenwärtig, da ich dieses schreibe, fand ich den Magen eines schwarzen Storchs beynahe so dick wie eine Faust aufgetrieben; es war nichts als ein kleiner Fisch darinn befindlich, das übrige bestand aus einer dergleichen lose zusammenhangenden Masse von Käfertheilchen und kleinen Fischgräten. Auf welche Art die Vögel von dieser Last (denn sie muß ihnen ja mit der Zeit nachtheilig werden, und selbst durch ihr Gewicht im Fluge hindern) sich befreyen, das ist mir noch ein Räthsel. Daß diese Ballen nur den alten Vögeln sollten eigen seyn, ist mir deswegen nicht wahrscheinlich, weil der schwarze Storch noch einen zahlreichen Eyerstock hatte und also vermuthlich noch jung war.

Da wir noch keine Zeichnung vom Ey des Kukuks haben, so will ich solche hierbey mittheilen. Es hat die Größe der Lachtaubeneyer, ist schmutzig weiß mit stahlfarbenen und braungelben Flecken: erstere sitzen in der Substanz der Schale, letztere oben auf; das Ey ist beynahe so dick als lang und an beyden Enden rund. S. Tab. XVII. fig. 1.

3. Der Kranich. Müll. S. 372. (Ardea Grus. L. n. 4.) S. Tab. XVI.

Der Herr Domherr von Rochow, dieser um die Verbesserung der Schulen sehr verdiente Cavalier, schickte mir im vorigen Jahre einen Kranich, und meldete mir dabey, daß ich in der Richtung der Luftröhre viel merkwürdiges finden würde, und in der That war meine Verwunderung darüber nicht gering: denn anstatt daß die Luftröhre, wie gewöhnlich, sich, nachdem sie in die Brusthöhle gekommen ist, in zwo Röhren (bronchiae) theilen sollte, gehet sie innerhalb der scharfen Kante des Brustknochens der Länge nach, machet am Ende desselben eine Beugung, gehet nahe an der Unterfläche wieder nach vorn zu, und macht eine zweyte Beugung, alsdann gehet sie wieder zurück bis ohngefähr zur Hälfte des Knochens, formirt alsdann einen halben Bogen, während daß sie in die Höhe steigt, kömmt wieder nach vorwärts, beugt sich nach der Brusthöhle und alsdann erst entsteht die gewöhnliche Theilung derselben. Die Luftröhre ist, so weit sie im Brustknochen liegt, unbeweglich, weil sie allent-

allenthalben an demselben befestiget ist. Dieser Brustknochen hat keine scharfe Kante, wie der Brustknochen anderer Vögel, sondern er ist rund, damit die Luftröhre Platz darinn hat. Die untere Fläche hat oben und unten eine Hervorragung, um der Luftröhre Raum zur Umbeugung zu verschaffen. So wahrscheinlich es ist, daß diese Verlängerung der Luftröhre innerhalb des Körpers etwas zu dem hohen Fluge dieses Vogels beyträgt, eben so zuverläßig kann man behaupten, daß seine hohle und starke Stimme mit von der Befestigung der Luftröhre an dem harten Brustknochen herrühre; Musikverständige mögen dieses genauer bestimmen. Daß diese Vögel aber wirklich sehr hoch fliegen, davon ist unser würdige Kollege, der Herr Oberconsistorialrath Silberschlag auf seiner Reise nach dem Brocken ein Augenzeuge gewesen; dieser ist 3000 Schritt hoch, und er sahe sie bey ihrer Wanderschaft darüber wegziehen.

4. Die Sie vom Kranich.

Ich erhielt nicht lange nachher, durch die Güte Sr. Excellenz des Herrn Minister von Zedlitz, auch einen Kranich, und als ich die Luftröhre untersuchte, fand ich, daß sie nur bis zur Hälfte des Brustknochens gieng. Diese starke Abweichung der Luftröhre war zu auffallend, als daß sie nicht meine ganze Aufmerksamkeit hätte rege machen sollen. Ich setzte die Zergliederung fort, und fand den Eyerstock. Dieser

Vogel war auch wirklich um ein Drittel kleiner, wie die Weibchen dieser Klasse zu seyn pflegen. Nun gerieth ich auf den Gedanken: sollte wohl die physische Ursache von der Verschiedenheit der Stimme der Vögel in beyden Geschlechtern, so merklich in die Augen fallen? und sollten nicht, wenn es sich in der Natur so verhielt, schon längst andere Naturkündiger dieses bemerkt haben? Ich schlug die ornithologischen Bücher, die ich besitze, nach, und fand nicht die geringste Nachricht davon*). Ich fieng daher an zu zweifeln, ob dieser Gedanke sich realisiren möchte. Ich fieng meine Untersuchung aufs gerathe wohl an, und ob ich schon nicht bey allen Vögeln einen merklichen Unterschied der Luftröhren in beyden Geschlechtern entdecken konnte, so fand ich doch meine Mühe durch dasjenige reichlich belohnt, was ich hier bekannt machen werde. So gering auch immer die Anzahl der Vögel seyn mag, deren Luftröhre ich hier beschreibe, so wird sie doch hinreichend seyn, andere Naturkündiger darauf aufmerksam zu machen. Da ich weder ein Jäger, noch ein Tonkünstler bin, so überlasse ich es andern, ob sich aus dem verschiedenen Bau der Luftröhren auch die Verschiedenheit ihrer

*) So eben, da ich dieses schreibe, erhalte ich den Willughby, aus dem ich ersehe, daß er zwar die Luftröhre des Kranichs und die von der Quakerente gekannt habe, aber von dem Unterschiede derselben in beyden Geschlechtern, imgleichen von den übrigen Luftröhren, die ich bemerkt habe, finde ich nichts bey ihm.

ihrer Stimme erklären lasse. So viel ist indessen gewiß, daß sich manche Geschlechter dadurch werden genau bestimmen lassen. Denn da die Hoden und der Eyerstock außer der Begattungszeit nur sehr klein sind, und da ohnehin die Theile im Unterleibe gar bald zur Fäulung übergehen, so gewährt uns die Luftröhre, bey solchen, bey denen sich ein merklicher Unterschied zeigt, ein weit bequemers und zuverläßigeres Zeichen als jene Theile.

5. Der Auerhahn. Müll. S. 479. (Tetrao urogallus L.) S. Tab. XVIII. fig. 2 — 5.

Der Herr Graf von Solms beschenkte mich mit einem Auerhahn und einer Henne, die Sie von Ihren Gütern aus Schlesien für mich hatten kommen lassen. Bey der Untersuchung derselben fand ich viel merkwürdiges. Der Hahn war mehr als noch einmal so stark wie die Henne. Ersterer wog 10$\frac{3}{4}$ Pfund, und letztere nur 4$\frac{3}{4}$ Pfund. Die Luftröhre hat gleichfalls, wie die vom Kranich, eine trompetenförmige Beugung, nur mit dem Unterschiede, daß jene innerhalb der Brust, diese aber am Halse, dichte am Kropf, befindlich ist. Bey den Menschen und bey den vierfüßigen Thieren sind die knorpelichten Ringe der Luftröhre nicht ganz knorpelicht, sondern nur bis auf $\frac{2}{3}$, der übrige Theil ist häutig und flach, mit dem sie gegen die Wirbelknochen zugekehrt sind. Die Luftröhren der Vögel aber bestehen aus lauter durchgehends knorpelichten Ringen, einige wenige ausgenommen,

nommen, sogar die Lungenröhren (Bronchiae) S. Fig. 5. c. c. bestehen bey verschiedenen Vögeln aus ganz knorpelichten Ringen. Da ein durchgängig harter Körper den Schall viel weiter fortpflanzen kann, als ein anderer, der aus harten und weichen Theilen zusammen gesetzt ist, so siehet man leicht ein, warum die Vögel eine so durchdringende Stimme haben; vermuthlich hat sie ihnen der Schöpfer zu ihrer Erhaltung so eingerichtet, denn da sie bestimmt sind, weite Reisen zu machen, und da sie durch den Wind leicht von einander getrennt werden, so würde die neue Brut, welcher die Weltgegenden noch nicht bekannt sind, sich leicht verirren und umkommen, wenn nicht die alten durch eine weitschallende Stimme sie an sich ziehen könnten. Diese helle Stimme dienet ihnen nicht nur zum Wegweiser, sondern sie warnet sie auch in ihren Standquartieren für die herannahende Gefahr. Man darf nur auf die Stimme eines Haushahns oder einer Glucke Acht haben, wenn sie einen Raubvogel in der Luft, oder ein Raubthier in der Nähe bemerken, so wird man die weise Einrichtung eines höhern Wesens nicht verkennen. Da dasselbe nicht für rathsam gefunden hat, sie mit hinlänglichen Waffen zu versehen, so sind sie genöthigt, ihre Rettung in der Flucht zu suchen; hierzu war aber eine Posaune vonnöthen.

Ein jeder Ring von der Luftröhre des Auerhahns bestehet aus zwey schmalen Ringen, die in der Mitte eine länglichte Oefnung zwischen sich lassen.

Auch

Auch dieses haben die Vögel vor andern Geschöpfen zum voraus, daß ihre Luftröhren mit außerordentlich vielen Muskeln versehen sind; diese sitzen auf den beyden Seiten der Luftröhre, S. Tab. XVII. fig. 3. a. a. und sind an den Ringen befestiget. Diese Muskeln haben sehr dünne und lange Sehnen, welche bey den meisten von unten nach oben zu laufen, bey einigen aber schicken die obern Muskeln Sehnen nach den untern Ringen. Durch das Anspannen dieser bald längern bald kürzern Seiten, werden bald diese bald jene, einmal mehr, ein ander mal weniger Ringe angespannt; hieraus aber müssen nothwendiger Weise verschiedene Töne entstehen. Werden alle Ringe zugleich nach der Brust gezogen, so wird die Pfeiffe kurz, bekommen sie aber eine umgekehrte Richtung, so wird sie lang, in beyden Fällen aber muß der Ton verschieden seyn. Der oberste Ring (Cartilago Thyroeidea) ist stark und länglicht rund, oben hat er eine länglichte Spalte (rima glottidis) und unterwärts ist er mit starken Muskeln versehen, durch diese kann er die Spalte nach seinem Wohlgefallen verengern oder erweitern. Der Vogel ist daher im Stande, durch seine Orgelpfeife viel oder wenig Wind auf einmal heraus zu lassen, nach dem es seine Umstände erfordern. Die Folgen hiervon darf ich wohl nicht erst erwähnen, da sie einem jeden von selbst einfallen. Außer diesen Muskeln kann die Luftröhre durch die 2 Muskeln Fig. 4. a. a. nach der Brust, und die Muskeln des Zungenbeines in die Höhe gezogen werden, denn mit diesen ist sie genau verbun-

verbunden, und jene sitzen innerhalb der Brust mit einem Ende an dem Brustknochen, mit dem andern an der Luftröhre, bevor die Theilung in den Lungenröhren geschiehet. Wegen dieser Befestigung können sie füglich Sterno-tracheales genennet werden. Es kömmt noch hinzu, daß die Luftröhre durch die benachbarten Theile des Kopfes, Halses und der Zunge mehr oder weniger kann angespannt werden. Die große Menge Luft, die ein Vogel in sich ziehen kann, da sein ganzer Körper in Blasebälge gleichsam eingehüllet ist, und die er durch die Anstrengung aller seiner Muskeln auf eine gewaltsame Weise zusammendrückt und heraus stößt, trägt nicht wenig zur Stärke seiner Stimme bey. Man betrachte nur die Stellung und Bewegung eines Hahns, wenn er krähet, so wird man sehen, wie sehr der ganze Körper Theil daran nimmt. Die verschiedene Stärke und Schwäche der Zunge, der mehr knochen- oder hornartige Schnabel, die größern oder kleinern Nasenlöcher, die längere oder kürzere Spalte in der Luftröhre und im Gaumen, alles dieses trägt nicht wenig zur Verschiedenheit der Stimme der Vögel bey. Da ich aber dieser Materie nicht gewachsen bin, so will ich abbrechen und zum Auerhahn wieder zurück gehen. Dieser Vogel hat nicht nur alle Muskeln, womit andere Vögel versehen sind, sondern noch zwey andere, die ich bey ihm einzig und allein gefunden habe. Es sind zwey ganz lange Muskeln, die unten zusammen verbunden, und in der Mitte des obern Randes des Brustknochens befestiget sind. Nach dem sie ohngefähr

fähr einen Zoll lang in die Höhe gestiegen, trennen sie sich und gehen an der Luftröhre bis zu Ende derselben hinauf, allwo sich ein jeder in zwey Köpfen theilt, davon der eine vorwärts, der andere aber hinterwärts an der untern Fläche des schildförmigen Knorpels (Cartilago thyroidea) befestiget wird. Der Nutzen ist, dem Ansehen nach, die Luftröhre zu verkürzen: denn da sie am Halse zwey Krümmungen hat, so kann sie durch die kleinen Seitenmuskeln, so weit der trompetenförmige Gang sich erstreckt, nicht verkürzt werden; ob sie aber was dazu beytragen, daß der Auerhahn so lange wie er balzt, so wenig hört, daß er sogar den Schuß des Jägers nicht merkt, läßt sich nicht vermuthen: denn da sie mit den Gehörnerven in keine unmittelbare Verbindung stehen, so können sie auch den Einfluß des Nervensafts in denselben nicht wohl verhindern. Es verdienet indessen dieser merkwürdige Umstand eine Untersuchung, weil aber die Köche aus dessen Fleisch eine schmackhafte Pastete zu machen wissen, und er daher eine Speise der Vornehmen ist, so möchte diese Untersuchung, da mehr als ein Kopf dazu erfordert wird, einem Naturkündiger hoch zu stehen kommen; den meinigen konnte ich in dieser Absicht nicht brauchen, weil ich ihn für meine Vogelsammlung ausstopfen ließ. Es hat auch dieser Vogel, im Verhältniß der übrigen, nur wenig Gehirn, seine Zunge ist nur klein und nach hinten zu mit Borsten besetzt, S. fig. 2. a. Bey der Henne ist die Luftröhre ohne alle Beugung, und die beyden langen Muskeln fehlen ihr gleichfalls.

6. Die Tauchergans. Müll. S. 304. (Mergus Merganser L.) S. Tab. XVIII. fig. 3.

Der Herr Professor Beckmann erinnert mit Recht im ersten Bande der Beschäftigungen, S. 170., daß derjenige Theil der Ornithologie, der die Wasservögel begreift, noch der meisten Verbesserungen bedürftig sey. „Diese Vögel, sagt er, täuschen die „Beobachter durch ihre Farben, welche sie sowohl „nach dem Alter, als nach den Jahreszeiten meistens „verändern, wie denn auch beyde Geschlechter in die„sem Stück gar sehr von einander abweichen. Ue„berdem haben die Naturalisten seltener Gelegenheit, „die Wasservögel als die Landvögel zu erhalten und „näher zu untersuchen.“ Mit diesen Bemerkungen hat es seine Richtigkeit, und in der That sind sich die Schriftsteller in den Beschreibungen der Vögel nirgends weniger ähnlich als bey den Entenarten. Durch den auffallenden Unterschied an der Luftröhre in beyden Geschlechtern der oben angeführten Vögel, angefeuert, nahm ich mir vor, in dem eben zurück gelegten Winter diese Vögelarten vorzüglich in dieser Absicht zu untersuchen. Hier sind die Resultate davon; mehr Arten habe ich in dieser kurzen Zeit nicht auftreiben können. Damit man wissen möchte, welche Enten ich meyne, deren Luftröhren ich hier in Abzeichnungen liefere, so war ich Willens, sie genau zu beschreiben und andere Schriftsteller damit zu vergleichen; da aber die Zeit für diesmal zu kurz dazu ist, so werde ich solches vielleicht im künftigen Bande nachholen.

Die

Die Tauchergans hat eine sehr sonderbare Luftröhre; beym Anfange hat sie die gewöhnliche Weite, darauf erhält sie eine starke Erweiterung, in der Mitte wird sie wieder eng, bald hernach aber wieder weit, und in der Gegend der Brust wieder eng. In der Brust selbst nimmt man einen großen Luftbehälter wahr, welcher aus einem knöchernen und häutigen Theil zusammengesetzt ist. Der knöcherne Theil bildet erstlich einen umgekehrten Trichter (lit. c. d.) und hernach zwey Bogen (e. e.), zwischen diesen und dem Trichter ist eine weiße durchsichtige Haut ausgespannt, die mit der Trommelhaut im Ohr (tympanum) viel Aehnlichkeit hat. Es hat diese Luftröhre drey solcher Trommelfelle, davon aber auf der Kupfertafel nur zwey bey lit. f. f. sichtbar sind; das dritte ist verdeckt. Die knorpelichten Ringe an dieser Luftröhre sind ziemlich stark; zwischen diesen sind auf beyden Seiten in der Mitte kleine knorpelichte Plätchen vorhanden (h. h.). Von allem diesem ist bey dem Weibchen nichts zu sehen. Die Luftröhre dieses letztern ist nicht stärker, als die vom Erpel bey ihrem Anfange ist; am Ende, ehe sie sich theilt, werden die knorpelichten Ringe knochenartig. Ich habe Gelegenheit gehabt, vier paar davon zu untersuchen, deren Luftröhren ich aufbewahre, und jedesmal habe ich einerley Erscheinung wahrgenommen. Hierdurch bestätiget sich dasjenige vollkommen, was unser Herr Professor Pallas im 3ten Bande unserer Beschäft. S. 552. wieder Linné erinnert, daß der Mergus castor und der Mergus merganser nicht zweyerley Arten

ten, sondern das letzterer der Erpel und ersterer die Ente sey. Ich bin um so vielmehr davon überzeugt, da ich allemal bey dem grünköpfigen die Hoden, und bey dem rothköpfigen Taucher den Eyerstock gefunden habe. Der Uebersetzer des Linné hält sie gleichfalls für zweyerley Arten, und sie kommen bey ihm unter den Namen Tauchergans und Bibertaucher vor; unser Frisch hat eben diesen Fehler begangen, das Männchen hat er auf der 190ten Tabelle unter der Benennung Seerache mit dem grünen, und das Weibchen auf der 191ten, mit dem rothen Kopf, angezeiget. Auch die Vermuthung, die Herr Pallas am angeführten Orte äußert, als rührte die gelblichte Farbe an der Brust dieses Vogels von dem unter der Haut befindlichen gelben Fett her, halte ich deswegen für wahrscheinlich, weil andere Enten, die ein weißes Fett haben, an diesen Stellen weiß sind, und keine solche röthlichte Farbe zeigen.

7. Die weiße Nonne. Müll. S. 306. (Mergus albellus L. n. 5.) S. Tab. XVIII. fig. 7.

Beym Scopoli kömmt dieser Vogel unter dem Namen Scheckente vor *); Kramer **) hat ihn genau beschrieben, und Frisch sehr gut auf der 172. Tafel abgebildet, mit der Benennung Kreuzente.

Die

*) Scopoli Bemerkungen aus der Naturgeschichte. S. 78. n. 91.

**) Elenchus vegetabilium et animalium. p. 344.

Die Luftröhre dieses Vogels ist oben auf zwey Zoll lang eng, nachhero wird sie weit, und bleibt auch so, bis sie sich in den knöchernen Behälter endiget. Dieser bestehet aus einem breiten und länglichten Kasten, an der linken Seite hat er einen knöchernen Bogen, an dem die beyden Trommelfelle, die vom Kasten in die Höhe steigen, befestiget sind. S. Fig. 7. Die Ringe der Luftröhre sind dergestalt geordnet, daß ein schmaler mit einem breiten abzuwechseln scheint; eigentlich aber ist ein jeder Ring bis zur Hälfte breit, und die übrige Hälfte ist schmal, und da immer der breite Theil des einen an dem schmalen Theil des andern gelegen ist, so entstehet daraus die angeführte Erscheinung.

8. Der Pfeilschwanz. Müll. S. 306. (Mergus minutus L. n. 6.) S. Tab. XVIII. fig. 7.

Die Luftröhre dieses Vogels hat vollkommen dieselbe Gestalt, als die vom vorhergehenden. Ich kann daher den Zweifel, den ich wieder unsers berühmten Herrn Pallas Meynung hege, nicht bergen. Dieser behauptet in der angeführten Stelle der Beschäftigungen, daß der Mergus minutus des Linne das Weibchen vom Albellus wäre, welche Meynung auch Ray schon geäußert hat *). Von den meini-

 gen

*) S. *Willughb.* Ornithol. Ed. Rayana, p. 255. Cap. IV. Er nennt ihn Mergus cirratus fuscus. *Willughb.* aber Mergus cirratus minor. Tab. 64. fig. 4.

gen bin ich überzeugt, daß er ein Männchen ist: ob aber der Minutus des Linné mit dem meinigen einerley Vogel sey, dies könnte noch einigen Zweifel unterworfen seyn. Des letztern Beschreibung passet nicht genau auf den meinigen, ich finde keine schwarze Binde am Auge*), die er im System als ein Kennzeichen angiebt; in der Fauna erwähnet er dieses Zeichen nicht**). Aus dem Citatum des Rüdbeck, wo er sagt: Mergus minutus cinereus, capite semirufo, ersehe ich, daß er unter dem Minutus meinen Vogel gemeynet habe. Brünniche beschreibt ihn unter dem Namen Mergus glacialis genau***), Kramer aber noch umständlicher****); auch des Scopoli Beschreibung passet auf den meinigen bis auf einige Kleinigkeiten. Er nennet ihn die ungarische Taucherente, Mergus Panonicus†). Dieser Vogel ist etwas kleiner als der vorhergehende, der Schnabel ist kurz, keilförmig, die Oberkinnlade hat einen Zacken; in beyden befinden sich spitze Zähne; die obere Hälfte des Kopfs und das Genick ist braunroth, und die Federn bilden einen kleinen Kamm. An der andern Hälfte des Kopfs, und oben am Halse, imgleichen am Bauch ist er weiß, die Brust ist perlfarbig, der Rücken, die Oberflügel und der Schwanz ist

*) l. c. p. 209. fascia oculari nigra.

**) Ed. I. p. 41. n. 115. Ed. II. p. 49. n. 138.

***) Ornithol. Borealis p. 24. n. 99.

****) Elench. p. 344. n. 4.

†) Scopoli Bemerk. aus der Naturg. S. 79. n. 92.

ist bräunlich schwarz, die ersten Flügelfedern sind schwarz, die mittlern und die Deckfedern schwarz mit weißen Spitzen; der Spiegel hat zwey weiße und zwey schwarze Streifen, der Schnabel und die Füße sind schmutzig schwarz. Dieses wird hinreichend seyn, um den Vogel kennbar zu machen, den ich für des Minutus Erpel, halte. Der künftige Winter wird mir mehr Gelegenheit schaffen, um zu entscheiden, welcher von diesen großen Männern die Wahrheit auf seiner Seite hat.

9. Die Quackerente. Müll S. 292. (Anas clangula L. n. 23.) S. Tab. XVII. fig. 1. und 2.

Der Bau dieser Luftröhre weicht sehr von denen bisher beschriebenen ab. In der Mitte bekömmt sie eine starke Erweiterung, die Ringe haben eine Richtung von oben nach unten, und liegen über einander, S. lit. a.: bläßt man hinein, so heben sich die Ringe und bekommen die Gestalt einer kleinen Tonne, S. Fig. 2. Innerhalb der Brust hat sie einen knöchernen Behälter in der Gestalt eines umgekehrten Trichters, der theils häutig, theils knochenartig ist. Der Trichter ist auf der rechten Seite ganz von Knochen, auf der linken Seite ist er stark erweitert, und hat zwey Bogen, an denen und an dem vorigen Theil drey Trommelfelle ausgespannt sind,. davon das eine nach vorne, das zweyte nach der linken Seite, und das dritte nach hinten zu gekehret ist. S. lit. c — g.

Da die Luftröhre bey dieser Ente tief herunter gehet, so machen die Lungenröhren (bronchiae) eine Beugung, um in die Lunge zu kommen. Frisch hat sie auf der 181ten Platte gut abgebildet, und aus der Sie, die er auf der folgenden Platte liefert, macht er eine besondere Art. Scopoli nennt sie das Goldäugelein, S. 64. n. 71. Erstere nennt er den schwarzkopfigten, und die letztere den rothkopfigten Ententaucher. Auch von diesem Vogel habe ich einen Beweis in meiner Sammlung, wie viel das Alter auf die Farben der Vögel vermag. Kürzlich erhielt ich einen Erpel von dieser Art; anstatt daß der dicke Kopf mit einer schönen schwarzblauen Farbe spielen sollte, ist er unangenehm grau, beynahe wie die Sie; auch die schöne schwarze Farbe des Ruckens und des Steißes (uropygium), hat sich in diese schmutzige verwandelt, der Bauch und Hals hingegen ist sehr weiß. Er ist etwas größer als der gewöhnliche Erpel. Beym Untersuchen merkte ich erst an den Knochen, daß er alt sey. Die Hoden, die sonst um diese Jahreszeit angeschwollen sind, waren nur klein.

10.

1) Die Krikente. Müll. S. 297. Anas crecca L. n. 33.

2) Die Winterhalbente. Müll. S. 296. Anas querquedula L. n. 32. S. Tab. XVIII. fig. 6.

Diese beyde Entenarten, die sich an der Größe gleichen, haben auch, wie der Albulus und Minutus, einer-

einerley Luftröhren; an beyden ist, ehe die Luftröhre sich theilt, ein kleiner knöcherner Luftbehälter, der die Größe einer starken Erbse hat. Frisch hat sie beyde sehr gut geliefert, erstere auf der 174ten, und letztere auf der 176ten Platte. Die Figur auf der 175ten Platte halte ich für die Sie der Querquedula, denn der Spiegel kömmt mit dem von dieser mehr überein, als mit dem vom Krikerpel. Ich besitze beyde Sieen, die eine hat einen grünen Spiegel und die andere nicht; vielleicht ist letztere noch eine junge. Linné, der beyde Vögel in der Fauna genau unter No. 128. und 129. beschreibt, hat die schönen herabhangenden Deckfedern, die halb weiß und halb schwarz, wie die beym Fischreiher sind, nicht bemerkt.

II.

1) Die zahme und die wilde Ente. Müll. S. 299. Anas boschas L. n. 40.
2) Der Pfeilschwanz. Müll. S. 295. Anas acuta L. n. 28.
3) Die Pfeifente. Müll. S. 294. Anas Penelops L. 27. S. Tab. XVIII. fig. 5.

Diese vier Enten haben an der Luftröhre einen knöchernen Luftbehälter, welcher die Größe und Gestalt eines Fingerhuts hat; vor der Theilung in den Lungenröhren, wird die Luftröhre knöchern, und inwendig sitzt eine dergleichen Scheidewand. Der knöcherne Luftbehälter sitzt auf der linken Seite und hat Gemeinschaft mit der Luftröhre und der Lungenröhre von derselben Seite; bey der wilden Ente ist er etwas größer als bey der zahmgemachten, und bey dem Pfeilschwanz hat die Luftröhre nach unten zu eine kleine Erweiterung. Frisch hat den Erpel auf der 160ten, und die Ente auf der 168ten Platte abgezeichnet. Auch dieses Paar hat er für zweyerley gehalten, denn den erstern nennt er Fasanente, und die letztere die graue Mittelente. Kramer beschreibt ihn genau S. 340. n. 9. unter dem Namen Schwalbenschweif; die Sieen aber haben nicht die geringste Anzeige von dem allen. Der Erpel von der Pfeifente siehet im Frisch auf der 164ten Tafel, und hat den Namen, die Seelster oder Blaßente; Scopoli aber nennt sie die Weißstirn, S. 75. n. 87. Linné beschreibt sie genau in der Fauna, n. 105.

12. Die Bergente. Müll. S. 281. Anas Marila L. n. 8. S. Tab. XVII. fig. 3 und 4.

Der Bau der Luftröhre weicht bey dieser merklich von den vorhergehenden ab; sie ist fast dicker als die vom Kranich, Pfau, den Kalekuten und andern großen Vögeln, sie ist auch gleich vom Anfang so weit, da die übrigen Arten erst nach unten zu ihre Erweiterungen erhielten. Am Ende wird sie dünn und erhält einen knöchernen Bogen, der in die Höhe gerichtet ist; nach der Luftröhre zu ist er breit, nach der andern Seite aber nur schmal. S. Fig. 3. u. 4.

Auf

Auf beyden Seiten ist an diesem Bogen ein Trommelfell ausgespannt, an der innern Seite ist es nur schmal, an der äußern aber breit; damit es aber bey einer zu starken Ausdehnung nicht platzen möge, so ist es mit einem schmalen Querknochen versehen, S. Fig. 3. 4. Auch bey dem Bau der Luftröhre muß man auf das Alter Rücksicht nehmen, weil bey einem noch nicht ausgewachsenen Vogel auch diese noch nicht die gehörige Gestalt hat. Bey einer jungen Ente dieser Art hatte die Luftröhre nur in der Mitte eine Erweiterung und der knöcherne Bogen war nur ganz schmal. Das Weibchen hat Kramer S. 342. n. 17. beschrieben; im Oesterreichischen heißt sie die Mohrenente. Frisch hat sie auf der 170ten Tafel abgebildet, und sie führet bey ihm den Namen Moder- oder Murente. Die meinige scheint mit der unterirdischen Ente des Scopoli S. 72. n. 83. einerley zu seyn.

13.

1) Europäische Haubenente. Müll. S. 302. Anas fuligula L. n. 45.

2) Der Rothhals. Müll. S. 296. Anas ferina L. n. 31. S. Tab. XVII. f. 5. 6.

Der Bau der Luftröhre bey diesen Enten hat eine Aehnlichkeit mit der vorigen, sie weicht aber in folgenden Stücken von ihr ab. Der Anfang der Luftröhre ist weit und vorwärts häutig, denn die Ringe sind nicht ganz rund, gegen das Ende wird sie oval und endigt

endigt sich in zwey bauchigen knöchernen Röhren, die gereift sind; aus diesen entspringen die Lungenröhren, zwischen welchen eine knöcherne Vertiefung befindlich ist; auf der linken Seite sitzt ein schmaler knöcherner Bogen, an dem von beyden Seiten das Trommelfell angespannt ist, über dieses ist von der linken Seite ein knöchernes Netz gespannt, auf der äußern Seite aber ein knöcherner Bogen mit einem dergleichen Netze, Fig. 5. 6. Frisch heißt sie die Reiher- oder Strausente, und sie stehet auf der 171ten Platte. und Scopoli Schopfente, S. 69. n. 78. Er erwähnt drey Abänderungen, davon die erste mit der meinigen übereinkommt.

14. Die Sommerhalbente. Müll. S. 297 Anas circia L. n. 34. S. Tab. XVIII. fig. 4.

Die Luftröhre ist beym Anfang, wie die vorhergehende, etwas weit, bald darauf wird sie enger, alsdann erweitert sie sich so, daß sie am knöchernen Luftbehälter am weitesten ist, statt daß andere da am engsten zu seyn pflegen. Der Behälter weicht gleichfalls von den bisher angeführten ab, er sitzt in der Mitte, bildet, mit der Luftröhre zusammen betrachtet, eine Art von Herkuleskeule. S. Tab. XVII. f. 4. Der knöcherne Behälter bestehet aus zween Theilen, aus dem größern auf der rechten Seite, und aus dem kleinern auf der linken Seite; die beyden Brustluftröhren-Muskeln (Musculi sternotracheales), die sich bey allen Vögeln finden, sind hier nicht abgezeichnet. S. lit. a. a. Diese

Ente

Ente ist im Brünnichs S. 18. n. 83. beschrieben. Aus dem wenigen, was ich bisher von den Luftröhren beygebracht habe, liesse sich folgern, wenn man anders die Luftröhre bey den Enten mit zum Eintheilungsgrund annehmen wollte, daß dieses weitläuftige Geschlecht auf wenige Arten könnte reduciret werden, so würde z. E. die Anas hiemalis von der acuta, die Penelops von der Boschas, die ferina von der fuligula, der Mergus minutus vom albellus, und vielleicht auch der Mergus serrator vom Merganser eine Spielart seyn: Gäbe man nun auch jedem Mann seine Frau wieder, so fallen noch viele weg, die man bisher als besondere Species betrachtet hat, und so würde man dieses verwirrte Geschlecht bald aufs reine bringen können.

15.

1) Der Storch. Müll. S. 374. Ardea ciconia L. n. 7.
2) Der Pfau. Müll. S. 457. Pavo cristatus L. n. 1.
3) Der Kolkrabe. Müll. S. 168. Corvus corax. L. n. 2.
4) Die schwarze Krähe. Müll. S. 172. Corvus corone L. n. 3. S. Tab. XVII. f. 6. und 7.

Vom Auerhahn haben sichs manche einfallen lassen, er habe keine Zunge, weil sie nur klein ist, allein sie ist ein Riese gegen die Zunge vom Storch. Diese ist kaum $\frac{1}{4}$ Zoll lang, sie ist dabey nur

nur dünn und hat eine pfeilförmige Gestalt. Die Lunge liegt bey diesem Vogel tief in der Brust, und da sich die Luftröhre gleich bey ihrem Eintritt in die Brust theilt, so entstehen daraus zwey lange Lungenröhren. Diese liegen neben einander auf dem Rückgrad, und machen am Ende eine Krümmung, um in die an den Ribben befestigte Lungen zu kommen. Diese Lungenröhren bekommen durch die an ihnen befindliche viereckigte Flecke ein sehr schönes Ansehen. Die rothe Scharlachfarbe, womit sie prangen, sticht auf den weißen Grund sehr gut ab, jedoch habe ich diese nur bey einem weißen Storch bemerkt, bey dem schwarzen aber, den ich kürzlich zerlegte, waren sie nicht vorhanden.

Die knorpelichten Ringe am Pfauhahn waren so hart, als wenn sie von Knochen wären, wahrscheinlicher Weise läßt sich seine weit umher schallende Stimme davon herleiten.

Der Kolkrabe und die schwarze Krähe, welche fast die einzigen unter 700 bis 800 Vögel sind, die durchaus, und sogar, so weit man nur in den Rachen hinein sehen kann, mit einer schwarzen Farbe begabt sind, haben besondere Muskeln an ihren Luftröhren; unterwärts an der Luftröhre bey ihrer Theilung, sitzen vorne vier, hinterwärts aber nur zwey. S. Fig. 8. und 9. Mit ihren Spitzen verlieren sie sich in die Seitenmuskeln der Ringe. Ohne Zweifel dienen sie mit zur Bildung ihrer Stimme, da aber die Weibchen ebenfalls damit versehen sind, so müste

daraus

daraus folgen, daß die Stimme derselben von der Stimme der Männchen nicht verschieden sey; ob sichs aber in der Natur wirklich so verhalte, ist mir unbekannt.

Erklärung der Kupfertafeln.

Tab. XVI.

Ein aufgesägter Brustknochen vom Kranich mit der darinn liegenden Luftröhre.

lit. a. a. der Gang derselben am Oberrande des Knochens.

b. die erste Beugung.

c. die zweyte Beugung.

d. die dritte Beugung.

e. der Eingang nach der Brusthöhle.

f. die Theilung in den Lungenröhren (bronchiae).

Tab. XVII.

Fig. 1. die Luftröhre der Quakerente. Anas clangula.

a. die Erweiterung in der Mitte.

b. der trichterförmige Luftbehälter.

c. c. die gekrümmte Lungenröhren.

Fig. 2. der mittlere Theil aufgeblasen.

Fig. 3. die Luftröhre von der Bergente.

a. der knöcherne Bogen.

b. das Trommelfell.

Fig. 4. die Seite mit dem Querknochen.

a. der schmale Rand.

b. die

b. der Querknochen.

Fig. 5. Luftröhre von der Haubenente.

a. der gereifte Knochen.

b. der Bogen mit dem knöchernen Netze von der innern Seite.

Fig. 6. derselbe von der äußern Seite.

c. der Querknochen.

Fig. 7. der untere Theil der Luftröhre vom Storch.

Fig. 8. die vordere Seite von der Luftröhre des Raben.

aa. die vier vordern Muskeln. Trochiales anteriores.

Fig. 9. die hintere Seite.

aa. der Musculus trochialis.

bb. die zwey hintern Muskeln Trochiales posteriores.

Tab. XVIII.

Fig. 1. Das Ey vom Kuckuk.

Fig. 2. die Luftröhre des Auerhahns.

a. die kurze mit Stacheln besetzte Zunge.

b. das Zungenbein.

c. die Oefnung der Luftröhre mit den herumsitzenden Stacheln.

d. die trompetenförmige Beugung.

e. die beyden Muskeln, Sternothyrioides.

f. f. die doppelte Entdeckung des Muskels an der Luftröhre.

g. deren Vereinigung am Brustbein.

hhhh. die zwey Knochen, woraus jede Hälfte des Zungenbeines bestehet.
ii. die knorpelichten Theile.

Fig. 3. die Luftröhre vom Meerrachen, oder der Tauchergans.
aa. die Seitenmuskeln.
bb. die beyden Erweiterungen der Luftröhre.
c. der knöcherne Trichter auf der rechten Seite.
d. der knöcherne Luftbehälter auf der linken Seite.
ee. der knöcherne Bogen.
ff. die Trommelhäute.
g. der Untertheil vom Trichter.
hh. die kleinen knorplichten Plättchen, welche zwischen den Ringen liegen.
ii. die Lungenröhren, bronchiae.

Fig. 4. die Luftröhre der Sommerhalbente, Anas circia.
aa. die Muskeln, Sternotracheales.
b. der knöcherne Trichter.
c. der kleinere auf der rechten Seite.

Fig. 5. die Luftröhre der Merzente, Anas Boschas.
a. der knöcherne Luftbehälter.
b. die fingerhutförmige Erweiterung.
cc. die Lungenröhren, bronchiae.
d. das Luftröhrenband.

Fig. 6. die Luftröhre von der Krikente und von der Winterhalbente.

Fig. 7. die Luftröhre von der weißen Nonne, Mergus albellus, und dem Pfeilschwanz, Mergus minutus.

a. die Erweiterung.

b. der knöcherne Behälter.

c. der knöcherne Bogen.

d. das Trommelfell.

XXV.

XXV. 1.

Chemische Untersuchung der Schwer-Spatherde.

von

Carl Wilh. Scheele.

Daß die Erde in dem schweren Spath keine Kalk- sondern eine eigene Erdart sey, erhellet aus folgenden Versuchen. Ich will aber erstlich zeigen, wie diese Erde aus dem Schwerspath am besten zu erhalten ist:

Man pulverisire den Schwerspath in einem gläsernen Mörser so zart als möglich, darauf mische man dieses Pulver der Masse nach, mit drey doppelt so viel Kohlenstaub und so viel Honig, daß daraus eine dicke Masse entstehet. Diese Mischung wird in einem zugedeckten Tiegel eine halbe Stunde hellglühend gehalten. Nach dem Erkalten zerreibt man diese hepatische Mischung, und gießt nach und nach so viel Meersalz-Säure, welche mit sechsmal so viel Wasser diluirt ist, dazu, bis es nicht mehr schaumet; man erhitze alsdenn diese Mischung, und lasse die unaufgelößte Erde, welche ein noch undecomponirter Spath ist, sich setzen; man gieße das Klare alsdenn ab und süße das restirende Pulver aus und trockne es. Dieses Pul-

 ver

ver wird wiederum nach oben erwähnter Art mit Kohlenstaub calcinirt, und der von neuen erzeugte Hepar mit der Salzsäure aufgelößt. Die auf solche Art in der Säure erhaltene Solution wird einige Stunden in einem abgesprengten Kolben in starker Digestion erhalten, damit die stinkende Schwefelluft davon gehe; nachgehends wird alles filtrirt und so heiß als möglich mit reiner Weinsteinlauge präcipitiret, edulcoriret und getrocknet.

1) Diese Erde gehet bey starker Hitze im Fluß und erhält nach dem Erkalten eine etwas blaulichte undurchsichtige Farbe. 2) Im Boraxglas löst sich vieles auf und schäumet damit. Eben so verhält sie sich mit sal microcosm. 3. a) Die geschmolzene Masse erhitzet sich mit den Säuren. b) Fein gerieben und mit Wasser gekocht lößt sich ein Theil darinn auf, aber vieles restiret, welches sich nicht solviren will, und welches mit Säuren noch schäumet. c) Dieses Kalchwasser wird von der Luftsäure präcipitiret, macht die Auflösung des corrosivischen Sublimats gelb und lößt den Schwefel auf. d) mit der vitriolischen Säure gemischt, fällt sogleich ein regenerirter Schwerspat nieder. Eben dieses geschiehet, wenn dieses Kalkwasser mit einer Gipsauflösung, mit Tartarus Vitriol und sal mirab. gemischt wird. 4) Mit der vitriolischen Säure schäumet diese Erde, wird aber nicht aufgelößt. 5) Mit der Salpetersäure entstehet eine bittere Auflösung, welche sehr leicht in zarten Crystallen anschießt, welche ziemlich viel zu ihrer Auflösung

sung erfordern und folglich in der Luft nicht zerfließen. Eben so verhält sich auch diese Erde mit der Meersalz-Säure. 6) Die Flußspat-Säure schäumet zwar damit, löst aber nur sehr wenig davon auf. Eben so verhält sie sich mit der Arsenic- und phosporischen Säure; die Weinsteinsäure hat zwar selbige Würkung, in mehr zugegossenen Wasser aber ist alles auflöslich. Der destillirte Essig löset sie gleichfalls auf; diese Solution wird in der Wärme in ein dem Gummi ähnliches Wesen verwandelt, welches an der Luft wieder zerfließt. Die Luftsäure kann diese Erde auch auflösen. 7) Die Solution dieser Erde in der Salpeter- und Salzsäure wird von der Vitriolsäure, Flußspat-Salmiak, Arsenic-salmiac, alcali tartaris. Zuckersäure und sal acetosellae präcipitiret. 8) Mit Salmiak destillirt, macht sie das flüßige Alcali los.

Da nun diese Erde von den Eigenschaften der Kalkerde in einigen Versuchen gänzlich abweicht, (denn sie fließt im Feuer; ihr Kalkwasser decomponiret alle vitriolische Neutral- und Mittelsalze; der regenerirte Schwerspat ist im Wasser unauflöslich; giebt mit der Salpeter- und Salzsäure Crystallen, welche nicht an der Luft zerfließen; mit Essig macht sie ein deliquescirendes Salz) so muß diese Erde eine eigene Erdart seyn.

2.

Auszug aus einem Schreiben des Herrn Garnisonpredigers Chemniz zu Kopenhagen, vom 6ten März 1778.

Vor kurzen fielen mir unter einer Parthie ostindischer Konchylien auch ein paar solcher Stücken in die Hände, davon ich es bis auf diese Stunde nicht zu bestimmen weiß, wofür man sie eigentlich anzusehen habe. Sie lagen in einer Schachtel, darinnen auch vier ziemlich große ächte Wendeltreppen befindlich waren, und wurden von mir auch um dieser guten Gesellschaft willen, desto freundschaftlicher bewillkommet und aufgenommen. Der Fall kömmt öfters vor, nur daß man es bey einigen Arten von Schnekken und Muscheln, welche man zu erobern das Glück und die Freude hat, nicht sogleich mit völliger Gewißheit zu bestimmen weiß, welchem Geschlechte und welcher Familie man sie nun besonders zueignen und beygesellen müsse. Allein hier befinde ich mich in einer weit größern Verlegenheit. Ich weis es wirklich nicht, ob diese beyden Stücke zum Patellen-Geschlecht gehören, oder für einzelne Schalen zwoschalichter Muscheln zu halten, oder als Dekkel, Nabel, Opercula gewisser Schnekken anzusehen sind. Wir wollen uns friedlich in diese beyden Stücke — so einander vollkommen gleichen — theilen. Da haben Sie

Sie sogleich das eine, aber sagen Sie mir nun auch aufrichtigst Ihre Meynung von demselben. Sehe ich blos auf die äußere Form, Figur und Bildung dieses seltenen Stückes — welches Sie nun selber näher betrachten können, so scheint es mir einem Operculo, Umbilico, Schnekkendekkel ganz ähnlich zu seyn. Allein so bald ich genauer auf seine Durchsichtigkeit und vortreflichen carmoisinen Schielerglanz und perlenmutterfarbenen Grund merke, und es vollends umkehre und auf der andern innern Seite den Muskelflekken und alles übrige betrachte, so lasse ich gern das erstere fahren und finde mich weit geneigter, dies Stück für eine Patelle zu halten, deren Bewohner sich freylich etwas enge unter der nur wenig erhabenen Schale behelfen müssen, welches wir aber auch an dem von Ihnen uns erst recht bekannt gemachten Daumennagel gesehen haben. Jedoch nun findet sich noch oben in der Schale ein kleiner Einschnitt, der sich füglich zu einem gerade gegen über stehenden subtilen Zahn einer andern Schale könnte gepasset haben. Und auf den Fall wäre es die einzelne Oberschale einer Muschel. Ich bin doch begierig, hiervon Ihre Gedanken und hierüber Dero bey mir recht viel geltende Urtheile zu hören.

Wenn die äußerste und öberste Windung von der Bulla, welche beym Linnaeo Ovum gallinaceum heißt und gemeiniglich die Eyporzellane genannt wird, abgelöset worden, so erhält man in den innern Windungen ein, dem raren Weberspul ganz nahe kommendes und ihm so ähnliches Stück, daß jemand, der kein

Kenner, gar leicht damit betrogen und angeführet werden kann. Ich lege Ihnen hiermit aus meinem Vorrathe ein solches blos aus den innern Windungen der Eyporzellane bestehendes Stück vor Augen, und bitte, lassen Sie doch einige Ihrer bekannten Konchylien-Freunde darüber urtheilen. Ich erblickte dergleichen zum erstenmale vor vielen Jahren in der großen und unvergleichlichen Konchylien-Sammlung des kaiserlichen Kammermahler Wiedons zu Wien, und erklärte es auf der Stelle für die innern aus und abgelöseten Windungen der Eyporzellane, womit ich aber keinen großen Dank beym Besitzer verdiente, der es weit lieber würde gesehen haben, wenn ich es mit andern für einen ausnehmend raren Weberspul ausgegeben. *Listeri* concha Veneris apertusa non dentata capite valde rostrato, tab. 711. fig. 62. in seiner Hist. Conchyl. wäre gewiß eine solche ausgeschnittene Eyporzellane, wenn sie nicht mit einer dikken umgebogenen Lippe vorgestellet würde. Diese könnte aber auch wohl der Kupferstecher hinzu geschaffen haben. So lange also kein einziges Kabinet nahmhaft gemacht werden kann, darinnen ein der Listerischen Abbildung völlig gleichendes Exemplar befindlich, so lange verarge es mir doch niemand, wenn ich bey meinem Argwohn, es könne auch wohl die innere Windung der Eyporzellane seyn, beharre.

Wer eine Perspektivschnekke besitzt und sich damit ein neues belustigendes Vergnügen machen will, der nehme ein Vergrößerungsglas, halte es über den

Nabel oder Umbilicum, und betrachte alsdann einmal an der lichten Sonne oder des Abends an einem brennenden Lichte dies erstaunliche Kunststück und Wunder der Natur. Welch ein Anblick? — Welch wunderschönes Perspektiv? wie sichtbar ist dabey die Hand des göttlichen Urhebers, der aller Künste und Künstler Meister ist. Nun werden wir ihr den Namen einer Perspektivschnekke hundertmal lieber gönnen, und veranlaßt werden, über den Umbilicum anderer Schnekken ähnliche Betrachtungen mit dem Vergrößerungsglase anzustellen.

Von der Ihnen wohl bekannten Isländischen Kalkkoralle sende ich Ihnen hierbey vorläufig ein paar Stükken, aber mit der nächsten Schifsgelegenheit einen ganzen Haufen. Wollten Sie nicht einmal, mein Herzensfreund, bey einer gesellschaftlichen Zusammenkunft die Sache in nähere Ueberlegung nehmen, und in Anfrage bringen, was von diesem Produkte zu denken und zu glauben sey, woher es seinen Ursrung habe, was es vorstelle? Selbst der große Linné soll es seinen Schülern, wenn er auf diese Koralle gekommen, offenherzig bekannt haben, daß er die vorhin aufgeworfenen Fragen nicht zu beantworten wisse. Sollten sie denn so gar unbeantwortlich seyn?

Von dem Isländischen gegrabenen, dem Ebenholze so sehr gleichenden sogenannten Brandholze habe ich einen ziemlichen Vorrath bekommen, wie auch ziemliche Stükke von der Lava eines feuerspeyenden Isländischen Berges, und vom schwarzen bey dortigen Vulkanen gefundenen Achat. Dergleichen ist längstens für Sie und die verehrte Gesellschaft zurückgelegt worden und soll mit dem ehesten übersandt werden.

3.

Auszug aus einzelnen physicalischen Anmerkungen,

von

G. J. Hindenberg.

Um die Zeit der Erndte fand ich, eine Meile von hier, auf einer Wiese, die man durch verschiedene drey Fuß tiefe Graben ausgetrocknet hatte, eine mit Eisenstein vermischte blaue Erde. Man hatte sie ganz zuletzt ausgeworfen; sie lag also oben auf. Die darunter befindliche Wurzeln waren völlig von dieser Farbe durchdrungen. Ich sandte etwas davon an meinen Freund, den itzigen expedirenden Secretair bey der Bergwerks- und Hütten-Administration, Herrn Abt, welcher nach den damit angestellten Versuchen meine Vermuthung, daß diese Erde die in des Herrn D. Martini allgemeinen Geschichte der Natur im 3ten Theil unter dem Worte Asur-Stein angeführte blaue Erde oder das natürliche Berlinerblau seyn mögte, nicht nur bestätigte, sondern auch bemerkte: daß der Eisenstein so wohl,

als

als die Erde ungemein reichhaltig sey, indem der Zentner von dem erstern 39 Pfund 28 Loth, und von der letztern 20 Pfund 20 Loth geben würde. Ich habe die Ehre, der Gesellschaft durch den Herrn D. Martini eine Probe dieses Natur-Produkts zu überliefern.

Es ist mir sehr wahrscheinlich, daß sich hier herum noch schwererer Eisenstein und vielleicht auch dergleichen Farbenerde finden mögte; ich werde mich, so ich lebe, im künftigen Jahre davon zu überzeugen suchen.

Verschiedene und sehr ungleiche Thonerden, welche in dieser Gegend häufig gegraben werden, verdienen, nach meiner Meynung, auch wohl eine nähere Untersuchung.

---

4. Von einem merkwürdigen See in der obern Markgrafschaft Baaden.

von

Heinrich Sander.

Professor in Carlsruhe.

Turpe est in patria vivere, et patriam ignorare.

Man hat bisher mit Recht den Cirknitzer See als eine merkwürdige Erscheinung angesehen. Indessen ist jener See nicht der einzige, an dem man die besonderen Veränderungen wahrnimmt. In meinem

meinem Vaterland ist der sogenannte Eichener See völlig von eben der Art, und verdient daher eine umständliche Beschreibung, und die Aufmerksamkeit der Naturforscher.

In der Landgrafschaft Sausenburg liegt in einem waldigten Thal linker Hand von Basel das Landstädchen Schopfen. Zum Gebiet und zum Kirchsprengel dieser Stadt gehört das Dörfchen Eichen, das nur eine Viertelstunde von Schopfen, und von dem Fluß Wiese, der oft so erstaunlich gros werden kann, entfernt ist, und im Bann dieses kleinen Orts liegt der Landsee, der davon den Nahmen hat Eichener See.

Der See liegt auf einem ziemlich erhöheten Ort, woselbst gewöhnlich kein Wasser ist. Rings um ihn herum ist Ackerfeld und Fohrenwald. Das Dorf dabey und die Felder liegen alle tiefer.

Seine Größe ist ungleich und verschieden. Man berechnet gemeiniglich die Breite auf einen, und die Länge auf zwey Büchsenschüsse. Zuweilen faßt der See sechs bis acht Morgen in sich. Auch ist er oft in einem Jahr tiefer, als im andern. Da, wo die größte Tiefe ist, hat man schon gegen 16 Schuh gefunden.

Alle andre Quellen in der Gegend sind schön, lauter, gesund; aber dies Wasser hat eine graublaulichte Farbe, fast wie Rheinwasser, und wird von den Landleuten für scharf gehalten, weil alle Gewächse und Früchte, die im Boden des Sees gepflanzt worden sind, so bald sie von dem Wasser berührt werden, abgehn,

abgehn, und sterben. Doch ist dies nur von jungen zarten Gewächsen zu verstehn. Denn beym Anwachsen erreicht das Wasser im See einige Birnbäume, die aber dadurch nicht beschädigt werden.

Das Merkwürdigste des Sees ist, daß er bald anläuft, bald austrocknet.

Das Anlaufen oder Anschwellen des Sees hält keine bestimmte Zeit. Oft läuft die Wiese vom vielen Regenwasser gewaltig an, und der See wird deswegen doch nicht größer. Oft sieht man in zwey bis drey Jahren nicht, daß hier ein See ist, oft sammlet sich das Wasser in einem Jahre zwey und mehrere mahle. Am Boden des Sees sieht man keine große Löcher, keine besondere Oefnungen, aus welchen das Wasser gewöhnlich und häufig hervorkäme. In vielen kleinen Bläschen, wie aus Wurmlöchern, quillt es nach und nach herauf. Oft wird der See sichtbar, wenn in den umliegenden Gegenden alles trocken und nirgends Wasser zu finden ist. Oft bleibt der See sieben, oft neun Wochen stehen, oft wird es ein Vierteljahr, bis er wieder abläuft. Man sieht alsdenn keine andre Thiere darinn, als Frösche und Kröten. — Bricht der See gerade zu der Zeit aus, da die Wasserenten ihren Strich haben, so kann man auch diese auf dem See sehen. Fische gedeihen nicht in dem Wasser. Ein Fischer setzte Forellen hinein, aber sie starben alle in kurzer Zeit. Es ist zuverläßig falsch, daß der See nach jeder nassen Witterung hervorquillt. Und wenn er auch anfängt, sichtbar zu werden, nachdem eine Zeitlang vorher

her Regenwetter gewesen; so fährt er nachher fort zu wachsen, und wenn auch warme trockne Witterung einfällt. Aller Schaden, den der Eichener See alsdann anrichtet, besteht darinn, daß die während dem, daß der See ausgetrocknet war, angebaute Früchte völlig vernichtet werden. — Vor etlichen Jahren geschah ein Unglück auf dem See. An einem schönen Sonntag im Maymonat wollten die jungen Bürger und Bürgerinnen in der Gegend auf dem eben stark gewordenen See spatzieren fahren. Aus Unvorsichtigkeit traten zu viel Menschen in ein kleines Boot. Das Schiff sank unter, kam aber wieder herauf, einige retteten sich noch durch Schwimmen, aber vier todte Körper fischte man mit langen Stangen aus dem Wasser, die man ohne Zweifel hätte wieder erwecken können, wenn es möglich gewesen wäre, die Policey in aller Geschwindigkeit davon zu benachrichtigen.

Das Abnehmen des Wassers im See ist eben so sonderbar. Ein Bürger im Ort versicherte mir, daß das Wasser auch schon ein ganzes Jahr stehn geblieben sey; daß der See meist im Winter austrockne; daß, wann das Wasser einmahl anfange zu versiegen, es immer mehr abnehme, nicht einmahl trüber werde, und zuletzt ganz verschwinde, wenn gleich anhaltendes Regenwasser alle andre Bäche und Pfützen vergrößere. Man weis nicht, und sieht nicht, wo das Wasser hinkommt. Nach und nach zieht es sich wieder im Boden hinein, und verliert sich eben so unvermerkt, als es herausgedrungen ist. Ist alles

Wasser

Wasser wieder verschwunden, so bleibt nicht viel Schlamm und Morast übrig, und der Schlick, der zurück bleibt, wird untergepflügt und vermehrt die Fruchtbarkeit des Bodens. Denn alsdann wird der Boden des Sees theils als Wiese genutzt und giebt sehr gutes Futter; theils bauet man darinnen, eben so wie auf andern Feldern, Korn, Dünkel, Haber, Gerste, Cartuffeln, und so lang kein Wasser kömmt, geräth dies alles sehr wohl. Doch sind diese Felder freylich bey weitem nicht in dem hohen Preis, in dem andre Güter stehn, weil man allemahl in Gefahr ist, Saat und Erndte unter den Ueberschwemmungen zu verlieren.

Auf der Oberfläche der Erde kann man gar nicht sehen, daß dieser See mit irgend einem Fluß oder Wasservorrath in Verbindung steht. Der Rhein ist noch zwey Stunden davon bey einem österreichischen Dorfe Schwertach. Was die Natur für merkwürdige Anstalten zu diesen und ähnlichen Erscheinungen in der Tiefe der Erde hat, das entdeckt unser Auge nicht. Der ältere Plinius, dessen Fleiß fast alles umfaßte, was nur unter menschliche Erkenntniß fällt, hat schon mehrere Beyspiele angeführt, siehe seine Hist. natur. L. II. c. 94. und sein Neffe erzählt ähnliche Erfahrungen von einer Quelle Epist. L. IV. XXX. nebst den Vermuthungen der Weltweisen und Naturforscher.

5.
Anmerkung von Thieren mit schraubenförmigen gewundenen Hörnern, sonderlich vom Schraubhorn-Widder.

S. Taf. XX.

Die Benennung Strepsiceros ist von den alten Naturkennern unterschiedenen Thierarten beygelegt worden. Nur die mit geraden Hörnern, welche (ihrer Länge nach) schraubenartig gewunden sind, verdienen diesen Namen. Diejenigen zweyhufigen Hornthiere, welche uns unter der Benennung Strepsiceros beschrieben und abgebildet worden, zeigen uns eine verschiedene Art ihrer Schraubgänge, bey einigen sind dieselben dichte beysammen, gleich einem gedrehten Seile, oder wie das sogenannten Einhorn, welches der Stoßzahn des Narwall-Fisches ist, bey andern finden wir weniger Windungen, die weit auseinander stehen und gleich einem Pfropfzieher oder einer Schlange, welche sich um einen Stab gewunden sind. Letztere Aehnlichkeit wird desto stärker, da sie alle rund sind. Wenige sind es, die um ihre eigene Axe schraubenförmig gedreht sind, und also den Schrauben recht ähnlich sehen.

Unter den Gazellen- oder Antilopenarten mit gerade ausstehenden Hörnern sind einige mit weiten Windungen,

dungen, welche Gesner aus des Caji und Bellonii Nachrichten vorstellt, und sie unter dem Beynamen Strepsiceros beschreibt, aber ihre Hörner sind mehr leyerförmig gebogen. Ich habe unter allen gehörnten Thieren mit gerade ausstehenden Hörnern keines gefunden, welches diese Benennung mehr verdient, als diejenige Schafart, welche der vortrefliche Ritter von Linné Strepsiceros nennt, und die Bestimmung dazu setzt: Ovis cornibus rectis carinatis flexuoso spiralibus, nur des Herrn Brißons hircus laniger muß nicht darunter gesetzt werden; denn der Schraubhorn-Widder ist nicht Cornibus teretibus, sondern seine Hörner sind, gleich unsern Widdern, auf der äußern Seite bauchigt, auf der andern Seite platt und etwas rinnenförmig.

Gesners kurze Nachricht vom schraubhornigen cretischen Schafe ist schön und wahr, aber seine Abbildung taugt nichts, und die Beschreibung seiner Hörner ist ganz unrichtig. Sie sind nicht walzenförmig rund, noch weniger laufen sie in gleicher Weite von einander, gerade in die Höhe. Ich habe diese Cretische oder Candische Schafart oft gesehen und genau betrachtet, besitze auch noch zwey Paar Hörner davon, welche auf ihren Hirnschädeln stehen. Das Thier ist in der äußern Bildung seines ganzen Leibes, Kopfes und Schwanzes dem ganzen Schafgeschlechte vollkommen ähnlich, der Leib ist mit einer Art Wolle bedeckt, nur Kopf und Beine haben kurze und glatte Haare. Der Schwanz ist lang, wie bey unsern Schafen, und wolligt. Der Standpunkt der Augen, Ohren und Hörner ist, wie das gewölbte Stirnblatt, unsern gemeinen Schafen ähnlich, alle Eigenschaften und die ganze Natur gleicht ihnen ebenfalls. Die Hörner dieser Strepsiceros sind im Bau unsern Widdern gleich, die inwendigen Kanten sind dick und stumpf, die äußern aber dünner und schärfer, auf der vordern Seite der Fläche sind sie erhaben, und die hintere Breite ist platt, etwas eingebogen. Die Enden sind gepreßt und stumpf abgerundet. Nur die Richtung und Windung ist von allen übrigen Schaf- und Widder-Hörnern ganz unterschieden. Die zwey Paar Hörner, so ich besitze, sind darinnen einander gleich, daß sie auf dem Hirnschädel sehr nahe beysammen stehen, gerade auslaufen, und mit ihren Spitzen sich sehr weit von einander entfernen. Sie unterscheiden sich aber in ihrer Länge und Dicke, wie in ihren Runzeln und Kanten merklich. Das kleinere Paar ist nur einen Fuß lang, auf dem Kopf sind die beyden Hörner nur einen halben Zoll, mit den Spitzen aber einen Fuß und sechs Zoll weit von einander entfernt, und laufen also nach den Seiten auf. Die Wurzeln sind (bey jenen) zwey Zoll breit, ihre vordern oder äußern Seiten sind nur in der Mitte etwas erhaben, die äussern ein wenig eingebogen, beynahe platt. Die Runzeln sind nahe beysammen und fein. Die sechs Schrauben-Windungen machen, daß jede Seite dreymal von vorne zu sehen ist; diese Hörner sind erdfarben braun, ohne Hornglanz; vermuthlich sind sie von einer Schafmutter dieser Art. Das größere Paar Hörner ist einen Fuß und sechs Zoll lang, im

Durch-

Durchschnitte der Wurzel über drey und einen halben Zoll breit, und beynahe zwey Zoll dicke. An der vordern breiten Seite ist die Hälfte nach der dicken Kante zu so hoch erhaben, daß sie mit derselben vereinigt eine dritte Seite ausmacht. Die andere Hälfte ist rinnenförmig, weil die dünne und scharfe Kante umgebogen, die hintere Breite ist durchgehends platt, wie bey den kleinern, die Runzeln dieser großen sind dick und weit aus einander, in der Farbe sind sie den gemeinen Widder-Hörnern gleich, helle und an den Ecken glatt und hornglänzend. Ich habe diese Art Schafe bey Dresden unter den gemeinen Heerden der Fleischhauer gefunden. Sie werden von den ungarischen Gränzen öfters mitgebracht, woselbst sie die Einwohner Zeckel- oder Zickel-Schafe nennen, vermuthlich wegen ihrer langen und hohen Hörner. Herr Franc. Ernst Brückmann hat in seiner 36sten Reise-Epistel ein solch Horn abgebildet, und sagt in der kurzen Anzeige S. 8. daß diese Schafarten jetzt in Ungarn in ganzen Heerden zu finden, und daß ihre Hörner (Cornua contorta) oft über 1 $\frac{1}{4}$ Elle lang würden. Gesner und nach ihm Herr Ritter von Linné, wie auch Herr v. Buffon, setzen das rechte Vaterland dieser Schafart in den griechischen Inseln, sonderlich in Creta oder Candia an. Ohne Zweifel ist es das rechte Strepsiceros der Griechen und das Ovis cretica Bellonii, praesertim in Ida monte. Es ist also so wenig das Strepsiceros Caji als der Kolus, beyde sind wahrhafte Antilopenarten. Der hochgehörnte Bock aus Creta, welcher, wie Herr Pallas sagt, noch itzo in Siebenbürgen,

bürgen, in der Wallachey und Griechenland einzeln anzutreffen, ist eben so wenig unser Strepsiceros oder Ovis cretica Linnei, und von der Antilope Saiga und Antilope Strepsiceros Pallasii hat es ebenfalls keine Aehnlichkeit.

6.
Auszug aus einem Schreiben
des
Herrn Prof. Pallas.

Unsere sibirische Bergreviere thun noch immer neue Schätze auf. Außer dem vor etwan anderthalb Jahr im Nertschinskischen Gebirge, unweit des Ikdekanischen Schwefelberges neuentdeckten, in Kalkfels brechenden Zinnobererztes, welches das erste Quecksilbererz im rußischen Reich ist; hat man ganz neulich auch im Nertschinskischen Gebiet, an der Schilka, oberhalb Stretinskoi ostrog, in der sogenannten Krestovaja Gora viele Quarzklüfte mit einer reichen güldischen Bräune oder Eisenocher entdeckt. Und ein silberreicher Kies ist im Krasnojarskischen Gebiet, auf dem von Tschulyn umströmten schmalen Gebirge aufgeschürft worden.

7.
Auszug aus einem Schreiben
des
Herrn Pred. Hindenberg.

Von der Amaryllis besitze ich ohngefähr 28. Zwiebeln, und finde, daß diese nur sehr sparsam zur Blüthe kommen, wenn man sie nicht in geräumige Töpfe setzet und auch den Winter über darinn stehen läßt. Hängt man die Zwiebel in einer warmen Stube umgekehrt an die Wand, so pflegt sie auch da zu blühen.

Beym dreyfarbigen Amaranth habe ich die Anmerkung gemacht, daß die Farben viel schöner, auch deutlicher ausfallen, wenn die Pflanze den ganzen Tag Sonne hat. Im Schatten macht sie nur ein schlechtes Ansehen.

Meine Chinesische Nelken habe ich diesen Winter, ohne daran zu denken, vor dem Froste dadurch gesichert, daß ich das vertrocknete Kraut, welches der Wurzel statt einer Bedeckung gedient hatte, erst späth im Frühjahr abschnitt, als die Pflanzen schon getrieben hatten. Vielleicht könnte man durch dieses leichte und natürliche Mittel mehr zarte Gewächse retten.

Die Blätter der großen Stockrose (Malva) lasse ich jetzt unten abschneiden, die Kühe fressen sie gern, der Stängel aber wächset hernach desto höher. Der oekonomische Vortheil ist nicht groß, aber doch nicht ganz unbeträchtlich.

---

8. Auszug aus einem Schreiben des Königl. dänischen Kunstverwalters Herrn L. Spengler zu Kopenhagen an den sel. Herrn D. Martini vom 30. May 1778. Von der großen maldivischen Cocus-Nuß.

Ich weis nicht, ob Ihnen folgender Bericht neu seyn sollte, daß Sie etwan einen Gebrauch davon zu machen wüßten? Aus Anlaß, daß der Hospital-Apotheker, unser werthester Freund, Herr Cappel, das gesellschaftliche Naturalien-Kabinet, unter andern Seltenheiten, auch mit einer großen maldivischen Cocuß-Nuß beschenket, muß ich Ihnen, mein Werthester, etwas von der Geschichte dieser ehemals, wegen des theuren Preises halben, so hochgeachteten Frucht, welche, wie Sie wissen, immer für ein Seeprodukt gehalten worden, melden. Es hat diese Nuß, wie bekannt, eine ganz besondere Figur. Sie besteht aus zweyen Schalen, wovon jede die Gestalt einer Niere hat, und die denn in der Mitte, vermittelst einer kleinen schmalen Scheidewand

dewand mit einander vereinigt sind. Der Materie nach sind Schalen und Kern, in allem, denen andern gewöhnlichen Cocus-Nüssen gleich. Wenn sie frisch, so sind sie mit einer Milch erfüllet, die denn mit der Zeit eintrocknet, und sich als ein schmackhafter Kern rings herum an die Wand der Schale ansetzet, und den übrigen Raum hohl läßt. In der Mitte gedachter Scheidewand ist eine räumliche Oeffnung, die beyde Kerne der getheilten Nuß mit einander verbindet. Diese Nüsse werden sehr groß, z. B. die zum gesellschaftlichen Kabinet bestimmte, ist 13 Zoll breit und 13½ lang. Wenn sie noch etwas frisch sind, und der Kern nicht zu sehr vertrocknet ist, so sind sie auch sehr schwer. Eine aus meiner Sammlung, die doch nicht völlig so groß als die eben gedachte ist, wiegt 12 Pfund. Bis daher wurden diese Nüsse allein bey den maldivischen Inseln (wovon sie ihren Namen erhalten) aus dem Wasser aufgefischt und als eine kostbare Waare überall in Indien, und besonders auch auf der Küste Coromandel, an die Nabobs und andere reiche Indianer verkauft, die dem Kern derselben die Eigenschaft, als ein sonderbares und gewisses Heilungs- und Verwahrungsmittel gegen alle Arten tödtlicher Krankheiten, und gegen alles Gift, zuschreiben. Seit kurzem hat sich aber die Seltenheit dieser Nüsse, da ihr Geburtsort entdeckt worden, ungemein vermindert. Eine kleine Insel, nicht weit von Bombay, die von den Franzosen am ersten besucht worden, ist das Land, auf welchem die Bäume häufig wachsen, die diese

Cocus-Nüsse tragen. Es sey nun, das diese Bäume etwan nahe am Seeufer stehen, oder daß gewisse Ueberschwemmungen der See diese Frucht vom Lande abspühlen, so waren doch die maldivischen Inseln die Oerter, wo sie an das Seeufer angetrieben kamen. Ein französischer Schiffs-Capitain, Nahmens Tremillier, brachte vor einigen Jahren einen Theil dieser Nüsse nach Tranquebar und der Küste Coromandel, von oben gedachter kleinen Insel, und verkaufte das Stück zu 400 bis 500 Ruppien, welches den Indianern sehr wohlfeil vorkam, da sonst wohl 3000 Ruppien darfür bezahlt worden. Die Engländer wurden auf diesen Handel aufmerksam, und suchten diese mehrgedachte kleine Insel auch auf, und bringen nun diese Nüsse nach Tranquebar und der ganzen Küste von Coromandel, wo man jetzt eine solche maldivische Nuß für 14 bis 20 Ruppien erkaufen kann.

9.

Beschreibung eines neuen Boußolen-Instruments, womit man außer den bisher damit erhaltenen Vortheilen, auch die Höhen messen, nivelliren, und die In- und Declination der Magnet-Nadel finden kann.

von

M. Joh. Gottlieb Stegmann.

§. 1.

Es ist bekannt, daß die Boußole in der Planimetrie in vielen Vorfallenheiten, sich den Vorzug vor andere Arten, die Figuren aufs Pappier zu bringen, welche andern im Felde ähnlich sind, oder sie in Grund zu legen, sich erworben habe. Daß sie in Holzungen mit großen und sonst nicht leicht mit einem andern Meß-Instrumente zu erhaltenden Vortheile gebraucht werde. Aus diesen und noch andern beträchtlichsten Gründen hat man längst gewünscht, daß dieses so nutzbare Instrument zu einer noch grössern Vollkommenheit, wodurch ein weit ausgedehnter Gebrauch desselben entstehen könnte, gebracht werden möchte. Gelehrte und mit nöthiger Sachkenntniß ausgerüstete Künstler sind auch nicht saumselig, und zum Theil in ihren Bemühungen nicht unglücklich gewesen, einige Fehler zu verbessern. Daß aber nach der bisherigen Beschaffenheit desselben, es zu Messungen der Höhen nicht zu gebrauchen gewesen, ist jedem Kenner bekannt. Nach der nunmehro aber ausgefundenen Einrichtung werden durch die Magnetnadel selbst die Höhengrade richtig angegeben. Diesen Vortheil und andere daraus entspringende leichte und zuverläßige Nutzungen habe ich demselben zu verschaffen mich bemühet. Was ich zur Erhaltung dieses Zwecks vorgenommen, und wie ich ihn bey möglichster Einfachheit des Instruments erhalten, werde ich jetzt kürzlich zeigen. Die damit auf eine gehörige Art anzustellenden Proben werden die besten Beweise von dem Wehrte einiger ausgeführten Unternehmungen in die Hände liefern.

§. 2.

Das Wesentliche dieses Instruments bestehet darinn. Die Magnetnadel ist nicht mit dem gewöhnlichen Hütchen, von Crystall, Glase, harten Steinen oder Meßing versehen. Sie wird von zwey stählernen Spitzen getragen, welche in zwey Pfannen sich bewegen. Die Spitzen unterstützen aufs genaueste den Mittelpunkt der Länge, Breite und Schwere der Nadel, dergestalt, daß sie, ohne magnetische Kraft empfangen zu haben, aufs richtigste im Gleichgewichte sich befinde, man mag dem Instrumente eine Richtung geben, welche man will. Durch eine ganz accurate Arbeit wird der Magnetnadel, nachdem sie gehörig magnetisch gemacht worden, die nöthige ungemein sanfte und empfindliche Bewegung gegeben, nach welcher sie ohne zitterndes Hin- und Herschwanken die Grade der De- und Inclination angiebt, welches durch leichte anzustellende Beobachtungen erkannt werden kann. Wenn nun diese empfindungsvolle Bewegung dieses unveränderliche Einschlagen und Beharren der Magnetnadel auf ein und ebendemselben Punkte, bey veränderter Stellung des Instruments sich wirklich findet; so ist kein Zweifel, daß eine auf vorher angezeigte Art eingerichtete Magnetnadel, sowohl zu Messungen der Ebenen als Höhen zu gebrauchen sey.

§. 3.

Der äußere Ring, in welchem der in ganze, halbe und Viertelsgrade getheilte Cirkel-Ring sich befindet, ist auf einer meßingenen Platte befestiget, welche eine auf ihren beyden einander gerade entgegen gesetzten Seiten, 12 Zoll lange Regel hat. Diese Regel ist mit zweyen auf- und niederzulegenden Diopteren versehen, welche dergestalt durchbrochen sind, daß die durch dieses Instrument gesuchte vielfache Nutzung erhalten werden könne. Auf der viereckigten Platte ist eine Wasserwage angebracht, die durch eine doppelt mit ihr vorzunehmende Bewegung dergestalt in ihrer Stellung berichtiget werden kann, daß man durch deren Hülfe sowohl von dem richtigen Horizontal- als Vertikalstande des Instruments zuverläßig urtheilen könne.

§. 4.

Der Fuß, worauf dieses Instrument geschraubt wird, hat eine solche Einrichtung bekommen, daß dasselbe alle nöthige Stellungen erhalten könne, durch zwey Schrauben ohne Ende wird demselben die genaueste Richtung gegeben. Stellet man das Instrument horizontal, so verrichtet es die Dienste einer gewöhnlichen Boußole, und zeiget die Deklination der Magnetnadel, kann auch sowohl auf seinem Fuße gebraucht, als auf einem Meßtisch gestellet, zu allen topographischen Vermessungen genutzet werden. Wird es aber vertikal gerichtet, so zeiget es sowohl die Inklination der Magnetnadel, als auch die Grade eines zu messenden Höhenwinkels. Hieraus ist zu erkennen, daß diese neue Einrichtung den Nutzen dieses Instruments vergrößere, und dadurch den Werth desselben um ein beträchtliches vermehre.

10.

Auszug eines Schreibens des Herrn Canzelleyrath Beck in Copenhagen an den seel. D. Martini.

Siehe Tafel XX.

Meine Pflicht wäre es schon längst gewesen, Ihnen, meine theuresten Freunde, mit einigen Zeilen aufzuwarten; die Ursache, daß ich es so lange aufgeschoben, ist, daß ich zugleich einige von meinen electrischen Experimenten gedachte beyfolgen zu lassen, dieses ist aber durch meine Krankheit und trauriges Schicksal unterbrochen worden, und wahrlich, kaum ist mein Kopf noch fähig philosophische Betrachtungen anzustellen. — Ein Experiment muß ich beyläufig hier zu erwähnen nicht vorbeygehen; nämlich daß die Metalle durch reiben auch electrisch werden können, dieses geschiehet auf folgende Weise: ich nahm eine von meinen meßingenen Ocularröhren von einem Dollondschen Tubo, welche sehr gut polirt war, diese hieng ich in eine seidene Schnur auf, so daß es auf diese Weise isolirt wurde, alsdenn nahm ich einen trockenen seidenen Strumpf, legte selbigen drey bis vier mahl doppelt, und rieb damit die Röhre von oben nach unten

zu

zu ziemlich stark, bey diesem Verfahren fand ich vermittelst des kleinen Electrometers, welches auf die Röhre angebracht war, daß es ziemlich stark electrisch geworden, und bey der Untersuchung, was für eine Art Electricität es sey, fand ich, daß sie negativ war. Was mich zu diesen Versuch veranlaßte, war, daß ich mich erinnerte gesehen zu haben, daß nachdem man einen Schlüssel in der Hand genommen, und ihn auf dem Kamisol gerieben hatte, er doch kein Haar anziehen wollte, und nun sollte dieses beweisen, daß die Metalle durch reiben nicht electrisch werden können; wie ich aber selbiges weiter nachdachte, und das Metall als einen vollkommnen Ableiter betrachtete, sahe ich die Unmöglichkeit ein, warum der Schlüssel durch reiben nicht electrisch werden könnte.

Neulich ist mir ein electrisches Paradox erschienen. Den 21. Januar d. J. wollte ich einige electrische Experimente machen, ich rieb meine glatt polirte Kugel mit der Hand, und fand, daß das Electrometer nicht so geschwinde steigen wollte, wie sonst gewöhnlich, endlich stieg es, aber doch nicht völlig zu der gewöhnlichen Höhe, welches mich bewog, mein amalgamirtes Küssen zu nehmen, um die Kugel damit zu reiben, ich fand aber gegen meine Vermuthung, daß das Electrometer ganz herunter fiel, und denn wieder aufs neue in die Höhe stieg, ich rieb die Kugel wieder mit meiner Hand, und fand das Electrometrometer wieder fallen und denn wieder in die Höhe steigen, nun untersuchte ich, was für eine Art Electricität der Conductor hatte und fand ihn negativ, wenn er mit meiner Hand gerieben, und positiv, wenn er mit dem amalgamirten Küssen gerieben wurde; diese Erscheinung kam mir so sonderbar vor, daß ich gleich den Stand des Barometers und Thermometers nachsahe, das erstere stand auf 29$\frac{3}{10}$ Zoll englisch, und das andere 52°. nach Farenheit im Zimmer, und der Wind Südost; ich wiederholte das nämliche Experiment denselbigen Tag, aber es wollte mir nicht wieder gelingen; ich werde nicht ermangeln, weiter zu untersuchen, ob es nicht möglich sey, dieses Experiment in seiner Gewalt zu haben, und nach Belieben anzustellen; sollte es mir glücken, werde ich nicht ermangeln, selbiges mitzutheilen.

Vor einigen Tagen besuchte mich einer von meinen schätzbaren Freunden, der Herr Etatsrath Mahling, wir brachten die mehreste Zeit mit electrischen Experimenten zu, um die Theorie des Herrn Franklins näher zu untersuchen und zu erfahren: ob nicht alle electrische Erscheinungen von einer einzigen electrischen Materie ihren Grund haben? Unter andern Versuchen schien mir eines beynahe ein völliger Beweis dieses Satzes zu seyn. Er nahm ein Stück Kartenblatt und machte auf beyden Seiten einen Strich mit Zinnoberfarbe, so wie aus den neben folgenden Stücken zu ersehen ist, dieses Kartenblatt setzte er zwischen

zwey

zwey Spitzen, so wie neben stehende Figur zeiget, wenn nun das electrische Feuer einer geladnen Flasche von der einen Spitze zur andern übergieng, hinterließ es allemahl ein Merkmal auf dem Zinnober und zeigte zugleich die Direction des electrischen Feuers von der einen Spitze zur andern; hier schien uns kein Zweifel übrig zu seyn, daß nicht die electrische Materie von der positiven Seite des Glases nach der negativen übergieng; nach meiner Vermuthung müßte auch das Gegentheil geschehen, wenn das Glas negativ geladen würde, dazu aber war seine Maschine nicht eingerichtet, da ich aber zu meiner electrischen Maschine zwo Kugeln habe, eine polirte und eine matt geschliffene, womit ich nach Belieben positiv und negativ electrisiren kann, und alle übrige Umstände in beyden Fällen gleich bleiben, so versuchte ich es den folgenden Tag mit meiner matt geschliffenen Kugel, und fand, was ich vermuthete, nämlich, daß das Feuer die entgegengesetzte Richtung nahm, hier gieng es von c nach d, wo es ein Loch machte, und gieng nach a über; mit der polirten Kugel aber gieng das Feuer von a nach b und machte ein Loch über zu c. Dieses scheint mir ein überzeugender Beweis zu seyn, daß nicht zwey, sondern nur eine einzige Materie vorhanden ist, die der Grund aller electrischen Erscheinungen ist.

Wäre die Materie bey der negativen Ladung auch von a nach b übergegangen, würde es einen Beweis

für

für den Herrn Professor Wilke abgeben, und seine Meynung in den schwedischen akademischen Abhandlungen im 25sten Band S. 226. bestätigen. Seine Versuche mit den negativen Phosphorescirten Spitzen scheinen beym ersten Anblick nicht mit dieser Theorie bestehen zu können, ich bin aber beynahe versichert, daß solches nicht unmöglich sey, ich werde ein ander mahl die Ehre haben, mich hierüber deutlicher zu erklären. Jetzt aber erlauben Sie mir mit aller Hochachtung zu seyn rc.

XXVI.
Auszug aus der Lebensbeschreibung des seel. Herrn D. Martini.*)

Herr D. Fr. Heinr. Wilh. Martini wurde 1729 den 31sten August zu Ohrdruf im Herzogthum Gotha gebohren.

Seine Aeltern waren M. Joh. Benj. Martini, erster Prediger und Superintendent zu Ohrdruf, und Frau Susanna Klara Martini, gebohrne Danzin, aus Erfurt, eine Nichte des berühmten Jenaischen Professor Danz, in dessen Hause sie erzogen wurde.

Bis in sein 5tes Jahr wurde sein Herz und sein Verstand allein von seinen Aeltern gebildet. Von dieser Zeit an genoß er auch den Unterricht würdiger Lehrer an der öffentlichen Schule zu Ohrdruf, und vom

*) Weil wir eine ausführliche Lebensbeschreibung unsers seligen Freundes von dem Herrn Pastor Goeze zu Quedlinburg zu erwarten haben; so haben wir hier nur die uns mitgetheilten wenigen Nachrichten, zum Denkmal der Freundschaft und innigen Werthschätzung aufbewahren, und die Freunde unsers theuersten Martini auf jene Lebensbeschreibung verweisen wollen.

vom 11ten Jahre an besonders der Unterweisung des Rector Conradi, in der Absicht sich ganz dem Studio der Theologie zu widmen.

Der Aufenthalt von einem Jahre in Berlin, zu welchem Familienangelegenheiten, nach dem erfolgten Tode seines Herrn Vaters seine Frau Mutter nöthigten, wurde ihm in vieler Absicht sehr vortheilhaft, und flößte ihm den Wunsch ein, sein Leben in Berlin beschließen zu können.

1749 gieng er, noch immer dem Studio der Theologie getreu, nach Jena, bis ihm 1751. eine von Kindheit auf empfundene Lungenschwäche seinen Entschluß zu ändern nöthigte.

Mit gleichem Eifer widmete er sich nun der Medicin, und die ihm von dem geh. Rath Kaltschmidt anvertraute Aufsicht über seine Naturaliensammlung wurde, wo nicht die erste, doch wenigstens wichtigste Grundlage seines unbegränzten Eifers für die Naturgeschichte.

Von Jena gieng er 1753, auf Veranlassung seiner Frau Mutter, wieder nach Berlin, und nutzte daselbst die vortreflichen Anstalten zur Bildung praktischer Aerzte, bis 1755, in welchem Jahr Familienangelegenheiten, besonders die Kränklichkeit seiner Frau Mutter, ihn nach Thüringen zurückriefen.

1756 wandte er sich nach Frankfurt an der Oder, um sich in dem Hause und unter der Aufsicht

 des

des Herrn Prof. Karthäuser völlig zum praktischen Arzte auszubilden.

1757 übernahm er zu Frankfurt die Doktorwürde, gieng nach Berlin zurück, um den Unruhen des Kriegs zu entgehen; da ihm aber auch hier verschiedene feindliche Ueberfälle seinen Aufenthalt beschwerlich machten: so folgte er um desto lieber dem Rufe, den er als Arzt nach Artern erhielt.

1758 trat er seine Reise dahin an. Das Jahr darauf erfolgte der Tod seiner Frau Mutter, und 1760 hatte er das Glück sich mit Jungfr. Maria Cathar. Lehmann ꝛc. zu verbinden.

Von 1760 — 62 widmete er sich in Artern ganz den praktischen Geschäften mit außerordentlichem Glück und Seegen, nur daß sein außerordentlicher Durst nach neuen Kenntnissen ihm den Mangel eines gelehrten Umgangs unerträglich machte, und seine Sehnsucht nach Berlin beständig unterhielt. Dieses und der Wunsch seiner Frau Schwester ihn in der Nähe zu haben, bewog ihn daher

1762 dahin zurück zu gehen. Im Jahr 1764 wurde er vom Obercollegio med. zum praktischen Arzt bestätigt.

Hier bekam er die erwünschte Muße und Gelegenheit, seinem Lieblingsstudio der Naturgeschichte obzuliegen, er errichtete eine Journalgesellschaft nach einem eignen Plane, um desto bekannter mit der Litte-

Litteratur seiner Wissenschaft zu werden, und bearbeitete anfänglich die Mineralogie, in welcher das Kapitel von Versteinerungen ihn unvermerkt auf die Konchyliologie führte, welches zuletzt sein liebstes und vorzüglichstes Fach war und blieb. Was er darinn geleistet, davon zeugen seine Schriften, welche überhaupt, wenn sie auch keine Vollkommenheiten weiter hätten, die höchste Genauigkeit, und eine scharfe Beurtheilungskraft hinlänglich empfehlen würden.

Der außerordentliche Trieb die Natur immer mehr zu studieren, und die Herausgabe verschiedener, gleich anfänglich gut aufgenommener Schriften, unter welchen das Berlinische Magazin wohl mit eine der ersten war, und welche seinen Namen rühmlich bekannt machten, verschaften ihm auch die Bekanntschaft vieler Kenner und Liebhaber in der Nähe und Ferne. Er unterhielt mit seinen gelehrten Freunden einen weitläuftigen Briefwechsel, und je mehr seine edle Wißbegierde dadurch und durch sein unermüdetes Studiren neue Nahrung und er neue Kenntnisse erhielt; desto mehr wuchs sein Eifer für sein Lieblings-Studium. Da unser seel. Freund nun hierdurch immer mehr überzeugt wurde, daß ein Mensch, mit allen seinem Fleiße und mit aller Anstrengung, doch nur sehr wenig in Ansehung der unendlichen Mannigfaltigkeit der Gegenstände im Reiche der Natur übersehen könne; so äußerte er gegen einige seiner hiesigen Freunde den Wunsch, eine Verbindung mehrerer Freunde der Natur an diesem Ort möglich und dadurch das Studium dieser edlen Wissenschaft leichter und ausgebreiteter zu machen. Durch die Verbindung verschiedener glückliche Umstände hatte er die Freude, nebst noch sechs der erstern Mitgliedern, der Urheber und Stifter unserer Gesellschaft Naturforschender Freunde zu werden: wie solches die Entstehungsgeschichte unserer Societät im I. Bande S. XI. der gesellschaftlichen Beschäftigungen ausweiset.

Diese neu entstandene Gesellschaft wählte ihn darauf sogleich, in der ersten Versammlung zu ihren beständigen Secretair. Mit welchem rühmlichen Eifer er ihr Bestes befördert hat, und wie groß sein Trieb gewesen, die Pflichten dieses freywillig übernommenen Ehrenamts püncktlich zu erfüllen, davon zeugen unsere Tagebücher und herausgegebene Schriften, weshalb sein Andenken uns unvergeßlich seyn wird.

Er war ein im hohen Grade arbeitsamer, von warmen Gefühl der Religion durchdrungener, dienstfertiger uneigennütziger Mann, und in der Freundschaft beynahe enthusiastisch.

Allein eben diese Arbeitsamkeit vermehrte seine asthmatischen Zufälle merklich, nie wurde aber unter den größten Leiden die Kraft seiner Seele unterdrückt. Er war und blieb, ohnerachtet er täglich den Tod sich nähern sah, der heitere, thätige, wirksame Freund 2c.

Selbst

Selbst der Tag seines Todes, der 27ste Junius 1778, da er nach einen Spatzierritt plötzlich seinen edlen Geist aufgab, war noch ein Zeuge seines unermüdeten Fleißes.

Seine verehrungswürdige Gattinn und Familie wird seinen Verlust stets empfinden, und seine Freunde werden ihn nie vergessen.

Register der vornehmsten Sachen.

C.

D.

E.

F.

G.

J.

K.

L.

M.

N.

P.

R.

Roß,

V.

W.

Z.

Verbesserungen und bemerkte Druckfehler.

Da durch einen Druckfehler zwo Abhandlungen, nämlich Seite 60 und Seite 95 mit Num. V. bezeichnet worden, so macht die Anzahl der in diesem Bande befindlichen Abhandlungen eigentlich XXV. aus.

S. 85. Linie 11 an statt Biesenthal, lies: Grimnitz.

S. 88. Not. *, lies: Theriotropheum.

S. 93 Not. ††† Strio, lies: Sturio.

S. 268. an statt XIII, lies: XIV,

S 314 hinter Herbst, lies: s. Taf VII.

S. 332. hinter Silberschlag, lies noch: s Taf. VIII. IX. und X. (Nota. diese Tafeln sind im Texte besonders unter sich wieder mit Tab. I. II. III. unterschieden.)

S. 407. L. 2. lies: Geodäsie.

S. 408. statt Taf. X. lies: Taf. XI.

S. 413. statt Taf. X. lies: Taf. XI.

S. 416. L. 19. statt unaufgelößte, lies: aufgelößte.

S. 456. Gleich hinter der Zahl XIX. fehlt der Name des Herrn Verfassers Johann Herrmann.

S. 541. L. 8. statt dreyspigen, ließ: dreyspitzigen.

S. 550. L 10. lies: daß Rosenstein in einem gekochten Braßen der auf dem Tisch gebracht wurde, diesen Wurm noch lebendig gefunden habe.

S. 553. L. 2. von unten, an statt, ich habe, lies: In letztern habe ich sie oft rc.

S. 558. L. 26. statt wie bey einem mittelmäßigen Hechte, lies: wie bey vielen andern Geschöpfen.

S. 561. L. 8. statt mit der Lunge, lies: mit der Loupe, L. 4. von unten, add. Fig. 5.

S. 571. L. 22. statt Fixsterne, lies: Fixsternen.

S. 576. L. 27. statt seinen, ließ: seinem.

S. 598. L. 6. von unten, statt Zacken, lies: Haken.

S. 600. L. 8. statt er, lies: Frisch.

S. 604. die letzte Linie, statt nicht, lies: mit.

FSC
www.fsc.org
MIX
Papier | Fördert gute Waldnutzung
FSC® C083411

Zeitfracht Medien GmbH
Ferdinand-Jühlke-Straße 7
99095 Erfurt, Deutschland
produktsicherheit@kolibri360.de